电子工程师成长之路

USB 应用分析精粹

从设备硬件、固件到主机端程序设计

龙 虎 著

電子工業出版社·

Publishing House of Electronics Industry

北京·BEIJING

内 容 简 介

本书结合实例，从底层电平标准、令牌、事务、传输、请求到应用各层面，系统地讨论了 USB 规范，并以看得见的方式形象地阐述了 USB 设备的开发思想，让读者有能力（在开发平台即便与本书不一致的情况下）进行各种常用 USB 设备（含鼠标、键盘、复合、自定义 HID、非标准、大容量存储、虚拟串口、声卡等）的核心编程，真正做到"知其然更知其所以然"，也能够更加从容地面对 USB 设备固件与主机端应用程序的设计。

本书既可作为初学者的辅助学习教材，也可作为工程师进行电路设计、制作与调试的参考书。

图书在版编目（CIP）数据

USB 应用分析精粹：从设备硬件、固件到主机端程序设计/龙虎著 . —北京：电子工业出版社，2022.3
（电子工程师成长之路）

ISBN 978-7-121-43073-2

Ⅰ．①U… Ⅱ．①龙… Ⅲ．①电子计算机-接口 Ⅳ．①TP334

中国版本图书馆 CIP 数据核字（2022）第 039261 号

责任编辑：张 迪（zhangdi@phei.com.cn）
印　　刷：北京盛通数码印刷有限公司
装　　订：北京盛通数码印刷有限公司
出版发行：电子工业出版社
　　　　　北京市海淀区万寿路 173 信箱　邮编：100036
开　　本：787×1 092　1/16　印张：24.75　字数：634 千字
版　　次：2022 年 3 月第 1 版
印　　次：2024 年 4 月第 3 次印刷
定　　价：119.00 元

凡所购买电子工业出版社图书有缺损问题，请向购买书店调换。若书店售缺，请与本社发行部联系，联系及邮购电话：(010) 88254888，88258888。

质量投诉请发邮件至 zlts@phei.com.cn，盗版侵权举报请发邮件至 dbqq@phei.com.cn。

本书咨询联系方式：(010) 88254469；zhangdi@phei.com.cn。

作　者　序

本书有部分内容最初发布于个人微信公众号"电子制作站"（dzzzzcn），并得到广大电子技术爱好者及行业工程师的一致好评，甚至在网络上被大量转载。考虑到读者对 USB 应用开发知识的强烈诉求，决定将相关文章整合成图书出版，书中每章几乎都有一个鲜明的主题。本书在收录已发布文章的同时，也进行了细节更正及内容扩充。当然，更多的内容是最新撰写的，它们对读者全面理解 USB 规范及系统开发有着非常实用的价值。

如今，USB 接口几乎成为大多数个人计算机与智能手机的标配，越来越多的电子产品也都倾向于使用 USB 接口，原因自然无外乎是其易用性。然而，USB 易用性的代价就是协议的复杂性，相关系统的开发过程也有着更高的门槛。市面上虽然有一些 USB 开发相关的图书，但大多数主要还是对 USB 规范的机械翻译与源代码复制，并没有在"如何更形象、更系统地阐述 USB 规范"方面下功夫，很难给实际的项目开发带来较大的指导意义。

本书打破常规图书"先大篇幅介绍 USB 规范，再讨论 USB 设备开发"的撰写思路，先通过体验简单游戏操纵杆实例再切入比较顶层的 USB 规范，避免一次性引出过多术语而打击读者的学习积极性，随后在功能逐步完善的过程中帮助读者快速建立起对 USB 设备开发的感性认识。当具备了足够的经验后，再引导读者重新从底层总线电平标准往上经令牌、事务、传输、请求与顶层应用"碰撞"，使读者不仅能够清晰地认识"USB 数据在传输过程中的每个层面都干了些什么"，而且有能力进行 USB 设备固件的核心编程，真正做到"知其然更知其所以然"。在整个阐述过程中，本书将 USB 规范穿插在实例中进行对照讲解，使读者能够轻松地理解 USB 规范是如何反映在硬件控制器与源代码中的，让 USB 规范不再那么抽象；同时，结合面试、超市运营、工厂制造、篮球项目、下棋等生活场景，让 USB 规范的学习过程变得不再枯燥，也许还会发现 USB 规范其实并没有想象中的那么复杂。

为了让读者能够真正将 USB 开发思想灵活运用在项目开发中，本书不仅结合 USB 规范对固件库进行了完整剖析，而且尝试使用多种不同方案实现相同的功能，让读者深刻理解不同开发方案的优缺点。本书涉及的基础例程虽然只有一个，但是在阐述不同的开发方案过程中引出了很多例程，让读者轻松开发鼠标、键盘、复合、自定义 HID、非标准、大容量存储、虚拟串口、声卡等 USB 设备，一方面可以避免过多毫无关联的例程堆砌而使得全书内容过于松散；另一方面能够从逐步完善的过程中循序渐进地深入 USB 规范，对 USB 规范的透彻理解，以及掌握 USB 设备固件与应用程序开发有着积极的意义。

需要特别指出的是，本书虽然使用 STM32 单片机作为开发平台，但是读者无须对其有任何开发经验，因为除 GPIO 与 USB 控制器模块外，其他无关的模块均未涉及。本书主要着重于阐述 USB 规范及 USB 系统开发的思想，这对于所有平台都是通用的，也是本书撰写的初衷：尽最大限度削弱对平台的依赖性。换句话说，即使读者以前从来没有接触过 STM32 单片机开发，或者使用的开发平台与本书完全不一样，也丝毫不妨碍读者理解 USB 设备的开发过程，只要读者需要进行 USB 设备及主机应用程序的开发，本书所阐述的 USB 开发思想就非常有实用价值。

　　由于本人水平有限，错漏之处在所难免，恳请读者批评与指正。

目　录

第1章 USB 基础知识

通用串行总线（Universal Serial Bus，USB）是由英特尔（Intel）、康柏（Compaq）、国际商业机器（International Business Machines，IBM）、微软（Microsoft）、北方电讯（Northern Telecom）等计算机与通信公司于 1995 年联合制定，并逐渐形成行业标准的数据通信方式，现如今已经广泛替代了笨重的串口（RS232、RS485）与并口，成为 21 世纪大量计算机和智能设备的标准扩展与必备接口之一。可以这么说，现在几乎每一台个人计算机（Personal Computer，PC）与安卓（Android）智能手机都配备了 USB 接口，相应的图标如图 1.1 所示。

图 1.1   USB 接口图标

为方便后续行文，我们先了解一下 USB 系统的基本架构，它由主机（Host）、设备（Device）与互连电缆（Interconnect）三部分组成，如图 1.2 所示。

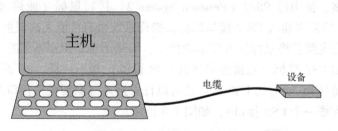

图 1.2   USB 系统的基本架构

最常见的 USB 主机就是 PC，它主导着整个 USB 系统的数据传输。USB 设备实在太多了，日常生活中使用频繁的包括智能手机、U 盘、移动硬盘、数码相机、打印机、游戏手柄、摄像头、网卡等。当然，作为工程师的你还可能会购买逻辑分析仪、示波器、噪声计等其他一些使用 USB 接口的仪器仪表。对于现阶段的我们，仅需要特别注意主机与设备之间的主要区别：主机可以向设备发送数据，设备也可以向主机发送数据，但 **USB 系统的数据传输只能由主机启动，设备只是根据主机的需要被动响应。在任何时候，USB 系统仅允许存在一个主机**。通俗来讲，USB 设备就是"傀儡"，它什么时候做什么完全取决于 USB 主机，不能擅自做主。我们进一步将**从主机往设备方向的数据传输**称为下行（Downstream）通信，反之则称为上行（Upstream）通信。也就是说，上行与下行的定义是**以主机为参考的**。

由于 USB 系统的数据传输存在于主机与设备之间，也就意味着：**设备与设备、主机与主机之间无法直接进行数据传输**，这可能会带来一些应用上的不便。例如，我想将数码相机中的照片保存到移动硬盘，通常需要将它们都与 PC 连接后，再将照片复制到移动硬盘中。但如果在野外进行拍摄作业，也就意味着还需要另外携带一台主机（或存储空间足够大的存储卡）。为解决此问题，后来增加的 USB OTG（On The Go）标准则允许设备切换成为主机，这样就能够实现数码相机与移动硬盘之间数据的直接传输，现在很多智能手机也支持 USB OTG 功能。

USB 互连线缆通常包含 4 条线（USB OTG 标准增加了一条区分主机与设备身份的信号线，本书不涉及），即用于电源供电的 VBUS 与 GND，以及用于数据传输的**双向差分信号线 D+ 与 D−**（有时也称 D+ 与 D−，即 Plus 与 Minus），如图 1.3 所示。

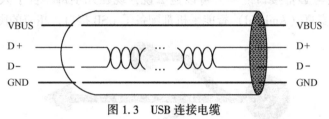

图 1.3　USB 连接电缆

那么 USB 为何能够风靡全球呢？当然是由于它易于使用，这主要体现在 USB **安装配置便捷、兼容性好、传输速度快、端口扩展简易、供电简单、接口体积小**等方面。

安装配置便捷主要体现在 USB 支持热插拔（Hot Swap）与即插即用（Plug and Play, PnP），这两点对于提升用户体验非常重要。USB 接口支持热插拔，意味着在 PC 处于上电状态下可以随时断开或连接 USB 设备，而不会对 PC 或外部设备造成损伤，但以前的老式接口一般不允许这么做。使用过 PS/2（Personal System 2）接口鼠标（或键盘）的读者应该知道，如果在 PC 开机后再插入 PS/2 接口鼠标，操作系统很有可能无法识别（需要重启）。有些主板还需要按指定颜色将鼠标插入指定的接口，插错了也是识别不了的，其他串口或并口也是如此。但使用 USB 鼠标（或键盘等其他 USB 设备）却不一样，PC 开机后，随时插入，随时可以使用，而且 PC 所有的 USB 接口都可以任意插入（只要硬件接口类型对应即可，并不限定必须插入到哪一个 USB 接口），如图 1.4 所示。

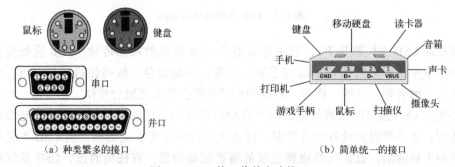

（a）种类繁多的接口　　　　　　　　（b）简单统一的接口

图 1.4　USB 接口代替老式接口

USB 接口的一些设计细节就是为了实现支持热插拔的，其内部共有 4 根金属导体（可以称为"金手指"），外侧两根较长的分别是供电电源线 VBUS 与 GND，内侧两根较短的分别是数据线 D+ 与 D-，如图 1.4（b）所示。当我们将 USB 设备插入主机时，外侧电源线首先连接并对设备进行供电，而中间的数据线能够在通电状态下进行数据交换。相反，当从主机拔出设备时，则先断开数据传输，确保数据不会因断电而丢失，然后再将设备电源切断，这样也就能够保证在插拔过程中对主机系统及 USB 设备不产生影响。而 USB 设备在与主机连接后能够马上使用，是因为支持 PnP 的 Windows 操作系统（本书如无特别说明，均针对 Windows 操作系统）会为插入的 USB 设备选择与加载合适的驱动程序（后续还会进一步详细讨论）。

兼容性好也是注重用户体验的重要表现。USB 的最初版本为 1.0，之后依次经历了 1.1、2.0、3.0、3.1、3.2、4.0 等版本，兼容性好就意味着**新版本兼容旧版本**（通俗地说，如果旧版本能用，那么新版本也能用），**即向后兼容（Backward Compatibility）**。例如，你有一个旧的 USB 鼠标，其 USB 总线版本为 1.0，那么即便与 USB 2.0 主机连接，同样可以正常使用，是不是非常方便！实际上，USB 2.0 的低速与全速分别对应 USB 1.0 与 USB 1.1 版本，只不过更换了一个名称而已。各种 USB 总线版本及其特点如表 1.1 所示，其中，"bps"表示比特率（bit per second），即单位时间内传输的比特数。

表 1.1　各种 USB 总线版本及其特点

USB 总线版本	理论最大数据传输速率	速率称号	最大输出电流	推出时间
1.0	1.5Mbps	低速（Low-Speed）	5V/500mA	1996 年
1.1	12Mbps	全速（Full-Speed）	5V/500mA	1998 年
2.0	480Mbps	高速（High-Speed）	5V/500mA	2000 年
3.0（3.2 Gen1）	5Gbps	超高速（Super Speed）	5V/900mA	2008 年
3.1（3.2 Gen2）	10Gbps			2013 年
3.2（3.2 Gen2×2）	20Gbps		20V/5A	2017 年
4（4 Gen 2×2）	20Gbps			2019 年
4（4 Gen 3×2）	40Gbps			

从严格意义上来讲，USB 2.0 就代表着"支持高速模式"，至少当提到"USB 2.0 主机"时通常是如此。但是由于 USB 向后兼容的特性，很多厂商给不支持高速模式的 USB 芯片或设备也冠名了"USB 2.0"，只是会换成类似"与 USB 2.0 规范全速兼容"的宣传方式（本质是 USB 1.1），本书使用的 STM32F103x 系列单片机就是这样。换句话说，在实际应用中，我们无法仅从"USB 2.0"字样获得芯片或设备真正支持的速率。**本书如无特别说明，所述内容均针对 USB 2.0。**

USB 3.0 及以上版本的命名比较多，普通用户不容易分辨清楚，因为官方在发布 USB 3.1 时进行了一次版本重命名，也就是将原来的 USB 3.0 更改为 USB 3.1 Gen 1，表示第一代（Generation）USB 3.1；原来的 USB 3.1 则更改为 USB 3.1 Gen 2，表示第二代 USB 3.1。如果这还不足以让你感到混乱，官方在发布 USB 3.2 时又开始了新一轮如表 1.1 所示版本的重命名。简单地说，USB 3.0、USB 3.1 Gen 1、USB 3.2 Gen 1 是一个"东西"，USB 3.1、USB 3.1 Gen 2、USB 3.2 Gen 2 也是一个"东西"。也就是说，以后没有 USB 3.0、USB 3.1 的官方说法了，USB 2.0 后面直接就是 USB 3.2，本书描述过程中也同样遵循最新官方命名规则。如果某个商家使用类似"我这个 USB 3.1 接口铁定比别家 USB 3.0 接口的数据传输速率要快呀"之类的说法对你进行连番营销轰炸，请务必打起十二分精神，可不要被"忽悠"了。

刚刚提到的"官方"指的是 USB 开发者论坛（USB Implementers Forum，USB-IF），它是由 USB 规范制定公司建立的非营利性组织，致力于推广并发展 USB 技术，其官方网站为 www.usb.org，本书涉及的所有 USB 相关规范均可从该网站免费下载。

值得一提的是，现如今 USB 1.1 与 USB 1.0 设备已经越来越少了，支持更高传输速率的 USB4（不是 USB 4.0，之间也没有空格）也将不再兼容。

传输速度快也是 USB 应用广泛的主要因素之一，它的数据传输速率也许不是所有总线中最快的，但对于大多数应用已经足够。USB 2.0 版本支持低速、全速与高速三种速率规格，相应的理论最大数据传输速率分别为 1.5Mbps、12Mbps 与 480Mbps，更加令人兴奋的是，最新的 USB4 规范支持的传输速率可达到 40Gbps。虽然 USB 实际有效数据传输量小于理论最大传输速率（因为总线状态、控制与错误监测等功能也需要一定的数据开销），但 USB 2.0 最大传输速率仍然可超过 50Mbps（总线空闲时最快传输类型的理论值），远高于一般的串口。

供电简单能够简化 USB 设备的硬件设计。以往我们使用的串口或并口只是单纯地作为通信之用，这意味着产品需要单独的电源输入，增加了系统的复杂度（你至少得增加电源电路）。而从表 1.1 可以看到，USB 接口都可以向外提供一定功率的电源。例如，USB 2.0 的输出电压为 5V，输出电流的最大值为 500mA，如果 USB 设备消耗的功率不超 2.5W，则可以使用 USB 接口直接供电，USB 鼠标与键盘就是典型应用。从 USB 3.2 Gen 1 开始，USB 接口的供电功率进一步提升到了 4.5W，USB 3.2 Gen 2 则将电力传输协议进行了重新设计，支持 USB 功率传输（Power Delivery，PD）的设备可以提供最大 100W 的输出功率，可以实现快速充电的功能。

端口扩展能力对于很多用户也很重要。以前的 PC 通常最多会各配置一个并口与 RS232 串口，假设使用并口连接打印机，那如何连接其他也使用并行接口的产品呢？如果不嫌麻烦，就拔下来重新插入。即便具备高技术水平的你有能力设计一个并口扩展模块，但对于大多数普通人而言却并不太现实。更何况，最新的 PC 已经不再提供串口与并口了。

再如，以往进行单片机开发时会使用串口，但是通常 PC 只会携带一个，很有可能出现不够用的情况。现在应用非常广泛的**USB 转串口设备**却可以将串口取而代之，能够接入的**USB 转串口设备**的数量仅取决于 USB 可用接口，而 USB 可用接口则可以通过 USB 集线器（Hub）轻松进一步扩展，它与网络集线器的功能相似。例如，学校每个寝室都有很多人，每个人都有一台 PC，但网络电缆只有一根，怎么办？用网络集线器就可以解决这个问题！USB 集线器存在的意义也是相似的，相应的扩展连接如图 1.5 所示。

USB 设备按功能可分为两大类：一类为**USB 集线器**（Hub），另一类为**USB 功能**（Function）**设备**。前面提到 USB 设备（除 USB 集线器外）都属于**功能设备**，它们都各自提供了一些特定的功能。例如，U 盘能够存储数据，示波器能够采集数据。大多数情况下，我们所做的开发工作都是针对 USB 功能设备的。本书如无特别说明，涉及的"设备"就是指功能设备。

理论上，USB 主机可以通过 USB 集线器扩展最多 127 个下行接口，但 USB 集线器的**级联层数**也是有限制的，USB 1.1 与 USB 2.0 分别最多可支持 4 层与 6 层（不含最后一级功能设备），主机的根集线器（Root Hub）也视为一层，USB 2.0 的扩展拓扑结构如图 1.6 所示。

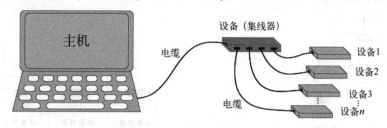

图 1.5　USB 集线器扩展连接

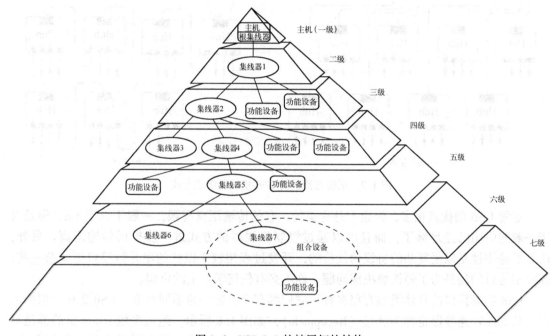

图 1.6　USB 2.0 的扩展拓扑结构

这是一种阶梯式星形（Tiered Star）拓扑的 USB 扩展结构，每一个星形中心就是一个 USB 集线器（控制芯片），而每个 USB 集线器都只有一个上行口，进行扩展时只需要将其与**上一级 USB 集线器的下行口连接**即可。组合（Compound）设备则是将一个或多个功能设备与集线器组合在一起，其本质也是将功能设备与集线器下行口连接，我们可以将其理解为不可拆卸的功能（Non-removable Function）设备。例如，现在推出一个自带 U 盘的集线器，它将 U 盘功能设备与集线器的某一个下行口连接（在产品外面看不到），其他下行口则开放给用户作为集线器使用，这就是一个组合设备。

一般厂家在设计 USB 2.0 集线器产品时会使用同一款芯片，但是比较常用的 USB 集线器控制芯片只有 4 个或 7 个下行口（也就是我们所说的"1 拖 4"与"1 拖 7"），为了扩展更多的下行口，只能采用多个 USB 集线器控制芯片级联的方式，但是在扩展时要注意：**下行接口的总数量不能超过 127 个，并且集线器级联的层数不能大于 5**（对于 USB 2.0 主机，因为根集线器也占用了一层）。图 1.7（a）为正确的"1 拖 32"集线器级联方案，图 1.7（b）扩展的下行接口数量虽然没有超过 127 个，但 USB 集线器的级联层数已经超过 5，属于错误的级联方式。

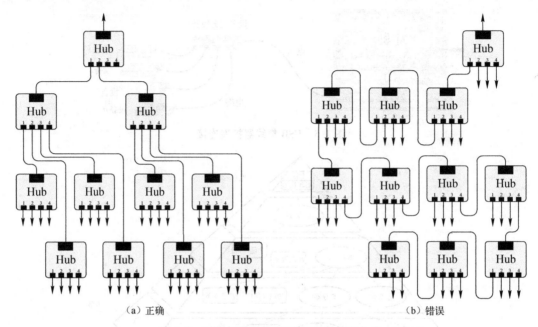

（a）正确　　　　　　　　　　　　　　　（b）错误

图 1.7　正确与错误的 USB 集线器级联方式

　　尽管 USB 的优点很多，但也不是完美的，它的传输距离有限，一般不大于 5m，但是对于一般的应用已经足够了，而且可以通过级联集线器的方式进一步扩展传输距离。另外，USB 的易用性是以更复杂的协议为代价的，开发过程相较于以往的串并行接口更复杂一些，而本书的目的就是为了轻松解决该问题，你不必有任何学习上的负担。

　　USB 物理接口的具体类型有很多种，它们都有自己适用的不同场合。USB 2.0 常用的母口（Female）连接器也称为插座（Receptacle），如图 1.8 所示。绝大多数 PC 配备的都是呈矩形的 A 型（Type A）母口，而呈方形的 B 型（Type B）母口则多用于设备（如打印机、投影仪、扫描仪等）。迷你（Mini）母口的使用已经越来越少了，微（Micro）B 型母口的应用则越来越多（A 型母口已经淘汰），因为其体积更小，在本书尚未出版前，它也是绝大多数安卓智能手机的标配接口。另外，公头与母口是配对使用的，也称为插头（Plug），不匹配的公头是无法与母口连接的，具体规格可以参考 USB 2.0 规范，此处不再赘述。

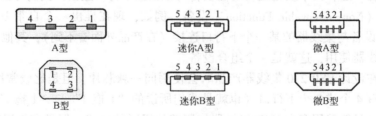

图 1.8　USB 2.0 常用的母口连接器

USB 3.2 又增加了几种连接器，如图 1.9 所示。其中，A 型与 B 型接口与 USB 2.0 是兼容的，只不过增加了 USB 3.2 独有的两对差分线（分别输入与输出）引脚。微 B（A）型接口看似有些"奇葩"，其实它由两部分组成，主要是为了兼容 USB 2.0 的微 B（A）型接口，因为较长的那部分与 USB 2.0 标准的微 B（A）型接口定义是一致的，但是由于其体积比较大，这种接口的应用非常少。C 型接口应该是大势所趋，其体积与 USB 2.0 微 B 型接口相似，但支持更多可用于 USB 3.2 的数据线，而且接口没有正反方向区分（Reversible）。在本书尚未出版前，已经有不少厂家开始将这种接口应用于智能手机，但是这并不意味着一定支持 USB 3.2 规范，它只不过使用了物理接口中用于 USB 2.0 的数据线而已。

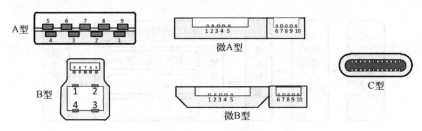

图 1.9　USB 3.2 对应的母口连接器

第 2 章 我们需要做什么

前面已经初步介绍了 USB 的基础知识，是时候开始着手 USB 设备开发了。我们先来看看完整开发一个 USB 设备需要做些什么，这有助于从宏观上建立 USB 设备开发的概念，如图 2.1 所示。

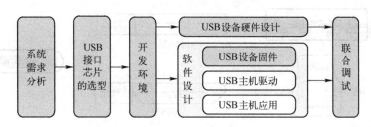

图 2.1 完整的 USB 设备开发流程

USB 设备开发的首要步骤便是对系统需求进行分析，它的目的就是解决这样一个问题：**你打算采用什么方案来开发 USB 设备呢？** 不同方案的实现，其复杂程度与开发周期会完全不一样，这需要结合自己的项目来决定，包括设备类型、功能、数据传输类型与速率、硬件资源、成本、功耗等。

既然是进行 USB 设备的开发，必然最终会有一个能够拿在手里（实实在在）的东西，这就属于硬件范畴。例如，USB 鼠标内部通常会有印制电路板模块（Printed Circuit Board Assembly，PCBA），上面安装了一些"采集滚轮位置与轻触按键状态信息并发送到主机"的电路，也就是我们讨论的硬件，而系统需求分析的最后落点就在于**USB 接口芯片的选型**。

现如今市面上的 USB 接口芯片总体上可以分为**单纯的 USB 接口芯片与带 USB 接口的单片机**两大类，它们在硬件层面的区别如图 2.2 所示。

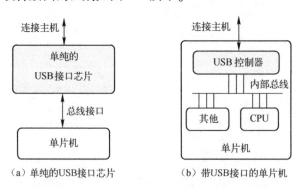

（a）单纯的 USB 接口芯片　　（b）带 USB 接口的单片机

图 2.2 两种 USB 接口芯片在硬件层面的区别

单纯的 USB 接口芯片只负责与 USB 主机进行通信，通常仅包含直接与外部电信号打交道的物理层（Physical Layer，PHY），以及处理底层 USB 协议的单元，所以还需要另一个处理器实现其他更高层面的协议处理与数据交换，如菲利浦公司（Philips）生产的 PDIUSBD12 芯片（现已停产）。这类芯片提供了一些接口供处理器进行控制，不同厂商的 USB 接口芯片在 USB 协议上会有着不同程度的支持。所谓的"支持"，是指 USB 协议由软件还是硬件来实现，因为 USB 协议在**逻辑**上分为很多层，具体的实现方法可以是硬件或软件。接口芯片的硬件实现层面越多，成本越高，但速度会更快，软件编程方面也会更简单。**带 USB 接口的单片机**则将**USB 接口芯片**集成到了单片机中，将其作为一个 USB 控制器挂在内部总线，这样我们就可以像访问单片机中其他诸如 SPI（Serial Peripheral Interface）、I²C（Inter-Integrated Circuit）等总线控制器一样，只需要访问为其分配的一些寄存器或缓冲区即可，是不是很简单！相应的典型芯片是由赛普拉斯公司（Cypress）生产的基于 51 内核的 CY7C68013。简单地说，**带 USB 接口的单片机**属于单芯片解决方案。

那么实际进行 USB 设备应用开发时选择哪种好一些呢？主要考虑因素还是**成本**。**单纯的 USB 接口芯片**成本低，接口使用也方便，即使现有产品需要重新设计时也不需要做很大的改变，非常有利于整合与重用现有资源。例如，你们公司所有产品如果都在使用某几款基于 51 内核的单片机，那么在进行新的 USB 设备开发时，肯定也希望能够重用它们，这样有利于共享其他资源，而且开发工程师对相应单片机已经非常熟悉，也就能够缩短开发周期，提前一步将产品推出去，这些都有利于降低成本。**带 USB 控制器的单片机**的优势当然是更简单，但它不一定与你们公司现有的单片机内核相同，开发者可能需要重新学习。更重要的是，如果某一天需要切换到另一款**带 USB 控制器的单片机**更是困难，源码移植可得费不少工夫。如果采用**单纯的 USB 接口芯片**，则没有这个问题，USB 接口芯片即使进行了更换，单片机源代码只需要修改与 USB 接口芯片通信的那部分即可。

本书为了阐述的方便，决定采用**带 USB 控制器的单片机**，即基于 ARM 32 位 Cortex-M3 内核的 STM32F103C8T6 单片机，它集成了 USB 2.0 全速控制器。需要特别注意的是：**本书虽然使用 STM32F103C8T6 作为阐述平台，但并没有对与 USB 控制器无关的其他模块进行深入探讨，因为本书旨在详尽阐述 USB 设备的开发思路及透彻理解 USB 2.0 规范，这对于所有平台都是通用的。换句话说，只要你需要学习 USB 设备开发，无论使用的单片机型号与本书是否相同（包括其他厂商带 USB 控制器的单片机，或单纯的 USB 接口芯片），本书所述内容对你都是适用的。**

USB 接口芯片选型完成后，就开始进入 USB 设备的硬件设计环节，包括原理图与 PCB 设计、PCB 制造、元器件采购及焊接调试等步骤，如图 2.3 所示。值得一提的是，现如今网络电商已经非常发达了，不仅仅是元器件采购，即使是 PCB 制造也能够轻松找到 PCB 厂商，我们只需要到相应的官方网站自助上传 PCB 生产文件（通常是 PCB 光绘文件）下单，再等待比较短的周期就能够（通过快递方式）收到制作完成的高质量 PCB，跟以前在学校使用机器手工制作单面 PCB 相比，实在是太方便了。

图 2.3　USB 设备的硬件设计

USB 设备的硬件设计完成之后，就得着手 USB 设备的软件设计了，我们将最终**下载**(也常称为 "烧写" 或 "编程") 到单片机内部只读存储器（Read-Only Memory，ROM）的程序称为固件（Firmware），它是 USB 设备的核心，通常总是会完成至少一个功能。例如，对于 USB 鼠标设备，固件的作用是采集用户的操作信息并将其上传到主机。对于使用 USB 接口的逻辑分析仪，固件的作用是根据主机设置的数据采集参数，将采集到的参数回传给主机。为了区别于主机端的软件设计，我们称为**USB 设备的固件设计**。

　　一般说来，硬件方案确定之后，相应 USB 设备的**开发环境**也就基本确定了。为什么这样说呢？因为芯片的制造厂商并不单纯地制造出芯片就完事了，为了让客户更容易地使用而达到快速占领市场的目的，总会有单独的部门进行演示板（Demonstration，DEMO）或评估板（Evaluation Board，EVB）的设计与开发，笔者曾经入职过的某集成电路设计公司的客户服务（Customer Service，CS）部门就是做这种事情的。简单地说，评估板存在的意义就是**将厂商制造该芯片的市场战略意图表达出来**，它通常包含相关的硬件原理图、PCB 文件、物料清单（Bill of Material，BOM）、数据手册（Datasheet）、设计说明书及必要的软件例程等。通俗地说，评估板就是想告诉你：**我这个芯片可以做什么？如果你要快速使用它，应该怎么做？**

　　评估板在芯片推广过程中扮演了非常重要的角色，它不仅存在于很多简单的纯硬件类芯片中，对于稍显复杂（或需要单片机控制）的芯片更是如此，USB 接口芯片的底层还是有些复杂的，所以相应的芯片厂商**必然会准备好配套的评估板**。

　　当我们开始设计 USB 设备固件时，一般都会直接参考厂商发布的固件例程。例如，将相关源代码复制到自己原来产品的工程目录下。当然，也有更直接的方式：**直接在厂商发布例程的基础上更改**！有些人可能会想：这也太没有技术含量了吧？我要重新编写固件来体现自己非凡的技术水平！行，你想这么做我当然不会阻止，但你的老板肯定不会答应，既然有现成且经过验证的成熟案例参考，为什么还要自己重新编写呢？在这方面，我还是跟你的老板站在同一战线的，因为芯片厂商肯定对自己的产品理解更深刻，发布的例程相对而言会更稳定。在极端情况下，芯片本身可能存在一些设计缺陷，需要在固件层面进行弥补，这种情况我们通常是无法知道的。有些芯片厂商会针对内部与外部（客户）开放两套数据手册（披露的细节不一样），所以我劝你还是别打 "重新设计固件" 的主意了！

　　对于有些 USB 设备，设计完硬件电路与设备固件后，整个 USB 设备开发流程**可以算是完成了**。有些人会想：好像不对吧！不是听说还要开发主机端的**设备驱动程序**与应用程序吗？这里可以回复：**它们并不是必需的步骤！**当你购买 USB 鼠标或键盘时，恐怕很少听说还要安装驱动或应用程序吧！换句话说，**是否需要设计 USB 主机端的设备驱动程序与应用程序，取决于你开发的 USB 设备的具体功能**。Windows 操作系统为了方便用户使用 USB 总线与主机进行通信，已经提供了很多 USB 标准设备类驱动程序，如果你开发的 USB 设备符合某一种标准设备类，那么设备驱动程序的开发并不是必需的。例如，USB 鼠标与键盘就不需要开发驱动程序与应用程序，因为它们是按照一定的规范（格式）向主机传递数据的，操作系统有能力进行适当的解析。

　　当然，是否需要开发设备驱动程序，还取决于选择的开发方式，即使两个 USB 设备的功能完全一样，你可以选择**按某类标准设备进行开发**，也可以**自行开发设备驱动程序**。选择前者就意味着不需要单独开发设备驱动程序（甚至应用程序），带来的好处就是开发流程简洁且周期短，大多数简单的 USB 设备都可以这么做，而缺点在于**无法最大限度地挖掘 USB 设备的潜力**。换句话说，USB 主机只能以一定有限的能力与 USB 设备打交道。如果你对 USB 设备开发已经非常熟悉了，开发周期对你来说也完全不是事，而且对 USB 设备要求比较高，那么你也可以选择自行开发设备驱动程序。

设备驱动程序的具体开发形式也有几种，Windows 2000/XP/2003 平台采用 Windows 驱动模型（Windows Driver Model，WDM），使用相应的驱动程序开发包（Driver Developer Kit，DDK）是开发方式之一，但是它对开发者要求比较高，可以理解为专门开发驱动的工程师采用的方式（简单地说，开发难度大）。为了简化驱动程序的开发，康博（Compuware）公司开发的 DriverStudio 软件平台对 DDK 进行了封装，使用起来更加方便，减少了开发时间，曾一度成为**设备驱动程序**的主流开发方式之一。后来，微软对 WDM 进行了优化，推出了全新的 Windows 驱动框架（Windows Driver Foundation，WDF），并提供相应的驱动开发包（Windows Driver Kit，WDK），它提供了面向对象和事件驱动的驱动程序开发框架，大大降低了开发难度，也直接导致了 DriverStudio 软件平台退出了历史舞台（不再支持最新的操作系统），掌握 Windows 设备驱动程序的开发人员，由过去的"专业"人士变为"普通"大众。

随着时代的快速发展，**设备驱动程序**的开发也已经变得更加简单了，即使我们**不编写任何一行核心驱动程序代码**，也能够轻松访问操作系统上的任意一个 USB 设备，只需要安装 USB 通用设备驱动程序即可，WinUSB 与 LibUSB 就是目前应用广泛的两种，前者由微软提供且仅适用于 Windows 操作系统，后者则适用于包含 Windows 在内的多种操作系统，也是本书重点讨论的对象。

如果实在有必要，可能还需要开发与 USB 设备配套的**应用程序**，你可以将其理解为"能够进行数据分析、展示、控制等功能"的窗口界面（当然，也可以没有窗口界面）。如果你的 USB 设备不需要这样的功能，那就不需要做什么。例如，USB 鼠标就不需要开发对应的**应用程序**，我们直接将其插入主机的 USB 接口就可以使用。而很多诸如逻辑分析仪、示波器等 USB 设备还会配带相应的**应用程序**，设备采集完数据发送到主机之后，还需要配套的**应用程序**进行数据分析并以图形的方式展示出来方便观察，此时**应用程序**设计就是必需的步骤。换句话说，如果 USB 设备往主机传输的数据需要**特定应用程序**去解析，通常就需要进行**应用程序**的设计。

使用成熟的框架是 Windows **应用程序**的主要开发手段，比较常用的有 MFC（Microsoft Foundation Class，微软基础类库）、.NET 与 QT。其中，MFC 与 .NET 是微软提供的框架（相应的开发工具为 Microsoft Visual Studio），后者更是微软当前主推的框架，QT 是一个跨平台的 C++图形用户界面应用程序开发框架。本书决定选择 MFC，因为其相关学习资料很丰富，非常有利于初学者快速定位开发过程中的问题所在。当然，你并不需要对 MFC 很熟悉，我们只会使用向导创建一个对话框应用程序，并在其中编写一些用来访问 USB 设备的简单源代码。你也可以根据自身的知识储备选择其他熟悉的框架，只要在 Windows 平台下进行 USB 主机应用程序的开发，不同开发框架的选择对理解相关内容并没有影响，关键在于掌握 **Windows 平台下访问 USB 设备的基本原理**。

第 3 章　我们将要实现什么

在简要介绍了 USB 设备的开发流程之后，我们将正式进入 USB 设备的开发阶段。首先需要明确：**要实现的 USB 设备是什么？它有哪些功能？具体怎么操作？**这些属于系统需求分析阶段，因为只有清晰认识产品最终实现的功能，才能有的放矢地进行 USB 接口的芯片选型及后续软硬件的开发工作。

我们要实现的 USB 设备包含 4 个发光二极管（Light Emitting Diode，LED）与 8 个轻触按键（其中一个具有复位功能），它们的状态可以通过主机进行控制或读取，其硬件模块的大体分布如图 3.1 所示（不需要很精确，只为方便后续描述）。

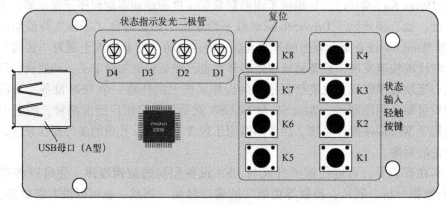

图 3.1　USB 设备硬件模块的大体分布

该 USB 设备硬件的核心是一款基于 ARM Cortex-M3 内核的 STM32F103C8T6 单片机，其内置的 USB 控制器的外部信号线与 A 型母口连接（如果自行设计硬件模块，只要有合适的连接线缆，那么使用图 1.8 中的任意一种都可以），4 个 LED 可以根据主机发送的数据切换亮灭状态，主机也可以读取 7 个按键的状态（按键 K8 为复位）。由于设备消耗的电流比较小，所以决定直接使用 USB 主机提供的+5V 电源供电。当我们将设计好的固件下载到单片机后，将 USB 设备通过 USB 线缆与主机连接后就可以进入工作状态了。

对 USB 设备的控制是通过配套的应用程序完成的，最终的界面如图 3.2 所示。

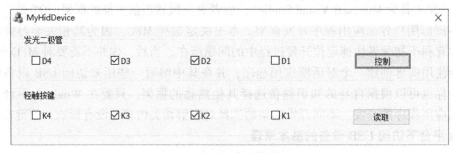

图 3.2　应用程序最终的界面

在默认情况下（USB 设备未与主机连接时），"控制"与"读取"按钮均处于灰色禁用状态，一旦使用 USB 线缆将主机与 USB 设备连接后，主机检测到 USB 设备就会首先调整"控制"与"读取"按钮进入可用状态，然后可以进行如下两种操作。

（1）控制 USB 设备上 LED 的状态。发光二极管组合框中有 4 个复选框，它们分别对应 USB 设备上相同位号的 LED（**高有效**，即"勾选"表示 LED 处于点亮状态，"未勾选"表示 LED 处于熄灭状态）。当你单击"控制"按钮后，USB 设备上的 LED 就会立刻进行相应的状态转换。

（2）读取轻触按键的状态。轻触按键组合框中也有 4 个复选框，它们分别对应 USB 设备上相同位号的按键（**高有效**，即"勾选"表示按键处于按下状态，"未勾选"表示按键处于弹起状态）。当你单击"读取"按钮时，应用程序会根据按键（K1 ~ K4）的状态对复选框进行相应的状态更改。

有些读者可能想说：这个应用也太简单了吧！设计一个方波信号发生器或模拟电压测量之类的应用不是更好吗？这里的回复是：没有必要！因为我们已经提过：**本书旨在详尽阐述 USB 设备的开发思路及透彻理解 USB 2.0 规范**。如果设计一些相对复杂的应用，就意味着必须对单片机中其他**与 USB 控制器无关**的模块做过多阐述。例如，方波信号发生器功能需要使用定时器（Timer），模拟电压测量功能需要使用模数转换器（Analog to Digital Converter, ADC），这些都已经偏离了本书撰写的初衷：**避免与某个开发平台有过多的依赖**。除 USB 控制器外，本书还详细介绍了 STM32F103C8T6 单片机中最简单的通用的输入/输出（General-Purpose Input/Output, GPIO）模块，它用来控制 LED 与读取按键的状态，这种简单应用对于所有平台都是适用的，因为具体的开发平台是多种多样的（很可能你的开发平台与本书并不相同），即使我们使用某款单片机设计了某些比较复杂的应用，对你也未必有多大的参考价值，而且还分散了学习 USB 设备开发与理解 USB 2.0 规范的精力。但是，只要你掌握了 USB 设备的开发思路，即使开发平台完全不一样，对 USB 设备开发也没有多大影响。

USB 只是一种数据传输方式，本质上与 SPI、I²C 等总线的数据传输方式并无不同。只要你能够通过 USB 将数据发送到 USB 设备，或将数据从 USB 设备读取出来，就已经达到了本书的目的，至于你使用这些数据做些其他什么具体应用，就不是本书关心的了。

在实际进行 USB 设备开发时，我们采用了 3 种方案（配套应用程序的界面与功能完全一样），你不仅能够亲身体验不同方案的开发难度，轻松掌握不同的 USB 设备开发流程，对 USB 2.0 规范也会有更深刻的理解，而且还有能力进行设备固件内核层的编程。另外，我们还会开发一些诸如 USB 鼠标、USB 键盘、USB 大容量存储、USB 转串口、USB 声卡等常用设备，这些都有助于读者透彻理解与应用 USB 相关的其他规范，下面就从设计 USB 设备的硬件电路开始吧！

第4章　USB 设备硬件电路设计

本书要实现的 USB 设备是一个基于 STM32F103C8T6 单片机的最小系统，其相应的电路原理图如图 4.1 所示。

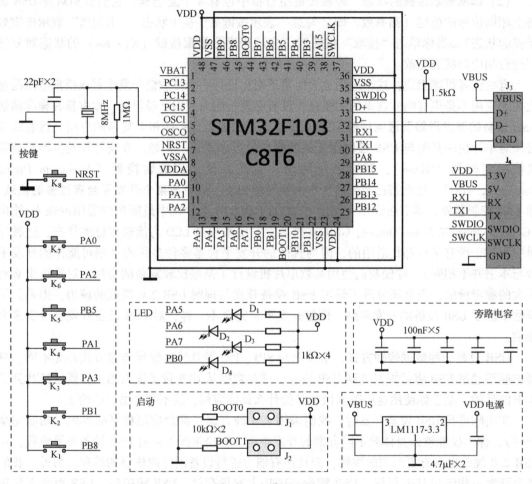

图 4.1　电路原理图

为了让 STM32F103C8T6 单片机能够正常工作，首先必须给其供电引脚提供合适的电源电压。VDD 与 VSS 分别为单片机内部数字逻辑电路的供电电源与公共地引脚，将它们分别连接起来一起供电即可。为保证电路工作的稳定性，还为每一对 VDD 与 VSS 引脚配置了一个 100nF 的旁路电容。VDDA 与 VSSA 是单片机内部模拟电路（如模数转换器、RC 振荡器、锁相环等）的供电引脚，我们将它们分别与 VDD 与 VSS 连接，并且配置了一个 100nF 的旁路电容。

那么 STM32F103C8T6 单片机的电源供电电压应该是多少呢？根据其数据手册中的说明，VDD 供电范围为 2~3.6V。如果对功耗有较高要求，则可以考虑使用低压供电（如 2.4V）。此处我们并没有特殊要求，所以选择了更常用的 3.3V，它由型号为 LM1117 的低压差线性调整器（Low Dropout Regulator，LDO）芯片从 USB 接口（J_3）的 VBUS（+5V）获得，LDO 芯片输入与输出引脚并联的 4.7μF 的旁路电容可以进一步保证工作的稳定性。

我们还需要配置一个**振荡时钟源**作为系统工作时钟，这样单片机才能按一定的时钟频率执行程序代码。STM32F103C8T6 单片机的系统工作时钟可以来源于内部 RC 振荡器或外部晶体。如果仅仅作为一般的应用（要求不高），则可以考虑选择 RC 内部振荡源，这样可以简化电路设计而降低硬件成本。由于 USB 的传输速率比较高，对时钟频率的稳定度要求更高，因此我们决定采用外挂晶体（频率范围为 4~16MHz，本例为 8MHz）的方案，它与两个匹配电容（典型的容值范围为 5~25pF，本例为 22pF）及一个反馈电阻（阻值为 1MΩ）配合单片机的内部电路构成振荡源。

如果需要**复位功能**，也可以如图 4.1 所示连接一个轻触按键，由于 NRST 引脚内部已经集成了约 40kΩ 的上拉电阻，因此并没有再额外连接上拉电阻。

大多数单片机经过电源、振荡时钟、复位相关引脚的处理后即可正常工作，但对于 STM32F103FC8T6 单片机仍然不够，还必须设置正确的启动模式（Boot Mode），相关的两个引脚为 BOOT0 与 BOOT1，其功能如表 4.1 所示。

表 4.1　引脚 BOOT0 和 BOOT1 的功能（启动模式）

启动模式选择引脚		启 动 模 式
BOOT1	BOOT0	
–（不关心）	0	主 Flash 存储器
0	1	系统存储器
1	1	内置 SRAM

主 Flash 存储器（Main Flash Memory）是将固件下载到单片机后的目标存储区，其功能与前述用来存储固件的 ROM 相同，只不过 Flash 存储器是可读可写的，也是目前单片机固件的主流存储器，芯片正常工作时会从该区域启动程序执行过程，这也是产品出货时应该设置的启动模式。**系统存储器**（System Memory）是芯片内部一块特定的 ROM 区域，STM32 单片机出厂时在该区域预置了一段启动代码（Boot Loader），也就是我们常说的在系统编程（In System Program，ISP）程序（出厂后无法修改），它提供了串口下载程序的固件，可以借此将固件下载到**主 Flash 存储器**中。**内置 SRAM**（Embedded SRAM）模式一般用于程序调试，大家了解一下即可。

总体上，如果使用 JTAG 或 SWD 接口下载固件，使用**主 Flash 存储器**启动模式即可。当然，这两种接口需要使用特殊的固件下载器。如果你手中只有串口，而你又不想花钱置办 JTAG 或 SWD 接口下载器，那么你可以先将单片机设置为**系统存储器**启动模式，这样即可将固件下载到**Flash 存储器**，但需要注意的是：**每次下载固件成功后，仍然需要重新切换到主 Flash 存储器启动模式，然后复位（或重启电源）才能正常运行。**

为了方便后续的硬件调试工作，我们使用两个 10kΩ 的电阻将引脚 BOOT1 与 BOOT0 下拉到地（而不是直接将它们与公共地相连），这意味着默认的启动模式为**主 Flash 存储器**，这样在必要的情况下，我们仍然可以通过插座（J_1 与 J_2）调整 BOOT1 与 BOOT0 的电平状态而改变启动模式。

在完成**供电电源**、**振荡源**、**复位**、**启动模式**的电路设计后，STM32F103C8T6 单片机就可以正常工作了（还有一些其他引脚，我们不必理会，有兴趣的可自行参考相关资料），接下来的工作就是将需要使用到的引脚与相应的外围器件进行连接即可。

STM32F10x 系列的单片机（含 STM32F103C8T6）将所有使用到的 I/O 引脚划分为 PA~PG（共 7 组），每组最多有 16 个引脚（例如，PA 组包含的引脚为 PA0，PA1，PA2，…，PA14，PA15，其他以此类推），所以理论上最多支持 112 个 IO 引脚。当然，并不是所有 STM32F10x 系列的单片机都有这么多引脚。例如，STM32F103C8T6 单片机为 LQFP48 封装，最多可用的 IO 引脚数量为 32 个。当然，有些 I/O 引脚与一些特殊功能引脚是复用的。例如，USB 控制器的差分信号线 D+、D-分别对应 PA12、PA11，如果你要使用 IO 引脚控制 LED（或读取按键）的状态，这两个引脚自然是不能使用的（除非你的应用中没有使用到 USB 控制器）。表 4.2 列出了图 4.1 所示 USB 设备硬件中的 IO 引脚资源规划。

表 4.2　图 4.1 所示 USB 设备硬件中的 IO 引脚资源规划

IO 引脚	发光二极管	IO 引脚	轻触按键	IO 引脚	轻触按键	IO 引脚	程序下载
PA5	D_1	NRST	K_8	PA1	K_4	PA9	TX1
PA6	D_2	PA0	K_7	PA3	K_3	PA10	RX1
PA7	D_3	PA2	K_6	PB1	K_2	PA13	SWDIO
PB0	D_4	PB5	K_5	PB8	K_1	PA14	SWCLK

将 4 个发光二极管（$D_1 \sim D_4$）以**低有效**的方式与单片机的引脚相连，7 个轻触按键（$K_1 \sim K_7$）则以**高有效**的方式与单片机的引脚相连（K_8 为复位按键），同样也没有给这些引脚添加下拉电阻，因为我们可以在源代码中使能 STM32 单片机内部已经集成的下拉（或上拉）电阻。

最后，将 USB 控制器相关的 D+、D-信号线与 USB 接口连接即可。需要注意的是，D+ 与 D-属于差分信号对，在进行 PCB 布线时一般遵循"等长等距"的原则（等长优先），在要求较高的场合下，还需要进行线宽、线距的计算，并与 PCB 厂家联系进行阻抗控制。如图 4.2 所示为 USB 差分线 PCB 布线示例。

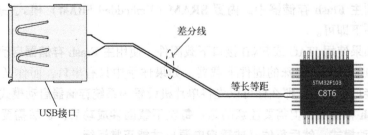

图 4.2　USB 差分线 PCB 布线示例

需要特别注意的是：**信号线 D+ 与 VDD 之间连接了一个 1.5kΩ 的上拉电阻**，为什么要这么做呢？它用来给"主机检测设备支持速率模式"提供判断依据！我们前面已经提过，USB 2.0 支持低速、全速与高速三种模式，那么主机通过什么来判断 USB 设备支持哪种模式呢？主机就是根据 D+ 或 D- 的引脚电平来判断 USB 设备是支持低速还是支持全速的。

USB 2.0 规范已经明确指出，主机（或集线器）端的 D+、D- 引脚均连接了阻值约为15kΩ 的下拉电阻，这也就意味着：**在没有 USB 设备与主机（或集线器）连接时，D+ 与 D-信号线都是低电平**。如果你的设备支持低速模式，则应该在信号线 D- 连接约 1.5kΩ 的上拉电阻，如果你的设备支持全速模式，则应该在信号线 D+ 连接约 1.5kΩ 的上拉电阻（上拉电平的范围为 3.0~3.6V，典型值为 3.3V），如图 4.3 所示。

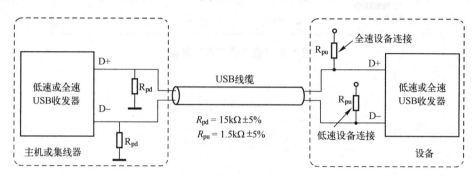

图 4.3　高速与全速设备的检测

在实际工作中，USB 主机会不断地（每隔一般时间）查询根集线器，通过检查信号线D+ 与 D- 的电平变化来了解 USB 设备的连接状态。当集线器检测到电平发生变化时，就会报告给 USB 主机（或者通过上一层的集线器报告给 USB 主机），这样就能检测到 USB 设备的插入了。换句话说，即使你只是通过一个电阻单纯地将主机端的信号线 D- 或 D+ 上拉到高电平，操作系统也会提示：**已经发现新硬件，但是无法识别该 USB 设备**。Windows 10 操作系统的提示如图 4.4 所示。

图 4.4　无法识别的 USB 设备

如果此时进入图 4.5 所示的"设备管理器"界面，就会发现"通用串行总线控制器"项下面增加了一项"未知 USB 设备（设备描述符请求失败）"，前面的 USB 图标上面挂了一个"带感叹号的黄色三角形"，这意味着该设备没有正确加载驱动程序。

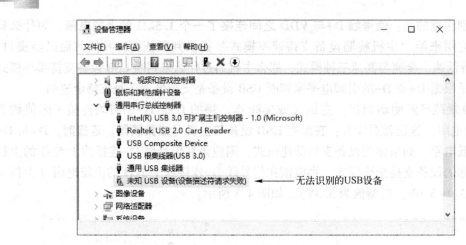

图 4.5　"设备管理器"界面

第5章 STM32单片机标准外设固件库

为了后续能够顺利进行 STM32 单片机开发，首先需要初步熟悉该平台对应的固件库，具体包括标准的**外围设备**（简称"外设"，可以理解为"控制器"）固件库（不同的单片机系列对应不同的固件库，STM32F103C8T6 对应 STM32F10x_StdPeriph_Lib）与 USB 全速设备固件库（STM32_USB-FS-Device_Lib）。也就是说，与 USB 控制器相关的固件库是分开的，我们先从标准的外围设备固件库切入。

有人可能会问：为什么要使用固件库呢？记得以前开发 51 单片机的时候可没这些？**直接访问底层寄存器就可以做项目呀**！实际上，STM32 单片机也可以采用**直接访问底层寄存器**的方式编程，但是由于 STM32 单片机比 51 单片机复杂得多，底层的寄存器数量也很庞大，直接访问它们还是会影响开发效率的，所以 STM32 单片机的生产厂商意法半导体（SGS-THOMSON Microelectronics，ST）推出了固件库，它将对底层寄存器访问的函数进行包装，并提供一套应用程序接口（Application Programming Interface，API）函数，我们只需知道在适当的时候调用哪些函数即可。

当然，本书并不是不讨论底层寄存器，只不过从固件库入手能够帮助你建立更宏观的概念，否则直接钻到一大堆寄存器当中就很难理清楚头绪了。我们很快就会使用简单的例子展示 API 函数与底层寄存器之间的映射关系。如此一来，即使你的开发平台与本书并不一致，也并不影响你对本书内容的理解。换句话说。固件库只是帮助我们理解 USB 控制器的工具，最终还是会深入硬件底层，毕竟我们要理解问题的实质所在，而不是简单地运行一个例程就完事了。

那我们应该如何使用固件库呢？一般在 main 主函数所在的文件中，**只需包含头文件 stm32f10x.h 即可**，它与 51 单片机开发中需要包含的头文件 reg51.h 具有等同的意义。但是前面已经提过，STM32 单片机是比较复杂的，所以**stm32f10x.h** 包含的信息量比较大（超过 8000 行代码），其中的细节暂时不必深究，后续有需要时再来讨论，但是你会看到其中又包含了几个头文件，如清单 5.1 所示。

清单 5.1 stm32f10x.h 头文件（部分）

```
//此处省略头文件中若干源代码行

#include "core_cm3.h"
#include "system_stm32f10x.h"
#include <stdint.h>

//此处省略头文件中若干源代码行

#ifdef USE_STDPERIPH_DRIVER
  #include "stm32f10x_conf.h"
#endif

//此处省略头文件中若干源代码行
```

core_cm3.h(.c)是由 ARM 公司提供的核心文件，它提供了进入 Cortex-M3 内核的接口，不需要对其进行修改，而 system_stm32f10x.h(.c)提供了设置系统与总线时钟的函数。ARM 是负责芯片内核架构设计的公司（Cortex-M3 内核就是其中之一），其本身并不制造芯片。ST（或其他有需要的厂商）获得 Cortex-M3 内核授权后，根据自己的市场战略制造出一系列具体的单片机（简单地说，就是在内核的基础上添加很多控制器，如 Timer、ADC、SPI、I^2C、USB 等）。ST 之类芯片的制造厂商卖出的每个芯片，都需要给 ARM 公司缴纳一定的费用，这就是 ARM 公司的营利模式。

由于多家厂商会从 ARM 公司获得 Cortex-M3 授权，但是它们的市场战略或本身拥有的资源不尽相同，最终制造出来的单片机自然也会有差异（内核仍然是一样的）。为了让使用相同内核的不同厂商单片机的源代码能够尽量保持兼容，ARM 与芯片的制造厂商提出了 ARM Cortex™微控制器软件接口标准（Cortex Microcontroller Software Interface Standard, CM-SIS）。简单地说，CMSIS 制定了一些规范化的命名方式，厂商在设计自己的固件库时必须按该标准来做，这样就不会出现不同的代码风格。

头文件 stm32f10x_conf.h 由 ST 厂商提供，主要用来包含相关外设控制器的头文件（相当于多个头文件的汇总），其主要源代码如清单 5.2 所示。STM32 单片机内部的每个控制器都对应了一个头文件（与源文件），对于那些当前项目不需要使用的外设，将相应的"头文件包含的预处理指令行"注释掉即可（当然，也可以选择全部包含，只不过编译时间会长一些而已）。

清单 5.2　stm32f10_conf.h 头文件

```
#ifndef __STM32F10x_CONF_H
#define __STM32F10x_CONF_H

#include "stm32f10x_adc.h"
#include "stm32f10x_bkp.h"
#include "stm32f10x_can.h"
#include "stm32f10x_cec.h"
#include "stm32f10x_crc.h"
#include "stm32f10x_dac.h"
#include "stm32f10x_dbgmcu.h"
#include "stm32f10x_dma.h"
#include "stm32f10x_exti.h"
#include "stm32f10x_flash.h"
#include "stm32f10x_fsmc.h"
#include "stm32f10x_gpio.h"
#include "stm32f10x_i2c.h"
#include "stm32f10x_iwdg.h"
#include "stm32f10x_pwr.h"
#include "stm32f10x_rcc.h"
#include "stm32f10x_rtc.h"
#include "stm32f10x_sdio.h"
#include "stm32f10x_spi.h"
#include "stm32f10x_tim.h"
#include "stm32f10x_usart.h"
#include "stm32f10x_wwdg.h"
#include "misc.h"

#endif
```

特别注意清单 5.1 中，必须要定义一个 USE_STDPERIPH_DRIVER 宏才能包含 stm32f10_conf.h 头文件，我们通常会在开发软件平台（本书使用 Keil）中定义，如图 5.1 所示。

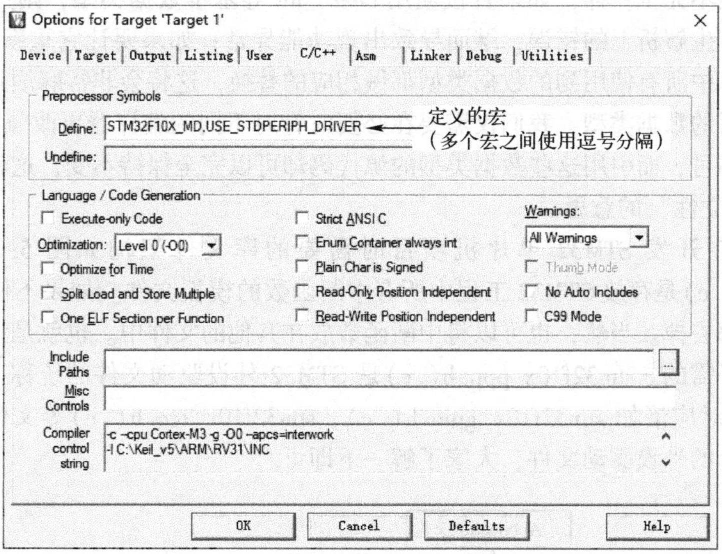

图 5.1　Keil 软件平台中的宏定义

stdint.h 头文件是一个标准 C 库文件，大部分单片机 C 编译器均支持，其中定义了很多数据类型的别名，如清单 5.3 所示。

清单 5.3　stdint.h 头文件（部分）

```
//精确宽度有符号整型（exact-width signed integer types）
typedef    signed             char int8_t;
typedef    signed short        int int16_t;
typedef    signed             int int32_t;
typedef    signed         __int64 int64_t;

//精确宽度无符号整型（exact-width unsigned integer types）
typedef unsigned             char uint8_t;
typedef unsigned short        int uint16_t;
typedef unsigned             int uint32_t;
typedef unsigned         __int64 uint64_t;

//最小宽度有符号整型（minimum-width signed integer types）
typedef    signed             char int_least8_t;
typedef    signed short        int int_least16_t;
typedef    signed             int int_least32_t;
typedef    signed         __int64 int_least64_t;

//最小宽度有符号整型（minimum-width unsigned integer types）
typedef unsigned             char uint_least8_t;
typedef unsigned short        int uint_least16_t;
typedef unsigned             int uint_least32_t;
typedef unsigned         __int64 uint_least64_t;
```

也就是说，在后续的编程开发过程中，我们不会直接使用标准 C 定义的 char、int 等基本数据类型，而是使用重新定义后的 int8_t、int16_t 等数据类型，这样做的目的主要是保证固件库的独立性，以方便可能存在的源代码移植，因为不同编译器对每种基本数据类型字节大小的定义可能不完全一样，如果直接使用 char、int 等基本数据类型，则更换平台编译后可能会使代码产生解析上的错误，继而导致出现功能异常；如果要让它重新正确运行起来，就需要将固件库中所有使用到的数据类型都做相应的替换，这将会非常麻烦且容易出错！如果使用重定义后的数据类型，我们仅需要在必要时针对不同的编译器更改 stdint.h 文件中的数据类型定义即可，而引用这些数据类型的源代码却可以完全保持不变，这就是刚刚提到的"保证固件库独立性"的意思。

总体上，在开发 STM32 单片机项目时需要的库文件架构如图 5.2 所示。其中，stm32f10x_it.h(.c) 是存放 STM32 工程中所有中断函数的模板文件。如果不使用中断，可以将这两个文件都去掉。当然，也可以将中断函数放在其他的文件中。也就是说，这两个文件的包含并不是必需的。stm32f10x_ppp.h(.c) 是 STM32 外设驱动文件的统称（ppp 对应某个外设名称），它对应诸如 stm32f10x_gpio.h(.c)、stm32f10x_rcc.h(.c) 等文件。misc.h(.c) 是中断向量嵌套的外设驱动文件，大家了解一下即可。

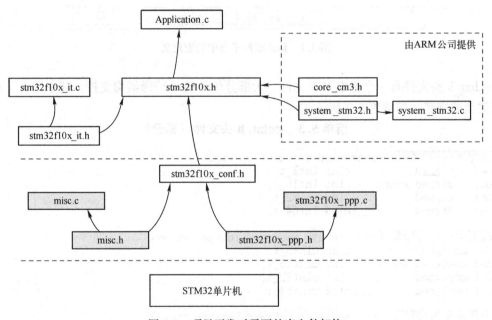

图 5.2　项目开发时需要的库文件架构

前面提到的库文件可以在 ST 厂商发布的标准固件库中找到，V3.5.0 版本的库文件结构如图 5.3 所示。

我们重点关注一下启动文件（51 单片机也有启动文件），它主要包含堆栈初始化、中断向量表及中断函数的定义，不同 STM32 系列的单片机对应的启动文件也不一样，具体如表 5.1 所示，其中的"容量"主要针对 Flash 存储器容量。通常，16~32KB 为小容量，64~128KB 为中容量，256~512KB 为大容量，512~1024KB 为超大容量。STM32F103C8T6 的 Flash 存储器容量大小为 64KB，属于中容量芯片，所以应该选择 startup_stm32f10x_md.s，只需要将其包含在项目中即可。

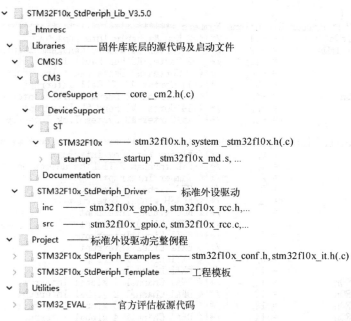

图 5.3　V3.5.0 版本的库文件结构

表 5.1　不同芯片对应的启动文件

启 动 文 件	针 对 芯 片
startup_stm32f10x_cl. s	互联型 STM32F105xx，STM32F107xx
startup_stm32f10x_hd. s	大容量 STM32F101xx，STM32F102xx，STM32F103xx
startup_stm32f10x_hd_vl. s	大容量 STM32F100xx
startup_stm32f10x_ld. s	小容量 STM32F101xx，STM32F102xx，STM32F103xx
startup_stm32f10x_ld_vl. s	小容量 STM32F100xx
startup_stm32f10x_md. s	中容量 STM32F101xx，STM32F102xx，STM32F103xx
startup_stm32f10x_md_vl. s	中容量 STM32F100xx
startup_stm32f10x_xl. s	超大容量 STM32F101xx，STM32F102xx，STM32F103xx

　　不同芯片对应的启动文件不一样，相应的中断号也会不一样。stm32f10x. h 头文件针对不同芯片系列定义了各自的中断号，如清单 5.4 所示，其中针对不同单片机系列定义了中断号枚举类型 IRQn_Type。也就是说，宏 STM32F10X_LD、STM32F10X_LD_VL、STM32F10X_MD、STM32F10X_MD_VL、STM32F10X_HD、STM32F10X_HD_VL、STM32F10X_XL、STM32F10X_CL 与启动文件是对应的，既然我们选择的单片机对应的启动文件是 startup_stm32f10x_md. s，那么也应该定义相应的宏，所以图 5.1 所示的对话框中还定义了STM32F10X_MD 宏。

清单 5.4　中容量 STM32F10X 系列单片机的中断号定义

```
typedef enum IRQn {
/****** Cortex-M3 Processor Exceptions Numbers ***********************************/
  NonMaskableInt_IRQn       = -14,   /*!< 2 Non Maskable Interrupt                */
  MemoryManagement_IRQn     = -12,   /*!< 4 Cortex-M3 Memory Management Interrupt  */
  BusFault_IRQn             = -11,   /*!< 5 Cortex-M3 Bus Fault Interrupt          */
  UsageFault_IRQn           = -10,   /*!< 6 Cortex-M3 Usage Fault Interrupt        */
  SVCall_IRQn               = -5,    /*!< 11 Cortex-M3 SV Call Interrupt           */
  DebugMonitor_IRQn         = -4,    /*!< 12 Cortex-M3 Debug Monitor Interrupt     */
  PendSV_IRQn               = -2,    /*!< 14 Cortex-M3 Pend SV Interrupt           */
  SysTick_IRQn              = -1,    /*!< 15 Cortex-M3 System Tick Interrupt       */

/****** STM32 specific Interrupt Numbers ****************************************/
  WWDG_IRQn                 = 0,     /*!< Window WatchDog Interrupt                */
  PVD_IRQn                  = 1,     /*!< PVD through EXTI Line detection Interrupt */
  TAMPER_IRQn               = 2,     /*!< Tamper Interrupt                         */
  RTC_IRQn                  = 3,     /*!< RTC global Interrupt                     */
  FLASH_IRQn                = 4,     /*!< FLASH global Interrupt                   */
  RCC_IRQn                  = 5,     /*!< RCC global Interrupt                     */
  EXTI0_IRQn                = 6,     /*!< EXTI Line0 Interrupt                     */
  EXTI1_IRQn                = 7,     /*!< EXTI Line1 Interrupt                     */
  EXTI2_IRQn                = 8,     /*!< EXTI Line2 Interrupt                     */
  EXTI3_IRQn                = 9,     /*!< EXTI Line3 Interrupt                     */
  EXTI4_IRQn                = 10,    /*!< EXTI Line4 Interrupt                     */
  DMA1_Channel1_IRQn        = 11,    /*!< DMA1 Channel 1 global Interrupt          */
  DMA1_Channel2_IRQn        = 12,    /*!< DMA1 Channel 2 global Interrupt          */
  DMA1_Channel3_IRQn        = 13,    /*!< DMA1 Channel 3 global Interrupt          */
  DMA1_Channel4_IRQn        = 14,    /*!< DMA1 Channel 4 global Interrupt          */
  DMA1_Channel5_IRQn        = 15,    /*!< DMA1 Channel 5 global Interrupt          */
  DMA1_Channel6_IRQn        = 16,    /*!< DMA1 Channel 6 global Interrupt          */
  DMA1_Channel7_IRQn        = 17,    /*!< DMA1 Channel 7 global Interrupt          */

//此处省略宏STM32F10X_LD、STM32F10X_LD_VL对应的中断号定义

#ifdef STM32F10X_MD
  ADC1_2_IRQn               = 18,    /*!< ADC1 and ADC2 global Interrupt               */
  USB_HP_CAN1_TX_IRQn       = 19,    /*!< USB Device High Priority or CAN1 TX Interrupts */
  USB_LP_CAN1_RX0_IRQn      = 20,    /*!< USB Device Low Priority or CAN1 RX0 Interrupts */
  CAN1_RX1_IRQn             = 21,    /*!< CAN1 RX1 Interrupt                           */
  CAN1_SCE_IRQn             = 22,    /*!< CAN1 SCE Interrupt                           */
  EXTI9_5_IRQn              = 23,    /*!< External Line[9:5] Interrupts                */
  TIM1_BRK_IRQn             = 24,    /*!< TIM1 Break Interrupt                         */
  TIM1_UP_IRQn              = 25,    /*!< TIM1 Update Interrupt                        */
  TIM1_TRG_COM_IRQn         = 26,    /*!< TIM1 Trigger and Commutation Interrupt       */
  TIM1_CC_IRQn              = 27,    /*!< TIM1 Capture Compare Interrupt               */
  TIM2_IRQn                 = 28,    /*!< TIM2 global Interrupt                        */
  TIM3_IRQn                 = 29,    /*!< TIM3 global Interrupt                        */
  TIM4_IRQn                 = 30,    /*!< TIM4 global Interrupt                        */
  I2C1_EV_IRQn              = 31,    /*!< I2C1 Event Interrupt                         */
  I2C1_ER_IRQn              = 32,    /*!< I2C1 Error Interrupt                         */
  I2C2_EV_IRQn              = 33,    /*!< I2C2 Event Interrupt                         */
  I2C2_ER_IRQn              = 34,    /*!< I2C2 Error Interrupt                         */
  SPI1_IRQn                 = 35,    /*!< SPI1 global Interrupt                        */
  SPI2_IRQn                 = 36,    /*!< SPI2 global Interrupt                        */
  USART1_IRQn               = 37,    /*!< USART1 global Interrupt                      */
  USART2_IRQn               = 38,    /*!< USART2 global Interrupt                      */
  USART3_IRQn               = 39,    /*!< USART3 global Interrupt                      */
  EXTI15_10_IRQn            = 40,    /*!< External Line[15:10] Interrupts              */
  RTCAlarm_IRQn             = 41,    /*!< RTC Alarm through EXTI Line Interrupt         */
  USBWakeUp_IRQn            = 42     /*!< USB Device WakeUp                            */
#endif /* STM32F10X_MD */

//此处省略STM32F10X_MD_VL、STM32F10X_HD、STM32F10X_HD_VL、STM32F10X_XL、STM32F10X_CL中断号定义

} IRQn_Type;
```

顺便提一下本书对源代码的注释方式。官方固件库的注释语言均为英文，且使用"/＊＊/"的注释方式。如果本书对原来的注释进行了任何修改（例如，删除、增加、翻译等），将会采用"//"的注释方式，否则保持原有注释形式不变。

　　当你需要使用某些库文件进行开发时，可以选择的方式主要有两种：其一，**将需要的库文件复制到自己开发的每个项目中**。虽然这会使项目的源代码占用很大的磁盘空间，但可以将工程直接给别人使用（拿到手就可以编译）。其二，**直接从固件库中添加相应的文件到项目中（库文件不在项目所在的目录下，只是引用而没有复制）**。虽然这种方式会占用较小的磁盘空间，但别人此时只有项目的源代码而没有固件库（或固件库的目录跟你的设置不一致），需要重新进行固件库文件的配置，比较麻烦。厂家为了方便对评估板例程进行管理，通常会使用后一种方式，这样同一个评估板对应的多个例程就可以共享相同的库文件了。

　　为了简单起见，我们将所有需要的头文件、源文件及启动文件全部放在一个目录下（切记，在 stm32f10_conf.h 头文件中注释掉没有使用的外设对应的"头文件包含的预处理指令行"，除非你已经将所有头文件都复制过来），并且在该目录下建立项目。将源文件与启动文件添加到项目后的项目文件如图 5.4 所示。

　　main.c 是新建的源文件，后续编写的应用代码就在里面。如果你觉得项目文件有点乱，则可以进一步新建组（Group）对文件进行分组。"组"是一种逻辑上的概念，与目录是不同的，即便你将所有文件都放在同一目录，也可以进行"组"的划分。例如，我们将核心文件与启动文件归为 Core 组，将外设文件归为 STM32F10x_StdPeriph_Driver 组，其他文件归为 User 组，分组后的项目文件如图 5.5 所示。

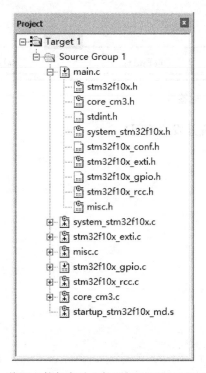

图 5.4　将源文件与启动文件添加到项目后的项目文件

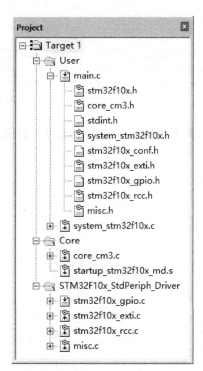

图 5.5　分组后的项目文件

当然，现在项目中所有的文件都是"扎堆"放在同一目录的，你也可以根据自己的习惯新建目录将它们分类放置，只需要记得在图 5.1 中将相关的头文件目录添加到"Include Paths"中，这已经不是本书的讨论范畴了，大家了解一下即可。

　　还有一点值得提醒的是，在进行项目编译时，应该勾选图 5.1 所示对话框中"Output"标签页中的"Create HEX File"与"Browse Information"两项，前者表示生成可被单片机执行的十六进制文件，将其下载到单片机就可以运行；后者表示编译时生成浏览信息，这样在 Keil 软件平台中进行标识符、函数或文件跳转查询时就会很方便，如图 5.6 所示。

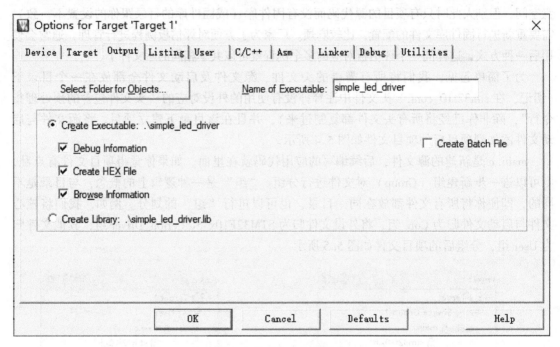

图 5.6　"Output"标签页

接下来就从 main.c 源文件开启简单快乐的编程开发之旅吧！

第6章 固件库与硬件底层的关联

本书阐述的 USB 设备开发都是基于 STM32 单片机的，为了方便之前从未接触过该系列单片机的读者，我们会花费两章的篇幅熟悉相应的编程开发，同时还会深入探讨固件库与硬件底层寄存器之间的关联，这对后续顺利掌握 USB 控制器相关的源代码分析与编程也有着非凡的意义，对 STM32 单片机已有一定开发经验的读者可以选择跳过。

我们将要在图 4.1 所示最小系统上实现这样的功能：**按下轻触按键 K1 则发光二极管 D1 点亮，松开 K1 则 D1 熄灭**。在代码的设计思路上，我们只需将 D1 与 K1 对应的引脚分别初始化为输出与输入，然后再持续不断地根据读取的输入引脚的电平设置输出引脚的电平即可，相应的源代码如清单 6.1 所示。

清单 6.1 轻触按键控制发光二极管功能

```c
#include "stm32f10x.h"

int main(void)
{
    GPIO_InitTypeDef  GPIO_InitStructure;             //GPIO初始化结构变量

    SystemInit();
    RCC_APB2PeriphClockCmd(RCC_APB2Periph_GPIOA, ENABLE);   //使能GPIOA时钟
    RCC_APB2PeriphClockCmd(RCC_APB2Periph_GPIOB, ENABLE);   //使能GPIOB时钟

    GPIO_InitStructure.GPIO_Pin = GPIO_Pin_5;          //D1对应引脚为PA5
    GPIO_InitStructure.GPIO_Mode = GPIO_Mode_Out_PP;   //输出推挽模式
    GPIO_InitStructure.GPIO_Speed = GPIO_Speed_50MHz;  //GPIO速度
    GPIO_Init(GPIOA, &GPIO_InitStructure);             //初始化D1对应的引脚

    GPIO_InitStructure.GPIO_Pin = GPIO_Pin_8;          //K1对应引脚为PB8
    GPIO_InitStructure.GPIO_Mode = GPIO_Mode_IPD;      //输入下拉模式
    GPIO_Init(GPIOB, &GPIO_InitStructure);             //初始化D1对应的引脚

    while(1) {
        if (GPIO_ReadInputDataBit(GPIOB, GPIO_Pin_8)) {   //读取K1状态
            GPIO_ResetBits(GPIOA,GPIO_Pin_5);             //点亮D1
        } else {
            GPIO_SetBits(GPIOA,GPIO_Pin_5);               //熄灭D1
        }
    }
}
```

我们从一开始就调用了完成系统时钟初始化的 SystemInit 函数，通常每个应用程序都会先调用该函数，其具体执行过程牵涉很多底层寄存器。现阶段，我们只需知道清单 6.1 中的 SystemInit 函数默认会将系统时钟设置为 72MHz 即可。

接下来调用 RCC_APB2PeriphClockCmd 函数打开了 GPIOA、GPIOB 外设所在的时钟，因为 D1 与 K1 对应的引脚分别为 PA5 与 PB8（见表 4.2）。STM32 单片机将所有模块按传输带宽的不同分别挂在 AHB（Advanced High performance Bus）与 APB（Advanced Peripheral

Bus）总线上，AHB 主要用于诸如 CPU、DMA、DSP 之类高性能模块之间的连接，而 APB 则用于低带宽的外设连接总线，通过总线桥接进一步分成 APB1 与 APB2，STM32F10x 系列单片机的系统简化结构如图 6.1 所示。

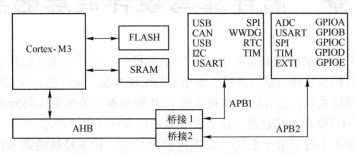

图 6.1　STM32F10x 系列单片机的系统简化结构

每个外设都有单独可控的时钟源，你想使用哪个外设，就得先使能相应的外设时钟。我们需要使用挂在 APB2 总线上的 GPIO 外设，所以需要通过 RCC_APB2PeriphClockCmd 函数使能相应的时钟，而每个外设的时钟使能位也被定义在 stm32f10x_rcc.h 头文件中，如清单 6.2 所示。

清单 6.2　stm32f10x_rcc.h 头文件（部分）

```
#define RCC_APB2Periph_AFIO      ((uint32_t)0x00000001)
#define RCC_APB2Periph_GPIOA     ((uint32_t)0x00000004)
#define RCC_APB2Periph_GPIOB     ((uint32_t)0x00000008)
#define RCC_APB2Periph_GPIOC     ((uint32_t)0x00000010)
#define RCC_APB2Periph_GPIOD     ((uint32_t)0x00000020)
#define RCC_APB2Periph_GPIOE     ((uint32_t)0x00000040)
#define RCC_APB2Periph_GPIOF     ((uint32_t)0x00000080)
#define RCC_APB2Periph_GPIOG     ((uint32_t)0x00000100)
#define RCC_APB2Periph_ADC1      ((uint32_t)0x00000200)
#define RCC_APB2Periph_ADC2      ((uint32_t)0x00000400)
#define RCC_APB2Periph_TIM1      ((uint32_t)0x00000800)
#define RCC_APB2Periph_SPI1      ((uint32_t)0x00001000)
#define RCC_APB2Periph_TIM8      ((uint32_t)0x00002000)
#define RCC_APB2Periph_USART1    ((uint32_t)0x00004000)
#define RCC_APB2Periph_ADC3      ((uint32_t)0x00008000)
#define RCC_APB2Periph_TIM15     ((uint32_t)0x00010000)
#define RCC_APB2Periph_TIM16     ((uint32_t)0x00020000)
#define RCC_APB2Periph_TIM17     ((uint32_t)0x00040000)
#define RCC_APB2Periph_TIM9      ((uint32_t)0x00080000)
#define RCC_APB2Periph_TIM10     ((uint32_t)0x00100000)
#define RCC_APB2Periph_TIM11     ((uint32_t)0x00200000)
```

从清单 6.2 中可以看到，每一个外设的时钟都对应 32 位中的某一位，本质上由一个 32 位的寄存器控制，APB2PeriphClockCmd 函数根据第二个参数（"ENABLE"）对该寄存器的某位进行置位与清零操作，大家了解一下即可。

使能 GPIO 外设对应的时钟后，接下来我们需要初始化使用到的引脚。所有外设都有一个唯一的基地址，它通常包括多个相关的控制寄存器，我们进行外设控制编程的主要思路与 51 单片机是相同的：对外设（此处为 GPIO）相关的控制寄存器进行读写操作。

我们使用到了 GPIO 外设，为此声明了一个 GPIO_InitStructure 结构体变量，相应的数据类型 GPIO_InitTypeDef 被定义在 stm32f10x_gpio.h 头文件中，如清单 6.3 所示。

清单 6.3　stm32f10x_gpio.h 头文件（部分）

```c
#ifndef __STM32F10x_GPIO_H
#define __STM32F10x_GPIO_H

#include "stm32f10x.h"

typedef enum {
  GPIO_Speed_10MHz = 1,
  GPIO_Speed_2MHz,
  GPIO_Speed_50MHz
}GPIOSpeed_TypeDef;

typedef enum {
  GPIO_Mode_AIN = 0x0,                          //模拟输入 (Analog Input)
  GPIO_Mode_IN_FLOATING = 0x04,                 //悬空输入 (Input Floating)
  GPIO_Mode_IPD = 0x28,                         //下拉输入 (Input Pull-down)
  GPIO_Mode_IPU = 0x48,                         //上拉输入 (Input Pull-up)
  GPIO_Mode_Out_OD = 0x14,                      //开漏输出 (Open-drain Output)
  GPIO_Mode_Out_PP = 0x10,                      //推挽输出 (Push-pull Output)
  GPIO_Mode_AF_OD = 0x1C,   //复用功能：开漏输出 (Alternate Function:Open-drain Output)
  GPIO_Mode_AF_PP = 0x18    //复用功能：推挽输出 (Alternate Function:Push-pull Output)
}GPIOMode_TypeDef;

typedef struct {
  uint16_t GPIO_Pin;                            //指定需要配置的GPIO引脚
  GPIOSpeed_TypeDef GPIO_Speed;                 //指定GPIO引脚的速度
  GPIOMode_TypeDef GPIO_Mode;                   //指定GPIO引脚的工作模式
}GPIO_InitTypeDef;

typedef enum {
  Bit_RESET = 0,
  Bit_SET
}BitAction;

#define GPIO_Pin_0                  ((uint16_t)0x0001)        //引脚0被选择
#define GPIO_Pin_1                  ((uint16_t)0x0002)        //引脚1被选择
#define GPIO_Pin_2                  ((uint16_t)0x0004)        //引脚2被选择
#define GPIO_Pin_3                  ((uint16_t)0x0008)        //引脚3被选择
#define GPIO_Pin_4                  ((uint16_t)0x0010)        //引脚4被选择
#define GPIO_Pin_5                  ((uint16_t)0x0020)        //引脚5被选择
#define GPIO_Pin_6                  ((uint16_t)0x0040)        //引脚6被选择
#define GPIO_Pin_7                  ((uint16_t)0x0080)        //引脚7被选择
#define GPIO_Pin_8                  ((uint16_t)0x0100)        //引脚8被选择
#define GPIO_Pin_9                  ((uint16_t)0x0200)        //引脚9被选择
#define GPIO_Pin_10                 ((uint16_t)0x0400)        //引脚10被选择
#define GPIO_Pin_11                 ((uint16_t)0x0800)        //引脚11被选择
#define GPIO_Pin_12                 ((uint16_t)0x1000)        //引脚12被选择
#define GPIO_Pin_13                 ((uint16_t)0x2000)        //引脚13被选择
#define GPIO_Pin_14                 ((uint16_t)0x4000)        //引脚14被选择
#define GPIO_Pin_15                 ((uint16_t)0x8000)        //引脚15被选择
#define GPIO_Pin_All                ((uint16_t)0xFFFF)        //所有引脚被选择

#define GPIO_PortSourceGPIOA        ((uint8_t)0x00)          //GPIOA外设组别
#define GPIO_PortSourceGPIOB        ((uint8_t)0x01)
#define GPIO_PortSourceGPIOC        ((uint8_t)0x02)
#define GPIO_PortSourceGPIOD        ((uint8_t)0x03)
#define GPIO_PortSourceGPIOE        ((uint8_t)0x04)
#define GPIO_PortSourceGPIOF        ((uint8_t)0x05)
#define GPIO_PortSourceGPIOG        ((uint8_t)0x06)
```

```
#define GPIO_PinSource0          ((uint8_t)0x00)                    //GPIO引脚位0
#define GPIO_PinSource1          ((uint8_t)0x01)
#define GPIO_PinSource2          ((uint8_t)0x02)
#define GPIO_PinSource3          ((uint8_t)0x03)
#define GPIO_PinSource4          ((uint8_t)0x04)
#define GPIO_PinSource5          ((uint8_t)0x05)
#define GPIO_PinSource6          ((uint8_t)0x06)
#define GPIO_PinSource7          ((uint8_t)0x07)
#define GPIO_PinSource8          ((uint8_t)0x08)
#define GPIO_PinSource9          ((uint8_t)0x09)
#define GPIO_PinSource10         ((uint8_t)0x0A)
#define GPIO_PinSource11         ((uint8_t)0x0B)
#define GPIO_PinSource12         ((uint8_t)0x0C)
#define GPIO_PinSource13         ((uint8_t)0x0D)
#define GPIO_PinSource14         ((uint8_t)0x0E)
#define GPIO_PinSource15         ((uint8_t)0x0F)

void GPIO_Init(GPIO_TypeDef* GPIOx, GPIO_InitTypeDef* GPIO_InitStruct);
void GPIO_StructInit(GPIO_InitTypeDef* GPIO_InitStruct);
uint8_t GPIO_ReadInputDataBit(GPIO_TypeDef* GPIOx, uint16_t GPIO_Pin);
uint16_t GPIO_ReadInputData(GPIO_TypeDef* GPIOx);
uint8_t GPIO_ReadOutputDataBit(GPIO_TypeDef* GPIOx, uint16_t GPIO_Pin);
uint16_t GPIO_ReadOutputData(GPIO_TypeDef* GPIOx);
void GPIO_SetBits(GPIO_TypeDef* GPIOx, uint16_t GPIO_Pin);
void GPIO_ResetBits(GPIO_TypeDef* GPIOx, uint16_t GPIO_Pin);
void GPIO_WriteBit(GPIO_TypeDef* GPIOx, uint16_t GPIO_Pin, BitAction BitVal);
void GPIO_Write(GPIO_TypeDef* GPIOx, uint16_t PortVal);
void GPIO_EXTILineConfig(uint8_t GPIO_PortSource, uint8_t GPIO_PinSource);

#endif /* __STM32F10x_GPIO_H */
```

　　GPIO_InitTypeDef 结构体包含了需要初始化的引脚（GPIO_Pin）以及相应的速度（Speed）与工作模式（Mode）。成员变量 GPIO_Mode 用于将引脚初始化为 STM32 单片机支持的 8 种工作模式之一，它们在 stm32f10x_gpio.h 头文件中被定义为枚举常量。由于控制 D1 的引脚需要用来驱动 LED，所以可以将其初始化为推挽输出（GPIO_Mode_Out_PP），这样 PA5 引脚同时具有拉电流与灌电流的能力。当然，由于图 4.1 所示硬件电路中的 LED 是以**低有效**方式连接的，所以也可以将其初始化为开漏输出（GPIO_Mode_Out_OD），如果开发平台上的 LED 以**高有效**方式连接，则只能将其设置为推挽输出。对于读取按键状态的引脚 PB8，我们将其设置为下拉输入（GPIO_Mode_IPD），因为硬件电路上并没有给轻触按键配置拉电阻，这可以防止引脚悬空时输入不定状态而影响系统工作。成员变量 GPIO_Speed 用于指定引脚驱动电路的响应速度，STM32 单片机内部在 GPIO 的输出安排了多个响应不同速度的输出驱动电路，用户可以根据自己的需要选择，速度越快就意味着产生的噪声越大，消耗的电流也相应增加。如果没有特殊要求，可以设置为较小值，我们将其设置为最大值 50MHz 即可。

　　引脚的工作模式与响应速度具体针对哪个引脚呢？这是由 GPIO_InitTypeDef 结构体中的成员变量 GPIO_Pin 来决定的（此例使用 GPIO_Pin_5 与 GPIO_Pin_8），其实就是设置引脚对应的位掩码，至于具体是哪个 GPIO 组，则由 GPIO_Init 函数指出，我们给它传入的是 "GPIOA" 与 LED_InitStructure 的地址，前者被定义在 stm32f10x.h 头文件中，如清单 6.4 所示。

清单 6.4　stm32f10x. h 头文件（部分）

```
typedef struct {                                        //GPIO类型定义
    __IO uint32_t CRL;        //低8位引脚配置寄存器（port Configuration Register Low）
    __IO uint32_t CRH;        //高8位引脚配置寄存器（port Configuration Register High）
    __IO uint32_t IDR;             //引脚输入数据寄存器（port Input Data Register）
    __IO uint32_t ODR;            //引脚输出数据寄存器（port Output Data Register）
    __IO uint32_t BSRR;       //引脚置位/复位寄存器（port Bit Set/Reset Register）
    __IO uint32_t BRR;            //引脚复位寄存器（port Bit Reset Register）
    __IO uint32_t LCKR;       //引脚配置锁定寄存器（port Conguration LoCK Register）
} GPIO_TypeDef;

//此处省略头文件中若干源代码行

#define PERIPH_BASE            ((uint32_t)0x40000000)                //外设基地址

//外设内存映射
#define APB1PERIPH_BASE        PERIPH_BASE
#define APB2PERIPH_BASE        (PERIPH_BASE + 0x10000)
#define AHBPERIPH_BASE         (PERIPH_BASE + 0x20000)

//此处省略头文件中若干源代码行

#define AFIO_BASE              (APB2PERIPH_BASE + 0x0000)
#define EXTI_BASE              (APB2PERIPH_BASE + 0x0400)
#define GPIOA_BASE             (APB2PERIPH_BASE + 0x0800)       //GPIOA外设基地址
#define GPIOB_BASE             (APB2PERIPH_BASE + 0x0C00)       //GPIOB外设基地址
#define GPIOC_BASE             (APB2PERIPH_BASE + 0x1000)
#define GPIOD_BASE             (APB2PERIPH_BASE + 0x1400)
#define GPIOE_BASE             (APB2PERIPH_BASE + 0x1800)
#define GPIOF_BASE             (APB2PERIPH_BASE + 0x1C00)
#define GPIOG_BASE             (APB2PERIPH_BASE + 0x2000)

//此处省略头文件中若干源代码行

#define EXTI                   ((EXTI_TypeDef *) EXTI_BASE)
#define GPIOA                  ((GPIO_TypeDef *) GPIOA_BASE)
#define GPIOB                  ((GPIO_TypeDef *) GPIOB_BASE)
#define GPIOC                  ((GPIO_TypeDef *) GPIOC_BASE)
#define GPIOD                  ((GPIO_TypeDef *) GPIOD_BASE)
#define GPIOE                  ((GPIO_TypeDef *) GPIOE_BASE)
#define GPIOF                  ((GPIO_TypeDef *) GPIOF_BASE)
#define GPIOG                  ((GPIO_TypeDef *) GPIOG_BASE)
```

　　GPIOx_BASE 表示各组 GPIO 外设的基地址（均为常数），将其转换为**指向 GPIO_Ty-peDef 结构体的指针**则被定义为 GPIOx（指针就是地址，但地址常数是无法直接赋值的），而**GPIO_TypeDef 结构体**包含了 7 个成员变量，每一个成员变量对应一个 GPIO 外设相关的 32 位寄存器（修饰符 "__IO" 在核心文件 core_cm3. h 中被定义为关键字**volatile**，它告诉编译器不要随意优化后面定义的变量，程序应该总是直接针对**变量地址**进行访问，而不是可能的临时寄存器），它们分别为 CRL、CRH、IDR、ODR、BSRR、BRR、LCKR，其中 CRL 与 CRH 用来配置引脚工作模式与响应速率的高低 32 位寄存器，GPIO_Init 函数就是通过设置这两个寄存器来配置引脚的。IDR 与 ODR 分别保存 GPIO 输入与输出的数据，即如果想读取输入引脚的状态，则应该读取 IDR 寄存器，如果想设置输出引脚的状态，则应该将数据写入 ODR 寄存器。值得一提的是，BSRR 与 BRR 寄存器也可以用于清零与置位输出引脚的状态。

　　由于**GPIO_TypeDef 结构体**中的每个成员变量都是无符号 32 位整型的，所以某个定义的**GPIO_TypeDef** 结构体变量，其经编译后就会给其分配连续的地址空间（7×32 位）。如果与 GPIO 外设相关的寄存器是按相同顺序定义的（事实上，**GPIO_TypeDef** 结构体就是根据硬件寄存器定义的），那么**GPIO_TypeDef** 结构体变量中的每个成员变量的地址和与 GPIO 外设相关寄存器的地址相同。换句话说，将 GPIOA_BASE 转换为**指向 GPIO_TypeDef 结构体的指针**，也就意味着 CRL 寄存器的地址为 GPIOA_BASE、CRH 寄存器的地址为 GPIOA_BASE+0x04（因为寄存器均为 32 位，而地址空间的分配以字节为单位，所以占用 4 个地址）、IDR 寄存器的地址为 GPIOA_BASE+0x08，其他以此类推，如图 6.2 所示。

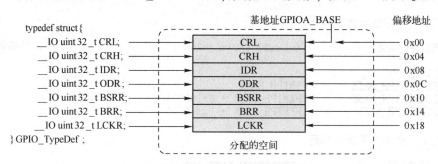

图 6.2　GPIO_TypeDef 结构体与 GPIO 外设相关寄存器之间的关系

也就是说，后续我们可以通过使用 "指向 **GPIO_TypeDef** 结构体的指针访问成员变量" 的方式访问与 GPIO 外设相关的寄存器。假设 GPIOx 为**指向 GPIO_TypeDef 结构体的指针**，则使用 GPIOx->BSRR 就可以访问 BSRR 寄存器，使用 GPIOx->BRR 就可以访问 BRR 寄存器，其他以此类推，这样在 C 语言层面实现起来就会很方便，而不需要通过 "基地址与偏移量相加" 这种不灵活的方式分别获取每个寄存器的地址。

我们还可以进一步从清单 6.4 中查到 GPIOA_BASE 被定义为 APB2PERIPH_BASE+0x0800，而 APB2PERIPH_BASE 被定义为 PERIPH_BASE+0x10000，PERIPH_BASE 又被进一步定义为（（uint32_t）0x40000000）。也就是说，GPIOA 外设的基地址 GPIOA_BASE 为 0x40010800。使用同样的方法可以得到 GPIOB 外设的基地址 GPIOB_BASE 为 0x40010C00。

在 while 循环语句中，我们不断地获取轻触按键 K1 的状态（实际应用时通常还会进行按键消抖操作，但这已经超出本书讨论的范畴，因为我们的目的只是熟悉 STM32 单片机的固件库及编程风格，而不是具体功能的实现方法），这可以通过调用 "需要传入 GPIO 外设基地址及引脚位" 的 GPIO_ReadInputDataBit 函数来实现，它被声明在 stm32f10x_gpio.h 头文件中，相应的定义在 stm32f10x_gpio.c 源文件中，如清单 6.5 所示。

清单 6.5　stm32f10x_gpio.c 源文件（部分）

```c
//读出指定GPIO输入数据引脚位
uint8_t GPIO_ReadInputDataBit(GPIO_TypeDef* GPIOx, uint16_t GPIO_Pin)
{
 uint8_t bitstatus = 0x00;

 if ((GPIOx->IDR & GPIO_Pin) != (uint32_t)Bit_RESET) {
   bitstatus = (uint8_t)Bit_SET;
 } else {
   bitstatus = (uint8_t)Bit_RESET;
 }
 return bitstatus;
```

```
}

//置位指定的数据引脚位
void GPIO_SetBits(GPIO_TypeDef* GPIOx, uint16_t GPIO_Pin)
{
  GPIOx->BSRR = GPIO_Pin;
}

//复位指定的数据引脚位
void GPIO_ResetBits(GPIO_TypeDef* GPIOx, uint16_t GPIO_Pin)
{
  GPIOx->BRR = GPIO_Pin;
}
```

GPIO_ReadInputDataBit 函数通过"判断 IDR 寄存器对应引脚的数据位是否为 0"返回 0 或 1（Bit_Set 与 Bit_RESET 为枚举常量，见清单 6.3）。如果读到的 K1 状态为 1，意味着此时轻触按键处于按下状态，我们应该将 PA5 设置为低电平来点亮 D1，这是通过 GPIO_ResetBits 函数来实现的；否则，应该将 PA5 设置为高电平来熄灭 D1，这是通过 GPIO_SetBits 函数来实现的。这两个函数与 GPIO_ReadInputDataBit 函数定义在同一个文件中，并且**需要传入 GPIO 外设的基地址及相应的引脚位**。图 6.3 清晰展示了 GPIO_SetBits 函数对引脚位进行置位的操作过程，也就是通过对 BSRR 寄存器中对应的引脚位写入 1 完成的，而引脚复位操作则是通过对 BRR 寄存器对应的引脚位写入 1 完成的。

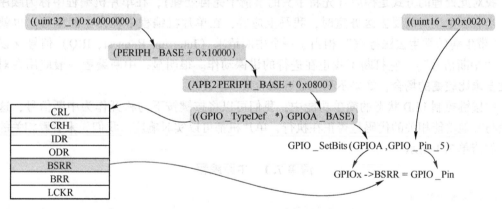

图 6.3　GPIO_SetBits 函数的执行过程

第7章 提升运行效率的中断编程

虽然已经实现了按键控制 LED 状态的功能，但在实际的项目开发中，单片机通常需要实现很多功能，不可能将所有时间都用在按键状态检测上，如果其他功能花费的时间比较长，很有可能当用户按下按键时，单片机却还没有执行到读取按键状态的代码，从而出现 LED 状态不会随按键状态**实时改变**的情况（有些按键状态被忽略掉了），这肯定不是我们希望看到的。该怎么办呢？比较好的解决方案就是使用**中断（Interrupt）**编程。

什么是中断呢？举个例子，假如我在教室讲课，门外有人敲门说：外面有陌生人找。我回复道：你让他在会议室等一下，下课后我再过去。然后继续上课。其间，有一个学生好像生病了，需要去医务室，于是我急匆匆地对学生们说：你们先自己预习一下，送他去医务室后我再过来。随即带生病的学生去医务室。

在这个教学的过程中，"我在教室讲课"相当于单片机在顺序执行语句，当陌生人到来时，我对此处理的方式是押后（先将手头的事情干完再处理），在单片机编程中称为**顺序编程**。当有学生生病需要去医务室时，我马上应答，在单片机编程中称为**中断编程**。也就是说，"带生病的学生去医务室"相当于一个中断请求（Interrupt Request, IRQ）信号（以下简称"中断信号"），它打断了我正在进行的讲课动作。很明显，中断编程一般应用在**对实时性要求比较高**的场合，如果不马上处理则后果不堪设想。

在按键控制 LED 状态的简单功能中，我们可以将按键按下与松开作为中断信号，这样无论与其他功能相关的代码是否正在执行，单片机都可以实时响应。我们先来看看相关的代码，如清单 7.1 所示。

清单 7.1　中断编程

```
#include "stm32f10x.h"

int main(void)
{
  GPIO_InitTypeDef  GPIO_InitStructure;             //GPIO初始化结构变量
  EXTI_InitTypeDef  EXTI_InitStructure;             //外部中断初始化结构变量
  NVIC_InitTypeDef  NVIC_InitStructure;             //嵌套向量中断控制器初始化结构变量

  SystemInit();
  RCC_APB2PeriphClockCmd(RCC_APB2Periph_GPIOA, ENABLE);       //使能GPIOA时钟
  RCC_APB2PeriphClockCmd(RCC_APB2Periph_GPIOB, ENABLE);       //使能GPIOB时钟

  GPIO_InitStructure.GPIO_Pin = GPIO_Pin_5;         //D1对应引脚为PA5
  GPIO_InitStructure.GPIO_Mode = GPIO_Mode_Out_PP;  //输出推挽模式
  GPIO_InitStructure.GPIO_Speed = GPIO_Speed_50MHz; //GPIO速度
  GPIO_Init(GPIOA, &GPIO_InitStructure);            //初始化D1对应的引脚

  GPIO_InitStructure.GPIO_Pin = GPIO_Pin_8;         //K1对应引脚为PB8
  GPIO_InitStructure.GPIO_Mode = GPIO_Mode_IPD;     //输入下拉模式
  GPIO_Init(GPIOB, &GPIO_InitStructure);            //初始化K1对应的引脚
```

```
GPIO_EXTILineConfig(GPIO_PortSourceGPIOB,GPIO_PinSource8);    //配置中断线映射
EXTI_InitStructure.EXTI_Line = EXTI_Line8;                    //中断线8
EXTI_InitStructure.EXTI_Mode = EXTI_Mode_Interrupt;           //中断模式
EXTI_InitStructure.EXTI_Trigger = EXTI_Trigger_Rising_Falling; //双边沿触发
EXTI_InitStructure.EXTI_LineCmd = ENABLE;
EXTI_Init(&EXTI_InitStructure);                               //初始化外部中断寄存器
NVIC_PriorityGroupConfig(NVIC_PriorityGroup_2);              //设置NVIC中断分组
NVIC_InitStructure.NVIC_IRQChannel1 = EXTI9_5_IRQn;          //选择中断通道
NVIC_InitStructure.NVIC_IRQChannel1PreemptionPriority = 0x02; //抢占优先级2
NVIC_InitStructure.NVIC_IRQChannel1SubPriority = 0x02;       //子优先级2
NVIC_InitStructure.NVIC_IRQChannel1Cmd = ENABLE;            //使能中断通道
NVIC_Init(&NVIC_InitStructure);                             //初始化NVIC

while(1) {
    //此处可添加其他应用代码
    }
}

void EXTI9_5_IRQHandler(void)                                //按键中断服务函数
{
    if (GPIO_ReadInputDataBit(GPIOB, GPIO_Pin_8)) {          //读取K1状态
        GPIO_ResetBits(GPIOA,GPIO_Pin_5);                    //点亮D1
    } else {
        GPIO_SetBits(GPIOA,GPIO_Pin_5);                      //熄灭D1
    }
    EXTI_ClearITPendingBit(EXTI_Line8);                      //清除中断线8的中断标志位
}
```

STM32 单片机的中断配置主要包括两个方面：其一，**中断信号是如何产生的**。例如，需要使用中断吗？使用哪个引脚作为中断输入？触发中断的方式是电平还是边沿？如果是边沿触发，是上升沿、下降沿还是两者都可以触发中断呢？其二，**系统是如何响应中断信号的**。它决定当多个中断信号同时产生时，系统按照什么优先级来处理。

STM32F103x 系列的单片机使用**外部中断/事件控制器**（External Interrupt/Event Controller, EXTI）管理最多 19 个外部中断，具体如表 7.1 所示。

表 7.1   STM32F103x 系列单片机的外部中断

外部中断线	描　　述
0~15	外部 GPIO 的输入中断
16	可编程电压检测（Programmable Voltage Detector, PVD）输出
17	实时时钟（Real Time Clock, RTC）闹钟事件
18	USB 唤醒事件

STM32 单片机的每个引脚都可以作为中断输入，但是从表 7.1 中可以看到，能够分配给 GPIO 使用的外部中断线的数量只有 16 个，而通常单片机可用的 GPIO 数量远大于此值，肯定是不够用的。该怎么办呢？STM32 单片机将所有 GPIO 按组分别对应中断线 0~15，这样每个中断线对应最多 7 个 GPIO，如图 7.1 所示。

以中断线 0（EXTI0）为例，我们可以将其分配给 PA0、PB0、PC0、PD0、PE0、PF0、PG0 任意引脚（只能由寄存器 EXTIx[3:0] 选择其中之一）。例如，将中断线 0 分配给 PA0，这意味着 PB0、PC0、PD0、PE0、PF0、PG0 无法作为外部中断输入引脚。

在 STM32 单片机开发平台中，GPIO 与中断线的映射关系配置是由 GPIO_ EXTILineConfig 函数完成的，清单 7.1 中将按键对应的引脚 PB8 与中断线 8 进行了映射。

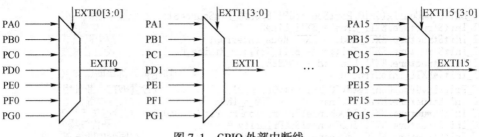

图 7.1   GPIO 外部中断线

接下来需要对外部中断进行初始化，为此声明了 EXTI_InitTypeDef 结构体变量，该结构体的类型定义在 stm32f10x_exti.h 头文件中，如清单 7.2 所示。

清单 7.2   stm32f10x_exti.h 头文件（部分）

```
#ifndef __STM32F10x_EXTI_H
#define __STM32F10x_EXTI_H

#include "stm32f10x.h"

typedef enum { //外部中断/事件控制器模式（External interrupt/event controller Mode)
  EXTI_Mode_Interrupt = 0x00,                                        //中断模式
  EXTI_Mode_Event = 0x04,                                            //事件模式
}EXTIMode_TypeDef;

typedef enum {                                                      //触发边沿
  EXTI_Trigger_Rising = 0x08,                               //上升沿触发
  EXTI_Trigger_Falling = 0x0C,                              //下降沿触发
  EXTI_Trigger_Rising_Falling = 0x10                        //双边沿触发
}EXTITrigger_TypeDef;

typedef struct {
  uint32_t EXTI_Line;                             //指定需要使能或禁止的外部中断线
  EXTIMode_TypeDef EXTI_Mode;                            //指定外部中断线模式
  EXTITrigger_TypeDef EXTI_Trigger;              //指定外部中断线的触发信号有效边沿
  FunctionalState EXTI_LineCmd;                 //指定外部中断线的新状态（禁止或使能）
}EXTI_InitTypeDef;

#define EXTI_Line0       ((uint32_t)0x00001)                //外部中断线0
#define EXTI_Line1       ((uint32_t)0x00002)                //外部中断线1
#define EXTI_Line2       ((uint32_t)0x00004)                //外部中断线2
#define EXTI_Line3       ((uint32_t)0x00008)                //外部中断线3
#define EXTI_Line4       ((uint32_t)0x00010)                //外部中断线4
#define EXTI_Line5       ((uint32_t)0x00020)                //外部中断线5
#define EXTI_Line6       ((uint32_t)0x00040)                //外部中断线6
#define EXTI_Line7       ((uint32_t)0x00080)                //外部中断线7
#define EXTI_Line8       ((uint32_t)0x00100)                //外部中断线8
#define EXTI_Line9       ((uint32_t)0x00200)                //外部中断线9
#define EXTI_Line10      ((uint32_t)0x00400)                //外部中断线10
#define EXTI_Line11      ((uint32_t)0x00800)                //外部中断线11
#define EXTI_Line12      ((uint32_t)0x01000)                //外部中断线12
#define EXTI_Line13      ((uint32_t)0x02000)                //外部中断线13
#define EXTI_Line14      ((uint32_t)0x04000)                //外部中断线14
#define EXTI_Line15      ((uint32_t)0x08000)                //外部中断线15
#define EXTI_Line16      ((uint32_t)0x10000)                //外部中断线16
#define EXTI_Line17      ((uint32_t)0x20000)                //外部中断线17
#define EXTI_Line18      ((uint32_t)0x40000)                //外部中断线18

void EXTI_Init(EXTI_InitTypeDef* EXTI_InitStruct);
void EXTI_StructInit(EXTI_InitTypeDef* EXTI_InitStruct);
void EXTI_GenerateSWInterrupt(uint32_t EXTI_Line);
FlagStatus EXTI_GetFlagStatus(uint32_t EXTI_Line);
void EXTI_ClearFlag(uint32_t EXTI_Line);
ITStatus EXTI_GetITStatus(uint32_t EXTI_Line);
void EXTI_ClearITPendingBit(uint32_t EXTI_Line);

#endif
```

EXTI_InitTypeDef 结构体中的成员变量 EXTI_Line 表示需要初始化的中断线。EXTI_Mode 表示中断线的模式，可以设置为中断（EXTI_Mode_Interrupt）或事件（EXTI_Mode_Event），两者有细节上的差异，我们无须理会。EXTI_Trigger 表示中断的触发方式，可以是上升沿（EXTI_Trigger_Rising）、下降沿（EXTI_Trigger_Falling）或双边沿（EXTI_Trigger_Rising_Falling）。EXTI_LineCmd 用来设置中断线的新状态（使能或禁止）。在清单 7.1 中，我们调用 EXTI_InitStructure 函数进行了中断的初始化，由于 LED 状态需要实时跟随按键状态变化，因此设置为双边沿触发模式。

虽然完成了外部中断线的配置，但是系统如何响应我们配置的中断呢？这就涉及**中断优先级**的配置与 STM32 单片机的嵌套向量中断控制器（Nested Vectored Interrupt Controller，NVIC）。一个复杂的系统可能会配置多个中断，有些中断可能非常重要，而另一些却可能并非如此。例如，在多个中断请求中，某个中断请求非常急，那你就应该将其配置为高优先级。STM32 单片机的**中断优先级**由**抢占**与**响应**两种优先级共同决定，前者占主导地位，**高抢占优先级**的中断会优先打断主程序或另外一个中断程序，如果两个中断同时发生，且**抢占优先级**相同，系统会优先处理**高响应优先级**的中断。但是要注意，**高响应优先级**的中断不会打断**低响应优先级**的中断，如果正在处理**低响应优先级**的中断，**高响应优先级**的中断并不会打断它，而是等待其执行完成后再执行。

STM32 单片机使用 4 个寄存器位调整**中断优先级**，这意味着我们能够设置 16 种优先级，你可以根据项目的实际需求灵活配置抢占或响应优先级的数量（以应对复杂的情况），具体有 5 种组合使用方式，如表 7.2 所示。

表 7.2　中断优先级组合使用方式

优先级组别	抢占优先级	响应优先级
4	4 位（16 级）	0 位（0 级）
3	3 位（8 级）	1 位（2 级）
2	2 位（4 级）	2 位（4 级）
1	1 位（2 级）	3 位（8 级）
0	0 位（0 级）	4 位（16 级）

例如，项目中需要及时处理的重要中断数量比较多，那就可以将抢占优先级调高一些，并按照中断的重要程度分配**抢占优先级**。如果重要中断的数量并不多，就可以将**抢占优先级**调低一些。实际应用时，我们只需要使用 NVIC_PriorityGroupConfig 函数选择优先级组别即可，它被声明在 misc.h 头文件中，如清单 7.3 所示。

清单 7.3　misc.h 头文件（部分）

```
#ifndef __MISC_H
#define __MISC_H

#include "stm32f10x.h"

typedef struct{
  uint8_t NVIC_IRQChannel;                      //指定需要使能或禁止的中断通道
  uint8_t NVIC_IRQChannelPreemptionPriority;    //指定中断通道抢占优先级
  uint8_t NVIC_IRQChannelSubPriority;           //指定中断通道响应优先级
```

```
        FunctionalState NVIC_IRQChannelCmd;                    //指定中断通道的新状态（禁止或使能）
} NVIC_InitTypeDef;

#define NVIC_PriorityGroup_0              ((uint32_t)0x700)     //0位抢占优先级，4位响应优先级
#define NVIC_PriorityGroup_1              ((uint32_t)0x600)     //1位抢占优先级，3位响应优先级
#define NVIC_PriorityGroup_2              ((uint32_t)0x500)     //2位抢占优先级，2位响应优先级
#define NVIC_PriorityGroup_3              ((uint32_t)0x400)     //3位抢占优先级，1位响应优先级
#define NVIC_PriorityGroup_4              ((uint32_t)0x300)     //4位抢占优先级，0位响应优先级

void NVIC_PriorityGroupConfig(uint32_t NVIC_PriorityGroup);
void NVIC_Init(NVIC_InitTypeDef* NVIC_InitStruct);

#endif
```

在清单 7.1 中，我们选择了第 2 种中断优先级组别（NVIC_PriorityGroup_2），这也就意味着可供分配的抢占与响应优先级数量均为 4。通常在系统代码执行过程中，仅需进行一次中断优先级组别的配置操作，随意改变组别会导致中断管理混乱，可能导致意想不到的程序执行结果。

中断优先级组别只是针对系统中断的整体设置，它确定了抢占与响应优先级的数量，而具体每个中断对应的抢占与响应优先级也需要一一确定，为此我们声明了一个 NVIC_Init-Structure 结构体变量，其成员变量 NVIC_IRQChannel 指出按键引脚对应的中断通道（也就是清单 5.4 中定义的中断号），引脚 PB8 对应为 EXTI9_5_IRQn。NVIC_IRQChannelPreemp-tionPriority 与 NVIC_IRQChannelSubPriority 分别表示中断抢占与响应优先级（此例均设置为 2）。NVIC_IRQChannelCmd 表示使能或禁止中断嵌套（此例为使能）。最后调用 NVIC_Init 函数即可实现嵌套向量中断控制器的初始化。

当中断信号产生时，系统就会进入相应的中断服务函数，它们的命名格式都是固定的，引脚 PB8 对应中断服务函数的名称为 EXTI9_5_IRQHandler。由于我们配置的外部中断的触发模式为双边沿，这意味着按键的按下与松开都会产生中断，中断服务函数中只需要根据按键状态设置相应 LED 的状态即可。最后请务必记住清除中断线上的中断标志位，表示我们已经处理过了该中断请求。

有心的读者可能会想：为什么只有特定名称的函数才可以作为中断服务函数呢？其实，中断服务函数的名称在启动文件 startup_stm32f10x_md.s 中已经定义好了，如清单 7.4 所示。

清单 7.4　startup_stm32f10x_md.s 文件（部分）

```
__Vectors       DCD     __initial_sp                ; Top of Stack
                DCD     Reset_Handler               ; Reset Handler

                ; External Interrupts
                DCD     WWDG_IRQHandler             ; Window Watchdog
                DCD     PVD_IRQHandler              ; PVD through EXTI Line detect
                DCD     RTC_IRQHandler              ; RTC
                DCD     RCC_IRQHandler              ; RCC
                DCD     EXTI0_IRQHandler            ; EXTI Line 0
                DCD     EXTI1_IRQHandler            ; EXTI Line 1
                DCD     EXTI2_IRQHandler            ; EXTI Line 2
                DCD     EXTI3_IRQHandler            ; EXTI Line 3
                DCD     EXTI4_IRQHandler            ; EXTI Line 4
                DCD     USB_HP_CAN1_TX_IRQHandler   ; USB High Priority or CAN1 TX
                DCD     USB_LP_CAN1_RX0_IRQHandler  ; USB Low  Priority or CAN1 RX0
                DCD     EXTI9_5_IRQHandler          ; EXTI Line 9..5
                DCD     EXTI15_10_IRQHandler        ; EXTI Line 15..10
```

```
            DCD     RTCAlarm_IRQHandler          ; RTC Alarm through EXTI Line
            DCD     USBWakeUp_IRQHandler         ; USB Wakeup from suspend
__Vectors_End

Default_Handler PROC

            EXPORT  WWDG_IRQHandler              [WEAK]
            EXPORT  PVD_IRQHandler               [WEAK]
            EXPORT  RTC_IRQHandler               [WEAK]
            EXPORT  RCC_IRQHandler               [WEAK]
            EXPORT  EXTI0_IRQHandler             [WEAK]
            EXPORT  EXTI1_IRQHandler             [WEAK]
            EXPORT  EXTI2_IRQHandler             [WEAK]

            EXPORT  EXTI3_IRQHandler             [WEAK]
            EXPORT  EXTI4_IRQHandler             [WEAK]
            EXPORT  USB_HP_CAN1_TX_IRQHandler    [WEAK]
            EXPORT  USB_LP_CAN1_RX0_IRQHandler   [WEAK]
            EXPORT  EXTI9_5_IRQHandler           [WEAK]
            EXPORT  EXTI15_10_IRQHandler         [WEAK]
            EXPORT  RTCAlarm_IRQHandler          [WEAK]
            EXPORT  USBWakeUp_IRQHandler         [WEAK]
WWDG_IRQHandler
PVD_IRQHandler
RTC_IRQHandler
RCC_IRQHandler
EXTI0_IRQHandler
EXTI1_IRQHandler
EXTI2_IRQHandler
EXTI3_IRQHandler
EXTI4_IRQHandler
USB_HP_CAN1_TX_IRQHandler
USB_LP_CAN1_RX0_IRQHandler
EXTI9_5_IRQHandler
EXTI15_10_IRQHandler
RTCAlarm_IRQHandler
USBWakeUp_IRQHandler

            B       .

            ENDP
```

前面我们提过"中断向量"的概念，其实它就是"中断服务函数的入口地址"，系统会将所有中断向量按一定规律分配在一片区域内，我们称该区域为中断向量表。在清单 7.4 中，__Vectors 与__Vectors_End 分别表示向量表的起始与结束地址，而 DCD 分配了一些内存，并以中断服务函数的入口地址进行初始化。入口地址中通常有一条跳转到中断服务函数的指令。也就是说，当中断请求产生时，它会从中断向量表中先找到对应的入口地址，然后再跳转到相应的中断服务函数，EXPORT 声明了一些可被外部文件引用的全局属性标号，由**于函数的名称代表函数的入口地址**，如果按照预定义的名称进行函数实现，中断请求产生时就会跳入对应的中断服务函数，其中的 USB_HP_CAN1_TX_IRQHandler 与 USB_LP_CAN1_RX0_IRQHandler 分别为 USB 控制器会使用到的高与低优先级中断服务函数。

第 8 章　体验第一个 USB 设备：游戏操纵杆

到目前为止，我们对 STM32 单片机编程开发有了初步认识，这对于打造属于自己的 USB 设备已经足够了，因为单片机包含很多硬件控制器模块（GPIO 也算一个），当你的产品使用哪种模块时，才有必要进一步深入了解相应的编程控制方式。换句话说，如果只是对 USB 控制器感兴趣，就没有必要花费时间在其他模块的学习上，我们正是这样做的。

首先我们熟悉一下 ST 厂商发布的（针对 STM32 单片机的）USB 全速设备固件库（版本为 V4.0.0），相应的文件结构如图 8.1 所示。

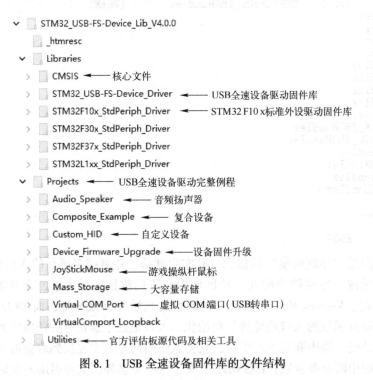

图 8.1　USB 全速设备固件库的文件结构

从 Libraries 目录中可以看到，其中包含了前文讨论过的 STM32F10x 系列单片机标准外设驱动固件库（另外三种系列单片机无须理会）。除此之外，还有一个单独的针对 USB 控制器的 STM32_USB-FS-Device_Driver 目录，你可以将其理解为 USB 控制器驱动固件库，因为 USB 控制器的编程开发相对于其他标准外设更复杂，所以厂商单独开发了一个固件库，它对于 Libraries 目录中所示的 4 种 STM32 系列单片机都是适用的。Projects 目录给出了官方发布的 USB 全速设备驱动完整例程，它们是学习 USB 设备开发的重要参考，后续我们会选择其中几个进行详细讨论。

为了更早地帮助读者建立起对 USB 设备开发的感性认识，我们使用厂商自带的**游戏操纵杆**例程 JoyStickMouse 来实际演示一下，它可以将我们的开发板当作游戏操纵杆，并且通过 4 个轻触按键控制 PC 的鼠标方向（上、下、左、右）。直接进入主题，打开图 8.1 所示 STM32_USB_FS_Device_Lib_V4.0.0 目录下的 JoyStickMouse 例程，相应的项目文件如图 8.2 所示。

首先应该注意到，项目文件结构中包含了 6 个以字符串"EVAL"为后缀的组，它们是用来做什么的呢？我们知道，ST 厂商开发了应用于不同场合的多个 STM32 单片机系列，在设计评估板时通常会选择其中某几款具有代表性的单片机型号，而不同评估板实现的功能通常是相同或相似的（没有必要给每个单片机型号设计完全不同的例程浪费资源）。但是由于单片机的型号不同，相应的引脚定义肯定不可避免会有一些差异。尽管厂商在设计多个评估板时会尽量进行引脚资源的统一规划，要做到完全一致仍是不太可能的，这就会导致相同的应用程序不能在另一个平台直接使用。例如，同样是 STM32F103x 系列单片机，LQFP100 封装芯片有 PE2、PE3、PD2、PD3 等引脚，但这些引脚在 LQFP48 封装芯片中却不存在。

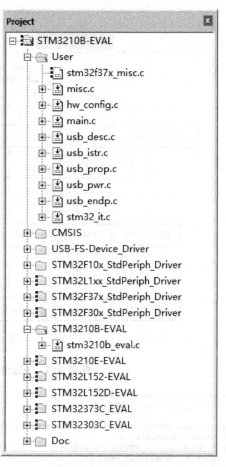

图 8.2　JoyStickMouse 例程相应的项目文件

为解决评估板资源分配差异带来的问题，我们可以给每个评估板单独发布固件库，每个固件库都针对相应的评估板进行了引脚的适配操作，但是这并不利于源代码的管理，所以我们也可以这么做：**在应用层与硬件层之间增加适配层，其针对不同的评估板进行各种引脚资源的适配**。当针对不同的 STM32 单片机系列进行编译时，我们仅需要切换适配层即可，而应用程序都是完全一样的。也就是说，图 8.2 所示的例程可以适配包含 STM3210B-EVAL（评估板的名称）在内的 6 种评估板，图 8.3 清晰展示了适配层存在的意义。

为了方便进行不同评估板的适配层选择，每个项目都会有一个平台适配头文件 platform_config.h，如清单 8.1 所示。

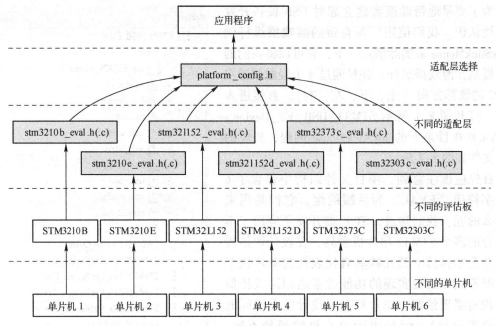

图 8.3　评估板适配层

清单 8.1　platform_config. h 头文件（部分）

```
#ifndef __PLATFORM_CONFIG_H
#define __PLATFORM_CONFIG_H

#if defined(STM32L1XX_MD) || defined(STM32L1XX_HD) || defined(STM32L1XX_MD_PLUS)
 #include "stm32l1xx.h"
 #if defined (USE_STM32L152_EVAL)
  #include "stm32l152_eval.h"
 #elif defined (USE_STM32L152D_EVAL)
  #include "stm32l152d_eval.h"
 #else
  #error "Missing define: USE_STM32L152_EVAL or USE_STM32L152D_EVAL"
 #endif /* USE_STM32L152_EVAL */
#elif defined (STM32F10X_MD) || defined (STM32F10X_HD) || defined (STM32F10X_XL)
 #include "stm32f10x.h"
 #if defined (USE_STM3210B_EVAL)
  #include "stm3210b_eval.h"
 #elif defined (USE_STM3210E_EVAL)
  #include "stm3210e_eval.h"
 #else
  #error "Missing define: USE_STM3210B_EVAL, USE_STM3210E_EVAL"
 #endif /* USE_STM3210B_EVAL */
#elif defined (USE_STM32373C_EVAL)
 #include "stm32f37x.h"
 #include "stm32373c_eval.h"

#elif defined (USE_STM32303C_EVAL)
 #include "stm32f30x.h"
 #include "stm32303c_eval.h"
#endif

#if !defined (USE_STM3210B_EVAL) && !defined (USE_STM3210E_EVAL) && !defined (USE_STM32L152_EVAL) &&
   !defined (USE_STM32L152D_EVAL)&& !defined (USE_STM32373C_EVAL) && !defined (USE_STM32303C_EVAL)
 //#define USE_STM3210B_EVAL
 //#define USE_STM3210E_EVAL
 //#define USE_STM32L152_EVAL
 //#define USE_STM32L152D_EVAL
 //#define USE_STM32373C_EVAL
 #define USE_STM32303C_EVAL
#endif
```

```
#ifdef USE_STM3210B_EVAL
  #define USB_DISCONNECT                    GPIOD
  #define USB_DISCONNECT_PIN                GPIO_Pin_9
  #define RCC_APB2Periph_GPIO_DISCONNECT    RCC_APB2Periph_GPIOD
  #define RCC_APB2Periph_ALLGPIO            (RCC_APB2Periph_GPIOA \
                                            | RCC_APB2Periph_GPIOB \
                                            | RCC_APB2Periph_GPIOC \
                                            | RCC_APB2Periph_GPIOD \
                                            | RCC_APB2Periph_GPIOE )


#elif defined (USE_STM3210E_EVAL)
  #define USB_DISCONNECT                    GPIOB
  #define USB_DISCONNECT_PIN                GPIO_Pin_14
  #define RCC_APB2Periph_GPIO_DISCONNECT    RCC_APB2Periph_GPIOB
  #define RCC_APB2Periph_ALLGPIO            (RCC_APB2Periph_GPIOA \
                                            | RCC_APB2Periph_GPIOB \
                                            | RCC_APB2Periph_GPIOC \
                                            | RCC_APB2Periph_GPIOD \
                                            | RCC_APB2Periph_GPIOE \
                                            | RCC_APB2Periph_GPIOF \
                                            | RCC_APB2Periph_GPIOG )

#endif

#endif
```

platform_config. h 头文件表达的意思很简单，首先判断当前的单片机芯片属于哪个系列，然后根据评估板的不同选择相应的适配层，如果没有选择适配层，则默认使用 STM32303C_EVAL。例如，对于 STM32F103C8T6 单片机，我们已经知道需要为它定义宏 STM32F10X_MD，如果需要进一步使用 STM3210B_EVAL 适配层，就必须再定义一个宏 USE_STM3210B_EVAL，这样才会包含相应的 stm3210b_eval. h 头文件。我们可以观察一下 JoyStickMouse 例程中的宏定义，如图 8.4 所示。

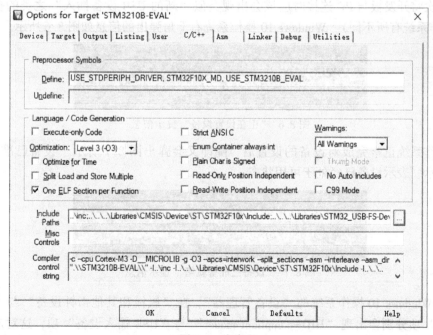

图 8.4   宏定义

针对不同的评估板，platform_config. h 头文件还定义了一些宏，我们暂时不予理会，也不用去阅读其他代码，直接将 JoyStickMouse 例程编译一下，正常情况下应该不会出现错误，相应的编译结果如图 8.5 所示。

编译完成后，在 JoyStickMouse/MDK-ARM/STM3210B-EVAL/ 目录下会生成一个 STM3210B-EVEL.hex 文件（如果没有，请参考图 5.6 进行设置），将其下载到开发板中，然后将开发板复位后重新连接 PC，此时 PC 的鼠标应该不受控制（例如，总是往右移动），说明开发板正在控制鼠标。

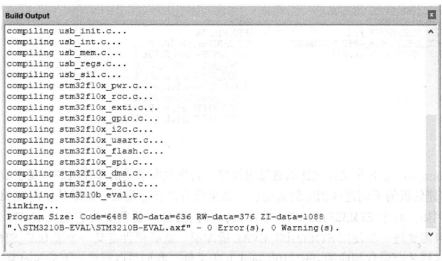

图 8.5　编译结果

第一次将开发板与 PC 连接时应该会出现类似"新的 USB 设备插入"之类的提示信息（不同操作系统有所不同），Windows 10 操作系统右下角弹出的信息如图 8.6 所示。

图 8.6　"正在设置设备"提示信息

当操作系统正常完成对设备的设置后，随即又会弹出图 8.7 所示"设备已准备就绪"之类的提示，表示设备已经处于可用状态。

图 8.7　"设备已准备就绪"提示信息

进入 Windows 10 操作系统的"设备管理器"，在"鼠标和其他指针设备"与"人体学输入设备"项分别会出现"HID-compliant mouse"与"USB 输入设备"项，这对应我们的游戏操作杆设备，如图 8.8 所示。

有人可能想问：好像有两个"HID-compliant mouse"项，你怎么确定哪项对应刚刚连接的游戏操纵杆设备？我们可以通过查看设备的厂商标识符（Vendor Identifier，VID）与产品标识符（Product Identifier，PID）来确定。双击图 8.8 所示"HID-compliant mouse"项即可弹出如图 8.9 所示的"HID-compliant mouse 属性"对话框，在"事件"标签页的"信息"框中可以查到相应的 VID 与 PID 分别为"0483"与"5710"，这正是我们的设备（至于为什么是这两个标识符，后续在了解 USB 规范后就会很容易理解，此处暂且不提）。

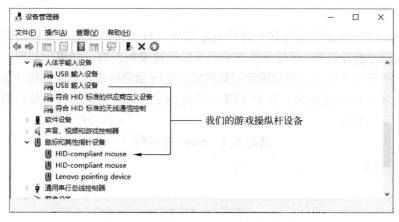

图 8.8　设备管理器中的游戏操作杆设备

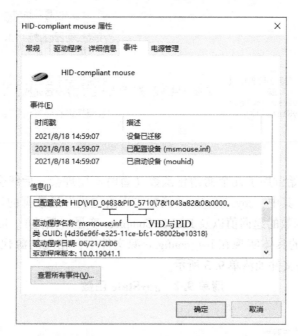

图 8.9　"HID-compliant mouse 属性"对话框

　　值得一提的是，如果你的开发平台与本书不同，鼠标的反应可能会不一样，甚至可能没有反应，这取决于单片机引脚的具体定义与电路连接，我们将在下一章详细讨论。但是，为什么开发板现在还不能正常地控制 PC 的鼠标方向呢？为了让 JoyStickMouse 例程能够正常运作起来，我们应该怎么做呢？具体操作参见后文。

第9章　让游戏操纵杆正常工作起来

由于 JoyStickMouse 例程是与官方评估板配套的，与我们设计的开发板引脚的定义有可能不一样，所以才会导致 PC 鼠标无法正常受开发板按键的控制。如果你想将厂家发布的例程应用到自己的开发平台上，**必须按照引脚的定义进行相应修改**。那么具体应该修改哪些地方呢？我们先进入 main 主函数，初步了解一下 JoyStickMouse 例程的代码执行流程，相应的源代码如清单 9.1 所示。

清单 9.1　main 主函数

```
#include "hw_config.h"
#include "usb_lib.h"
#include "usb_pwr.h"

__IO uint8_t PrevXferComplete = 1;          //标志上一次数据已经发送完成的全局变量

int main(void)
{
  Set_System();                                        //设置系统资源
  USB_Interrupts_Config();                             //USB控制器中断配置
  Set_USBClock();                                      //USB控制器时钟初始化
  USB_Init();                                          //USB控制器初始化

  while (1) {
    if (bDeviceState == CONFIGURED) {                  //判断设备是否已经配置
      if ((JoyState() != 0) &&             //判断按键是否按下且上一次数据发送完成状态
                   (PrevXferComplete)) {
        Joystick_Send(JoyState());                     //检测按键状态发送数据
      }
    }
  }
}
```

main 主函数一开始调用了几个初始化函数（暂时不用理会，后续会详细讲解）后，就进入了 while 死循环。其中，Joystick_Send 函数实现给主机发送数据的功能，而是否发送数据则取决于 JoyState 函数的返回值以及 PreXferComplete 变量（后述）。JoyState 函数用来获取轻触按键的状态，它的具体实现在 hw_config.c 源文件中，相应的源代码如清单 9.2 所示，相应的 hw_config.h 头文件如清单 9.3 所示。

清单 9.2　JoyState 函数

```
uint8_t JoyState(void)
{
    //判断"右移"按键是否被按下
#if !defined(USE_STM32373C_EVAL) && !defined(USE_STM32303C_EVAL)
    if (!STM_EVAL_PBGetState(Button_RIGHT))
#else
    if (STM_EVAL_PBGetState(Button_RIGHT))
#endif
    {
        return JOY_RIGHT;
    }

    //判断"左移"按键是否被按下
#if !defined(USE_STM32373C_EVAL) && !defined(USE_STM32303C_EVAL)
    if (!STM_EVAL_PBGetState(Button_LEFT))
```

```
#else
    if (STM_EVAL_PBGetState(Button_LEFT))
#endif
    {
        return JOY_LEFT;
    }

    //判断"上移"按键是否被按下
#if !defined(USE_STM32373C_EVAL) && !defined(USE_STM32303C_EVAL)
    if (!STM_EVAL_PBGetState(Button_UP))
#else
    if (STM_EVAL_PBGetState(Button_UP))
#endif
    {
        return JOY_UP;
    }

    //判断"下移"按键是否被按下
#if !defined(USE_STM32373C_EVAL) && !defined(USE_STM32303C_EVAL)
    if (!STM_EVAL_PBGetState(Button_DOWN))
#else
    if (STM_EVAL_PBGetState(Button_DOWN))
#endif
    {
        return JOY_DOWN;
    }

    //没有按键被按下
    else
    {
        return 0;
    }
}
```

清单 9.3　hw_config.h 头文件

```
#ifndef __HW_CONFIG_H
#define __HW_CONFIG_H

#include "platform_config.h"
#include "usb_type.h"

#define CURSOR_STEP    20                                    //鼠标位移修改量

#define DOWN           2                                     //例程中未使用
#define LEFT           3
#define RIGHT          4
#define UP             5

void Set_System(void);
void Set_USBClock(void);
void GPIO_AINConfig(void);
void Enter_LowPowerMode(void);
void Leave_LowPowerMode(void);
void USB_Interrupts_Config(void);
void USB_Cable_Config (FunctionalState NewState);
void Joystick_Send(uint8_t Keys);
uint8_t JoyState(void);
void Get_SerialNum(void);

#endif  /*__HW_CONFIG_H*/
```

从清单 9.2 中可以看到，JoyState 函数内部使用预编译指令定义了不同平台对应的按键读取代码，如果你定义了 USE_STM32373C_EVAL 或 USE_STM32303C_EVAL 宏，编译器会编译所有#else 分支后面的语句，相反则编译 if 分支后面的语句。前面已经提过，JoyStick-Mouse 例程只定义了宏 USE_STM3210B_EVAL，因此编译器会编译所有#if 分支语句。为方便读者更轻松地进行源代码阅读，本书后续均删除源代码中不会被执行的预处理指令，整理后的 JoyState 函数如清单 9.4 所示（为节省篇幅，代码需要修改的地方会提示在注释部分，后续会详述具体的修改方法）。

清单 9.4　整理后的 JoyState 函数

```
uint8_t JoyState(void)
{
    //根据不同开发平台中轻触按键的硬件连接方式，可能需要进行有效电平逻辑判断的修改
    if (!STM_EVAL_PBGetState(Button_RIGHT)) {      //判断"右移"按键是否被按下
        return JOY_RIGHT;
    }

    if (!STM_EVAL_PBGetState(Button_LEFT)) {       //判断"左移"按键是否被按下
        return JOY_LEFT;
    }

    if (!STM_EVAL_PBGetState(Button_UP)) {         //判断"上移"按键是否被按下
        return JOY_UP;
    }

    if (!STM_EVAL_PBGetState(Button_DOWN)) {       //判断"下移"按键是否被按下
        return JOY_DOWN;
    } else {                                        //没有按键被按下
        return 0;
    }
}
```

Button_RIGHT、Button_LEFT、Button_UP、Button_DOWN 分别用来唯一标识某个按键，它们被定义在 stm32_eval_legacy.h 头文件（所有适配层都会包含该头文件），如清单 9.5 所示。

清单 9.5　stm32_eval_legacy.h 头文件（部分）

```
#ifndef __STM32_EVAL_LEGACY_H
#define __STM32_EVAL_LEGACY_H

#define Button_WAKEUP          BUTTON_WAKEUP                       //按键定义
#define Button_TAMPER          BUTTON_TAMPER
#define Button_KEY             BUTTON_KEY
#define Button_RIGHT           BUTTON_RIGHT                 //"右移"按键标识符
#define Button_LEFT            BUTTON_LEFT                  //"左移"按键标识符
#define Button_UP              BUTTON_UP                    //"上移"按键标识符
#define Button_DOWN            BUTTON_DOWN                  //"下移"按键标识符
#define Button_SEL             BUTTON_SEL
#define Mode_GPIO              BUTTON_MODE_GPIO
#define Mode_EXTI              BUTTON_MODE_EXTI
#define Button_Mode_TypeDef    ButtonMode_TypeDef
#define JOY_CENTER             JOY_SEL
#define JOY_State_TypeDef      JOYState_TypeDef

#endif /* __STM32_EVAL_LEGACY_H */
```

从清单 9.5 中可以看到，前述 4 个按键标识符又分别被定义为 BUTTON_RIGHT、BUTTON_LEFT、BUTTON_UP、BUTTON_DOWN，它们被声明在适配层 stm3210b_eval.h 头文件中，相应的源代码如清单 9.6 所示。

清单 9.6　stm3210b_eval.h 头文件（部分）

```
#ifndef __STM3210B_EVAL_H
#define __STM3210B_EVAL_H

#include "stm32f10x.h"
#include "stm32_eval_legacy.h"

typedef enum {                                 //LED唯一标识符（用于数组查询）
    LED1 = 0,
    LED2 = 1,
    LED3 = 2,
    LED4 = 3
```

```
} Led_TypeDef;

typedef enum {                                    //按键唯一标识符（用于数组查询）
  BUTTON_WAKEUP = 0,
  BUTTON_TAMPER = 1,
  BUTTON_KEY = 2,
  BUTTON_RIGHT = 3,
  BUTTON_LEFT = 4,
  BUTTON_UP = 5,
  BUTTON_DOWN = 6,
  BUTTON_SEL = 7
} Button_TypeDef;

typedef enum {                                    //按键模式（普通或外部中断）标识符
  BUTTON_MODE_GPIO = 0,
  BUTTON_MODE_EXTI = 1
} ButtonMode_TypeDef;

typedef enum {                                    //按键返回状态的唯一标识符
  JOY_NONE = 0,
  JOY_SEL = 1,
  JOY_DOWN = 2,
  JOY_LEFT = 3,
  JOY_RIGHT = 4,
  JOY_UP = 5
} JOYState_TypeDef;

#if !defined (USE_STM3210B_EVAL)
 #define USE_STM3210B_EVAL
#endif

//STM3210B评估板底层LED
#define LEDn                    4                                    //LED数量
#define LED1_PIN                GPIO_Pin_6
#define LED1_GPIO_PORT          GPIOC
#define LED1_GPIO_CLK           RCC_APB2Periph_GPIOC

#define LED2_PIN                GPIO_Pin_7
#define LED2_GPIO_PORT          GPIOC
#define LED2_GPIO_CLK           RCC_APB2Periph_GPIOC

#define LED3_PIN                GPIO_Pin_8
#define LED3_GPIO_PORT          GPIOC
#define LED3_GPIO_CLK           RCC_APB2Periph_GPIOC

#define LED4_PIN                GPIO_Pin_9
#define LED4_GPIO_PORT          GPIOC
#define LED4_GPIO_CLK           RCC_APB2Periph_GPIOC

//STM3210B评估板底层按键
#define BUTTONn                 8                                    //按键数量

//省略四个无须关注的按键宏定义代码

//"右移"按键（需要修改的语句以注释方式给出）
#define RIGHT_BUTTON_PIN                GPIO_Pin_0                      //GPIO_Pin_1
#define RIGHT_BUTTON_GPIO_PORT          GPIOE                           //GPIOB
#define RIGHT_BUTTON_GPIO_CLK           RCC_APB2Periph_GPIOE //RCC_APB2Periph_GPIOB
#define RIGHT_BUTTON_EXTI_LINE          EXTI_Line0                      //EXTI_Line1
#define RIGHT_BUTTON_EXTI_PORT_SOURCE   GPIO_PortSourceGPIOE //GPIO_PortSourceGPIOB
#define RIGHT_BUTTON_EXTI_PIN_SOURCE    GPIO_PinSource0                 //GPIO_PinSource1
#define RIGHT_BUTTON_EXTI_IRQn          EXTI0_IRQn                      //EXTI1_IRQn

//"左移"按键
#define LEFT_BUTTON_PIN                 GPIO_Pin_1                      //GPIO_Pin_3
#define LEFT_BUTTON_GPIO_PORT           GPIOE                           //GPIOA
#define LEFT_BUTTON_GPIO_CLK            RCC_APB2Periph_GPIOE //RCC_APB2Periph_GPIOA
#define LEFT_BUTTON_EXTI_LINE           EXTI_Line1                      //EXTI_Line3
#define LEFT_BUTTON_EXTI_PORT_SOURCE    GPIO_PortSourceGPIOE //GPIO_PortSourceGPIOA
#define LEFT_BUTTON_EXTI_PIN_SOURCE     GPIO_PinSource1                 //GPIO_PinSource3
#define LEFT_BUTTON_EXTI_IRQn           EXTI1_IRQn                      //EXTI3_IRQn

//"上移"按键
#define UP_BUTTON_PIN                   GPIO_Pin_8                      //GPIO_Pin_1
```

```
#define UP_BUTTON_GPIO_PORT              GPIOD                //GPIOA
#define UP_BUTTON_GPIO_CLK               RCC_APB2Periph_GPIOD //RCC_APB2Periph_GPIOA
#define UP_BUTTON_EXTI_LINE              EXTI_Line8           //EXTI_Line1
#define UP_BUTTON_EXTI_PORT_SOURCE       GPIO_PortSourceGPIOD //GPIO_PortSourceGPIOA
#define UP_BUTTON_EXTI_PIN_SOURCE        GPIO_PinSource8      //GPIO_PinSource1
#define UP_BUTTON_EXTI_IRQn              EXTI9_5_IRQn         //EXTI1_IRQn

//"下移"按键
#define DOWN_BUTTON_PIN                  GPIO_Pin_14          //GPIO_Pin_8
#define DOWN_BUTTON_GPIO_PORT            GPIOD                //GPIOB
#define DOWN_BUTTON_GPIO_CLK             RCC_APB2Periph_GPIOD //RCC_APB2Periph_GPIOB
#define DOWN_BUTTON_EXTI_LINE            EXTI_Line14          //EXTI_Line8
#define DOWN_BUTTON_EXTI_PORT_SOURCE     GPIO_PortSourceGPIOD //GPIO_PortSourceGPIOB
#define DOWN_BUTTON_EXTI_PIN_SOURCE      GPIO_PinSource14     //GPIO_PinSource8
#define DOWN_BUTTON_EXTI_IRQn            EXTI15_10_IRQn       //EXTI9_5_IRQn

void STM_EVAL_LEDInit(Led_TypeDef Led);              //初始化指定LED引脚函数
void STM_EVAL_LEDOn(Led_TypeDef Led);                //点亮指定的LED函数
void STM_EVAL_LEDOff(Led_TypeDef Led);               //熄灭指定的LED函数
void STM_EVAL_PBInit(Button_TypeDef Button,          //按键引脚初始化函数
                 ButtonMode_TypeDef Button_Mode);
uint32_t STM_EVAL_PBGetState(Button_TypeDef Button); //获取按键状态函数

#endif /* __STM3210B_EVAL_H */
```

从清单 9.6 中可以看到，上、下、左、右 4 个按键分别被赋予了唯一的数字进行标记，并且以枚举常量的方式被定义，清单 9.4 中的 STM_EVAL_PBGetState 函数则根据传入的唯一数字进行相应按键状态的读取与返回操作，该函数被定义在 stm3210b_eval.c 源文件中，相应的源代码如清单 9.7 所示。

清单 9.7　stm3210b_eval.c 源文件（部分）

```
#include "stm3210b_eval.h"

GPIO_TypeDef* GPIO_PORT[LEDn] = {                    //LED引脚对应的GPIO外设基地址数组
    LED1_GPIO_PORT, LED2_GPIO_PORT, LED3_GPIO_PORT, LED4_GPIO_PORT};
const uint16_t GPIO_PIN[LEDn] = {                    //LED引脚位数组
    LED1_PIN, LED2_PIN, LED3_PIN, LED4_PIN};
const uint32_t GPIO_CLK[LEDn] = {                    //LED引脚对应GPIO外设的总线时钟控制位数组
    LED1_GPIO_CLK, LED2_GPIO_CLK, LED3_GPIO_CLK, LED4_GPIO_CLK};

GPIO_TypeDef* BUTTON_PORT[BUTTONn] = {               //按键引脚对应的GPIO外设基地址数组
    WAKEUP_BUTTON_GPIO_PORT, TAMPER_BUTTON_GPIO_PORT, KEY_BUTTON_GPIO_PORT,
    RIGHT_BUTTON_GPIO_PORT, LEFT_BUTTON_GPIO_PORT, UP_BUTTON_GPIO_PORT,
    DOWN_BUTTON_GPIO_PORT, SEL_BUTTON_GPIO_PORT};

const uint16_t BUTTON_PIN[BUTTONn] = {               //按键引脚位数组
    WAKEUP_BUTTON_PIN, TAMPER_BUTTON_PIN, KEY_BUTTON_PIN, RIGHT_BUTTON_PIN,
    LEFT_BUTTON_PIN, UP_BUTTON_PIN, DOWN_BUTTON_PIN, SEL_BUTTON_PIN};

const uint32_t BUTTON_CLK[BUTTONn] = {               //按键引脚对应GPIO外设的总线时钟控制位数组
    WAKEUP_BUTTON_GPIO_CLK, TAMPER_BUTTON_GPIO_CLK, KEY_BUTTON_GPIO_CLK,
    RIGHT_BUTTON_GPIO_CLK, LEFT_BUTTON_GPIO_CLK, UP_BUTTON_GPIO_CLK,
    DOWN_BUTTON_GPIO_CLK, SEL_BUTTON_GPIO_CLK};

const uint16_t BUTTON_EXTI_LINE[BUTTONn] = {         //按键引脚对应的外部中断线数组
    WAKEUP_BUTTON_EXTI_LINE, TAMPER_BUTTON_EXTI_LINE, KEY_BUTTON_EXTI_LINE,
    RIGHT_BUTTON_EXTI_LINE, LEFT_BUTTON_EXTI_LINE, UP_BUTTON_EXTI_LINE,
    DOWN_BUTTON_EXTI_LINE, SEL_BUTTON_EXTI_LINE};

const uint16_t BUTTON_PORT_SOURCE[BUTTONn] = {       //按键引脚对应的外部中断线组别数组
    WAKEUP_BUTTON_EXTI_PORT_SOURCE, TAMPER_BUTTON_EXTI_PORT_SOURCE,
    KEY_BUTTON_EXTI_PORT_SOURCE, RIGHT_BUTTON_EXTI_PORT_SOURCE,
    LEFT_BUTTON_EXTI_PORT_SOURCE, UP_BUTTON_EXTI_PORT_SOURCE,
    DOWN_BUTTON_EXTI_PORT_SOURCE, SEL_BUTTON_EXTI_PORT_SOURCE};

const uint16_t BUTTON_PIN_SOURCE[BUTTONn] = {        //按键引脚对应的外部中断线位数组
    WAKEUP_BUTTON_EXTI_PIN_SOURCE, TAMPER_BUTTON_EXTI_PIN_SOURCE,
    KEY_BUTTON_EXTI_PIN_SOURCE, RIGHT_BUTTON_EXTI_PIN_SOURCE,
```

第9章　让游戏操纵杆正常工作起来

```
        LEFT_BUTTON_EXTI_PIN_SOURCE, UP_BUTTON_EXTI_PIN_SOURCE,
        DOWN_BUTTON_EXTI_PIN_SOURCE, SEL_BUTTON_EXTI_PIN_SOURCE};

const uint16_t BUTTON_IRQn[BUTTONn] = {                        //按键引脚对应的中断号数组
        WAKEUP_BUTTON_EXTI_IRQn, TAMPER_BUTTON_EXTI_IRQn, KEY_BUTTON_EXTI_IRQn,
        RIGHT_BUTTON_EXTI_IRQn, LEFT_BUTTON_EXTI_IRQn, UP_BUTTON_EXTI_IRQn,
        DOWN_BUTTON_EXTI_IRQn, SEL_BUTTON_EXTI_IRQn};

//初始化指定的LED引脚函数
void STM_EVAL_LEDInit(Led_TypeDef Led)
{
  GPIO_InitTypeDef  GPIO_InitStructure;

  RCC_APB2PeriphClockCmd(GPIO_CLK[Led], ENABLE);                //使能GPIO外设时钟

  GPIO_InitStructure.GPIO_Pin = GPIO_PIN[Led];                  //配置的GPIO引脚位
  GPIO_InitStructure.GPIO_Mode = GPIO_Mode_Out_PP;             //配置为推挽输出模式
  GPIO_InitStructure.GPIO_Speed = GPIO_Speed_50MHz;

  GPIO_Init(GPIO_PORT[Led], &GPIO_InitStructure);           //初始化指定GPIO组别中的引脚位
}

//熄灭指定的LED函数
void STM_EVAL_LEDOn(Led_TypeDef Led)
{
  GPIO_PORT[Led]->BSRR = GPIO_PIN[Led];
}

//点亮指定的LED函数
void STM_EVAL_LEDOff(Led_TypeDef Led)
{
  GPIO_PORT[Led]->BRR = GPIO_PIN[Led];
}

//初始化指定引脚为指定（普通或外部中断）模式
void STM_EVAL_PBInit(Button_TypeDef Button, ButtonMode_TypeDef Button_Mode)
{
  GPIO_InitTypeDef GPIO_InitStructure;
  EXTI_InitTypeDef EXTI_InitStructure;
  NVIC_InitTypeDef NVIC_InitStructure;

  RCC_APB2PeriphClockCmd(BUTTON_CLK[Button] |                  //使能GPIO外设时钟
                    RCC_APB2Periph_AFIO, ENABLE);

  GPIO_InitStructure.GPIO_Mode = GPIO_Mode_IN_FLOATING;        //配置为输入悬空模式
  GPIO_InitStructure.GPIO_Pin = BUTTON_PIN[Button];            //配置的GPIO引脚位
  GPIO_Init(BUTTON_PORT[Button], &GPIO_InitStructure);     //初始化指定GPIO组别中的引脚位

  if (Button_Mode == BUTTON_MODE_EXTI) {                       //以下配置为中断模式
    GPIO_EXTILineConfig(BUTTON_PORT_SOURCE[Button],            //中断线映射
                    BUTTON_PIN_SOURCE[Button]);
    EXTI_InitStructure.EXTI_Line = BUTTON_EXTI_LINE[Button];   //外部中断初始化
    EXTI_InitStructure.EXTI_Mode = EXTI_Mode_Interrupt;

    if(Button != BUTTON_WAKEUP) {                   //根据不同按键类型设置中断触发边沿
      EXTI_InitStructure.EXTI_Trigger = EXTI_Trigger_Falling;
    } else {
      EXTI_InitStructure.EXTI_Trigger = EXTI_Trigger_Rising;
    }
    EXTI_InitStructure.EXTI_LineCmd = ENABLE;
    EXTI_Init(&EXTI_InitStructure);

    NVIC_InitStructure.NVIC_IRQChannel = BUTTON_IRQn[Button];       //中断嵌套初始化
    NVIC_InitStructure.NVIC_IRQChannelPreemptionPriority = 0x0F;
    NVIC_InitStructure.NVIC_IRQChannelSubPriority = 0x0F;
    NVIC_InitStructure.NVIC_IRQChannelCmd = ENABLE;

    NVIC_Init(&NVIC_InitStructure);
  }
}
```

```
//获取按键状态函数
uint32_t STM_EVAL_PBGetState(Button_TypeDef Button)
{
  return GPIO_ReadInputDataBit(BUTTON_PORT[Button], BUTTON_PIN[Button]);
}
```

从清单 9.7 中可以看到，STM_EVAL_PBGetState 函数中调用了读取引脚位状态的 GPIO_ReadInputDataBit 函数，需要传入后者的 "GPIO 外设基地址与引脚位信息" 被统一保存在数组 BUTTON_PORT 与 BUTTON_PIN 中。也就是说，适配层将所有使用到的 GPIO 外设基地址、引脚位、总线时钟、中断线等信息都定义为宏，然后用数组将这些信息分类存储（例如，数组 BUTTON_PORT 用于保存 GPIO 外设基地址。数组 BUTTON_PIN 用于保存引脚位，数组 BUTTON_CLK 用于保存总线时钟控制位，数组 BUTTON_EXTI_LINE 用于保存引脚对应的中断线，其他以此类推），这样就可以使用唯一标识符从不同数组中获得某个引脚的所有信息。我们以 Button_Right 为例给出了相应按键引脚信息的获取流程，如图 9.1 所示。

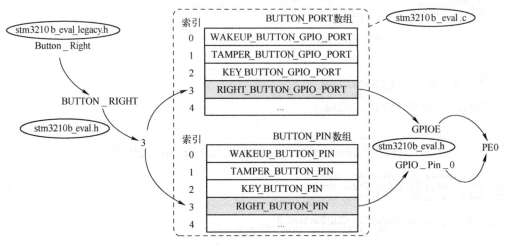

图 9.1　Button_Right 对应的引脚获取流程

也就是说，官方例程中实现右移功能的按键对应单片机的引脚 PE0。相应地，我们也可以查到上、下、左移按键对应的引脚分别为 PD8、PD14、PE1。由于这 4 个引脚都不在我们规划的 IO 引脚中（见表 4.2），所以目前开发板控制 PC 鼠标的功能是不正常的。

我们自己的开发板上有 7 个按键可供使用，假设现在决定使用 K1～K4 分别实现下、右、左、上移的功能，相应的引脚规划如图 9.2 所示。在源代码方面，首先需要将清单 9.6 中 4 个按键相关信息的宏定义**按注释后面的语句修改**。当然，有些宏定义并没有使用到（如中断线、中断源等），但为了源代码的完整性，我们仍然给出了所有的修改语句。

还有什么地方需要修改呢？我们再次回到 JoyState 函数中，第一条 if 语句是读取 "右移" 按键的状态，并且加了一个 "非" 逻辑运算符，这意味着：**官方评估板配套的游戏杆按键是低有效的（空闲状态下为高电平）**。那么理论上，官方例程应该会将按键相关的引脚初始化为 "上拉输入" 模式（如果评估板已经外接了上拉电阻，也可以初始化为 "悬空输入" 模式），这一点我们可以通过分析 main 主函数中的 Set_System 函数来验证，相应的源代码如清单 9.8 所示。

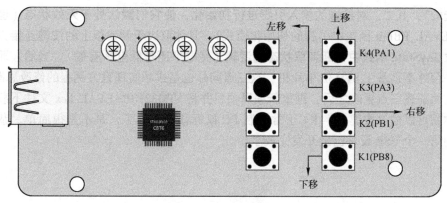

图 9.2　引脚规划

清单 9.8　Set_System 函数

```
void Set_System(void)
{
  GPIO_InitTypeDef  GPIO_InitStructure;

  RCC_APB1PeriphClockCmd(RCC_APB1Periph_PWR, ENABLE); //使能电源控制外设总线时钟

  STM_EVAL_PBInit(Button_RIGHT, Mode_GPIO);                //配置引脚为普通GPIO模式
  STM_EVAL_PBInit(Button_LEFT, Mode_GPIO);
  STM_EVAL_PBInit(Button_UP, Mode_GPIO);
  STM_EVAL_PBInit(Button_DOWN, Mode_GPIO);

  //以下省略了无须关注的初始化代码
}
```

　　我们只需要关注其中调用的 STM_EVAL_PBInit 函数（其定义见清单 9.7），它根据指定的按键唯一标识符与配置模式（Mode_GPIO 代表普通引脚，Mode_EXTI 代表外部中断输入，其定义见清单 9.5）进行初始化。具体来讲，从函数一开始就通过前述数组查找的方式，使能了指定引脚对应 GPIO 外设的总线时钟，并且将它们设置为"悬空输入"模式，这也就意味着：**官方评估板上的按键均有额外的上拉电阻**（其他语句只有在将 GPIO 设置初始化为外部中断输入时使用到，暂时可不予理会）。

　　由于我们开发板上的按键采用高有效的方式连接（默认为低电平），而且没有外接下拉电阻，所以还需要做两件事。其一，应该在清单 9.7 的 STM_EVAL_PBInit 函数中将引脚模式初始化为下拉输入模式（GPIO_Mode_IPD），这样才能够使所有按键在初始化后就维持低电平（空闲状态）。其二，应该将 JoyState 函数（清单 9.4）中所有 if 语句中的非逻辑运算符 "!" 去掉。这也就意味着在空闲状态（低电平）下，JoyState 函数将返回状态 0，也就相当于通知应用程序：**此时没有按键被按下**。如果不修改判断逻辑，就会出现前述体验游戏操纵杆设备时 "PC 鼠标总会不受控地往右移" 的现象，因为在原来的逻辑下，空闲状态（低电平）是有效电平，而 JoyState 函数读取到第一个右移按键有效后就直接返回（不再执行剩下的代码），所以 PC 鼠标才会一直右移。

　　总体上，如果使用自己的 STM32 单片机开发板实现 JoyStickMouse 例程，则需要确认以下三点。其一，**更改数组 BUTTON_PORT 与 BUTTON_PIN 中各引脚信息的具体定义**（其他是可选的)；其二，**对按键的输入引脚进行初始化，使它们默认处于无效状态**（也就是更改 STM_EVAL_PBInit 函数中引脚的初始化模式)，具体取决于开发板上的按键连接方式；其三，**更改 JoyState 函数中判断读取状态的逻辑**（高电平还是低电平有效）。当然，即使使用的开发平台并不是基于 STM32 单片机，这三点同样也是成功实现官方例程的修改思路。

当按照前述三点更改之后，再重新编译项目并将 STM3210B-EVAL.hex 文件下载到开发板中，你就可以通过按键 K1~K4 正常控制 PC 鼠标移动方向了，是不是很简单。恭喜！你人生中的第一个 USB 设备已经开发完成了！

第10章 USB 主机如何识别设备

虽然游戏操纵杆已经能够正常工作，但是非常好学的你肯定很想知道：为什么开发板上的按键可以控制 PC 鼠标的移动方向呢？为什么在 PC 任意一个 USB 接口依次插入的鼠标、键盘或其他 USB 设备都能够被正确识别呢？这就是**总线枚举**（Bus Enumeration）的功劳。

什么是枚举呢？以公司招聘面试为例，面试官通常会根据面试者的简历提出一些问题，然后针对回复提出另一个有一定关联的问题，依次循环，继而达到全面考查面试者业务水平的目的，经过综合评估才能判断是否符合公司的录用标准。当面试者通过面试顺利入职公司后，相关部门通常会在管理系统中增加一条代表"面试者就职于该公司"的记录，同时分配一个工号。例如，"1"号通常就是意气风发的老板，"7259"号就是籍籍无名的你。

整个面试与入职过程就是一次完整的枚举过程。在面试的场景中，你就是 USB 设备，公司就是 USB 主机，而面试官则负责建立一套"是否符合公司录用标准"的判断流程。所以简单地说，枚举就是"识别"或"鉴别"的同义词，而员工的工号就相当于主机给设备分配的地址（一个 USB 主机最多可以扩展 127 个设备，而每个设备都会有一个唯一的地址），如图 10.1 所示。

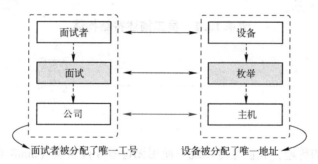

图 10.1 面试与枚举

同样的道理，当 USB 设备连接到 PC（主机）时，PC 也需要询问一些关于它的信息，以确定到底是个什么东西。PC 当然是不能说话的，它只会发送一些命令，**USB 设备必须对这些命令进行响应**，否则枚举就会失败（问话你一声不吭，面试失败）。当然，**USB 设备必须进行正确响应**，"乱弹琴"也会导致枚举失败（回答问题牛头不对马嘴，面试失败）。当然，**即便枚举成功了，也不一定代表 USB 设备肯定能够正常工作**（有些人面试时能说会道，但真正做起事来却完全不行，失败中的失败），就像每个人（USB 设备）进出城门需要特定令牌一样，令牌本身代表着一定的特权，拿着它就能够自由进出城门（枚举成功了），但是令牌本身可能是抢来或骗来的，这个人本身并不具备享有该特权的合法资格，也就无法真正实施与该特权相当的事情（USB 设备不能正常工作），只不过用来欺骗守城门人（枚举流程）而已。

概括来讲，如果我们要让自己的 USB 设备成功与主机传输数据，关键的两个步骤是必须进行的。其一，**让 USB 设备遵循 USB 规范正确回应主机的命令，以成功完成枚举过程。**其二，**在枚举成功后，将数据按正确的格式进行传输。**

有些人可能会想：怎么还要响应命令呢？粗看了一下貌似很复杂，玩不了，回家洗洗睡了！这里必须得打击你一下，USB 底层的实现确实有点复杂，因为 USB **的简易性**是**以协议的复杂性**为代价的。但幸运的是，通常厂商都会将底层的核心实现打包成了固件库，我们只要修改应用方面的一些数据即可。也就是说，如果只是使用 USB 传输数据，你没机会（也不需要）去修改底层那些复杂的源代码。

那到底需要修改什么地方才能成功完成总线枚举呢？其实道理跟工程师做项目一样！例如，当我们使用单片机编程来控制新的元器件时，首先需要了解元器件的基本原理，包括硬件电路的连接要求、通信时序、寄存器定义等。厂家为了方便用户使用，通常都会准备好相应的数据手册，它包含了用户应用该元器件的所有信息。

同样的道理，如果将你当成一台 PC，当 USB 鼠标与某个 USB 接口相连时，你又是怎么知道它是鼠标，而不是键盘或其他设备呢？很明显，你（PC）也需要数据手册之类能够描述插入设备所有信息的媒介，对不对？USB 规范中定义的描述符（Descriptor）就是这个目的。

描述符本身就是一些常量数据。例如，现在要定义一个员工的描述符，它应该包含姓名、性别、年龄、工号等信息，我们可以称这些信息为字段（Field），相应可供使用的结构体类似如清单 10.1 所示。

清单 10.1　员工描述符结构体

```
struct employee {
  char    name[50];                                    //姓名
  char    sex;                                         //性别
  uint8_t age;                                         //年龄
  uint8_t id;                                          //工号
  uint8_t group;                                       //等级
  //...更多信息
};
```

为了方便数据的传输，我们也可以统一使用无符号 8 位整型（uint8_t）数组来描述员工信息，只要约定好字符串与字段之间的对应关系即可，类似如清单 10.2 所示。

清单 10.2　员工描述符数组

```
const uint8_t longhu[] = {
  0,                                                   //姓名
  1,                                                   //性别
  35,                                                  //年龄
  59,                                                  //工号低2位
  72,                                                  //工号高2位
  9,                                                   //等级
  //...更多信息
};

const uint8_t name[100][] = {                          //所有姓名字符串集合的数组
  {'1', 0, 'o', 0, 'n', 0, 'g', 0, 'h', 0, 'u', 0},
  //...更多字符串定义
};
```

数组 name 中保存了具体姓名对应的英文字符串，为了能够表达世界上所有语言的字符，我们采取了目前通用的 Unicode，它采用双字节 16 位进行编号，可最多编码 65536 个字

符。英文字母的 ASCII 补 0（一个字节）就是相应的 Unicode（低位在前）。例如，字符
"A" 的 ASCII 为 0x41，则相应的 Unicode 编码为 0x0041。而在数组 longhu 中，"姓名"字段
则只保存 name 数组中对应的索引即可。我们再约定 "0" 代表女性，"1" 代表男性，所以
"性别"字段对应的数值就是 1。年龄为 35 自然不用多说。需要特别注意的是，我们再次约
定使用两个字节的 BCD 码来表示工号，并且低 2 位在前面，高 2 位在后面，所以相应的工
号为 "7259"。我们也可以进一步增加更多信息，这样数组 longhu 就可以完整地表达员工的
信息（描述符）了。

　　USB 规范定义的描述符也是类似的，常用的标准描述符就包括设备描述符（Device
Descriptor）、配置描述符（Configuration Descriptor）、接口描述符（Interface Descriptor）、端
点描述符（Endpoint Descriptor）、字符串描述符（String Descriptor），它们定义的字段比之前
的员工描述符更复杂一些，但基本的原理仍然相同。也就是说，我们总是会使用类似**常量整
数数组**的方式保存关于 USB 设备的一些信息，主机会通过特定的命令来查询，USB 设备只
需要在必要的时候响应主机的命令即可。当然，我们没有必要对所有细节都亲力亲为，厂商
已经将底层细节实现打包成了固件库，甚至发布好了经过测试的例程，**我们只需要找到描述
符定义所在的源文件，再根据 USB 规范修改一些常量数据即可**。如果这些常量数据修改正
确，厂商提供的固件库会自动根据主机发送的命令提交描述符信息，这样主机就能够正确识
别你的 USB 设备，也就完成了整个总线枚举过程。

　　与使用单片机控制元器件一样，我们还需要清楚元器件所在的状态。例如，不能在元器
件处于复位期间发送命令，也不能在休眠状态下发送它无法响应的命令。在枚举与正常工作
过程中，USB 设备也会处于不同的状态，主机也必须清楚设备当前所处的状态。USB 规范
定义了 6 种 USB 设备的状态，如表 10.1 所示（符号 "—" 表示不关心）。

表 10.1　USB 设备的状态

连接供电	默　　认	编　　址	配　　置	挂　　起	
否	—	—	—	—	—
是	否	—	—	—	—
是	是	否	—	—	—
是	是	是	否	—	—
是	是	是	是	否	—
是	是	是	是	是	否
是	是	—	—	—	是

　　USB 设备可以与主机连接（Attached）或断开（Detached），**连接状态**指的是物理层面
的状态，此时还没有直接与 USB 接口的信号线连通，而**供电状态**（Powered）则可以理解为
仅电源连接（信号线未连接）。我们前面已经提过，为了实现 USB 设备热插拔，**USB 物理
接口中的电源线比数据线要长一些**，所以才会存在**供电状态**。当然，你也可以认为**供电状态**
是 USB 设备的数据线已经与主机连接，但是还没有对总线有任何响应之前的状态。

　　默认状态（Default）是 USB 设备的数据线与主机连接后，主机对设备进行复位后的状
态。所有 USB 设备在供电与复位以后都使用默认地址（也就是 0），此时设备处于**可编址状**

态（Addressable），图 10.2 展示了未连接、连接、供电、默认 4 个状态（仅用于状态理解示意）。

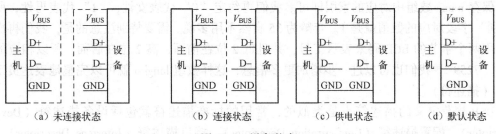

图 10.2　设备状态

设备处于**可编址状态（默认状态）**后，USB 主机给设备分配一个唯一的地址，设备进入了**编址状态**（Address），而在 USB 设备正常工作前还必须被正确配置，这样成功配置后的 USB 设备才会最终处于**已配置状态**（Configured）。**挂起状态**（Suspended）主要是为节省电源，所有设备在一段特定时间（典型值为 3ms）内没有总线活动时会自动进入该状态，无论设备是否已经分配地址或者完成配置，此时 USB 设备保持本身的内部状态（包括地址及配置）。另外，如果 USB 设备所连接的集线器端口失效（例如，使用命令禁用某个端口），USB 设备也会进入挂起状态，这在 USB 规范中属于选择性挂起（Selective Suspend）。相反，当总线有活动时，设备会被唤醒（Wakeup）而退出**挂起状态**，也称从**挂起状态**恢复（Resume）。

USB 规范给出了设备状态的转换关系，如图 10.3 所示，填充圆圈中的状态对主机是可见的。

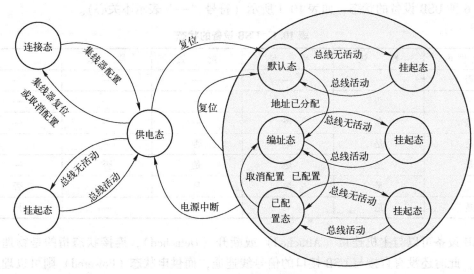

图 10.3　设备状态的转换关系

对于我们设计的基于 STM32 单片机的 USB 设备，所有状态被定义在 usb_pwr.h 头文件中，如清单 10.3 所示。其中，DEVICE_STATE 枚举类型中定义了 6 种状态，当 USB 设备未与主机相连时，默认处于未连接状态（UNCONNECTED）。只有当 USB 设备处于**已配置状态**

（CONFIGURED）时，USB 设备才是可用的，所以在清单 9.1 中，每次读取按键状态前必须先判断设备的状态（bDeviceState）是否处于**已配置状态**，因为在 USB 设备尚未完成配置前，即使有按键按下的情况发生，也无法正常给主机发送数据。另外，需要特别注意的是，DEVICE_STATE 枚举类型中定义的 ATTACHED 对应表 10.1 中的默认状态，后续在阅读代码时就会知道。

清单 10.3　usb_pwr.h 头文件

```
#ifndef __USB_PWR_H
#define __USB_PWR_H

typedef enum _RESUME_STATE {                             //恢复状态
  RESUME_EXTERNAL,
  RESUME_INTERNAL,
  RESUME_LATER,
  RESUME_WAIT,
  RESUME_START,
  RESUME_ON,
  RESUME_OFF,
  RESUME_ESOF
} RESUME_STATE;

typedef enum _DEVICE_STATE {                             //设备状态
  UNCONNECTED,                                           //未连接状态
  ATTACHED,                                              //默认状态
  POWERED,                                               //上电状态
  SUSPENDED,                                             //挂起状态
  ADDRESSED,                                             //已编址状态
  CONFIGURED                                             //已配置状态
} DEVICE_STATE;

void Suspend(void);                                      //挂起执行函数
void Resume_Init(void);                                  //恢复初始化
void Resume(RESUME_STATE eResumeSetVal);                 //恢复执行函数
RESULT PowerOn(void);                             //打开USB控制器电源
RESULT PowerOff(void);                            //关闭USB控制器电源

extern __IO uint32_t bDeviceState;              //标记USB设备状态的全局变量
extern __IO bool fSuspendEnabled;                //标记挂起使能状态

#endif  /*__USB_PWR_H*/
```

在对 USB 设备的状态进行初步了解之后，我们来看看详细的 USB 总线枚举的全部过程，如图 10.4 所示。

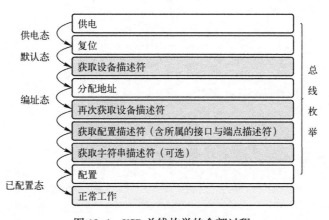

图 10.4　USB 总线枚举的全部过程

主机端的 USB 集线器监视着每个下行端口的信号线电压，当 USB 设备连接主机时会被检测到，此时 USB 设备处于供电状态，然后主机会对 USB 设备进行复位操作，并通过发送命令来验证是否完成设备复位（成功复位后的 USB 设备默认地址为 0，即处于**默认状态**）。如果设备支持全速模式，则其在复位期间还会检测设备是否支持**高速**模式（涉及比较复杂的协议，现在知道有这回事就可以了，后续还会详细讨论）。

紧接着，主机第一次发送获取**设备描述符**命令，**设备描述符**提供关于 USB 设备的多种信息（共 18 个字节，后述），但第一次只会读取该描述符的前 8 个字节，用来获得设备端点 0 支持的最大数据包字节长度（第 8 个字节包括该信息）。

到目前为止，主机通过默认的地址 0 与设备进行通信（主机一次只能枚举一个 USB 设备，所以同一时刻只有一个 USB 设备使用默认地址），主机此时发送命令给为设备分配唯一的（非 0）地址。设备收到该命令后保存分配的新地址，并且返回确认信息，此后主机与设备之间的通信都将使用新地址，USB 设备也就进入了**编址态**。

主机随后再次（给已分配新地址的设备）发出获取**设备描述符**的命令获取完整的设备信息（18 个字节）。由于 USB 设备还定义了一个或多个**配置描述符**（包括所属的**接口、端点及其他描述符**），主机紧接着再次或多次发出获取**配置描述符**命令，如果**设备描述符**中指定了描述厂商、产品和设备序列号等信息的**字符串描述符**索引（相当于清单 10.2 中的 longhu 数组中的"姓名"字段值），则主机同样会再次发出获取**字符串描述符**命令。

主机已经从所获取的多个描述符中充分知悉了关于 USB 设备的所有信息，然后开始为设备选择并加载合适的驱动程序。如果一切顺利，设备驱动程序就会接管原属于主机的控制权，并发送命令为设备选择合适的配置（进入**已配置状态**），USB 枚举过程至此结束，设备可以正常使用了。

如果觉得 USB 总线枚举的过程有点复杂，那可以这么说：以上所述还只是简化描述。实际枚举过程还涉及底层握手信号的状态细节，现阶段的你只需要知道总枚举的总体流程就行了，后续我们还会深入探讨，现在亟须解决的问题是：**配置、接口、端点到底是什么呢？它们对应的描述符又有什么关系呢？**请参见后文。

第11章 趣谈设备、配置、接口与端点

假设现在有一个能够给**多家独立运营超市**智能配货的仓库，它不仅能够根据需求将货物送达超市并且完成上架工作，还能够根据不同货物的销售情况进行清点、下架、退货等工作，甚至对于可能出现的货物摆放位置错误也能够进行纠正，作为超市老板的你只需要负责收银的工作即可，真是太方便了。

我们可以将仓库当作 USB 主机，那么每家独立运营的超市就相当于一个 USB 设备，而这个仓库最多可以给 127 家超市提供智能配货（相当于一个主机最多可以扩展 127 个 USB 设备），购物的顾客就相当于设备固件，管理仓库的负责人则属于主机端客户程序（Client Software），仓库与超市之间的关系如图 11.1 所示。

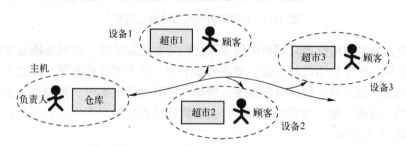

图 11.1 仓库与超市之间的关系

超市通常会包含多个货架，每个货架通常分为几层（以下简称"货架层"），每一层都拥有能够容纳一定数量货物的空间。仓库为某超市的货架摆放货物时，通常会一次性在某货架层摆放若干件。如果把货物当作主机给设备发送的数据，那么货架层就相当于**端点**。也就是说，主机（仓库）发送的数据（货物）最终会保存在端点（货架层）。

我们从货架层的特点可以总结出**端点**在**物理方面**的两个特点。其一，每个**端点**（货架层）都能够存储一定的数据（货物）。存储空间的大小决定主机可以一次性发送给**端点**的最大数据长度（货物数量）。我们把端点的数据存储空间称为缓冲区（Buffer），设备固件（顾客）如果需要获得主机（仓库）发送给端点的数据（货物），就必须从端点的缓冲区获得，所以说，**端点**是 USB 通信最基本的形式。

其二，每个**端点**都有唯一的地址，因为每一个货架层可以被唯一定位。**端点地址**与主机给 USB 设备分配的地址不一样，我们可以理解后者为超市地址，属于一个大范围地址，而**端点**地址则是超市里的某个货架层。我们把**端点**地址用**端点号**来标记，那么每一个端点就相当于货架的某一层。USB 规范定义的有效端点号（Endpoint Number）数量为 16（端点 0~15），相当于货架的最大层数为 16。8 层货架与端点的对应关系如图 11.2 所示。

USB 规范还定义了管道（Pipe），它是描述"设备端点与主机软件之间联系"的抽象通道，相当于仓库中的货物从出库到上架（或货物下架到入库）之间的路径。**管道属于逻辑**

上的定义，体现了主机缓冲区（相当于仓库的货架）与**端点**之间传输数据的能力。设备的不同端点与主机缓冲区之间属于不同的管道，但是在物理上还是经过同一条传输线缆。管道定义了**流**（Stream）与**消息**（Message）两种不同且互斥的通信模式，前者代表不具有 USB 规范定义结构的数据，后者代表具有某种 USB 规范定义结构的数据，这是什么意思呢？

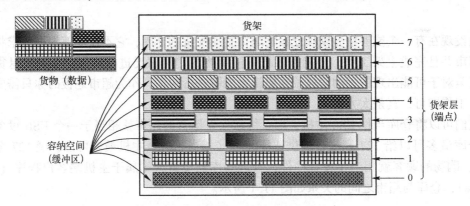

图 11.2 8 层货架与端点的对应关系

例如，仓库只是单纯性地对超市中的货架进行货物上架操作，这就是**流**通信模式，它只负责将货物上架，至于货物几时上架、需不需要上架、需不需要调整等，那就不是它所能做到的了。**消息通信模式可以做的事情很多**。例如，进行货物上架时，查询一下货架是否有富余的容纳空间，有则上架，没有则不上架；查询货物是否被用户不小心损坏了，如果是就更换货物，如图 11.3 所示。

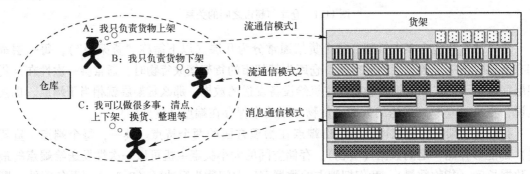

图 11.3 流与消息管道

简单地说，**消息通信模式**的能力更强一些，**流**通信模式能够做的事情，**消息通信模式**也能做，只不过如果单纯进行数据传输时，使用**流**通信模式的效率更高一些。你可以理解消息就是**主机与设备互动的一种方式**，它传输的数据有特定格式，所以**消息通信模式比流通信模式更复杂**，而且消息通信模式允许双向数据传输。例如，在总线枚举过程中，主机使用默认端点 0 与设备通信，对应的就是一个**消息管道**。主机向 USB 设备发送一个命令，然后进行必要的数据传输，最后再进行状态确认，这可以保证数据能够被可靠地传输。

很明显，不同的货架层中摆放的货物是不同的，相应的容纳空间也不一样，对于一些体积较小的货物，不大的空间已然足够容纳。相反，体积很大的货物则需要更大的容纳空间。

当然，即便货物的体积很小，由于经营理念的不同，有些负责人也可能会为其分配较大的容纳空间。也就是说，缓冲区的大小具体怎么分配取决于设计者（你）。

同样的道理，**端点**类型不同，一次性能够接收的最大数据包长度也是不同的。例如，端点 0 的数据包大小的有效值只能是 8 字节、16 字节、32 字节、64 字节，而其他非 0 端点可以接受更大的数据包，这取决于**端点**类型，同时也决定了**传输类型**。

那什么是传输类型呢？我们知道，由于货物本身的特点不一样，每一层货架中货物的销售情况也会不同，有些货物（如时令蔬菜）可能每天都会脱销，仓库每天都需要重新清点并上架新货物。当然，也有些货物（如定价不合理的大件货物）可能几个月都卖不出一件，仓库查询这些货架的时间就会非常少。也就是说，对于不同的货架层，仓库给它分配的资源是不一样的。如果某件货物实在卖不出去，可能还会将其下架退回到仓库。

端点在**使用方面**也有与货架层相似的特点。其一，**每个端点都会有特定的方向**。要么下行（上架），要么上行（下架）。当然，也可以是双向（上下架）的。前面我们提过，USB设备的端点号范围为 0~15，但所有 USB 设备都需要实现默认的控制方法（货架必然至少有一层，如果某个货物没有指定的货架层，就约定上架到最底层），它使用端点 0 作为输入与输出端点（双向），USB 主机使用端点 0 对 USB 设备进行初始化，因为 USB 设备刚与主机连接时（还没有完成总线枚举之前），主机还并不清楚该 USB 设备支持哪些端点。换句话说，其他（非 0）端点只有在 USB 设备被初始化后才可以使用，如图 11.4 所示。

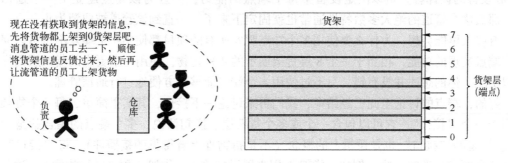

图 11.4　端点的方向

其二，主机会给每个**端点**分配一定的资源。我们已经提过，一个仓库可以给多家超市配货，但一天 24 小时却是有限的，仓库对货架的操作有很多，不可能对所有货架都会花费相同的时间。如果货物销量非常好，仓库就花更多的时间对所在的货架。换个角度来讲，销量好的货物所在的货架也需要更多的时间去打理，而其他销量不太好或很差的货物所在的货架，一个月只需要打理一次就已然足够了。

端点使用也是同样的道理，不同应用场合对**端点**的要求也会不一样。例如，有时关注数据传输是否正确，有时侧重数据处理的及时性，有些可能更关注传输速度，另外有些可能需要同步传输，这些对**端点**传输数据的要求就是**传输类型**，而主机给不同类型的端点（对应不同的传输类型）分配的带宽是不一样的，如图 11.5 所示。

假设主机连接了多个设备，并且都在同时进行数据传输，如果你要求传输的数据延迟不可超过一定时间，那么主机就会每隔一段固定的时间对**端点**进行查询与操作，即便多个设备的端点都有数据传输的需求，但主机仍会优先将总线带宽分配给你。相反，如果你只要求传输完大量数据，对时间与速度都没有要求，那么主机则会在带宽不够用的情况下降低你的传输优先级，优先满足对传输时间有特殊要求的数据，这就是定义传输类型的意义所在，具体细节将在端点描述符中详细讨论。

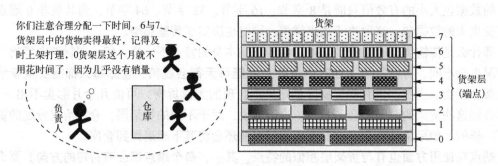

图 11.5　给端点分配的资源

　　总体上，**端点的特性决定了其与主机进行传输的类型**。一个端点具有**总线访问频率的要求**（**Bus Access Frequency/Latency Requirement**）、**总线延迟要求、带宽要求**（**Bandwidth Requirement**）、**端点号、对错误处理的要求**（**Error Handling Behavior Requirements**）、**能接收或发送的包的最大长度、端点的传输类型、端点与主机的数据传输方向**等特性。你（USB 设备的设计者）可以决定设备中每个端点的能力，一旦为该端点建立了一个通信管道，那么这个管道的绝大多数特性通常也就固定下来了，一直到该管道被取消为止。

　　有些人可能会想：为什么要使用多个端点呢？所有的项目都使用一个端点不也可以完成更多端点实现的功能，相当于一个 8 层货架展示的 8 种货物，使用一个更大的货架层同样也可以实现。你的想法并没有错，只不过使用多个端点能够更方便地进行通信管理。

　　好的，端点的讨论至此已经结束，我们再来讨论一下接口，其实很简单，每一个货架就相当于一个"接口"，它可以包含一个或多个货架层。换句话说，多个端点的集合就是"接口"。这里的"接口"也是逻辑上的概念（不是指物理上看得见的接插件），将"接口"视为功能会更容易理解一些。例如，货架 A 用来展示货物 A，货架 B 用来展示货物 B，这就是功能的不同。从 USB 主机的角度来看，USB 设备接口就是多个端点的集合，图 11.6 清晰展示了 USB 通信流。

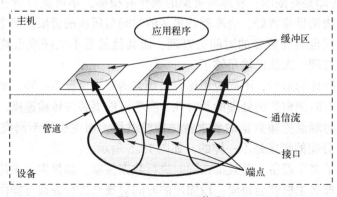

图 11.6　USB 通信流

最后讨论一下超市的货架规划。通常负责人会按照不同类别的货物将超市空间进行规划，每个空间都包含若干个货架（以下简称为"货架群"）。超市负责人的经营理念不一样，每个空间的货架群配置也会不尽相同。同样的道理，USB 规范定义的"配置"就是一个或多个"接口"的集合，功能复杂的 USB 设备可以具有多个接口。例如，USB 扬声器可以包含一个音频接口以及旋钮和按钮对应的接口。仅使用一个接口可以实现多个接口完成的功能吗？理论上也是可以的，关键取决于具体的实现方法。

我们可以用图 11.7 来表示超市与设备的关系。

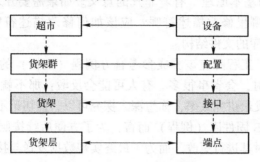

图 11.7　超市与设备的关系

很明显，一家超市可以包含多个货架群，每个货架群都可以包含一个或多个货架，每个货架又可以包含一个或多个货架层，所以超市、货架群、货架、货架层之间属于包含关系。同样，设备通常包含一个或多个配置，配置通常包含一个或多个接口，而接口又包含一个或多个端点，图 11.8 给出了设备、配置、接口与端点之间的关系。

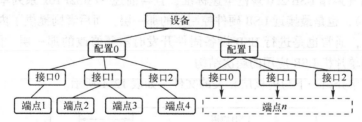

图 11.8　设备、配置、接口与端点之间的关系

第 12 章　STM32 单片机 USB 固件库文件

到目前为止，我们已经对设备、配置、接口与端点有了初步的概念，这对于进一步理解"如何修改相应描述符的基本原理"有着非凡的意义。如果需要开发基于 STM32 单片机的 USB 设备，那么具体在哪里修改描述符呢？应该如何修改描述符呢？我们首先了解一下 STM32 单片机 USB 固件库的文件结构。

在进行项目开发时，工程师应该养成参考官方例程（文档）的好习惯，尤其是在学习某一项全新技术或应用时，会省事很多。有人可能会反驳：那不就知其然不知其所以然了吗？当然不是！项目开发最讲究效率，你想深入探究可以，但切记不可什么事都从头开始做起。对于厂商发布的 USB 固件库（例程）而言，为了方便后续按照我们的需求实现相应的功能，不可避免地需要对其进行更改，而为了最终实现数据发送与接收功能，USB 固件库包含了一些文件，我们需要初步了解它们各自的用途以及可以更改之处。

前面已经提过，当使用 STM32 单片机控制某个外设时，需要添加对应的头文件与源文件，USB 控制器自然也不例外，但由于 USB 控制器比较复杂，其不像其他标准外设那样基本上一个源文件对应一个文件，而是对应包含多个文件的固件库。为方便用户更容易地使用 USB 固件库，其被划分为**内核**与**用户接口**两层，前者管理"使用 USB 控制器与 USB 标准协议的"直接传输（遵循 USB 2.0 规范全速标准，且与前述 STM32F10x 系列单片机标准外设固件库是分离的），也是最接近 USB 硬件控制器的那一层，而后者则提供了**内核层与应用层**之间的完整接口，通常也是进行 USB 设备固件开发时需要修改的那一层，图 12.1 给出了 STM32F10x 系列单片机 USB 应用的层次结构。

我们先来简单介绍一下与内核层相关的文件，如表 12.1 所示。

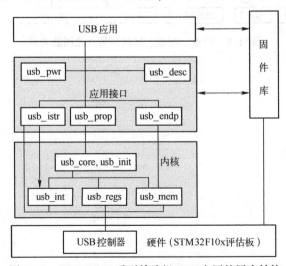

图 12.1　STM32F10x 系列单片机 USB 应用的层次结构

表 12.1　与内核层相关的文件

文　件	描　　述
usb_type. h	内核使用到的数据类型，用于保证固件库的独立性
usb_regs. h(. c)	硬件抽象层
usb_int. c	正确处理数据传输的中断服务程序
usb_init. h(. c)	USB 初始化
usb_core. h(. c)	USB 协议管理（遵循 USB 2.0 规范）
usb. mem. h（. c）	从（往）端点缓冲区读出（发送）数据的传输管理
usb_def. h	USB 定义

　　usb_regs. h(. c) 是直接与 USB 硬件控制器对接的文件，它的意义等同于 stm32f10x_ gpio. h(. c) 与 GPIO 外设的关系。也就是说，usb_regs. h(. c) 把与 USB 控制器相关的寄存器地址及对寄存器的常用操作定义成了宏或函数，这样在进行设备固件开发时就不需要直接对寄存器进行操作了，也就是前文提到的硬件抽象层。usb_mem. h(. c) 完成的工作比较单一，从（往）端点缓冲区读出（写入）数据的传输管理，相当于超市货物上架与下架的操作。usb_int. h(. c) 包含了正确处理数据传输的中断服务程序，其中包含了 CTR_HP 与 CTR_LP 两个函数。usb_core. h(. c) 主要用于处理底层的协议管理，后续我们会结合 USB 控制器详尽讨论。

　　与内核层相关的文件通常不需要修改，但后续我们仍然会结合 USB 2.0 规范与 STM32 单片机硬件控制器来深入剖析它们，这里只需要了解一下 usb_type. h 头文件即可。按照官方发布的固件库说明文档，它提供了固件库中使用的主要数据类型，也就是说，它与以往介绍过的 stdint. h 文件存在的意义相同，即保证固件库的独立性，其源代码如清单 12.1 所示。

清单 12.1　usb_type. h 头文件

```
#ifndef __USB_TYPE_H
#define __USB_TYPE_H

#include "usb_conf.h"

#ifndef NULL
#define NULL ((void *)0)
#endif

typedef enum {
  FALSE = 0, TRUE  = !FALSE
} bool;

#endif /* __USB_TYPE_H */
```

　　从清单 12.1 中可以看到，usb_type. h 头文件中本身并没多少代码，其只是定义了一个枚举类型而已，无法达到保证固件库独立性的目的（usb_conf. h 中没有定义数据类型）。实际上，USB 固件库的数据类型定义与前述 STM32F10x 系列单片机的标准固件库是完全一样的，因为核心文件 core_cm3. h 已经包含了 stdint. h 头文件，可以直接使用其中定义的数据类型。

　　在进行 USB 设备开发时经常会修改应用接口层，与应用接口层相关的文件如表 12.2 所示。

表 12.2　与应用接口层相关的文件

文　件	描　述
usb_istr. h(. c)	USB 中断处理函数
usb_conf. h	USB 配置文件
usb_prop. h(. c)	USB 应用相关属性
usb_endp. c	USB 中断处理程序（非控制端点）
usb_pwr. h(. c)	USB 电源管理模块
usb. desc. h (. c)	USB 描述符

我们前面提过，内核层中的 usb_int. h(. c)定义了 CTR_HP 与 CTR_LP 两个中断服务函数，而这两个函数的调用是通过 usb_istr. h(. c)完成的（见图 12.1）。usb_conf. h 则是 USB 配置文件，包括端点的使用数量、发送与接收缓冲区地址等，其实就相当于对货架的配置。

usb_prop. h(. c)是理解 USB 协议非常重要的文件，它与内核层文件对接。我们前面提到过，内核层文件是不需要修改的，它实现了响应主机命令的功能。例如，在总线枚举过程中响应获取描述符、分配设备地址、为设备选择配置等命令。但是为了方便用户使用，内核层在响应主机命令时提供了一些"允许用户自定义行为"的机会。例如，当主机给设备分配地址（或其他场合）时，用户可能会想做些什么。这些"允许用户自定义行为的机会"具体表现为一个个的空函数，你可以根据自己的需求去实现（当然，也可以什么都不用做），而 usb_prop. h(. c)就汇总了所有"允许用户自定义行为"的空函数。

当主机往（从）设备的每个端点发送（读取）数据后，设备需要进行相应的处理（相当于仓库给超市上下架货物后需要实现的操作），而该处理工作就是在 usb_endp. c 源文件中实现的。usb_pwr. h(. c)主要用于打开或关闭 USB 控制器的电源，usb_desc. h(. c)则包含了所有描述符常量数据的定义。

USB 固件库涉及的文件比较多，现阶段的你可能会感到非常无助，但目前只需要有这些概念即可，后续还会详细讨论，不要忘了我们介绍 USB 固件库的目的：**找到 USB 描述符所在的文件并对其进行修改**。很明显，表 12.2 告诉我们它们在 usb_desc. h (. c)文件中。先来熟悉一下 usb_desc. c 源文件，其完整的源代码如清单 12.2 所示。

清单 12.2　usb_desc. c 源文件

```
#include "usb_lib.h"
#include "usb_desc.h"

//USB标准设备描述符
const uint8_t Joystick_DeviceDescriptor[JOYSTICK_SIZ_DEVICE_DESC] = {
    0x12,                                              //bLength
    USB_DEVICE_DESCRIPTOR_TYPE,                        //bDescriptorType
    0x00,                                              //bcdUSB
    0x02,
    0x00,                                              //bDeviceClass
    0x00,                                              //bDeviceSubClass
    0x00,                                              //bDeviceProtocol
    0x40,                                  //bMaxPacketSize: 64字节
    0x83,                                      //idVendor: 0x0483
    0x04,
```

```
    0x10,                                            //idProduct：0x5710
    0x57,
    0x00,                                            //bcdDevice：USB 2.0
    0x02,
    1,                               //iManufacturer：描述制造商字符串描述符的索引
    2,                               //iProduct：描述产品字符串描述符的索引
    3,                               //iSerialNumber：描述设备序列号字符串描述符的索引
    0x01                                             //bNumConfigurations
  }; /* Joystick_DeviceDescriptor */
//配置描述符(包括配置、接口、端点、HID)
const uint8_t Joystick_ConfigDescriptor[JOYSTICK_SIZ_CONFIG_DESC] = {
    0x09,                                            //bLength:配置描述符字节数量
    USB_CONFIGURATION_DESCRIPTOR_TYPE,               //bDescriptorType: 配置类型
    JOYSTICK_SIZ_CONFIG_DESC,                        //wTotalLength: 配置描述符总字节数量
    0x00,
    0x01,                                            //bNumInterfaces: 1个接口
    0x01,                                            //bConfigurationValue: 配置值
    0x00,                             //iConfiguration:   描述配置字符串描述符的索引
    0xE0,                                            //bmAttributes: 自供电模式
    0x32,                                            //最大电流100mA

    //接口描述符(下一个数据的数组索引为09)
    0x09,                                            //bLength: 接口描述符字节数量
    USB_INTERFACE_DESCRIPTOR_TYPE,                   //bDescriptorType: 接口描述符类型
    0x00,                                            //bInterfaceNumber: 接口号
    0x00,                                            //bAlternateSetting: 备用接口号
    0x01,                                            //bNumEndpoints: 端点数量
    0x03,                                            //bInterfaceClass: 人机接口设备类
    0x01,                             //bInterfaceSubClass : 1=启动, 0=不启动
    0x02,                             //nInterfaceProtocol : 0=无, 1=键盘, 2=鼠标
    0,                                               //iInterface: 字符串描述符的索引

    //HID描述符 (下一个数据的数组索引为18)
    0x09,                                            //bLength: HID描述符字节数量
    HID_DESCRIPTOR_TYPE,                             //bDescriptorType: HID
    0x00,                                            //bcdHID: HID类规范发布版本号
    0x01,
    0x00,                                            //bCountryCode: 硬件目标国家
    0x01,                             //bNumDescriptors:附加特定类描述符的数量
    0x22,                                            //bDescriptorType
    JOYSTICK_SIZ_REPORT_DESC,                        //wItemLength: 报告描述符总字节长度
    0x00,

    //端点描述符 (下一个数据的数组索引为27)
    0x07,                                            //bLength: 端点描述符字节数量
    USB_ENDPOINT_DESCRIPTOR_TYPE,                    //bDescriptorType: 描述符类型
    0x81,                                            //bEndpointAddress: 输入(IN)端点1
    0x03,                                            //bmAttributes: 中断类型端点
    0x04,                                            //wMaxPacketSize: 最多4字节
    0x00,
    0x20,                                            //bInterval: 查询时间间隔为32ms
  }; /* MOUSE_ConfigDescriptor */

//报告描述符
const uint8_t Joystick_ReportDescriptor[JOYSTICK_SIZ_REPORT_DESC] =
  {
    0x05, 0x01,                       //Usage Page(Generic Desktop)
    0x09, 0x02,                       //Usage(Mouse)

    0xA1, 0x01,                       //Collection(Logical)
    0x09, 0x01,                       //Usage(Pointer)
    0xA1, 0x00,                       //Collection(Linked)
    0x05, 0x09,                       //Usage Page(Buttons)
    0x19, 0x01,                       //Usage Minimum(1)
    0x29, 0x03,                       //Usage Maximum(3)
    0x15, 0x00,                       //Logical Minimum(0)
    0x25, 0x01,                       //Logical Maximum(1)
    0x95, 0x03,                       //Report Count(3)
    0x75, 0x01,                       //Report Size(1)
```

```
0x81, 0x02,                             //Input(Variable)
0x95, 0x01,                             //Report Count(1)
0x75, 0x05,                             //Report Size(5)
0x81, 0x01,                             //Input(Constant, Array)
0x05, 0x01,                             //Usage Page(Generic Desktop)
0x09, 0x30,                             //Usage(X axis)
0x09, 0x31,                             //Usage(Y axis)
0x09, 0x38,                             //Usage(Wheel)
0x15, 0x81,                             //Logical Minimum(-127)
0x25, 0x7F,                             //Logical Maximum(127)
0x75, 0x08,                             //Report Size(8)
0x95, 0x03,                             //Report Count(3)
0x81, 0x06,                             //Input(Variable, Relative)
0xC0,                                   //End Collection
0x09, 0x3c,
0x05, 0xff,
0x09, 0x01,
0x15, 0x00,
0x25, 0x01,
0x75, 0x01,
0x95, 0x02,
0xb1, 0x22,
0x75, 0x06,
0x95, 0x01,
0xb1, 0x01,
0xc0                                    //End Collection
}; /* Joystick_ReportDescriptor */
//可选的字符串描述符
const uint8_t Joystick_StringLangID[JOYSTICK_SIZ_STRING_LANGID] =
  {
    JOYSTICK_SIZ_STRING_LANGID,
    USB_STRING_DESCRIPTOR_TYPE,
    0x09,                               //语种标识符=0x0409（美国英语）
    0x04
  }; /* LangID = 0x0409: U.S. English */

const uint8_t Joystick_StringVendor[JOYSTICK_SIZ_STRING_VENDOR] =
  {
    JOYSTICK_SIZ_STRING_VENDOR,         //厂商字符串字节大小
    USB_STRING_DESCRIPTOR_TYPE,         //bDescriptorType
    'S', 0, 'T', 0, 'M', 0, 'i', 0, 'c', 0, 'r', 0, 'o', 0, 'e', 0,
    'l', 0, 'e', 0, 'c', 0, 't', 0, 'r', 0, 'o', 0, 'n', 0, 'i', 0,
    'c', 0, 's', 0                      //厂商字符串："STMicroelectronics"
  };

const uint8_t Joystick_StringProduct[JOYSTICK_SIZ_STRING_PRODUCT] =
  {
    JOYSTICK_SIZ_STRING_PRODUCT,        //bLength
    USB_STRING_DESCRIPTOR_TYPE,         //bDescriptorType
    'S', 0, 'T', 0, 'M', 0, '3', 0, '2', 0, ' ', 0, 'J', 0,
    'o', 0, 'y', 0, 's', 0, 't', 0, 'i', 0, 'c', 0, 'k', 0
  };

uint8_t Joystick_StringSerial[JOYSTICK_SIZ_STRING_SERIAL] =
  {
    JOYSTICK_SIZ_STRING_SERIAL,         //bLength
    USB_STRING_DESCRIPTOR_TYPE,         //bDescriptorType
    'S', 0, 'T', 0, 'M', 0, '3', 0, '2', 0
  };
```

　　usb_desc.c 源文件中所有的源代码将会在接下来几章中详细讨论，我们暂时不用关注细节，先粗略观察一下，就会发现其中定义的都是一些数组，并且大多数是以**const** 关键字修饰的。也就是说，在 USB 设备运行期间，与描述符相关的数据总是不会改变的，正如同在超市正常营业且顾客正在愉快购物的时候，你不会对超市进行装修一样。Joystick_StringSerial 数组代表设备序列号字符串，之所以没有使用**const** 关键字修饰，是因为需要根

据每一片 STM32 单片机的唯一 96 位 ID 号进行修改，但是在主机对设备完成总线枚举之后，Joystick_StringSerial 数组中的数据也会是固定不变的。

　　usb_desc.c 源文件中涉及的常量宏被定义在相应的 usb_desc.h 头文件中，相应的源代码如清单 12.3 所示。

清单 12.3　usb_desc.h 头文件

```
#ifndef __USB_DESC_H
#define __USB_DESC_H

#define USB_DEVICE_DESCRIPTOR_TYPE          0x01              //设备描述符类型
#define USB_CONFIGURATION_DESCRIPTOR_TYPE   0x02              //配置描述符类型
#define USB_STRING_DESCRIPTOR_TYPE          0x03              //字符串描述符类型
#define USB_INTERFACE_DESCRIPTOR_TYPE       0x04              //接口描述符类型
#define USB_ENDPOINT_DESCRIPTOR_TYPE        0x05              //端点描述符类型

#define HID_DESCRIPTOR_TYPE                 0x21              //HID描述符类型
#define JOYSTICK_SIZ_HID_DESC               0x09              //HID描述符字节长度
#define JOYSTICK_OFF_HID_DESC               0x12 //HID描述符在数组中的起始索引

#define JOYSTICK_SIZ_DEVICE_DESC            18                //设备描述符字节长度
#define JOYSTICK_SIZ_CONFIG_DESC            34                //配置描述符字节长度
#define JOYSTICK_SIZ_REPORT_DESC            74                //报告描述符字节长度
#define JOYSTICK_SIZ_STRING_LANGID          4        //语种标识字符串描述符字节长度
#define JOYSTICK_SIZ_STRING_VENDOR          38                //厂商描述符字节长度
#define JOYSTICK_SIZ_STRING_PRODUCT         30                //产品描述符字节长度
#define JOYSTICK_SIZ_STRING_SERIAL          26                //设备序列号描述符字节长度

#define STANDARD_ENDPOINT_DESC_SIZE         0x09              //端点描述符的字节长度

//数组声明
extern const uint8_t Joystick_DeviceDescriptor[JOYSTICK_SIZ_DEVICE_DESC];
extern const uint8_t Joystick_ConfigDescriptor[JOYSTICK_SIZ_CONFIG_DESC];
extern const uint8_t Joystick_ReportDescriptor[JOYSTICK_SIZ_REPORT_DESC];
extern const uint8_t Joystick_StringLangID[JOYSTICK_SIZ_STRING_LANGID];
extern const uint8_t Joystick_StringVendor[JOYSTICK_SIZ_STRING_VENDOR];
extern const uint8_t Joystick_StringProduct[JOYSTICK_SIZ_STRING_PRODUCT];
extern uint8_t Joystick_StringSerial[JOYSTICK_SIZ_STRING_SERIAL];

#endif /* __USB_DESC_H */
```

　　那么 usb_desc.c 源文件中定义的数组中保存的各项数据到底代表什么意思呢？下面从设备描述符开始讲解。

第13章 设备描述符：超市一般信息

当我们需要了解一家超市时，首先获取的应该是其名称、地址、面积大小、负责人、营业执照等相关信息，这是关于该超市的一般信息。对于每家超市，这些一般信息通常是唯一的，并且不涉及超市内部具体的货架配置、顾客流量和其年销量等情况。

USB 设备描述符给出关于 USB 设备的一般信息，并且**每一个 USB 设备必须有且仅有一个设备描述符**，它也是主机与设备连接时读取到的第一个描述符，其总长度为 18 字节，共包含了 14 个字段，相应的结构如表 13.1 所示。

表 13.1 设备描述符的结构

偏 移 量	字 段	大 小	值
0	bLength	1	数字
1	bDescriptorType	1	常量
2	bcdUSB	2	BCD 码
4	bDeviceClass	1	类
5	bDeviceSubClass	1	子类
6	bDevicePortocol	1	协议
7	bMaxPacketSize0	1	数字
8	idVendor	2	ID
10	idProduct	2	ID
12	bcdDevice	2	BCD 码
14	iManufacturer	1	索引
15	iProduct	1	索引
16	iSerialNumber	1	索引
17	bNumConfigurations	1	数字

表 13.1 中的偏移量（Offset）明确给出了设备描述符中各字段的排列顺序，大小（Size）表示各字段占用的字节数。USB 规范给每个字段取了一个名称，通常使用一个 "暗示字段类型" 的前缀字符，如表 13.2 所示。

表 13.2 字段类型的前缀字符

前 缀	含 义	前 缀	含 义	前 缀	含 义
b	一字节（8 位）	bm	位映射	i	索引值
w	一个字（16 位）	bcd	BCD 码	id	标识符

使用 C 语言结构体来表达设备描述符，能够更清晰地理解表 13.1 所示结构的具体含义了，如清单 13.1 所示。

清单 13.1　C 语言结构体描述的 USB 设备描述符

```
struct DeviceDescriptor {              //标准的设备描述符结构体
    uint8_t   bLength;                 //结构体的字节数量
    uint8_t   bDescriptorType;         //设备描述符类型
    uint16_t  bcdUSB;                  //USB版本号
    uint8_t   bDeviceClass;            //设备类代码
    uint8_t   bDeviceSubClass;         //子类代码
    uint8_t   bDeviceProtocol;         //设备协议代码
    uint8_t   bMaxPacketSize0;         //端点0支持的最大数据包字节数
    uint16_t  idVendor;                //厂商标识符
    uint16_t  idProduct;               //产品标识符
    uint16_t  bcdDevice;               //设备版本号
    uint8_t   iManufacturer;           //厂商字符串描述符的索引
    uint8_t   iProduct;                //产品字符串描述符的索引
    uint8_t   iSerialNumber;           //设备序列号字符串描述符的索引
    uint8_t   bNumConfigurations;      //配置的数量
};
```

　　设备描述符中的第 1 个字段（bLength）代表设备描述符的长度，固定为 18 字节（0x12）。所有标准描述符的第 1 个字节都代表相应描述符的长度信息。第 2 个字段（bDescriptorType）表示描述符的类型。我们前面提到过，USB 设备的描述符分为很多种类，USB 主机就是通过该字段进行描述符类型的区分的。在设备描述符中，bDescriptorType 字段的值为 0x01，具体如表 13.3 所示（**接口电源描述符**不像其他标准描述符那样被定义在 USB 2.0 规范中，而是在《USB 接口电源管理规范》（*USB Interface Power Management Specification*）中被定义，由于应用很少，本书不涉及）。

表 13.3　USB 描述符的类型值

类　型	描　述　符	值	备　注
标准描述符	设备（Device）	01h	所有设备必须有且只有一个
	配置（Configuration）	02h	所有设备必须有且至少有一个
	字符串（String）	03h	可选
	接口（Interface）	04h	每一个接口有一个
	端点（Endpoint）	05h	除端点 0 外的每个端点描述符有一个
	设备限定（Device Qualifier）	06h	同时支持全速与高速的设备必须有一个
	其他速度配置（Other Speed Configuration）	07h	
	接口电源（Interface_Power）	08h	可选，支持接口层面的电源管理
类描述符	人机接口类描述符（HID）	21h	HID 设备必须有一个
	集线器类描述符（Hub）	29h	—
HID 特定描述符	报告描述符（Report）	22h	HID 设备必须有一个
	实体（Physical）	23h	可选
厂商定义的描述符	—	FFh	

　　第 3 个字段（bcdUSB）表示 USB 设备所遵循的 USB 规范版本号，其长度为 2 字节，并且以 BCD 码的形式给出，相应的格式为 0xJJMN。其中，JJ 为主版本号（Major Version Number），M 为次版本号（Minor Version Number），N 为子次版本号（Sub-minor Version Number）。例如，USB 的版本号为 2.0，则其相应的字段为 0x0200。需要特别注意的是：**该字段值的低字节在前**

面（偏移量小），高字节在后面，也就是我们常说的小端模式（Little-endian）。

bcdUSB 字段容易被读者忽略，甚至可能会随意设置，但是不少规范（USB 规范只是其中之一，很多设备类规范也有版本号字段）在最初发布时可能考虑得不是很周全，其局限性会随着时代的发展而凸显，因此需要在随后的版本中进行更新，这可能导致很多信息（例如，描述符各字段代表的含义）是不一样的。举个简单的例子，你在 bcdUSB 字段填入的 USB 版本号为 A，但进行固件开发时仍然按 USB 版本号 B 来设计，这**可能**会导致设备无法正常工作。由于有些规范是向后兼容的，如果开发固件时没有涉及"不同版本规范之间有差异"方面的编程，还不会出现明显的问题，但这就是后续固件工作开发过程中的"雷区"。简单地说，bcdUSB 字段选择了哪个版本，固件开发时就应该参考相应版本的规范进行开发，对于其他设备类规范版本号的选择也是如此，后续在分析应用实例时再涉及。

第 4 个字段（bDeviceClass）表示该 USB 设备所属的设备类；刚刚就提到了设备类规范，那到底什么是设备类呢？当 USB 在全球范围内被广泛使用后，越来越多的产品会选择使用 USB。为了方便进行设备的管理，USB-IF 组织将设备划分为不同的类型，每种类型的设备具有相同或相似的通信方式，它们都各自对应另一个设备类定义规范（不在 USB 2.0 规范中定义）。例如，USB 鼠标、USB 键盘、USB 游戏操纵杆、USB 轨迹球等都属于人机接口设备（Human Interface Device，HID）类，对应《HID 设备类定义》（*Device Class Definition for HID*）规范。硬盘、U 盘、数码相机等可以归属为大容量存储类（Mass Storage Class，MSC），对应也有《USB 大容量存储类》规范。电话、调制解调器（Modem）则属于通信设备类（Communication Device Class，CDC）。

当 bDeviceClass 字段值为 0xFF 时，表示其是由厂商自定义的设备类；当 bDeviceClass 字段值为 0 时，表示 USB 设备的各个接口互相独立，分别属于不同的设备类。也就是说，你的设备并不一定只能使用人机接口类、大容量存储类或其他设备类之一，不同的接口可以使用**相同或不同**的设备类，我们称为复合设备（Composite Device），这取决于你的设备定义，而具体的接口功能则在接口描述符中进一步定义。

当该字段的值为 0x01~0xFE 时，则表示设备在不同接口上支持不同的类，并且这些接口可能无法独立工作，同时该字段则会指出这些集体接口的类定义（USB 2.0 规范原文如下：the device supports different class specifications on different interfaces and the interfaces may not operate independently. This value identifies the class definition used for the aggregate interface）。简单地说，此时设备的各个接口只能属于**相同**的设备类。USB 规范定义的设备类代码如表 13.4 所示。

表 13.4　USB 规范定义的设备类代码

值	说　明	值	说　明
00h	使用接口描述符中的设备类信息	07h	打印机（Printer）
01h	音频（Audio）	08h	大容量存储
02h	通信设备类控制（CDC Control）	09h	集线器（Hub）
03h	人机接口设备（HID）	0Ah	CDC 数据
05h	物理（Physical）	0Bh	智能卡（Smart Card）
06h	图像（Image）	0Dh	内容安全（Content Security）

值	说　　明	值	说　　明
0Eh	视频（Video）	DCh	诊断设备（Diagnostic Device）
0Fh	个人医疗保健（Personal Healthcare）	E0h	无线控制器（Wireless Controller）
10h	音/视频设备（Audio/Video Devices）	EFh	其他（Miscellaneous）
11h	公告牌（Billboard Device）	FEh	应用自定义（Application Specific）
12h	C 类 USB 桥（USB Type-C Bridge Class）	FFh	厂商自定义（Vendor Specific）

第 5 个字段（bDeviceSubClass）表示 USB 设备所属的设备子类，主要用于进一步定义 bDeviceClass 代表的 USB 设备类。如果 bDeviceClass 为 0，则该字段也必须设置为 0；如果 bDeviceClass 为非 0xFF，则该字段的所有值保留作为 USB-IF 组织去分配。

第 6 个字段（bDeviceProtocol）表示 USB 设备所使用的设备类协议，也被定义在相应的设备类规范中，其值与 bDeviceClass 与 bDeviceSubClass 有关。也就是说，这 3 个字段共同标识设备的功能，并且提供加载对应设备驱动的依据。当 bDeviceProtocol 字段值为 0 时，表示不使用设备类协议。如果该 USB 设备属于某个设备类和设备子类，则应该继续指明所采用的设备类协议。当该字段为 0xFF 时，表示设备类协议由厂商自定义。

第 7 个字段（bMaxPacketSize0）表示 USB 设备的端点 0 所支持的最大数据包的长度（以字节为单位）。低速设备为 8 字节，全速设备可以为 8 字节、16 字节、32 字节、64 字节，高速设备为 64 字节。

第 8 个字段（idVendor）表示 USB 设备的厂商标识符（VID），第 9 个字段（idProduct）表示产品标识符（PID），图 8.9 所示对话框中的 VID（0483）与 PID（5710）就是设备描述符中的这两个字段信息。第 10 个字段（bcdDevice）表示 USB 设备的版本号（通常由厂商指定）。主机通过 idVendor、idProduct、bcdDevice 字段区别不同的产品，在 USB 设备上电时也可以帮助 USB 主机选择并加载合适的驱动程序。

值得一提的是，USB 规范规定所有 USB 设备都应该有相应的 VID 与 PID。其中，VID 由供应商向 USB-IF 申请（需要交费），每个供应商的 VID 是唯一的，而 PID 则由供应商自行决定。换句话说，不同的产品、相同产品的不同型号以及相同型号但设计不同的产品最好采用不同的 PID，以便区别于相同厂家的不同设备。但是即便 VID 与 PID 重复，也并不会对产品的使用带来很大的影响，很多 USB 设备生产商为了方便，并不会向 USB-IF 申请自己的 VID，而是依然沿用主控生产商的 VID，甚至随意向产品写入 VID 和 PID。

第 11 个字段（iManufacturer）与第 12 个字段（iProduct）分别表示厂商与产品字符串描述符的索引值。字符串具体的内容在**字符串描述符**中定义（后述）。如果没有供应商字符串，可以置为 0。第 13 个字段（iSerialNumber）表示设备序列号字符串描述的索引值（如果没有，则可以置为 0），它可以用来区分多个相同设备。例如，同一个 USB 系统连接了多个同一厂商生产的同一型号设备，这些设备的 idVendor、idProduct、bcdDevice 字段值都是一样的，该怎么区分呢？厂商在 iSerialNumber 字段中针对每一个产品设置不同的序列号即可，JoystickMouse 例程也是这样做的，它根据单片机的唯一 96 位 ID 来设置 iSerialNumber 字段。如果一个设备有序列号，当用户将其连接到一台 PC 的不同端口时，操作系统就不需要再重新载入该设备的驱动。第 18 个字段 bNumConfigurations 表示该 USB 设备所支持的配置数量，因为我们前面提过，一个设备可以包含一个或多个配置。

概括来说，**如果想使用自己的开发板进行相应的设备开发，则需要查看相应的规范来设置（所有）描述符字段的值**。例如，如果使用开发板模拟 USB 鼠标，则需要查看 USB 鼠标相关的分规范；如果要设计与音频相关的设备，则需要查看音频类分规范。**我们根据这些规范修改描述符的目的，就是使主机能够将我们的开发板枚举成为需要的设备类。**

好的，我们再回过头来分析清单 12.2 中的设备描述符，它对应的数组为 Joystick_Device-Descriptor，其长度为 JOYSTICK_SIZ_DEVICE_DESC（18），相应地，定义在 usb_desc.h 头文件中。设备描述符的第 1 个字段代表设备描述符的长度，所以数组的第 1 个字节也是 18（0x12）。第 2 个字段 USB_DEVICE_DESCRIPTOR_TYPE 表示描述符对应的类型值，应为 0x01（见表 13.3），第 3、4 个字段表示 USB 的版本号为 2.0，第 5~7 个字段均为 0x00，表示具体的接口功能在接口描述符中进一步定义，第 8 个字段表示端点 0 支持的最大数据包的长度为 64（0x40）字节。第 9、10 个字段表示 VID（0x0483），第 11、12 个字段表示 PID（0x5710），第 13、14 个字段表示 USB 设备的版本号为 2.00，而第 18 个字段表示该设备只有一个配置。

网络上有不少可以在 PC 上查询"成功完成枚举的设备"的描述符信息。USB 游戏操纵杆对应的设备描述符信息如表 13.5 所示，读者可自行对应代码查看。

表 13.5　USB 游戏操纵杆对应的设备描述符信息

字　段	信　息
bLength	0x12（18 字节）
bDescriptorType	0x01（设备描述符）
bcdUSB	0x200（USB 的版本号为 2.00）
bDeviceClass	0x00（由接口描述符定义）
bDeviceSubClass	0x00
bDeviceProtocol	0x00
bMaxPacketSize0	0x40（64 字节）
idVendor	0x0483（STMicroelectronics）
idProduct	0x5710
bcdDevice	0x0200
iManufacturer	0x01（字符串描述符 1）
Language 0x0409	"STMicroelectronics"
iProduct	0x02（字符串描述符 2）
Language 0x0409	"STM32 Joystick"
iSerialNumber	0x03（字符串描述符 3）
Language 0x0409	"498232883238"
bNumConfigurations	0x01

有人可能会问：怎么跳过了设备描述符中的第 15~17 个字段？从表 13.5 来看，它们应该分别代表 STMicroelectronics、STM32 Joystick、498232883238，但为什么相应的字段值分别为 1、2、3 呢？Language 0x0409 又代表什么呢？请参见后文。

第14章 字符串描述符：超市招牌信息

超市一般都会有一个招牌，设计足够好的招牌能够给顾客留下深刻的印象，从而达到期望的品牌推广效果。例如，我可以开一家名为"龙虎"的超市。但是在具体设计时，还要考虑到区域因素，如果在国外开超市，还应该取一个英文名字。同样的道理，字符串描述符相当于设备的招牌，当设备第一次连接主机时，招牌名称通常就会像图8.6那样弹出来，有所不同的是，字符串描述符是可选的。

我们可以总结出超市招牌的两个特点：其一，招牌肯定有一个主要名称；其二，不同招牌使用的语种可能会不一样。字符串描述符同样具备这两个特点，所以它对应有两个描述符（结构相同）。表示语种的字符串描述符如表14.1所示。

表 14.1　表示语种的字符串描述符

偏移量	域	大　小	值
0	bLength	1	N+2
1	bDescriptorType	1	常量
2	wLANGID[0]	2	数字
…	…	…	…
N	wLANGID[x]	2	数字

字符串描述符的第1个字段仍然代表总的字节长度，第2个字段代表描述符的种类（此处应为0x03，见表13.3），接下来是表示语种的语言标识符（Language Identifier，LANGID），每种LANGID由两个字节构成，一个字符串描述符可以支持多个LANGID，所有可以使用的LANGID被定义在单独的LANGIDs文档中，已定义的部分LANGID如表14.2所示。

表 14.2　已定义的部分 LANGID

标识符	语　言	标识符	语　言
0x0436	Afrikaans（南非荷兰语）	0x0409	English–United States（英语–美国）
0x041C	Albanian（阿尔巴尼亚语）	0x0809	English–Belgium（英语–比利时）
0x0C01	Arabic–Egypt（阿拉伯语–埃及）	0x1409	English–New Zealand（英语–新西兰）
0x1401	Arabic–Algeria（阿拉伯语–阿尔及利亚）	0x1C09	English–South Africa（英语–南非）
0x1801	Arabic–Morocco（阿拉伯语–摩洛哥）	0x040C	French–Standard（法语–标准）
0x042B	Armenian（亚美尼亚语）	0x0C0C	French–Canadian（法语–加拿大）
0x044D	Assamese（阿萨姆语）	0x0407	German–Standard（德语–标准）
0x0455	Burmese（缅甸语）	0x0807	German–Switzerland（德语–瑞士）
0x0404	Chinese–Taiwan（汉语–中国台湾）	0x0410	Italian–Standard（意大利语–标准）
0x0804	Chinese–PRC（汉语–中华人民共和国）	0x0411	Japanese（日语）
0x0C04	Chinese–Singapore（汉语–新加坡）	0x0816	Portuguese–Standard（葡萄牙语–标准）
0x0405	Czech（捷克语）	0x080A	Spanish–Mexican（西班牙语–墨西哥）

例如，0x0804 代表**汉语－中华人民共和国**，0x0409 代表**英语－美国**。清单 12.2 中的 Joystick_StringLangID 数组就是代表语种的字符串描述符。很明显，定义的语言是"英语－美国（0x0409）"，这个 16 位二进制数字同样 3 次出现在表 13.5 中，也就意味着使用"英语－美国"语种来解析从设备获得的字符串流（Unicode 编码），而具体的字符串流则被定义在另一个字符串描述符中，其结构如表 14.3 所示。

表 14.3　字符串描述符结构

偏 移 量	域	大　小	值
0	bLength	1	数字
1	bDescriptorType	1	常量
2	bString	N	数字

表 14.3 中的 bString 字段为设备实际返回的字符串流，用户可以自定义长度（取决于 bLength 字段），清单 12.2 中定义的 Joystick_StringVendor、Joystick_StringProduct、Joystick_StringSerial 数组分别保存了厂商、产品、设备序列号的字符串信息，所以表 13.5 中的 iManufacturer 与 iProduct 字段分别显示了"STMicroelectronics"与"STM32 Joystick"。

细心的读者可能会问，为什么 iSerialNumber 字段不显示"STM32"呢？问得好！前文已经提过，Joystick_StringSerial 数组并没有被关键字 const 修饰，所以数组数据是可以被修改的。设备在上电启动时会首先调用 Joystick_init 函数进行初始化（现阶段只需要知道是这样就行了，后续还会全面梳理初始化流程），该函数被定义在 usb_prop.c 源文件中，如清单 14.1 所示。

清单 14.1　usb_prop.c 源文件（部分）

```
#include "usb_lib.h"
#include "usb_conf.h"
#include "usb_prop.h"
#include "usb_desc.h"
#include "usb_pwr.h"
#include "hw_config.h"

uint32_t ProtocolValue;                         //设备类协议值

DEVICE Device_Table = {
    EP_NUM,                         //当前设备使用的端点数量
    1                               //当前设备选择的配置
};

DEVICE_PROP Device_Property = {
    Joystick_init,
    Joystick_Reset,
    Joystick_Status_In,
    Joystick_Status_Out,
    Joystick_Data_Setup,
    Joystick_NoData_Setup,
    Joystick_Get_Interface_Setting,
    Joystick_GetDeviceDescriptor,
    Joystick_GetConfigDescriptor,
    Joystick_GetStringDescriptor,
    0,
    0x40                            //控制管道支持的最大数据包长度（64字节）
};

USER_STANDARD_REQUESTS User_Standard_Requests = {
    Joystick_GetConfiguration,
    Joystick_SetConfiguration,
```

```
  Joystick_GetInterface,
  Joystick_SetInterface,
  Joystick_GetStatus,
  Joystick_ClearFeature,
  Joystick_SetEndPointFeature,
  Joystick_SetDeviceFeature,
  Joystick_SetDeviceAddress
};

ONE_DESCRIPTOR Device_Descriptor = {              //设备描述符数据首地址与长度
    (uint8_t*)Joystick_DeviceDescriptor,
    JOYSTICK_SIZ_DEVICE_DESC
  };

ONE_DESCRIPTOR Config_Descriptor = {              //配置描述符数据首地址与长度
    (uint8_t*)Joystick_ConfigDescriptor,
    JOYSTICK_SIZ_CONFIG_DESC
  };

ONE_DESCRIPTOR Joystick_Report_Descriptor = {      //报告描述符数据首地址与长度
    (uint8_t *)Joystick_ReportDescriptor,
    JOYSTICK_SIZ_REPORT_DESC
  };

ONE_DESCRIPTOR Mouse_Hid_Descriptor = {            //HID描述符数据首地址与长度
    (uint8_t*)Joystick_ConfigDescriptor + JOYSTICK_OFF_HID_DESC,
    JOYSTICK_SIZ_HID_DESC
  };

ONE_DESCRIPTOR String_Descriptor[4] =              //字符串描述符数据首地址与长度
    {
    {(uint8_t*)Joystick_StringLangID, JOYSTICK_SIZ_STRING_LANGID},
    {(uint8_t*)Joystick_StringVendor, JOYSTICK_SIZ_STRING_VENDOR},
    {(uint8_t*)Joystick_StringProduct, JOYSTICK_SIZ_STRING_PRODUCT},
    {(uint8_t*)Joystick_StringSerial, JOYSTICK_SIZ_STRING_SERIAL}
  };

//上电初始化函数
void Joystick_init(void)
{
  Get_SerialNum();              //根据STM32单片机唯一96位ID更新序列号字符串描述符
  pInformation->Current_Configuration = 0;      //设置当前配置为0（表示未配置）
  PowerOn();                                     //开启USB控制器电源
  USB_SIL_Init();                                //初始化控制器
  bDeviceState = UNCONNECTED;                    //设置当前设备状态为"未连接"
}

//此处省略若干暂时无须关注的代码
```

可以看到，在 Joystick_init 函数一开始就调用了 Get_SerialNum 函数，该函数定义在 hw_config.c 源文件中，如清单 14.2 所示。

清单 14.2　hw_config.c 源文件（部分）

```
//控制USB信号线D+的上拉电阻连接
void USB_Cable_Config (FunctionalState NewState)
{
  if (NewState != DISABLE) {
    GPIO_ResetBits(USB_DISCONNECT, USB_DISCONNECT_PIN);
  } else {
    GPIO_SetBits(USB_DISCONNECT, USB_DISCONNECT_PIN);
  }
}

//根据STM32单片机唯一96位ID计算出设备序列号
void Get_SerialNum(void)
{
  uint32_t Device_Serial0, Device_Serial1, Device_Serial2;

  Device_Serial0 = *(uint32_t*)ID1;              //从地址ID1中获取32位ID
  Device_Serial1 = *(uint32_t*)ID2;              //从地址ID2中获取32位ID
  Device_Serial2 = *(uint32_t*)ID3;              //从地址ID3中获取32位ID

  Device_Serial0 += Device_Serial2;    //将其中两个32位二进制数字相加，仅使用48位
```

```
if (Device_Serial0 != 0) {
    //将12位十六进制数字填充到Joystick_StringSerial数组中，索引分别为2与18
    //填充前先将数字转换为相应的ASCII
    IntToUnicode (Device_Serial0, &Joystick_StringSerial[2] , 8);
    IntToUnicode (Device_Serial1, &Joystick_StringSerial[18], 4);
  }
}
//将16进制数字的每一位转换为Unicode
static void IntToUnicode (uint32_t value , uint8_t *pbuf , uint8_t len)
{
  uint8_t idx = 0;

  for( idx = 0 ; idx < len ; idx ++) {
    if( ((value >> 28)) < 0xA ) {      //从高到低进行判断，如果数字小于0xA（0~9）
      pbuf[ 2* idx] = (value >> 28) + '0';        //就直接将其与"0"的ASCII相加
    } else {                 //如果数字不小于0xA（即A~F），就转换为相应字母的ASCII
      pbuf[2* idx] = (value >> 28) + 'A' - 10;
    }

    value = value << 4;                  //左移4位准备下一次判断与计算
    pbuf[ 2* idx + 1] = 0;          //数组下一个字节补0表示ASCII对应的Unicode
  }
}
```

每一片 STM32 单片机的唯一 96 位 ID 存放的地址为 ID1（0x1FFFF7AC）、ID2（0x1FFFF7B0）、ID3（0x1FFFF7B4），每一个地址存放 32 位二进制数字。Get_SerialNum 函数从中取出并计算出 48 位二进制（12 位十六进制）数字后，将每一位十六进制数字转换为相应的 Unicode 并填充到 Joystick_StringSerial 数组，这是由 IntToUnicode 函数实现的。十六进制数字转换为 ASCII 的原理如图 14.1 所示（补 0 就是相应的 Unicode），此处不再赘述。

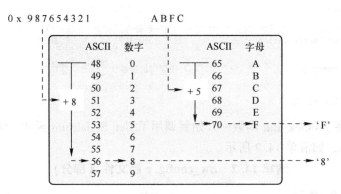

图 14.1　十六进制数字转换为 ASCII

第一次调用 IntToUnicode 函数时将其中 8 位十六进制数字进行转换，它被填充到 Joystick_StringSerial 数组索引为 2 的位置（原来字符"S"对应的索引），由于每个 Unicode 对应两个字符（ASCII 补 0），所以剩下 4 位十六进制数字对应的 Unicode 被填充到 Joystick_StringSerial 数组索引为 18（8×2+2）的位置。

那为什么将清单 12.2 中设备描述符中的 iManufacturer、iProduct、iSerialNumber 字段分别设置为 1、2、3 后，表 13.5 中就会出现对应的字符串呢？我们从清单 14.1 可以看到，其中定义了一个 ONE_DESCRIPTOR 类型的数组 String_Descriptor，而 ONE_DESCRIPTOR 是一个定义在 usb_core.h 头文件中的结构体类型，如清单 14.2 所示。

清单 14. 3　ONE_DESCRIPTOR 结构体

```
typedef struct OneDescriptor {
  uint8_t *Descriptor                       //指向描述符数据数组的首地址
  uint16_t Descriptor_Size;                 //描述符数据的字节长度
} ONE_DESCRIPTOR, *PONE_DESCRIPTOR;
```

从清单 14. 3 中可以看到，ONE_DESCRIPTOR 结构体包含了指向描述符数组数据的指针（首地址）与描述符数据的字节长度，它们能够唯一确定字符串的来源，而数组 String_Descriptor 分别使用 Joystick_StringLangID、Joystick_StringVendor、Joystick_StringProduct、Joystick_StringSerial 字符串描述符数组的名称（首地址）与字节长度进行了初始化，我们在设备描述符中设置的 iManufacturer、iProduct、iSerialNumer 字段分别对应 String_Descriptor 数组中的索引。

在讨论总线枚举过程时提过，字符串描述符是可选的，如果设备没有字符串描述符，相应的索引值必须为 0。主机通常分两个步骤获取字符串描述符，首先从设备获取索引值为 0（String_Descriptor 数组中 LANGID 的索引号）对应的字符串描述符，也就是获得设备支持的语种（可以是多个语种），然后主机再次向设备获取其他索引值不为 0 的字符串描述符，并使用选择的语种进行字符串流的解析。表 14. 4 给出了游戏操纵杆设备的字符串描述符信息。

表 14. 4　游戏操纵杆设备的字符串描述符信息

字　段	信　息
字符串描述符 0	
bLength	0x04（4 字节）
bDescriptorType	0x03（字符串描述符）
Language ID〔0〕	0x0409（英语–美国）
字符串描述符 1	
bLength	0x26（38 字节）
bDescriptorType	0x03（字符串描述符）
Language 0x0409	"STMicroelectronics"
字符串描述符 2	
bLength	0x1E（30 字节）
bDescriptorType	0x03（字符串描述符）
Language 0x0409	"STM32 Joystick"
字符串描述符 3	
bLength	0x1A（26 字节）
bDescriptorType	0x03（字符串描述符）
Language 0x0409	"498232883238"

第15章 配置描述符：货架群信息

当我们获取到超市的一般信息后，就会想进一步考查其内部的具体情况，通常我们最关注的是货架群的配置。例如，蔬菜水果之类的货架放在超市入口，让顾客敏锐感受到新鲜度从而激发购买欲；冰激凌或速冻食品之类的冷藏货物放在超市出口，顾客就不必担心它们在选购时融化了。主推货品放在展柜右侧，可以抓住人们惯用右手的习惯。当然，这些都只是货架群位置的宏观配置情况，具体的货品摆放也属于配置的一部分。例如，热销的货物摆放在与视线平行的货架层，这可以根据当地居民的普遍身高来定（通常是 3、4 货架层）。货架底层可以摆放一些体积较大（重）或整箱销售的货物。总之，货架与货品的配置是很有讲究的。

也就是说，我们所说的超市配置不仅仅包含货架，而且也包含货架层与货物。USB 设备的配置描述符也是同样的道理，虽然 USB 规范分别定义了配置、接口、端点描述符，但是从 USB 总线枚举的过程中可以看到，主机并没有单独获取接口与端点描述符，这是因为它们都从属于配置描述符。**当主机获取配置描述符时，也就意味着会同时获取从属的接口、端点（及其他特定类）描述符**。在清单 12.2 中，Joystick_ConfigDescriptor 数组就代表配置描述符数据，其中包含了与接口和端点描述符相关的数据。

当 USB 主机从设备中得到了设备描述符后，其会再次发送命令要求设备提交配置描述符。除此配置描述符外，此配置包含的所有接口与端点描述符都将提交给 USB 主机，但是主机在第一次获得配置描述符后只会读取该配置描述符的前 9 个字节，这 9 个字节就是配置描述符信息（暂时还不包含接口与端点描述符的具体信息），相应的结构如表 15.1 所示。

表 15.1　USB 配置描述符的结构

偏 移 量	字 段	大 小	值
0	bLength	1	数字
1	bDescriptorType	1	常量
2	wTotalLength	2	数字
4	bNumInterfaces	1	数字
5	bConfigurationValue	1	数字
6	iConfiguration	1	索引
7	bmAttributes	1	基于位映射
8	MaxPower	1	mA

配置描述符的第 1 个字段（bLength）同样代表该描述符的长度，配置描述符固定为 9 字节，请务必注意：**与设备描述符不一样，该字段不代表 Joystick_ConfigDescriptor 数组的长度**。因为 Joystick_ConfigDescriptor 数组还包含了接口与端点（及其他特定类）描述符

数据。

第 2 个字段（bDescriptorType）固定为 0x02（见表 13.3），表示配置描述符的类型。第 3 个字段（wTotalLength）表示配置描述符的长度，也就是包含接口、端点（及其他特定类）描述符信息的总长度，它以双字节来表示（而不是 BCD 码）。清单 12.2 中 Joystick_Config-Descriptor 数组的第 3、4 个字段分别为 JOYSTICK_SIZ_CONFIG_DESC（34）与 0x00，所以该配置描述符的总长度为 34 字节，它也是 Joystick_ConfigDescriptor 数组的总长度。

第 4 个字段（bNumInterfaces）表示接口数量，清单 12.2 中的对应值为 1，表示游戏操纵杆设备只有一个接口。如果一个设备包含多个接口，且每个接口代表一个独立的功能，我们称为复合设备（Composite Device）。例如，带鼠标功能的多媒体键盘可以实现鼠标与键盘的功能，带录音与扬声器功能的设备可以实现录制与播放功能。

无论一个复合设备有多少个接口，主机只会给该设备分配一个地址，但对于组合设备而言，主机会给每个功能（设备）分配一个地址。需要注意的是：**有些资料在阐述"组合 (设备)"与"复合（设备）"概念时，对应的英文与本书相反，这是因为"复合"的概念在国内应用得更广泛一些，且大多数场合对应"Composite"，所以本书还是沿用惯例，其实"Compound"也可以理解为"复合"，这只是笔者对英文翻译的理解与统一处理，大家了解一下即可。**

第 5 个字段（bConfigurationValue）表示配置值。我们已经提过，一个 USB 设备可以有多个配置，该配置值就是每个配置的标识。设备只有在配置完成后才算完成总线枚举过程，主机在枚举过程中会读取设备支持的所有配置描述符，最后才发送命令来选择一个配置。如果选择的配置值与该字段值一样，说明该值对应的配置被激活。

第 6 个字段（iConfiguration）为描述该配置字符串的索引值。如果没有，可以设置为 0。第 7 个字段（bmAttributes）表示 USB 设备的配置特性，它是基于位映射的字段（一个或多个数据位代表一定的功能配置），其意义如图 15.1 所示。

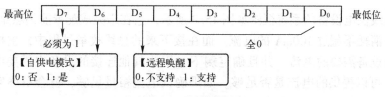

图 15.1　配置特性

配置特性中的**最高位 D_7 由于历史原因必须设置为** 1，而低 5 位全为 0。D_5 表示设备是否支持远程唤醒。我们知道，主机可以通过命令控制设备的状态，即可通过发起总线活动而唤醒设备。但是，设备同样也可以唤醒主机。例如，通过 USB 键盘唤醒处于待机状态的 PC，USB 规范将其称为远程唤醒（Remote Wakeup）。在配置描述符中，USB 设备会将"是否支持远程唤醒的能力"报告给主机。如果将 D_5 位设置为 1，表示支持远程唤醒；设置为 0 表示不支持远程唤醒。

D_6 位用来配置设备的供电模式。大家可能都知道，USB 设备的供电方式有两种，其中一种直接使用 USB 电源，USB 规范将其称为**总线供电**（Bus-Powered），适用于电流消耗不大的设备。例如，USB 鼠标、USB 键盘、USB 操纵杆、简单的 USB 集线器、U 盘就是应用的典型。还有一种设备的主要供电来源并不是 USB 电源，它单独配有供电电源接口，USB 规范将其称为**自供电**（Self-Powered），适用于电流消耗比较大的设备。例如，很多硬盘盒（尤其是与 3.5 寸硬盘配套的）具备 USB 与供电电源两个接口，因为 USB 总线可以提供的最大电流为 500mA，但硬盘的供电电流（尤其是刚启动时）可能会远大于此值，所以通常设置为自供电方式。

当然，以上只是对供电模式的简要介绍，还有一些细节也值得我们注意。USB 规范根据消耗的电流大小进一步将设备分为低功耗（Low-Power）与高功耗（High-Power）两种，前者消耗的电流不大于 100mA，后者最大可达 500mA。这里所涉及的电流值指的是绝对最大值（不是平均值），USB 规范还将 100mA 定义为一个单位负载（Unit Load），大家了解一下即可。

所有设备默认都是低功耗设备。只有在软件的控制下才能完成到高功耗设备的切换。但在完成切换之前，软件首先得保证有足够的电流可供使用。（根）集线器是 USB 设备所需电流的来源之一，总线供电设备可以被分为低功耗设备与高功耗设备，低功耗设备应该能够在 VBUS 电压低至 4.4V（从线缆插头端的测量值）时也能够正常工作。刚刚提过的 USB 鼠标与键盘就是经典的低功耗总线供电设备，相应的系统框图如图 15.2 所示，其中的调压单元等同于图 4.1 中的 LM1117，它用来对 VBUS 电源进行必要的降压转换。如果功能设备本身可以直接使用 VBUS 电源，调压单元是可选的。

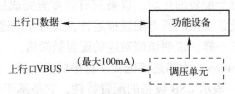

图 15.2　低功耗总线供电设备的系统框图

高功耗总线供电设备的系统框图如图 15.3 所示，它在未完成配置前仍然是低功耗设备，所以最多允许消耗不超过 100mA 的电流。而在接下来的总线枚举过程中，主机会通过配置描述符获取该设备需要的电流，并且确定**剩下**（因为其他连接的设备也需要电流，而总电流是有限的）可以提供的电流是否足够。如果确认电流裕量足够，就会最终完成设备配置而使其进入高功耗状态，此后允许消耗不超过 500mA 的电流。

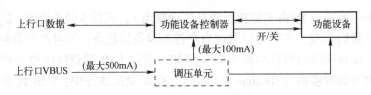

图 15.3　高功耗总线供电设备的系统框图

以上我们讨论的都是功能设备。实际上，集线器也可以分为总线供电与自供电两种。组合（Compound）总线供电集线器的框图如图 15.4 所示。

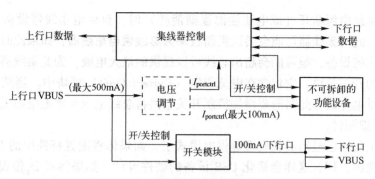

图 15.4　组合总线供电集线器的框图

　　"组合"的命名来源就是那个不可拆卸的功能设备。需要注意的是，图 15.4 中的开关模块（Switch）主要用来控制下行口电源，因为我们已经提过，**所有设备默认都是低功耗设备**，集线器控制器提供可由主机软件控制的开关信号，它可以在集线器刚上电时将开关模块关闭（以防止下行口消耗过多总线电流而使总线枚举失败），待配置完成后才再使能开关模块。

　　自供电集线器设备本身具备额外的供电电源，我们称其为**本地电源**（Local Power），所有下行口以及不可拆卸的功能设备的供电都来源于本地电源，可以支持的最大下行口数量仅受限于**集线器可分配的地址数量**与**本地电源的供电电流大小**，因为它们不消耗 USB 总线提供的电流。那么集线器控制芯片的电源供电应该取自 USB 总线还是局部电源呢？两者都可以！但是，使用 USB 总线电源时，即便本地电源处于未供电状态，主机仍然能够与集线器控制器通信，这使得区分**未连接**与**未供电**设备成为可能。当然，从 USB 总线消耗的电流总是不应该大于 100mA。

　　组合自供电集线器的系统框图如图 15.5 所示，它可以供给比总线供电集线器要大得多的电流量，所以为了安全起见，主机与自供电集线器必须具备过流保护功能（over-current protection），集线器应该具备检测过流条件并报告给软件的方式，这样才能够进一步切断或降低受影响的下行口所消耗的电流。当然，出于成本的考虑，很多集线器可能并没有这么做。

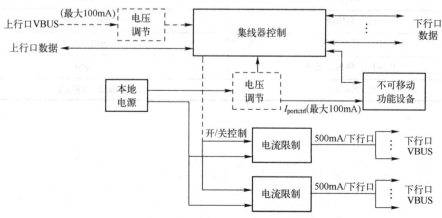

图 15.5　组合自供电集线器的系统框图

另外，当本地电源断开（或电池能源逐渐消耗）时，自供电集线器设备可能会出现供电不足的情况，此时集线器可能会尝试**重新枚举为总线供电集线器**，如果此时下行口连接了消耗电流比较大的设备，很可能会超出总线可以提供的最大电流，为此集线器也应该存在断开下行口供电的开关模块，它包含在电流限制（Current Limit）模块中。当然，有些集线器本身支持两种供电方式，此时需要增加控制开关电路将总线电源与本地电源进行隔离，我们会在第 50 章详细探讨。

好的，以上所述已经足够我们理解供电模式了。如果你将配置特性中的 D_6 位设置为 0，表示使用总线电源，那么这样会简化 USB 设备的硬件设计；如果你将 D_6 位设置为 1，则意味着你需要给设备额外配置电源供电电路。在清单 2.2 中，其被设置为 1，这意味着我们的开发板应该自己提供单独的电源电路，但是图 4.1 所示的电路中并没有，那为什么我们的开发板仍然能够正常工作呢？因为刚刚已经提过，自供电设备如果由于电源断开而导致电流不足时会尝试重新枚举为总线供电集线器。也就是说，不管使用哪种供电模式，你总是可以指定设备从总线获得电流，具体的电流大小是由第 9 个字段（MaxPower）给出的，它以 2mA 为一个单位。例如，清单 12.2 中该字段为 0x32（50），则表示相应的电流为 $50\times2mA=100mA$。

最后我们看一下从主机端看到的游戏操纵杆的配置描述符信息，如表 15.2 所示，读者可对照清单 12.2 自行分析，此处不再赘述。

表 15.2　游戏操纵杆的配置描述符信息

字　段	信　息
bLength	0x09（9 字节）
bDescriptorType	0x02（配置描述符）
wTotalLength	0x0022（34 字节）
bNumInterfaces	0x01
bConfigurationValue	0x01
iConfiguration	0x00（没有字符串描述符）
bmAttributes	0XE0
D_7：保留，置 1	0x01
D_6：自供电	0x01（是）
D_5：远程唤醒	0x01（是）
$D_4 \sim D_0$：保留，置 0	0x00
MaxPower	0x32（100mA）

第16章 接口与端点描述符：货架与货架层信息

在 USB 总线枚举过程中，主机第一次发送获取配置描述符的命令时，只会读取配置描述符的前 9 个字节，它包含了配置描述符以及所有从属的接口、端点（及其他特定类描述符）的总长度。接下来，主机就会进一步根据总长度读取所有从属描述符（获取其他长度不固定的描述符也是类似的，即需要分两步执行）。如果一个配置描述符不只支持一个接口描述符，并且每个接口描述符都有从属的端点描述符，则 USB 设备在响应 USB 主机发送的获取配置描述符命令时会将每一个接口与端点描述符作为配置描述符的一部分被返回。我们先来看看 USB 接口描述符的结构，如表 16.1 所示。

表 16.1 USB 接口描述符的结构

偏 移 量	字 段	大 小	值
0	bLength	1	数字
1	bDescriptorType	1	常量
2	bInterfaceNumber	1	数字
3	bAlternateSetting	1	数字
4	bNumEndpoints	1	数字
5	bInterfaceClass	1	类
6	bInterfaceSubClass	1	子类
7	bInterfaceProtocol	1	协议
8	iInterface	1	索引

第 1 个字段（bLength）表示接口描述符的长度。第 2 个字段（bDescriptorType）表示描述符的类型，此处应为 0x04（见表 13.3）。第 3 个字段（bInterfaceNumber）表示接口的编号（接口数量由配置描述符中的 bNumInterfaces 字段决定），如果一个配置有多个接口，那么每个接口都有一个从 0 开始递增的独立编号。清单 12.2 中该字段为 0，表示游戏操纵杆只有一个接口。

第 4 个字段（bAlternateSetting）表示备用接口编号，其用法与接口编号一样，你可以理解为下一层级的接口编号，一般比较少使用（不使用可以设置为 0）。我们前面提过，一个设备允许拥有多个配置，主机在总线枚举过程中会选择并激活其中一个，而备用接口编号则允许在只有一个配置的情况下，在同一个接口内实现多种模式切换，从而达到实现多个配置的目的。

举个简单的例子，USB 声卡设备有播放与暂停两种功能，主机会在播放音频的状态下给声卡设备的端点不断发送数据，此时就会占用一定的总线带宽，而在暂停播放音频的状态下该怎么做呢？主机可以选择不给端点发送数据，但仍然会占用一定的总线带宽（同步传输的特性，后述）。当然，也可以选择使用备用接口功能。具体来说，在同一个编号接口（bInterfaceNumber 字段相同）中指定两个备用接口（bAlternateSetting 字段的值分别为 0 与 1），它们分别不包含与包含输出数据的端点。默认情况下选择不包含端点的接口，即不占用总线带宽，只有当主机需要给声卡设备发送数据时才会启用包含端点的接口。

第 5 个字段（bNumEndpoints）表示接口使用的端点数量。请特别注意：**该字段表示的端点数量不包含端点 0**。清单 12.2 中该字段的值为 0x01，表示 USB 操纵杆使用了两个端点。如果一个接口仅使用端点 0，则接口描述符以后就不再返回端点描述符了，这也就意味着该接口仅使用与端点 0 相关联的默认控制管道进行数据传输，此时该字段应该被设置为 0。

接下来的 bInterfaceClass、bInterfaceSubClass 与 bInterfaceProtocol 三个字段分别表示接口类、接口子类、接口协议，它们分别与设备描述符中的 bDeviceClass、bDeviceSubClass 与 bDeviceProtocol 的意义是对应的。我们前面提过：**如果将设备描述符中的 bDeviceClass 字段设置为 0，则在接口描述符中会进一步定义具体要求的接口功能**。这句话中的"在接口描述符中会进一步定义"指的就是这 3 个字段，它们的具体值在各自的规范中定义。

如果 bInterfaceClass 字段的值为 0xFF，表示接口类由厂商自定义；如果为 0x00，则为将来标准化保留，其他字段的值由 USB-IF 分配。例如，《HID 设备类定义》（*Device Class Definition for HID*）文档的 4.1 节明确指出：HID 类设备中接口描述符的 bIntrfaceClass 字段总是为 3（原文：The bInterfaceClass member of an Interface descriptor is always 3 for HID class devices），这里的"3"其实就来源于表 13.4。清单 12.2 中该字段的值为 0x03，也就意味着 **USB 游戏操纵杆想将自己枚举为 HID 设备类**，也同时意味着你已经决定**按 HID 设备类的方式与主机通信**（后述）。

bInterfaceSubClass 字段的值的设置随 bInterfaceClass 的不同而不同。如果 bInterfaceClass 字段的值为 0，则该字段的值也必须为 0，其他非 0xFF 字段的值则由 USB-IF 分配。例如，HID 设备类的接口子类代码被定义在（《HID 设备类定义》）文档中，并且只有子类代码 0x00 与 0x01 是有效的，前者表示无子类代码，后者表示**基本输入输出系统**（Basic Input Output System，BIOS）启动阶段就能识别并使用你的设备。具体的 HID 设备类子类代码的描述如表 16.2 所示。

表 16.2　HID 设备类子类代码的描述

子类代码	描述
0	无子类代码（No Subclass）
1	启动接口子类（Boot Interface Subclass）
2~255	保留（Reserved）

接口类协议也被定义在相应的设备类规范中，其值与 bInterfaceClass 与 bIntrfaceSubClass 有关。例如，《HID 设备类定义》文档中定义了两种有效的协议代码，如表 16.3 所示。

表 16.3　HID 设备类协议代码的描述

协议代码	描　　述
0	无（None）
1	键盘（Keyboard）
2	鼠标（Mouse）
3~255	保留（Reserved）

假设我们要使用开发板模拟一个 USB 鼠标，设备描述符中的 bDeviceClass 可以设置为 0，然后在接口描述符中将 bInterfaceClass 设置为 3，这是因为 USB 鼠标属于 HID 设备。bInterfaceSubClass 可以设置为 1，这样在启动 BIOS 时也可以进行操作，最后设置设备类协议代码为 2，表示使用鼠标协议与开发板进行通信。

再举一个例子，假设要设计一个集线器设备，设备描述符中的 bDeviceClass 字段同样可以设置为 0，在接口描述符中将 bInterfaceClass 字段设置为 0x09，bInterfaceSubClass 与 bInterfaceProtocol 字段都设置为 0x00 即可。集线器设备没有分规范，它就在 USB 2.0 规范第 11 章中（后续在第 49 章会再详述）。

第 9 个字段（iInterface）表示接口字符串描述表的索引值。如果没有，可以设置为 0。

从主机端看到的 USB 游戏操纵杆的接口描述符信息如表 16.4 所示。

表 16.4　USB 游戏操纵杆的接口描述符信息

字　　段	信　　息
bLength	0x09（9 字节）
bDescriptorType	0x04（接口描述符）
bInterfacefaceNumber	0x00
bAlternateSetting	0x00
bNumEndpoints	0x01（1 个端点）
bInterfaceClass	0x03（人机接口设备）
bInterfaceSubClass	0x01（启动接口）
bInterfaceProtocl	0x02（鼠标）
iInterface	0x00（没有字符串描述符）

设备的端点描述符会紧随在接口描述符后发送给主机，其结构如表 16.5 所示。

表 16.5　USB 端点描述符的结构

偏　移　量	字　　段	大　　小	值
0	bLength	1	数字
1	bDescriptorType	1	常量
2	bEndpointAddress	1	端点
3	bmAttributes	1	基于位映射
4	wMaxPacketSize	2	数字
6	bInterval	1	数字

端点描述符的第 1 个字段（bLength）表示端点描述符的长度。需要注意的是：**接口的端点数量是可以灵活调整的**（配置与接口的数量也同样如此，只不过在实际应用中，端点数量的调整操作相对而言更多），有多少个端点就对应多少个端点描述符，而该字段是指所有端点描述符的总长度。换句话说，如果在源代码中进行增加或删除端点描述符的数量，也必须同时对该字段进行修改。

第 2 个字段（bDescriptorType）固定为 0x05（见表 13.3）。第 3 个字段（bEndpointAddress）用来描述端点地址以及方向信息，它是基于位映射的字段，具体如图 16.1 所示。

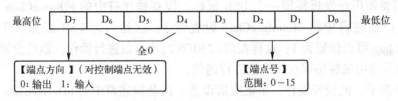

图 16.1　端点地址及方向信息

我们已经提过，每一个货架层都有唯一的地址，它对应一个端点号，由于使用 4 位来表示端点号，所以端点地址的有效范围为 0~15（低速设备仅定义了 3 个端点，全速与高速设备可使用所有 16 个端点）。货物可以上架到货架层，或者将货物从货架层下架，即相当于端点有一个数据传输方向。需要特别注意两点：其一，**端点的方向定义是以主机为参考的**。也就是说，输出（OUT）端点的数据传输方向是从主机到设备（下行），而输入（IN）端点则恰好相反。其二，**端点方向的定义对控制端点是无效的**。

什么是控制端点？为什么端点方向的定义对控制端点无效呢？既然有控制端点，是不是还有其他端点类型呢？我们在第 11 章已经初步接触过端点类型，它告诉主机应该怎样为设备的端点分配资源，同时也决定了其与主机之间的数据传输类型。USB 规范定义了中断（Interrupt）、批量（Bulk）、同步（Isochronous）、控制（Control）4 种传输类型（对应 4 种端点类型），它们的特点如表 16.6 所示。

表 16.6　传输类型与端点类型

传 输 类 型	端 点 类 型	输 出 方 向	传输数据的特点
控制传输	控制端点	输入与输出	少量数据、无传输时间要求、传输有严格保证
批量传输	批量端点	输入或输出	大量数据、无传输时间和传输速率要求
中断传输	中断端点	输入或输出	少量或中量数据、有周期要求
同步传输	同步端点	输入或输出	大量数据、速率恒定、有周期性要求

中断传输是一种轮询的单向传输方式，主机以固定时间间隔对中断端点进行查询，主要用于传输少量或中量对处理时间有要求的数据。例如，鼠标、键盘类设备就适用中断传输。中断传输的延迟有保证，但并非实时传输，它是一种延迟有限且支持错误重传的可靠传输。对于低速、全速、低速端点，中断传输的最大数据包长度分别可以达到 8 字节、64 字节、1024 字节。需要注意的是：**这里的"中断"是主机每隔固定时间的一种查询方式，与单片机开发中的"中断"不是同一个概念**。

批量传输（也称块传输）是一种可靠的单向传输，但对传输时间与速率没有保证，适合数据量比较大的传输，U 盘就是批量传输的典型应用。批量传输相对其他传输类型具有最低的优先级，主机总是优先安排其他类型的传输，当总线带宽有富余时才安排批量传输。如果 USB 总线带宽很紧张，则批量传输的优先级会降低，相应的传输速率会比较低，花费的时间自然也比较长，但是在总线空闲时，其传输速率是最快的（理论上）。需要注意的是：**低速 USB 设备不支持批量传输**。高速端点的最大数据包长度为 512 字节，全速端点的最大数据包长度可以为 8 字节、16 字节、32 字节、64 字节。

同步传输（也称等时传输）是一种实时但不可靠的传输（不支持错误重发机制），适用于传输大量速率恒定且对服务周期有要求的数据。例如，音频与视频设备需要数据及时发送与接收，但对数据的正确性要求并不是非常高。需要注意的是：**只有高速和全速端点支持同步传输**，高速与全速同步端点的最大数据包长度分别为 1024 字节与 1023 字节。

控制传输对时间与速率均无要求，但是必须保证数据能够被传输。USB 规范为控制传输保留了一定的总线带宽，以期达到尽快得到传输的目的。USB 规范还使用很多机制来保证数据传输的正确与可靠性（后述）。需要注意的是：**控制传输类型是双向的，所以给控制端点定义方向是无效的。**

控制传输是一种特殊的传输方式，其传输过程相对其他三种而言更复杂一些，后续我们会结合源代码深入探讨。**所有 USB 设备都有默认的控制传输方式**，它主要用于 USB 主机与设备之间的配置信息通信。例如，USB 设备连接主机时，主机需要通过控制传输获取描述符以及对设备进行一些配置。当然，普通数据的传输也可以使用控制传输完成（后续会有相应的实例），只不过一般情况更倾向于使用其他传输类型。控制传输对于最大数据包长度**有固定的要求**。高速与低速设备分别为 64 字节与 8 字节，而全速设备可以是 8 字节、16 字节、32 字节、64 字节之一。

以上我们讨论的 4 种传输类型由端点描述符中的第 4 个字段（bmAttributes）来决定，它也是基于位映射的字段，具体如图 16.2 所示，此处不再赘述。

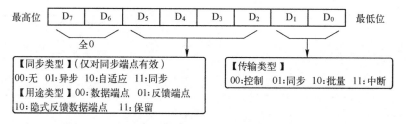

图 16.2　端点类型传输类型

第 5 个字段（wMaxPacketSize）表示端点支持（接收或发送）的最大数据包字节长度。第 6 个字段（bInterval）表示主机轮询**中断**端点（对于其他端点的意义可参考 USB 规范）的时间间隔，其范围为 1~255，单位时间则取决于设备速率模式（低速与全速设备为 1ms，高速设备为 125μs），而时间长度则取决于端点类型。例如，对于全速与低速中断端点，其范围可设置为 1~255，对应的时间范围为 1~255ms；对于高速中断端点，该字段可设置范围为 1~16，时间间隔为 $2^{\text{bInterval}-1}$，对应的时间范围为 125μs（$2^0 \times 125$μs）~4096ms（$2^{15} \times 125$μs）。

在清单 12.2 中，USB 游戏操纵杆使用一个输入中断端点，最大数据包的长度为 4 字节，主机对该端点的轮询时间间隔为 32（0x20）×1ms＝32ms，因为 STM32F10x 系列单片机不支持 USB 2.0 高速传输模式。

从主机端查询到的游戏操纵杆设备的端点描述符信息如表 16.7 所示。

表 16.7　游戏操纵杆设备的端点描述符信息

字　段	信　息
bLength	0x07（7 字节）
bDescriptorType	0x05（端点描述符）
bNumEndpoints	0x81（方向：输入端点号：1）
bmAttributes	0x03（中断传输模式）
bMaxPacketSize	0x0004（4 字节）
bInterval	0x20（32ms）

第 17 章　USB 主机如何获取设备的描述符

前面已经详细讨论了 5 类 USB 设备的标准描述符，它们对所有 USB 设备都是适用的。我们也曾经提过，当 USB 设备与主机连接时，主机会通过总线枚举过程获取需要的描述符，而具体的获取方式就是发送各种命令，那么具体的命令数据是什么呢？设备返回的数据又是什么呢？这就是本章要讨论的内容。

USB 规范并没有"命令"的直接定义，取而代之的是"请求（Request）"，后续我们也同样遵从规范的要求使用"请求"来代替"命令"进行阐述。**所有 USB 设备必须对主机发给自己的请求做出相应的响应，不同的请求虽然有着不同的数据和用途，但所有 USB 请求的结构是一样的**，其长度均为 8 字节，如表 17.1 所示。

表 17.1　USB 请求结构

偏 移 量	字 段	大 小	值
0	bmRequestType	1	基于位映射
1	bRequest	1	值
2	wValue	2	值
4	wIndex	2	索引或偏移
6	wLength	2	—

USB 描述符中大多数字段代表的意思比较独立，但 USB 请求中各个字段却紧密相连。为了更透彻地解读 USB 请求结构中各字段的含义，我们先给出 USB 规范定义的 11 种标准请求，如表 17.2 所示（本书约定，数字没有后缀表示十进制，后缀"H"或"h"表示十六进制，"B"或"b"表示二进制）。

表 17.2　USB 规范定义的八种标准请求

bmRequestType	bRequest	wValue	wIndex	wLength	数 据
00000000b	CLEAR_FEATURE	特征选择符 （Feature Selector）	0	0	无
00000001b			接口号		
00000010b			端点号		
10000000b	GET_CONFIGURATION	0	0	1	配置值
10000000b	GET_DESCRIPTOR	类型与索引	0 或 LANGID	描述符长度	描述符
10000001b	GET_INTERFACE	0	接口	1	备用接口号
10000000b	GET_STATUS	0	0	2	设备、接口、端点状态
10000001b			接口		
10000010b			端点		

续表

bmRequestType	bRequest	wValue	wIndex	wLength	数　据
00000000b	SET_ADDRESS	设备地址	0	0	无
00000000b	SET_CONFIGURATION	配置值	0	0	无
00000000b	SET_DESCRIPTOR	类型与索引	0 或 LANGID	描述符长度	描述符
00000000b	SET_FEATURE	特征选择符	0	0	无
00000001b			接口号		
00000010b			端点号		
00000001b	SET_INTERFACE	备用接口号	接口	0	无
10000010b	SYNCH_FRAM	0	端点	2	帧号

在表 17.2 中，第 1~5 列分别对应 USB 请求结构中各字段的数据取值，第 6 列则表示随主机请求发送（或设备返回）的数据。我们先来关注代表标准请求代码的第 2 列，USB 标准请求代码如表 17.3 所示。

表 17.3　USB 标准请求代码

bRequest	值	bRequest	值
GET_STATUS	0	GET_CONFIGURATION	8
CLEAR_FEATURE	1	SET_CONFIGURATION	9
SET_FEATURE	3	GET_INTERFACE	10
SET_ADDRESS	5	SET_INTERFACE	11
GET_DESCRIPTOR	6	SYNCH_FRAME	12
SET_DESCRIPTOR	7	保留	2, 4

例如，当 bRequest = 5 时，表示该请求用来给 USB 设备分配地址；当 bRequest = 6 时，表示该请求用来获取 USB 设备的描述符。需要特别注意的是，表 17.3 中的请求代码 GET_CONFIGURATION 与 GET_INTERFACE 不是指获取设备的配置与接口描述符，它们只是用来返回设备当前的配置值与备用接口号。**所有获取标准描述符的请求代码都是 GET_DESCRIPTOR**，而具体获取哪种描述符则需要在 wValue 字段中进一步给出，相应取值见表 13.3。如果是字符串描述符，则需要在 wValue 字段给出相应的索引，并在 wIndex 字段给出相应的 LANGID，后续我们会结合源代码分析进行详细讨论。

当然，表 17.3 中所示的代码只是标准请求的统称，有些请求按具体的用途可能还会细分，这取决于 bmRequestType 字段，它用来定义请求的特性（含传输方向、类型及接收方），它是一个基于位映射的字段，具体如图 17.1 所示。

传输方向不是针对请求本身的（因为请求的传输方向总是从主机到设备，设备只能被动响应主机发出的请求，不可能主动发出请求），而是针对**需要传输的数据的**，它可以跟随请求一起发送的数据，或者主机需要设备返回的数据。例如，主机要获取设备的描述符，也就表示需要设备返回描述符相应的数据，所以传输方向是从设备到主机。主机如果需要对设备进行地址分配，相应地，地址肯定会跟随请求一起发出，所以传输方向是从主机到设备。

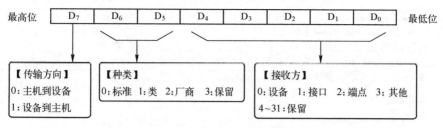

图 17.1　bmRequestType 字段

bmRequestType 字段中的 D_7 位决定了传输方向，为 0 表示设置或清除之类的请求，为 1 则表示获取设备信息之类的请求。

　　种类是针对请求的，其值为 0 表示 USB 标准请求（这也是所有设备都应该支持的请求），为 1 表示特定类请求（例如，HID 设备类就有"获取报告描述符"请求，它不属于 USB 标准请求），为 2 则表示由厂商专属的驱动程序为特定产品定义的请求。表 17.2 所示均为标准请求，所以 D_6 与 D_5 位都被设置为 0。

　　接收方表示请求针对的对象，它可以是设备、设备的接口、接口的端点或其他，相应 $D_4 \sim D_0$ 分别依次为 0、1、2、3。例如，当你使用"获取状态（GET_STATUS）"请求时，还需要指定想要设备、接口还是端点的状态？当针对设备时，wIndex 字段必须为 0；当针对设备的接口时，wIndex 字段给出相应的接口号；当针对设备的端点时，wIndex 字段给出相应的端点号。

　　举个简单的例子，假设现在需要获取设备描述符，需要发送的请求数据具体是什么呢？从表 17.2 中可以看到，获取设备描述符对应的 bmRequestType 字段为 0x80。从表 17.3 中可以看到，相应的请求代码为 0x06。从表 13.3 中可以看到，设备描述符的类型代码为 0x01（对应 wValue 高字节，而 wValue 低字节表示描述符的索引，仅对配置与字符串描述符有效），而获取设备描述符时，wIndex 应该设置为 0，wLength 则表示设备描述符的长度，固定为 18 字节（0x12），所以相应的请求数据为"0x80 0x06 0x00 0x01 0x00 0x00 0x12 0x00"。这里只需要注意：**wValue、wIndex、wLength 都是双字节字段，并且低字节在前**。

　　接下来，我们实际分析 USB 游戏操纵杆在连接主机后的整个总线枚举过程，完成这项操作需要 USB 总线数据包抓取软件，使用功能比较全面的 Device Monitoring Studio（版本为 7.21），软件的具体安装过程本文不赘述，打开后的主界面如图 17.2 所示。

　　主界面左侧的"设备（Devices）"窗口显示了当前 PC 连接的所有 USB 设备，我们已经将游戏操纵杆设备与主机进行了连接，所以相应的设备也在其中。如果由于名称重复（例如，出现多个"USB 输入设备"项）而不确定哪一个是我们需要分析的设备，则可以观察"设备描述符"窗口中的 VID 与 PID。

　　为了进入总线枚举分析过程，我们右键单击 USB 游戏操纵杆对应的"USB 输入设备"项，在弹出的快捷菜单中选择"Start Monitoring"项，表示开始对该设备进行监控，随后就会弹出图 17.3 所示的"Session Configuration"对话框。

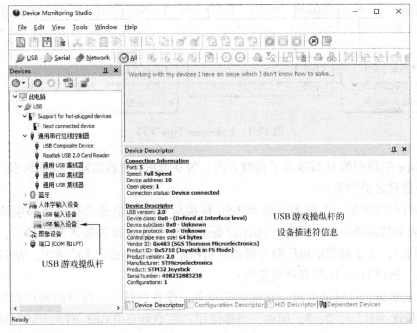

图 17.2　Device Monitor Studio 主界面

图 17.3　"Session Configuration" 对话框

"Session Configuration" 对话框主要用来设置你想要观察的数据种类，"可选处理（Available Processing）" 列表显示了针对该设备的所有可以进行的分析类型，双击即可添加到 "已选处理（Selected Processing）" 列表。我们只需要选择 "URB View" 项即可，表示监控 USB 请求块（USB Request Block，URB）数据。

接下来，单击 "Start" 按钮就会弹出 URB 视图界面，界面中可能会有些数据。为了完整观察 USB 总线枚举过程，我们**先断开**游戏操纵杆设备与主机的连接（URB 视图又会出现一些数据），然后使用鼠标右键单击 URB 视图界面，从弹出的快捷菜单中选择 "Delete/Clear View" 项，即可清除所有已有数据项，如图 17.4 所示。

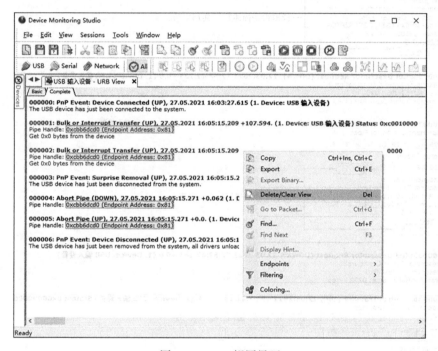

图 17.4　URB 视图界面

经过以上操作后，URB 视图界面是空白的，此时我们再将游戏操纵杆与主机连接，弹出的一系列数据项就对应该设备的整个总线枚举过程，如图 17.5 所示。

我们以主机获取设备描述符的过程讨论数据流的详细信息，如图 17.6 所示。

URB 视图使用连读的十进制数字将主机与设备之间发生的数据包传输项进行了编号，主机获取描述符的数据包编号为 "000031"。"DOWN" 表示请求传输方向为 "从主机到设备"，具体发送的请求类型详情在编号为 "000032" 的数据包中，这个数据包属于控制传输（Control Transfer）类型，因为我们已经提到过，在尚未完成总线枚举前，主机通过默认的控制端点 0 对设备进行配置。"UP" 表示抓取的数据包方向为 "从设备到主机"，也就是返回的设备描述符数据。每个数据包都会抓取下行与上行各一次，所以通常有下行的请求就会有相应的上行数据。另外，状态为 0 表示成功。

000030: PnP Event: Device Connected (UP), 27.05.2021 12:57:42.181 +9.174 (1. Device: USB 输入设备)
The USB device has just been connected to the system.

000031: Get Descriptor Request (DOWN), 27.05.2021 12:57:42.181 +0.0 (1. Device: USB 输入设备)
Descriptor Type: Device
Descriptor Index: 0x0
Transfer Buffer Size: 0x12 bytes

000032: Control Transfer (UP), 27.05.2021 12:57:42.181 +0.0. (1. Device: USB 输入设备) Status: 0x00000000
Pipe Handle: Control Pipe

```
12 01 00 02 00 00 00 40 83 04 10 57 00 00 02 01 02      .......@?.W.....
03 01                                                    .u
```

Setup Packet

```
80 06 00 01 00 00 12 00     €.......
```
Recipient: Device
Request Type: Standard
Direction: Device->Host ———— 读取设备描述符，共18字节
Request: 0x6 (GET_DESCRIPTOR)
Value: 0x100
Index: 0x0
Length: 0x12

000033: Get Descriptor Request (DOWN), 27.05.2021 12:57:42.181 +0.0 (1. Device: USB 输入设备)
Descriptor Type: Configuration
Descriptor Index: 0x0
Transfer Buffer Size: 0x9 bytes

000034: Control Transfer (UP), 27.05.2021 12:57:42.181 +0.0. (1. Device: USB 输入设备) Status: 0x00000000
Pipe Handle: Control Pipe

```
09 02 22 00 01 01 00 E0 32      .."....?.
```

Setup Packet

```
80 06 00 02 00 00 09 00     €.......
```
Recipient: Device
Request Type: Standard
Direction: Device->Host ———— 读取配置描述符的前9字节
Request: 0x6 (GET_DESCRIPTOR)
Value: 0x200
Index: 0x0
Length: 0x9

000035: Get Descriptor Request (DOWN), 27.05.2021 12:57:42.181 +0.0 (1. Device: USB 输入设备)
Descriptor Type: Configuration
Descriptor Index: 0x0
Transfer Buffer Size: 0x22 bytes

000036: Control Transfer (UP), 27.05.2021 12:57:42.181 +0.0. (1. Device: USB 输入设备) Status: 0x00000000
Pipe Handle: Control Pipe

```
09 02 22 00 01 01 00 E0 32 09 04 00 00 01 03 01      .."....?.......
02 00 09 21 00 01 00 01 22 4A 00 07 05 81 03 04      ...!...."J...?.
00 20                                                 .
```

Setup Packet

```
80 06 00 02 00 00 22 00     €....."
```
Recipient: Device
Request Type: Standard
Direction: Device->Host ———— 读取完整的配置描述符，共34字节
Request: 0x6 (GET_DESCRIPTOR)
Value: 0x200
Index: 0x0
Length: 0x22

000037: Select Configuration (DOWN), 27.05.2021 12:57:42.181 +0.0 (1. Device: USB 输入设备)
Configuration Index: 1 给设备选择一个配置

000038: Select Configuration (UP), 27.05.2021 12:57:42.181 +0.0. (1. Device: USB 输入设备) Status: 0x00000000
Configuration Index: 1
Configuration Handle: 0xcb048340

000039: Class-Specific Request (DOWN), 27.05.2021 12:57:42.181 +0.0 (1. Device: USB 输入设备)
Destination: Interface, Index 0
Reserved Bits: 34   特定类请求
Request: 0xa
Value: 0x0
Send 0x0 bytes to the device

```
000040: Control Transfer (UP), 27.05.2021 12:57:42.181 +0.0. (1. Device: USB 输入设备) Status: 0xc0000004
Pipe Handle: Control Pipe
Setup Packet
 21 0A 00 00 00 00 00 00                              !.......

Recipient: Interface
Request Type: Class
Direction: Host->Device
Request: 0xa (Unknown)
Value: 0x0
Index: 0x0
Length: 0x0


000041: Get Descriptor Request (DOWN), 27.05.2021 12:57:42.181 +0.0 (1. Device: USB 输入设备)
Descriptor Type: HID Report Descriptor
Descriptor Index: 0x0
Transfer Buffer Size: 0x8a bytes


000042: Control Transfer (UP), 27.05.2021 12:57:42.181 +0.0. (1. Device: USB 输入设备) Status: 0x00000000
Pipe Handle: Control Pipe
 05 01 09 02 A1 01 09 01 A1 00 05 09 19 01 29 03      ..?..?....
 15 00 25 01 95 03 75 01 81 02 95 05 75 01 81 01      .%..?u.??u.?..0?
 05 01 09 30 09 31 09 38 15 81 25 7F 75 08 95 03      .1.8..?u.???<.
 81 06 C0 09 3C 05 FF 09 01 15 00 25 01 75 01 95      ....8....?.u.?
 02 B1 22 75 06 95 01 B1 01 C0                         .?"u.???.

Setup Packet
 81 06 00 22 00 00 8A 00                              ?.".?..

Recipient: Interface
Request Type: Standard
Direction: Device->Host
Request: 0x6 (GET_DESCRIPTOR)
Value: 0x2200
Index: 0x0
Length: 0x8a
```

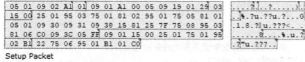

读取报告描述符的所有数据，此处显示错误，应该为"4A"，即74字节

```
000045: PnP Event: Query ID (UP), 27.05.2021 12:57:42.181 +0.0 (1. Device: USB 输入设备)
Device ID: USB\VID_0483&PID_5710

000046: PnP Event: Query ID (UP), 27.05.2021 12:57:42.181 +0.0 (1. Device: USB 输入设备)
Hardware IDs: USB\VID_0483&PID_5710&REV_0200, USB\VID_0483&PID_5710

000047: PnP Event: Query ID (UP), 27.05.2021 12:57:42.181 +0.0 (1. Device: USB 输入设备)
Hardware IDs: USB\VID_0483&PID_5710&REV_0200, USB\VID_0483&PID_5710

000048: PnP Event: Query ID (UP), 27.05.2021 12:57:42.196 +0.015 (1. Device: USB 输入设备)
Hardware IDs: USB\VID_0483&PID_5710&REV_0200, USB\VID_0483&PID_5710
```

图 17.5　总线枚举数据流

"Setup Packet"下面的 8 个字节就是主机发送的获取设备描述符的请求数据，刚刚我们已经讨论过了。两个填充的数据块就是设备返回的数据，左侧为十六进制，右侧为相应的 ASCII。填充数据块结尾的右上角有一个红色三角形，表示单击后会有分析提示界面，其中显示字节长度为 18（0x12），这正是设备描述符的长度，其他数据与清单 12.2 中 Joystick_DeviceDescriptor 数组数据完全一一对应，读者可自行分析，此处不再赘述。

主机获得设备描述符后，接着会发送获取配置描述符的请求，第一次仅读取前 9 个字节，它们对应清单 12.2 中 Joystick_ConfigDescriptor 数组数据前 9 个字节。然后主机再次发送获取配置描述符请求得到全部 34 字节，至此，设备相关的标准描述符全部获取完毕。最后，主机发送"设置配置（SET_CONFIGURATION）"请求给设备选择一个配置，即可完成图 10.4 所示整个 USB 总线枚举过程（有些步骤没有显示）。

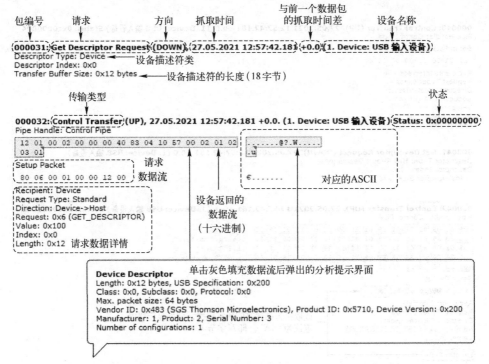

图 17.6　数据流详情

从图 17.5 中可以看到，主机还发送了一个获取 HID 报告描述符（HID Report Descriptor）请求，它是用来做什么的呢？表 17.2 中好像无法解释相应的请求数据流。设备对该请求返回了 74 个字节（抓包工具显示有误）的数据，它们代表的又是什么呢？还是先来了解一下 HID 描述符吧。

第 18 章 HID 描述符：特定超市信息

前面我们讨论了一般超市的配置信息，它们对于所有超市都是适用的，但是有些连锁超市为方便统一管理加盟商，对超市的招牌风格、货架配置、商品摆放、经营模式、营业时间、员工培训等方面可能会有一些要求，我们可以称其为特定超市，也就是说，特定超市通常需要与总部签订（一般超市不具备的）加盟协议。

同样的道理，特定设备（Specific Device）就是表 13.4 中代码范围在 01h～FEh 的设备，我们统称其为特定类（Specific Class），其中有些也需要相应的特定类描述符。例如，游戏操纵杆将自己枚举成为 HID 设备类，就必须有对应的 **HID 描述符**、报告（**Report**）**描述符**以及可选的**实体（Physical）描述符**。

特定类描述符不属于前面介绍过的标准描述符，所以获取特定类描述符的请求数据也会有所不同（但请求结构仍然一样），而使用特定设备类的好处就在于，操作系统**可能**已经集成了相应的设备驱动程序，可以简化开发工作量，但付出的代价之一就是：**你必须按照特定格式进行数据的传输**。对于 HID 设备，这也就意味着你必须理解报告描述（其可以说是所有描述符中最复杂的），因为它存在意义就是**定义数据用途与格式**。需要付出的代价之二则是灵活度会受到一些限制。例如，HID 设备只支持控制与中断传输类型，并且最多可以使用两个端点（除端点 0 外），如表 18.1 所示。

表 18.1　HID 设备可用的端点

管　道	要　求	说　明
控制（端点 0）	必需	传输 USB 描述符、类请求代码以及供查询的消息数据等
中断输入	必需	传输从设备到主机的输入数据
中断输出	可选	传输从主机到设备的输出数据

当然，对于大多数应用而言，将其枚举成为特定设备类完全能够满足需求。既然游戏操纵杆已经枚举成了 HID 设备，那我们最主要的工作重心还是放在报告描述符的理解方面。不过，在这之前，我们还是按原计划先来讨论一下 HID 描述符吧。

细心的读者可能会发现，在清单 12.2 的 Joystick_ConfigDescriptor 数组中还有几个数据没有讨论，它们就是对应的 HID 描述符，其位置就在接口描述符下面。我们前面已经提过，接口描述符中的 bInterfaceClass 字段已经被设置为 0x03，这意味着游戏操纵杆决定将自己枚举成为 HID 设备类，所以就得紧接着给出相应的 HID 描述符。**如果一个设备只有一个接口描述符，无论它有几个端点描述符，HID 描述符都只有一个。**

HID 描述符主要给出 HID 规范的版本号、报告描述符的长度等信息，相应的描述符结构如表 18.2 所示。

表 18.2　HID 描述符的结构

偏 移 量	域	大　小	值
0	bLength	1	数字
1	bDescriptorType	1	常量
2	bcdHID	2	数字
4	bCountryCode	1	数字
5	bNumDescriptors	1	数字
6	bDescriptorType	1	常量
7	wDescriptorLength	2	数字
9	bDescriptorType	1	常量
10	wDescriptorLength	2	数字

第 1 个字段（bLength）代表 HID 描述符的长度。第 2 个字段（bDescriptorType）表示描述符类型，此处固定为 0x21（见表 13.3）。第 3 个字段是使用 BCD 码表示的 HID 规范版本号，清单 12.2 中对应为 1.0。第 4 个字段（bCountryCode）代表国家代码，用来标识本地硬件，具体定义如表 18.3 所示。清单 12.2 中设置该字段的值为 00，表示不支持。

表 18.3　HID 国家标识码

标 识 码	国家和地区	标 识 码	国家和地区
00	不支持	18	Netherlands/Dutch
01	Arabic	19	Norwegian
02	Belgian	20	Persian (Farsi)
03	Canadian-Bilingual	21	Poland
04	Canadian-French	22	Portuguese
05	Czech Republic	23	Russia
06	Danish	24	Slovakia
07	Finnish	25	Spanish
08	French	26	Swedish
09	German	27	Swiss/French
10	Greek	28	Swiss/German
11	Hebrew	29	Switzerland
12	Hungary	30	Taiwan
13	International (ISO)	31	Turkish-Q
14	Italian	32	UK
15	Japan (Katakana)	33	US
16	Korean	34	Yugoslavia
17	Latin American	35	Turkish-F
—	—	36~255	Reserved

第 5 个字段（bNumDescriptors）表示**附加特定类描述符**的数量，通常情况下至少为 1，**因为报告描述符是必需的**，而接下来的第 6、7 个字段用来描述该**附加特定类描述符**的类型与长度。需要注意的是，虽然第 6 个字段的字段名与第 2 个字段相同，但它是针对**附加特定类描述符**的，具体取值如表 18.4 所示（与表 13.3 相同）。

表 18.4　HID 附加描述符的类型

值	HID 附加描述符的类型
21h	HID
22h	报告
23h	实体
24h~2Fh	保留

第 7 个字段（wDescriptorLength）代表**附加特定类描述符**的字节长度，清单 12.2 中**附加报告描述符**的长度为 74 字节（官方例程注释为 wItemLength）。第 8、9 个字段是可选的，这取决于第 5 个字段定义的**附加特定类描述符**的数量，清单 12.2 中仅定义了一个。

实体描述符是可选的，它是一个可以提供"人体指定部位激活相应控制项"的信息结构。例如，实体描述符可以暗示右手大拇指用来激活某个按键，应用程序可以使用此信息给设备的控制项分配相应的功能。表 18.5 给出了实体描述符的结构。

表 18.5　实体描述符的结构

偏 移 量	域	大 小	值
0	bDesignator	1	数字
1	bFlags	1	数字

实体描述符的第 1 个字段（bDesignator）标识影响某个控制项的人体部位。例如，手、脚、头、肩等，其含义如表 18.6 所示。

表 18.6　人体部位标识符的含义

值	部 位	值	部 位	值	部 位	值	部 位
00h	无	0Bh	颈	16h	头	21h	大拇指
01h	手	0Ch	上臂	17h	肩	22h	第二指
02h	眼球	0Dh	手肘	18h	腰骨	23h	第三指
03h	眉	0Eh	前臂	19h	腰	24h	第四指
04h	眼皮	0Fh	手腕	1Ah	大腿	25h	小拇指
05h	耳	10h	手掌	1Bh	膝盖	26h	眉
06h	鼻	11h	拇指	1Ch	小腿	27h	脸
07h	嘴	12h	食指	1Dh	足	28h~FFh	保留
08h	上唇	13h	中指	1Eh	脚	—	—
09h	下唇	14h	无名指	1Fh	脚跟	—	—
0Ah	颚	15h	小指	20h	拇指	—	—

第 2 个字段（bFlags）是一个位指定标志（Bits Specifying Flags），其具体定义如图 18.1 所示。其中，低 5 位表示用户需要用多大的力气（Effort）才能够影响相应的控制项，当其值为 0 时表示能够容易且快速地控制。数值越大，代表用户越难（或需要更长时间）控制（原文：The Effort field indicates how easy it is for a user to access the control. A value of 0 identifies that the user can affect the control quickly and easily. As the value increases, it becomes more difficult or takes longer for the user to affect the control）；高 3 位用来进一步定义身体部位的修饰词（Qualifier）。例如，左手、右手、左脚、右脚等，其具体含义如表 18.7 所示。

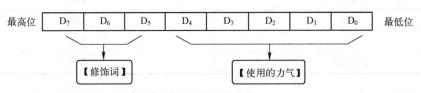

图 18.1　位指定标志的具体含义

表 18.7　修饰词取值的具体含义

值	含　义	值	含　义	值	含　义	值	含　义
00h	无	02h	左	04h	左或右	06h	保留
01h	右	03h	左与右	05h	中间	07h	

　　实体描述符会增加设备的复杂度，但是获得的好处却比较少，仅对一些需要大量唯一控制项（例如，按键）的设备有用，实际应用并不多，大家了解一下即可。

　　获取或设置 HID 类描述符的请求结构与标准请求相同，具体的请求数据被定义在《HID 设备类定义》文档中，详情如表 18.8 所示，你可以结合图 17.1 进行解读，只需要注意两点：其一，bmRequestType 字段的低 5 位均为 00001b，表示针对接口发送的请求；其二，wValue 字段的高字节代表描述符的类型，低字节代表实体描述符的索引（对其他 HID 类描述符应该置为 0）。当然，图 17.5 所示的数据流中并没有单独获取 HID 描述符的请求，因为 HID 描述符数据已经包含在配置描述符中并返回给了主机。

表 18.8　USB 标准请求

bmRequestType	bRequest	wValue	wIndex	wLength	数　据
10000001b	GET_DESCRIPTOR	描述符类型或索引	接口号	描述符长度	描述符
00000001b	SET_DESCRIPTOR	描述符类型或索引	接口号	描述符长度	描述符

　　假设现在需要获取报告描述符，需要发送什么请求数据呢？从表 18.8 中可以看到，获取报告描述符对应的 bmRequestType 字段的值为 0x81。从表 17.3 中可以看到，相应的请求代码为 0x6。wIndex 字段的低字节应该为 0x0（因为不是获取实体描述符），高字节则对应报告描述符的类型值 0x22（见表 13.3）。wIndex 字段代表的接口号应该为 0，因为游戏操纵杆只有一个接口，而接口编号是从 0 开始递增的。报告描述符的长度已经在 HID 描述符中给出，即 74 字节（0x4A），所以相应的请求数据应该是 "0xA0 0x06 0x00 0x22 0x00 0x00 0x4A 0x00"，这正是图 18.5 中的编号为 "000042" 数据项中 "Setup Packet" 下面的数据

（Device Monitor Studio 7. 21 显示的数据有误），而上面的数据就是设备返回的报告描述符数据，它们与清单 12.2 中的 Joystick_ReportDescriptor 数组数据完全一一对应。

《HID 设备类定义》文档另外还定义了 6 个 HID 特定类请求，如表 18.9 所示，其中第 2 列代表 HID 特定类请求代码，它们同样定义在《HID 设备类定义》文档中，详情如表 18.10 所示，其中的 GET_PROTOCOL 与 SET_PROTOCOL 仅适用于支持启动功能的 HID 设备（boot device），其他则适用于所有设备。

表 18. 9　HID 特定类请求

bmRequestType	bRequest	wValue	wIndex	wLength	数据
10100001b	GET_REPORT	报告类型或 ID	接口	报告长度	报告
00100001b	SET_REPORT	报告类型或 ID	接口	报告长度	报告
10100001b	GET_IDLE	0 或报告 ID	接口	1	闲置时间
00100001b	SET_IDLE	闲置时间或报告 ID	接口	0	无
10100001b	GET_PROTOCOL	0	接口	1	0：启动协议 1：报告协议
00100001b	SET_PROTOCOL	0：启动协议 1：报告协议	接口	0	无

表 18. 10　HID 特定类请求代码

bRequest	值	bRequest	值
GET_REPORT	01h	SET_REPORT	09h
GET_IDLE	02h	SET_IDLE	0Ah
GET_PROTOCOL	03h	SET_PROTOCOL	0Bh
保留	04h～08h	—	—

需要说明的是，所有 HID 设备必须支持"获取报告（GET_REPORT）"请求，如果设备还支持启动功能，则必须支持"获取协议（GET_PROTOCOL）"与"设置协议（SET_PROTOCAOL）"请求。换句话说，除"获取报告（GET_REPORT）"外的其他请求是可选的。

表 18.9 中报告类型的定义如表 18.11 所示。其中，输入报告是设备发送给主机的数据。例如，游戏操纵杆就是通过输入报告将鼠标的移动信息发送给主机的。输出报告是主机发送给设备的数据。例如，主机控制开发板上 LED 的状态，此时就需要发送输出报告。特征报告是设备用来标记自身具有的一些可调整的属性。例如，有些集线器设备的每个下行口都支持一个状态指示 LED（默认情况下熄灭，只有当下行口有设备连接时才会点亮），另外有些则没有，而"是否支持 LED 指示状态"就属于一个特征，表 17.2 中的"清除特征（CLEAR_FEATURE）"与"设置特征（SET_FEATURE）"就需要指定相应的特征选择符（Feature Selector）。

表 18.11　报告类型的定义

值	报告类型
01h	输入（Input）
01h	输出（Output）
03h	特征（Feature）
04h~FFh	保留

在图 17.5 所示的数据流中，主机在获取报告之前给设备发送了"设置空闲（SET_IDLE）"请求，相应的状态为 0xC0000004（不为 0，表示失败），说明游戏操纵杆设备并不支持该请求。

现在我们面临的问题是：Joystick_ReportDescriptor 数组中的数据究竟代表什么意思呢？不同设备的报告描述符是不同的，怎样根据实际要求设计相应的报告描述符呢？请参见后文。

第19章 报告描述符：用途设计思想

如果已经决定将自己的开发板枚举成为 HID 设备，那么 HID 描述符是必不可少的，报告描述符也是必需的。那什么是报告描述符呢？为什么需要它呢？

假设现在设计一个**使用串口进行控制的模块**，并计划将其销售到全国各地，那么在与之配套的资料中必须说明**客户怎样给模块发送数据才能正确控制**。例如，我们定义串行接口每次发送 5 个字节，第 1 个字节是数据头（固定 0x55），第 5 个字节是数据尾（0xAA），第 2 个字节是命令，第 3、4 个字节是数据。这种事先约定好的数据发送格式可以使用图 19.1 来描述。

字节	D_7	D_6	D_5	D_4	D_3	D_2	D_1	D_0
0	数据头 = 0x55							
1	命令（产品自定义）							
2	数据1（产品自定义）							
3	数据2（产品自定义）							
4	数据尾 = 0xAA							

图 19.1 事先约定好的数据发送格式

在约定好数据发送格式的基础上，再提供一套用于控制模块各个功能的命令集，客户采购模块后就可以自行编程驱动了。图 19.1 所示的数据发送格式就相当于一个报告描述符，它就是**数据用途与格式**的同义词，可以理解为有一定用途的数据结构。

再举个例子，厂商设计的 USB 鼠标属于 HID 设备，但是你很少见过 USB 鼠标还需要安装设备驱动程序。因为操作系统已经自带了解析 USB 鼠标操作信息的驱动程序。尽管如此，要使用 USB 鼠标来控制方向，你总得传递 X 与 Y 坐标数据吧？但是主机端（PC）的驱动程序并不是厂商自己设计的，它又怎么知道鼠标发送的数据具体代表哪种操作呢？报告描述符就是为此目的而诞生的，它详细描述给主机发送（或从主机接收）的一系列数据中哪些数据对应哪些功能。换句话说，无论是哪个厂商设计的 USB 鼠标，只要遵循 USB 鼠标设备类预定义的报告描述符，都可以正常控制 PC 鼠标的动作。

从字面上来理解，**报告**就意味着**数据传输**（Data Transfer），这跟"报告长官，前方有敌情……"中"报告"的意义相同，它表示将信息（数据）传达给长官（当然，你也可以将"报告"理解为"数据"），而报告描述符就是对传输数据的用途与格式的具体定义，它有自己的一套"语言"，也可以说是最复杂的描述符。

报告描述符以标签（Item）的方式排列而成，长度不定，后面跟随的括号中为该标签携带的数据。我们先来看看 HID 设备类定义中给出的鼠标的报告描述符，如清单 19.1 所示。

清单 19.1　鼠标的报告描述符

```
Usage Page (Generic Desktop),
Usage (Mouse),
Collection (Application),
   Usage (Pointer),
   Collection (Physical),
      Report Count (3), Report Size (1),
      Usage Page (Buttons),
      Usage Minimum (1), Usage Maximum (3),
      Logical Minimum (0), Logical Maximum (1),
      Input (Data, Variable, Absolute),
      Report Count (1), Report Size (5),
      Input (Constant),
      Report Count (8), Report Size (2),
      Usage Page (Generic Desktop),
      Usage (X), Usage (Y),
      Logical Minimum (-127), Logical Maximum (127),
      Input (Data, Variable, Relative),
   End Collection,
End Collection
```

清单 19.1 只是报告描述符的"伪代码"描述方式，具体的格式细节不需要过多关注（例如，有些文档中会在报告描述符中的每一行后面添加逗号"，"，但相同的行在另外一些文档中却没有），真正放到源代码中的依然对应的是一些常量数据（跟 C 语言使用一系列英文字符串来编程一样，真正运行的代码仍然是编译后的二进制数据），它们在《HID 设备类定义》文档中都已经明确给出，只是简单的编码问题，没有必要花过多的篇幅去了解，更何况实际使用时并不需要自己手动转换。USB－IF 提供的 HID 描述符编辑工具（HID Descriptor Tool）可以快速进行报告描述符的设计与转换，如图 19.2 所示。

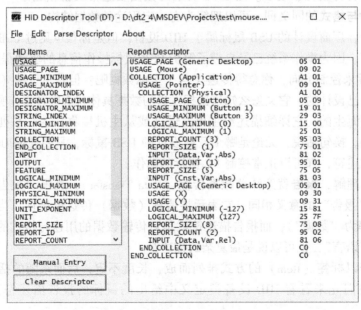

图 19.2　HID 描述符编辑工具

你可以将清单 19.1 与图 19.2 进行对比，其大体上是一样的，虽然有些语句的出现顺序不太相同，但是并不影响报告描述符本身表达的意思，我们后续会详细讨论。HID 描述符编辑工具使用起来很简单，其左侧列表提供了报告描述符所有可用的标签，双击后会弹出相应的对话框，在弹出的对话框中选择需要的配置后单击"OK"按钮即可将其添加到右侧的报告描述符栏。图 19.3 为双击"USAGE_PAGE"后弹出的"Usage Page"对话框。

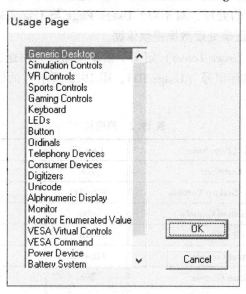

图 19.3 "Usage Page" 对话框

至目前为止，我们已经对报告描述符有了一个大体的印象，接下来具体分析一下图 19.2 中所示的报告描述符究竟定义了一个什么样的数据结构，所以问题的关键还在于理解标签的作用。表 19.1 给出了报告描述符所有可用的标签（相当于 C 语言的关键字），可以分为主标签（Main Item）、全局标签（Global Item）、局部标签（Local Item）。

表 19.1 报告描述符可用的标签

主 标 签	全 局 标 签	局 部 标 签
Input	Usage Page	Usage
Output	Logical Minimum	Usage Minimum
Feature	Logical Maximum	Usage Maximum
	Physical Minimum	Designator Index
Collection	Physical Maximum	Designator Minimum
End Collection	Unit Exponent	Designator Maximum
	Unit	String Index
	Report Size	String Minimum
	Report ID	String Maximum
	Report Count	Delimiter
	Push	
	Pop	

在表 19.1 所示的所有标签中，Usage Page 与 Usage 通常是报告描述符最先使用（同时也是最复杂的）的两个标签，必须透彻理解它们才能真正灵活地设计符合自己要求的报告描述符（其他标签我们在下一章详谈）。前面已经提过，HID 设备不需要我们编写设备驱动，虽然已经初步了解"应该按照一定的格式进行数据传输"才能控制某些应用，但是操作系统又是如何解析这些数据呢？因为操作系统本身预定义了很多设备驱动程序，肯定需要根据数据的类型进行相应的处理，对不对？**Usage Page 与 Usage 标签的目的就是用来标识数据的类型，为操作系统正确处理数据提供依据。**

《HID 用途表》（*HID Usage Tables*）定义了很多用途页与用途，它们都有唯一的用途页标识号（Page ID）与用途标识号（Usage ID），图 19.3 所示对话框中包含的所有用途页如表 19.2 所示。

表 19.2　用途页

Page ID	页名（Page Name）	Page ID	页名（Page Name）
00h	Undefined	20h	Sensor
01h	Generic Desktop Controls	21h~3Fh	Reserved
02h	Simulation Controls	40h	Medical Instrument
03h	VR Controls	41h	Braille Display
04h	Sport Controls	42h~58h	Reserved
05h	Game Controls	59h	Lighting And Illumination
06h	Generic Device Controls	5Ah~7Fh	Reserved
07h	Keyboard/Keypad	80h~83h	Monitor
08h	LEDs	84h~87h	Power
09h	Button	88h~8Bh	Reserved
0Ah	Ordinal	8Ch	Bar Code Scanner
0Bh	Telephony Device	8Dh	Scale
0Ch	Consumer	8Eh	Magnetic Stripe Reading（MSR）Devices
0Dh	Digitizer	8Fh	Reserved Point of Scale
0Eh	Haptics	90h	Camera Control
0Fh	USB Physical Interface Device	91h	Arcade
10h	Unicode	92h	Gaming Device Page
11h	Reserved	93h~F1CFh	Reserved
12h	Eye and Head Trackers	F1D0h	FIDO Alliance
13h	Reserved	F1D1h~FEFFh	Reserved
14h	Alphanumberic Display	FF00h~FFFFh	Vendor-defined
15h~1Fh	Reserved	—	—

从表 19.2 中可以看到，每个用途页都对应了一个 Page ID，它包含在最终转换过来的数据中，并为主机初步确认数据的用途提供了依据。但这还远远不够，每个用途页都相当于一

个大类，每个大类下面又定义了大量的用途，每个用途也对应一个 Usage ID，如图 19.2 所示的报告描述符首先定义了名为**通用桌面**（**Generic Desktop**）的用途页，其中包含的用途如表 19.3 所示。

表 19.3　通用桌面包含的用途

Usage ID	用 途 名 称	用途类型	Usage ID	用 途 名 称	用途类型
00h	Undefined	—	3Ch	Motion Wakeup	OSC/DF
01h	Pointer	CP	3Dh	Start	OOC
02h	Mouse	CA	3Eh	Select	OOC
03h	Reserved	—	3Fh	Reserved	—
04h	Joystick	CA	40h	Vx	DV
05h	Game Pad	CA	41h	Vy	DV
06h	Keyboard	CA	42h	Vz	DV
07h	Keypad	CA	43h	Vbrx	DV
08h	Multi-axis Controller	CA	44h	Vbry	DV
09h	Tablet PC System Controls	CA	45h	Vbrz	DV
0Ah	Water Cooling Controls	CA	46h	Vno	DV
0Bh	Computer Chassis Device	DV	47h	Feature Notification	DV/DF
0Ch	Wireless Radio Controls	DV	48h	Resolution Multiplier	DV
0Dh	Portable Device Control	DV	49h	Qx	DV
0Eh	System Multi-Axis Controller	DV	4Ah	Qy	DV
0Fh	Spatial Controller	DV	4Bh	Qz	DV
10h	Assistive Control	DV	4Ch	Qw	DV
11h	Device Dock	DV	4Dh~7Fh	Reserved	DV
12h	Dockable Device	DV	80h	System Controls	CA
13h~2Fh	Reserved	DV	81h	System Power Down	OSC
30h	X	DV	82h	System Sleep	OSC
31h	Y	DV	83h	System Wake up	OSC
32h	Z	DV	84h	System Context Menu	OSC
33h	Rx	DV	85h	System Main Menu	OSC
34h	Ry	DV	86h	System App Menu	OSC
35h	Rz	DV	87h	System Menu Help	OSC
36h	Slider	DV	88h	System Menu Exit	OSC
37h	Dial	DV	89h	System Menu Select	OSC
38h	Wheel	DV	8Ah	System Menu Right	RTC
39h	Hat switch	DV	8Bh	System Menu Left	RTC
3Ah	Counted Buffer	CL	8Ch	System Menu Up	RTC
3Bh	Byte Count	DV	8Dh	System Menu Down	RTC

续表

Usage ID	用途名称	用途类型	Usage ID	用途名称	用途类型
8Eh	System Code Restart	OSC	B3h	System Display Both	OSC
8Fh	System Warm Restart	OSC	B4h	System Display Dual	OSC
90h	D-pad Up	OOC	B5h	System Display Toggle Int/Ext	OSC
91h	D-pad Down	OOC	B6h	System Display Swap Primary/Secondary	OSC
92h	D-pad Right	OOC	B7h	System Display Toggle LCD Autoscale	OSC
93h	D-pad Left	OOC	B8h~BFh	Reserved	—
94h	Index Trigger	MC/DV	C0h	Sensor Zone	CL
95h	Palm Trigger	MC/DV	C1h	RPM	DV
96h	Thumbstick	CP	C2h	Coolant Level	DV
97h	System Function Shift	MC	C3h	Coolant Critical Level	SV
98h	System Function Shift Lock	OOC	C4h	Coolant Pump	US
99h	System Function Shift Lock Indicator	DV	C5h	Chassis Enclosure	CL
9Ah	System Dismiss Notification	OSC	C6h	Wireless Radio Button	OOC
9Bh	System Do Not Distrub	OOC	C7h	Wireless Radio LED	OOC
9Ch~9Fh	Reserved	—	C8h	Wireless Radio Slider Switch	OOC
A0h	System Dock	OSC	C9h	System Display Rotation Lock Button	OOC
A1h	System Undock	OSC	CAh	System Display Rotation Lock Slider Switch	OOC
A2h	System Setup	OSC	CBh	Control Enable	DF
A3h	System Break	OSC	CCh~CFh	Reserved	—
A4h	System Debugger Break	OSC	D0h	Dockable Devcie Unique ID	DV
A5h	Application Break	OSC	D1h	Dockable Devcie Vendor ID	DV
A6h	Application Debugger Break	OSC	D2h	Dockable Devcie Primary Usage Page	DV
A7h	System Speaker Mute	OSC	D3h	Dockable Devcie Primary Usage ID	DV
A8h	System Hibernate	OSC	D4h	Dockable Devcie Docking State	DF
A9h~AFh	Reserved	—	D5h	Dockable Devcie Display Occlusion	CL
B0h	System Display Invert	OSC	D6h	Dockable Devcie Object Type	DV
B1h	System Display Internal	OSC	D7h~FFFFh	Reserved	—
B2h	System Display External	OSC	—	—	—

每一个用途都有一个 Usage ID，与 Page ID 组成了一个 32 位数据（4 字节），它们共同决定了**主机怎样处理接收到的数据**。但是，用途根据什么分类呢？什么情况下使用什么用途呢？为了回答这些问题，我们首先需要理解表 19.3 中用途类型（Usage Type）存在的意义。

《HID 用途表》将用途分为控制（Controls）、数据（Data）与集合（Collections）三个类别。其中，集合类用来管理相关的控制类与数据类用途（相当于 C 语言中的花括号）。我们先来讨论一下控制类用途的设计思想（数据类用途会在后续适当的章节详细讨论）。

前面已经提过，HID 是"人机接口设备"的意思，也就是说，HID 设备**通常**需要"人"的参与。当然，这并不意味着一定需要人来参与控制。例如，我们通过对轻触按键进行按下与松开操作产生电平信号而达到控制鼠标的目的，但是你也可以使用另一个单片机或其他方式产生相同的电平信号。主机本身看不到可能存在的不同物理形式的控制装置（对主机本身来说是透明的），主机也根本不在乎控制的发生是否由"人"产生，因为它看到的只是**数据**，只能从逻辑上根据**数据**来判断某个事件是否发生（例如，音调减小按钮是否按下）、某个条件是否满足（例如，电源开关是否打开）或控制程度为多少（例如，音量调整到具体多大），所以用途需要达到的目的是：**在数据中携带控制信息！**我们把该信息称为**控制类用途**。至于数据具体触发了什么事件则由报告描述符来决定，主机能够通过完整的报告描述符来确定。

《HID 用途表》定义的控制类用途如表 19.4 所示，它所表达的意思是：如果你的 HID 设备存在某种控制装置，那么从**逻辑上**可以将其归属于其中某一项。

表 19.4　控制类用途

控 制 类 型	最小逻辑值	最大逻辑值	标志	信号	操　　作
线性控制 （Linear Control, LC）	−1	1	相对，优选	边沿	1 增加控制值，−1 减小控制值
	−Min	Max	相对，优选	程度	n 增加控制值，$-n$ 减小控制值
	Min	Max	绝对，优选	—	控制值直接由主机使用
开/关控制 （On/Off Control, OOC）	−1	1	相对，非优选	边沿	1 表示"开"条件，−1 表示"关"条件
	0	1	相对，优选	边沿	0 到 1 变化切换当前的"开/关"状态
	0	1	绝对，非优选	程度	1 表示"开"条件，0 表示关"条件"
瞬间控制 （Momentary Control, MC）	0	1	绝对，优选	程度	1 表示条件发生，0 表示条件不发生
单次控制 （One Shot Control, OSC）	0	1	相对，优选	边沿	0 到 1 变化触发一个事件，在下一次事件触发前必须先从 1 到 0 变化
重触发控制 （Re-trigger Control, RTC）	0	1	绝对，优选	程度	1 触发一个事件。如果事件完成后该值仍然为 1，则事件会被再次触发

我们先来讨论"开/关控制"类，假设现在要产生"开"与"关"控制数据给主机，物理层面可以有 3 种实现方式，如图 19.4 所示。

图 19.4（a）分别使用代表"开"与"关"的两个独立开关，开关代表的状态与当前状态有关，是一种相对（Relative）的状态表达方式。例如，当前系统处于"关"状态，那么代表"关"的状态是无效的。图 19.4（b）仅使用一个开关来实现，每一次状态切换（例如，从闭合到断开）循环表示"开"与"关"，也是一种相对的状态表达方式。例如，第一次开关闭合代表"开"，第二次开关闭合（必须先断开）就代表"关"，第三次开关闭

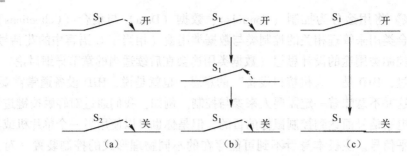

图 19.4　开关控制的实现方式

合则代表"关"，其他以此类推。图 19.4（c）同样使用一个开关来实现，当开关处于"断开"状态时表示"开"，当其处于"闭合"状态时表示"关"，是一种绝对的状态表达方式。

仍然需要说明的是，**表 19.4 只是对传输数据在控制类用途方面的逻辑定义**，与图 19.4 所示控制装置的物理形式并没有直接对应关系，这里只为方便你理解逻辑定义而已。假设现在需要一个由开关实现的功能（例如，电源控制开关，正如我们给游戏操纵杆的某个按键分配功能一样），如果通过报告描述符告诉主机要以图 19.4（b）所示的方式来解释传输的数据，那么从**逻辑**上来讲，你只要传递 1 位数据即可代表电源开关状态，但是主机需要连续收到"0"与"1"才认为电源控制开关的状态有变化。如果使用图 19.4（a）所示的方式来解释传输的数据，那么你至少需要传递 2 位数据，主机收到的数据"0"表示电源开关的状态没有变化，数据"1"表示开关 S_1 处于"开"状态，数据"–1"表示开关 S_2 处于"关"状态。这种方式也可以实现电源控制开关的功能，只不过需要传的数据量多了一倍。图 19.4（c）所示的方式虽然仅使用一位，但如果主机收到的数据"1"与"0"分别表示电源控制开关处于"开"与"关"状态，那么其也是一种绝对状态的表达方式。

"线性控制"类主要用于产生线性变化的信号量，**逻辑上**的表现就是数字的增加或减小。例如，音箱的音量控制就属于线性控制类，在物理实现上也有三种方式，如图 19.5 所示。其中，图 19.5（a）使用代表音量"增加"与"减小"的两个成对使用的按钮，它们代表的状态总是相对于（Relative）当前音量为参考的。例如，设备当前的音量值为 100，则"增加"或"减小"都在此值的基础上变化，只需要给主机发送 2 位数据即可代表这两个按键状态（0 代表没有音量调节，1 代表音量增加，–1 代表音量减小）。图 19.5（b）使用一个能够左旋与右旋（没有极限）的旋钮。例如，数码相机上调整模式的转盘，示波器上调节电压量程及位移的旋钮等。这种旋钮通常发出一些脉冲，所以还需要转换成代表音量变化量的有符号数值（以 0 为中心，且代表无事件发生）。图 19.5（c）可以理解为一个电位器，从电位器读出的绝对值直接给主机使用，其数据通常不小于 0。例如，调节电位器后得到的电压量与音量成正比，这是由于由电压量转换而来的数字总是会在不小于 0 的某个范围内。

注意到表 19.4 的"信号"列中分为"边沿（Edge）"与"程度（Level）"两种，前者表示数据仅代表事件或条件的发生与否，后者代表主机需要直接使用的数据。例如，对于图 19.5（a），主机收到数据后只会判断音量调节是否已经发生，如果答案是肯定的，就按照

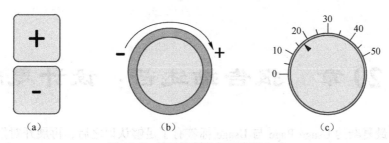

图 19.5　线性控制的物理实现方式

预定义的操作进行音量调节，而不会将收到的数据当成音量大小的数据。而对于图 19.6（c）来说，主机收到的数据是代表音量大小（**程度**）的数据。

　　"瞬间控制"也是常用的控制方式，游戏操纵杆上的轻触按键就属于这种，低电平代表空闲，高电平代表有效，是一种绝对状态的表达方式。"单次控制"属于边沿触发方式，我们在使用中断方式检测操纵杆的按键时，如果设置触发边沿**为上边沿或下边沿其中之一**，就属于"单次控制"。从逻辑上来讲，这种控制装置在触发某个事件后必须退回到原来的状态，否则就不会再次触发事件。"重触发控制"则不一样，其是用绝对值数据（**程度**）代表事件的发生的，相当于用顺序编程的方式读取按键状态一样，按键被按下就说明事件发生。但是如果你一直按下，就会不断地触发事件。

　　总体上，控制类用途就是给传输数据增加的额外信息，它给出了数据代表的意义（例如，开/关状态、事件发生与否、程度数值）。例如，鼠标给主机发送的数据肯定都是"1"与"0"，它们本身并没有什么意义，但是当给它们附加一个控制类用途后就不一样了。现在我们按下并松开了鼠标左键（单击事件），如果使用"瞬间"控制类用途，应该需要（在特定的数据位上，后述）给主机连续发送代表左键按下的数据"1"与代表左键松开的数据"0"。如果只发送一个"1"，系统会认为你正在一直按下左键，因为"瞬间"控制类用途属于"优选（Preferred）"状态，这意味着对应按键在没有被按下时会恢复到原来的状态（弹起），而这个弹起状态也是需要通过发送数据的方式让主机知道的。

　　好的，下面我们就来具体解读一下报告设计思想吧！

第 20 章 报告描述符：设计思想

当我们对最复杂的 Usage Page 与 Usage 标签有了足够认识之后，再展开对报告描述符的分析会变得更容易一些，为了能够使读者真正理解报告描述符的设计思想，达到根据自己的项目灵活设计报告描述符的目的，我们首先需要了解一下系统是如何看待报告描述符的。

HID 类驱动包含一个用来分析报告描述符中**标签**的解析器，它以"从上至下"的线性方式从报告中提取**已知标签的状态**，并且将它们保存在包含**所有单独标签**的**状态表**中。从解析器的角度来看，HID 类设备就像图 20.1 所描述的那样。

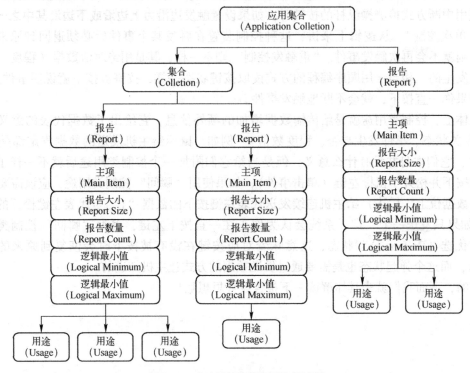

图 20.1 解析器看到的报告描述符

图 20.1 告诉我们：一个报告描述符不管有多复杂，系统最终看到的总是一个或多个报告，而每个报告都包含了一些数据字段（或称为"报告字段"），每个数据字段可以是若干位或字节，它们都会对应一定的用途，多个用途则相应会对应多个数据字段。数据字段是由 Input、Output、Feature **标签生成的**（集合标签本身并不能生成数据字段），系统最终从报告描述符中提取出来的所有数据字段就是完整的报告，如图 20.2 所示。

什么是标签的状态呢？我们可以将其理解为标签的作用域。当解析器以线性方式阅读报告描述符时，每遇到一个标签就将其代表的状态添加到状态表中（或从状态表中删除）。例

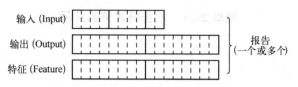

图 20.2　系统从报告描述符提取出来的数据字段

如，当使用 Usage Page 与 Usage 给出了相应的用途页与用途时，它们就会被添加到状态表中，这个状态表中的 Usage Page 与 Usage 就会体现在后续生成的数据字段中，除非你再次使用相同的标签改变原来的状态。

当然，表 19.1 中的主标签也可以结束**局部标签**的作用域（对**全局标签**无效），而 **Input、Output、Feature 的每一次出现都会生成一个数据字段（可以是一位、多位或多个字节）**。也就是说，如果在生成数据字段前有一些**局部标签**的作用域，那么它就会体现在紧接着生成的数据字段中，但它所代表的作用域也到此为止。

对于初学者来说，标签作用域看起来好像有些陌生或难以理解，其实系统从报告描述符中提取数据字段的过程与工厂制造商品是完全一样的。假设有一家工厂专门制造各种球体，在正式生产前总是会定义一些属性，这包括直径、厚度、材料、颜色、纹路、数量等，当所有属性都定义完备后才会进入正式的生产阶段。当制造完红球后再制造白球（其他属性一样），只需要更换颜色参数即可。如果要制造另一种完全不同的球体，则需要更换对应的属性，如图 20.3 所示。

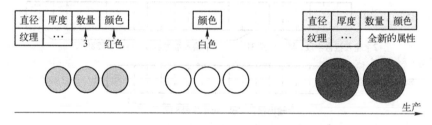

图 20.3　球体生产流程

报告描述符中的全局与局部标签就相当于描述球体的各种属性，而 Input、Output、Feature 标签就是用来**生成字段**（生产球体）的，系统最终从报告描述符中提取的就是全部生成的数据字段（球体）。在生产第一种球体时，所有参数已经确定，当我们仅改变颜色参数再生产第二种球体时，之前的参数仍然是有效的（作用域还在），所以它们属于全局标签。如果在每制造一种球体前必须设置某个参数（不然就没办法生产），那么这个参数属于局部标签，它只在球体生产前有效。从球体制造过程也可以看到，必须先使用全局或局部标签描述将要生成的数据字段（不然怎么能生产出你想要的球体？）。换句话说，有些标签的顺序并不需要严格按图 19.2 所示那样，打乱顺序也不会影响报告描述符表达的意思，所以尽管清单 19.1 与图 19.2 在细节上有些不一样，但系统从中阅读到的仍然还是相同的报告。

我们举个例子来解释作用域，来看看清单 20.1 所示报告描述符的片段。

清单 20.1　报告描述符的片段

```
Report Size (3)
Report Count (2)
Input
Report Size (8)
Input
Output
```

清单 20.1 首先使用 Report Size 标签设置了数据字段的大小（其度量单位是"位"），所以定义了 3 位数据，Report Count 标签则表示数据字段的数量为 2，这两个标签就是对将要生成数据字段的描述。然后使用 Input 标签正式生成了 2 个 3 位的数据字段，同时代表该数据的传输方向是从设备到主机（也就意味着定义了一个输入报告）。

接下来仅使用 Report Size 标签重新设置数据字段的大小为 8 位（之前设置的 3 位不再有效），但并没有定义数据字段的数量，但是因为 Report Count 是全局标签，它对于后续所有字段也有效（除非再次出现 Report Count 标签将其改变），所以第二个 Input 标签定义了 2 个 8 位输入字段。

紧接着只出现了一个 Output 标签，它用来定义从主机到设备方向的数据输出字段（也就意味着定义了一个输出报告），但数据字段的大小与数量都没指定，所以沿用前面全局标签指定过的状态生成 2 个 8 位数据字段，解析器从中看到的报告如图 20.4 所示（最低位在左侧）。

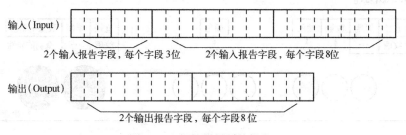

图 20.4　解析器得到的报告

报告描述符描述的数据字段都是从低字节的最低位开始时，但是需要注意的是，**所有数据字段必须以字节对齐**，如图 20.5 所示。

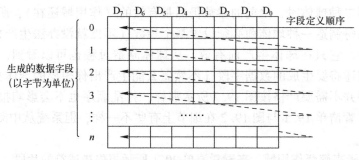

图 20.5　报告的定义顺序

假设你想定义 4 个数据字段，并且各数据字段的大小都为 2 位，那么它们实际占用的是一个字节，而不是你想象的 4 字节，如图 20.6 所示。

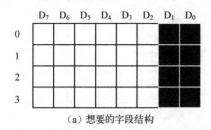

图 20.6　定义的 4 个数据字段

如果你一定想要图 20.6（a）那样的效果（在某些情况下是必要的），必须对每个字节的高 6 位进行位填充（通常是常数）。如果你只定义一个数据字段，并且只有 2 位，可以吗？**也不行！**还是那句话，**解析器最终提取出来的数据字段必须以字节对齐**，否则系统无法正确解读报告描述符。从这个角度来讲，清单 20.1 所示的报告片段并不是完整的。

完整的报告描述符必须至少包含用途（Usage Page、Usage）、逻辑值范围（Logical Minimum、Logical Maximum）、报告大小（Report Size）、数量（Report Count）以及至少一个主标签（Input、Output、Feature），其他标签都是可选的。**Input、Output、Feature** 标签用来生成**数据字段**，其他标签都是辅助用来修饰它们的，Input 标签生成"从 USB 设备到主机"的数据字段，Output 标签则恰好相反。例如，USB 鼠标只需要向主机发送数据（而不需要接收数据处理），所以只需要使用 Input 标签即可。如果你开发的设备还要接收主机发来的数据，则还需要使用 Output 标签定义相应的数据字段。Feature 标签是用来定义特征报告的，相对 Input 与 Output 标签而言使用得较少，后续有机会再详细介绍。Collection 与 End Collection 两个标签用来管理 Input、Output、Feature 标签项，它们是成对使用的（相当于 C 语言中的花括号）。

下面开始进入报告描述符的分析阶段，我们分别来描述图 19.5 所示的音量控制装置，图 19.5（a）所示的两个按钮控制音量装置对应的报告描述符如清单 20.2 所示。

清单 20.2　图 19.5（a）对应的报告描述符

```
Usage Page (Consumer)
Usage (Volume)
Logical Minimum (-1), Logical Maximum (1)
Report Size (2), Report Count (1)
Input (Data, Variable, Relative)
```

清单 20.2 首先分别确定了用途页与用途，通知系统以下描述的是用于音量调节的数据字段，然后使用 Logic Minimum 与 Logic Maximum 标签定义了（音量控制装置给主机传输的）数据在逻辑上的可取值范围是 -1~1（也包括 0，表示音量没有调节），+1 与 -1 分别表示增加和减小音量，至于每次更改多大音量则取决于供应商，音量控制装置发给主机的数据仅代表音量按钮的状态。然后使用 Report Size 与 Report Count 定义了 1 个 2 位数据字段（11b 代表 -1，00b 代表 0，01b 代表 +1）。

最后使用 Input 标签开始生成数据字段，其中也有一些参数可选。当我们双击 HID 描述符编辑工具中的"INPUT"后，就会弹出如图 20.7 所示的对话框。

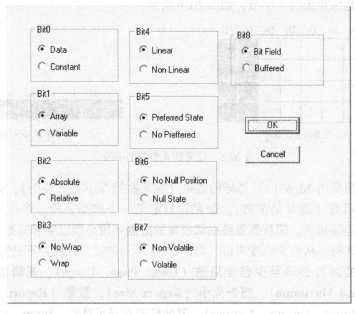

图 20.7　Input 标签选项对话框

从图 20.7 中可以看到，Input 标签使用 9 位表示数据字段的一些特征。第 0 位用来描述数据字段是可变值（Data）还是固定值（Constant），后者通常用于 Feature 报告，或用于位填充（Padding），使数据字段按字节对齐（后述）。音量控制装置传输的数据属于可变值，所以应该设置为 Data。

第 1 位表示每个数据字段可以由多个不同操作的其中一个触发（Array），还是每个字段仅表示一个操作（Variable）。如果设置为 Variable，那么 Report Count 标签指定的数量就等于报告的字段数量；如果设置为 Array，那么 Report Count 标签表示可以同时被触发的操作数量。举个例子，某个设备有 8 个开关控制装置，你可以生成 8 个 1 位的数据字段来代表（Report Size＝1，Report Count＝8），如果使用 Variable 定义，那么这 8 位数据字段各代表一个开关的状态数据。如果使用 Array 定义，这 8 位数据字段并不与某个固定开关对应，而是表达"最多可以返回 8 个有效开关的 ID"的意思。例如，USB 键盘就允许一次性给主机发送最多 6 个有效的按键 ID，它们可以是多达几十个按键中的任意 6 个（后述）。对于音量调节装置而言，虽然从理论上来讲可以使用 Array 方式，但确实没有太大的必要，所以定义为 Variable 即可。仍然需要特别注意的是：**一个数据字段可以是 1 位或 1 字节，也可以是多字节。**

第 2 位表示数据字段是绝对值（Absolute）还是相对值（Relative）。很明显，图 19.5（a）与图 19.5（b）所示装置提供的数据只是代表相对值，所以应该设置为 Relative。而图 19.5（c）提供的却是绝对值，数据字段生成时应该设置为 Relative。

第 3 位表示数据字段的数据到达极大值后会返回到极小值（Wrap），还是保持极值（No rap）。例如，有些风扇控制旋钮可以 360°旋转，到达最大值后就会返回到最小值再继续增加，相反到达最小值再减小就是最大值了，这种控制装置应该设置为 Wrap。音量调节按钮通常不是这样，到达最大值再增加也不会变化了，所以应该设置为 No Wrap。

　　第 4 位表示数据字段与操作刻度之间是线性还是非线性关系，我们将其设置为线性关系即可。第 5 位表示数据字段代表的操作在不被触发时会自动恢复到初始状态（Preferred State）还是不会恢复原状（No Preferred），这个特性我们已经讨论过了。由于音量按钮在没有被用户按下时会恢复到原状，所以应该为 Preferred State。

　　第 6 位表示控制装置是否存在发送**代表没有意义状态**的数据。例如，我们定义 1 位数据代表开关的控制状态（0 代表"关"，1 代表"开"），而开关不会再有其他的值，所以也就可以设置为 No Null Position。再如，USB 键盘上的按键非常多，我们可以定义最小值与最大值逻辑值来代表这些按键（而不是每个按键分别定义）。例如，0～101 分别代表 102 个按键的按下事件，那么在没有按键按下时就需要发送一个"不在已定义范围"的数据，这种情况下应该设置为 Null State。

　　第 7 位表示特征数据不允许被主机改变（Non Volatile）或允许被主机改变（Volatile）。该位对 Input 和 Output 标签无意义，应该设置为 Non Volatile。第 8 位表示数据字段在不足 8 位时自动填充（Buffered Bytes）还是手动填充（Bit field）。

　　需要注意的是：在 HID 描述符编辑工具中，Input、Output、Feature 标签后面的括号中至少会显示 0～2 位的状态，如果其他位是默认状态（也就是 0），则不会显示在标签中。

　　我们再来看看图 19.5（b）对应的报告描述符，如清单 20.3 所示。在给出 Usage Page 与 Usage 后，定义了逻辑最小值与最大值，然后使用两个字节（属于一个数据字段）分别代表增加或降低音量。Input 标签则与清单 20.2 完全一样，只不过在默认状态下，HID 描述符编辑工具不会显示而已。

清单 20.3　图 19.5（b）对应的报告描述符

```
Usage Page (Consumer)
Usage (Tap Joy)
Logical Minimum (-127), Logical Maximum (127)
Report Size (8), Report Count (2)
Input (Data, Variable, Relative, No Wrap, Linear, Preferred)
```

　　我们再来看看描述图 19.5（c）对应的报告描述符，如清单 20.4 所示。由于图 19.5（c）所示的装置传输代表音量大小的绝对值，所以清单 20.4 定义了数据的逻辑值范围为 0～100，然后定义了一个 7 位数据字段（已然足够）。在 Input 标签中，设置为 Absolute 表示数据为绝对值，表示当前状态与之前状态无关。设置为 No Preferred 则表示当用户没有对音量按钮进行调节时不会恢复原来的状态。

清单 20.4　图 19.5（c）对应的报告描述符

```
Usage Page (Consumer)
Usage (Volume)
Logical Minimum (0), Logical Maximum (100)
Report Size (7), Report Count (1)
Input (Data, Variable, Absolute, No Wrap, Linear, No Preferred)
```

　　到目前为止，比较常用的标签已经介绍得足够多了，接下来我们具体分析一下图 19.2 中所示的报告描述符究竟描述了什么样的数据字段。首先从 USAGE_PAGE（Button）行开始，Button 用途页下面也定义了一些用途，它们被定义在《HID 用途表》文档中，具体如表 20.1 所示。

表 20.1 Button 用途页

Usage ID	用 途 名 称	Usage ID	用 途 名 称
00h	没有按钮被按下	04h	按钮 4
01h	按钮 1（主要/触发）	…	…
02h	按钮 2（次要）	FFFFh	按钮 65535
03h	按钮 3（第三位）	—	—

表 20.1 告诉我们，Button 用途页最多可以定义 65535 个按钮，《HID 用途表》文档仅对按钮 1~3 进行了定义。按钮 1 通常用于选择、拖动与双击激活，微软操作系统在逻辑上称其为左键。按钮 2 通常用于用户浏览对象的属性。按钮 3 是一个可选控制装置，在 USB 鼠标中逻辑上分别对应右键、中键，其他按钮由唯一的 Usage ID 来指定，而具体的 **Usage 类别可以是选择符（Sel）、开/关控制（OOC）、瞬间控制（MC）、单次控制（OSC），这取决于如何声明它们。**

Usage Minimum 与 Usage Maximum 标签用来指定 Usage ID 的范围为 1~3（而不是使用 Usage 标签，本质上它们都是用来指定 Usage ID 的，存在的意义相同），所以它定义了 3 个按钮用途（左键、右键、中键）。当然，你也可以逐个添加相应的用途，当在 HID 描述符编辑工具中添加了 USAGE_PAGE（Button）之后，再双击 USAGE，即可弹出图 20.8 所示的对话框。

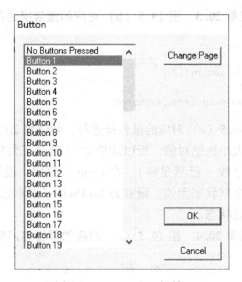

图 20.8 "Button" 对话框

如果你使用 Usage 标签添加 Button1、Button 2、Button3 和替换 USAGE_MINIMUM（1）与 USAGE_MAXIMUM（3），报告描述符表达的效果是一样的，只不过后者更适合简洁有效地表达 Usage ID 连续且数量庞大的按钮。例如，USB 键盘就有大量的按钮，这种场合逐个添加 Usage ID 肯定是不太现实的。

然后用 LOGIC_MINIMUM 与 LOGIC_MAXIMUM 定义了数据字段的逻辑值范围为 0~1（0 代表事件不发生，1 代表事件发生），REPORT_COUNT 与 REPORT_SIZE 定义了 3 个 1 位数据字段（顺序并不影响实际表达的意思），最后再用 INPUT 生成了一个可变的绝对输入数据字段。

接下来再次使用 REPORT_COUNT 与 REPORT_SIZE 定义了 5 个 1 位数据字段，然后使用 INPUT 生成了一个固定的常量输入数据字段。前面已经提过，数据字段必须按字节对齐，这里将高 5 位填充意味着未使用或保留。

紧接着再次定义了通用桌面用途页，其中定义了的两个代表 X 与 Y 坐标的用途，它们的逻辑值范围为 −127~127，并且各占 1 字节，相应的数据字段为可变相对值（位移值都是相对于当前坐标的），整个输入报告如图 20.9 所示。

字节	D₇	D₆	D₅	D₄	D₃	D₂	D₁	D₀
0	位填充（Pad）					中键	右键	左键
1	X 位移（X displayment）							
2	Y 位移（Y displayment）							

图 20.9 鼠标的输入报告

从图 20.9 中可以看到，鼠标的 X 与 Y 位移量分别在第 2 与第 3 个字节，如果你需要让 PC 鼠标实现移动功能，就应该把位移数据分别放在这两个字节，游戏操纵杆就是这么做的。我们具体看看清单 9.1 中的 Joystick_Send 函数，如清单 20.5 所示，其中使用的 "CURSOR_STEP" 是定义在清单 9.3 所示 hw_config.h 头文件中的固定偏移量（25）。

清单 20.5 Joystick_Send 函数

```
//将主机需要读取的坐标数据复制到发送缓冲区
void Joystick_Send(uint8_t Keys)
{
  uint8_t Mouse_Buffer[4] = {0, 0, 0, 0};              //对应输入报告
  int8_t X = 0, Y = 0;

  switch (Keys) {
    case JOY_LEFT : { X -= CURSOR_STEP;break;}
    case JOY_RIGHT: { X += CURSOR_STEP; break;}
    case JOY_UP   : { Y -= CURSOR_STEP; break;}
    case JOY_DOWN : { Y += CURSOR_STEP; break;}
    default       : { return;}
  }
  Mouse_Buffer[1] = X;                          //将X位移数据放到输入报告的第2个字节
  Mouse_Buffer[2] = Y;                          //将Y位移数据放到输入报告的第3个字节

  PrevXferComplete = 0;                         //表示开始传输数据（当前数据未完成传输）

  USB_SIL_Write(EP1_IN, Mouse_Buffer, 4);       //将鼠标位移数据复制到发送包缓冲区

  SetEPTxValid(ENDP1);                          //使能发送端点
}
```

Joystick_Send 函数首先定义了 4 个字节的 Mouse_Buffer 数组，然后根据按下的按键类型分别计算出相应的位移量，再根据图 20.9 所示的输入报告依次保存在数组对应的数据字段中，这就是我们之前提过最后的 **"按照预定义的格式发送数据"** 的意思。接下来就是具体数据发送的过程，我们以后再详细讨论。

4USB4效

需要特别注意的是：USB 鼠标滚轮的数据字段并没有在最新的《HID 设备类定义》文档中的鼠标报告描述符定义，因为早期的 USB 鼠标使用中间滚轮的不多，实际上图 20.9 所示的第 4 个字节就是滚轮的位移值，它的标签状态与 X、Y 位移是一样的，如果你要实现滚轮功能，可以在图 19.2 中的"USAGE（Y）"下面增加"USAGE（Wheel）"，并且设置"REPORT COUNT（3）"即可，具体可以参考清单 12.2。

有些读者可能会想：好像不对吧？你讲的是 USB 鼠标，但游戏操纵杆并不一样吧？

你的想法没有错，并不是完全一样的，但由于游戏操纵杆本身就把自己枚举成为鼠标，所以前面几个数据字段的定义是完全一样的。我们可以从 Device Monitor Studio 软件平台中看到读取的详细报告描述符如图 20.10 所示。

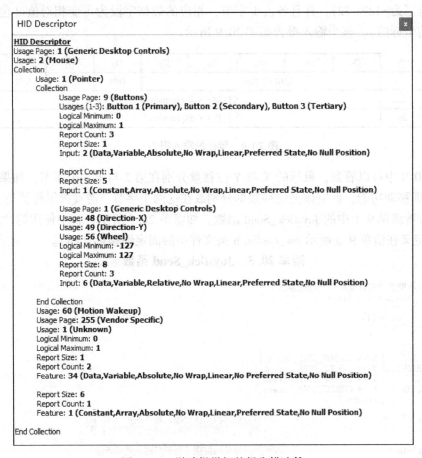

图 20.10　游戏操纵杆的报告描述符

从图 20.10 中可以看到，前面定义的 3 个字节与 USB 鼠标的完全一样，所以给主机发送的数据格式也是一样的。后面是厂家自定义的报告，有兴趣的读者可自行分析。

有些读者可能还有一个疑问：为什么在图 19.2 中要将"COLLECTION（Physical）"放在"USAGE（Pointer）"下面呢？而 COLLECTION（Physical）又放在 COLLECTION（Application）里面呢？前面已经提过，COLLECTION 是用来管理相关的控制类或数据类用途的，它也有 6 种类型，如表 20.2 所示。

表 20.2　集合类用途的类型

类　　型	集合类型	定　　义
命名数组（Named Array, NAry）	逻辑	一个包含数组集合或由数组创建的字段的数组定义
应用集合（Application Collection, CA）	应用	给顶层集合提供一个名称，操作系统使用它来标记一个设备，并且可能映射到早期应用程序的编程接口
逻辑集合（Logical Collection, CL）	逻辑	逻辑项的集合
实体集合（Physical Collection, CP）	实体	实体项的集合
用途转换（Usage Switch, US）	逻辑	修改用途项（控制）包含目的或功能
用途修改（Usage Modifier, UM）	逻辑	修改包含目的或功能的用途项（控制）

Collection 其实就是告诉操作系统：我后面将一些控制或数据类用途划分在一起管理。首先我们得了解一下实体集合，《HID 用途表》文档已经给出了定义：实体集合用途类型标识了一个实体集合的用途，通常是多个轴的集合，它用来表示在**一个几何点中收集的多个数据点**的数据项目集合，这对于可能需要将测量或采集到的多个数据组合为一个点的设备非常有用（原文：**The Collection Physical usage type identifies a usage applied to a physical collection, usually a collection ofaxes. A physical collection is used for a set of data items that represent data points collected at onegeometric point. This is useful for sensing devices that may need to associate sets of measured or senseddata with a single point**）。

文档本身确实很拗口，但是它所表达的意思其实很简单：有时候，一个点可能需要多个轴的数据来表示。例如，鼠标位置就需要 X 与 Y 轴的数据来共同确定，如果两个数据分开是不能够代表鼠标位置的，为此我们使用一个实体集合把这两个用途合在一起，也就相当于通知系统：X 与 Y 坐标这两个数据代表的是一个点。

为什么集合必须是实体（Physical）类型呢？表 20.2 还有其他种类呀，可以使用吗？答案是：不可以！使用什么集合在《HID 用途表》文档中是有明确定义的，Pointer 用途表示产生对一个应用的指向、暗示或指出用户意图的多个轴的集合（原文：**A collection of axes that generates a value to direct, indicate, or pointuser intentions to an application**），从表 19.3 可以看到，它属于实体用途类型（CP），所以后续的集合也必须是实体用途类型的。

"USAGE（Mouse）"下面的"COLLECTION（Application）"也是同样的道理，从表 19.3 中可以看到，Mouse 属于应用用途类型（CA），所以后续的集合也必须是应用用途类型的，与实体用途不同的是，它用来标识应用层集合的用途，而应用集合则用来标识一个 HID 设备或复杂设备的某些功能子集，操作系统使用该集合的用途将控制应用或驱动链接到设备。简单地说，操作系统将应用集合中定义的报告链接到鼠标驱动程序。

有些读者可能又会想：那为什么要把 3 个按键也放在实体里呢？它们应该不产生轴数据呀！其实不把它们放在实体集合里面也是一样的，笔者自己也设计了一个鼠标报告描述符，如图 20.11 所示，它所描述的输入报告数据与图 19.2 所示的效果是相同的（多增加了"滚轮"字段，这条语句也可以直接添加到图 19.2 中），但你应该更容易理解一些，只不过我们的报告描述符多使用了两个字节，这是由于使用不同的按钮用途声明方式导致的，后续我们会来验证该报告描述符的有效性。

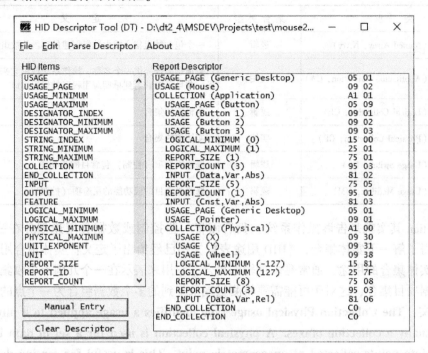

```
HID Descriptor Tool (DT) - D:\dt2_4\MSDEV\Projects\test\mouse2...      —    □    ×

File  Edit  Parse Descriptor  About

HID Items                          Report Descriptor
USAGE                        ^     USAGE_PAGE (Generic Desktop)      05 01
USAGE_PAGE                         USAGE (Mouse)                     09 02
USAGE_MINIMUM                      COLLECTION (Application)          A1 01
USAGE_MAXIMUM                        USAGE_PAGE (Button)             05 09
DESIGNATOR_INDEX                     USAGE (Button 1)                09 01
DESIGNATOR_MINIMUM                   USAGE (Button 2)                09 02
DESIGNATOR_MAXIMUM                   USAGE (Button 3)                09 03
STRING_INDEX                         LOGICAL_MINIMUM (0)             15 00
STRING_MINIMUM                       LOGICAL_MAXIMUM (1)             25 01
STRING_MAXIMUM                       REPORT_SIZE (1)                 75 01
COLLECTION                           REPORT_COUNT (3)                95 03
END_COLLECTION                       INPUT (Data,Var,Abs)            81 02
INPUT                                REPORT_SIZE (5)                 75 05
OUTPUT                               REPORT_COUNT (1)                95 01
FEATURE                              INPUT (Cnst,Var,Abs)            81 03
LOGICAL_MINIMUM                      USAGE_PAGE (Generic Desktop)    05 01
LOGICAL_MAXIMUM                      USAGE (Pointer)                 09 01
PHYSICAL_MINIMUM                     COLLECTION (Physical)           A1 00
PHYSICAL_MAXIMUM                       USAGE (X)                     09 30
UNIT_EXPONENT                          USAGE (Y)                     09 31
UNIT                                   USAGE (Wheel)                 09 38
REPORT_SIZE                            LOGICAL_MINIMUM (-127)        15 81
REPORT_ID                              LOGICAL_MAXIMUM (127)         25 7F
REPORT_COUNT                 v         REPORT_SIZE (8)               75 08
                                       REPORT_COUNT (3)              95 03
                                       INPUT (Data,Var,Rel)          81 06
      Manual Entry                   END_COLLECTION                  C0
                                   END_COLLECTION                    C0
      Clear Descriptor
```

图 20.11　调整后的鼠标报告描述符

第21章 报告描述符：量纲系统与特征报告

我们一直都在讨论游戏操纵杆的案例，但是很多读者可能并不知道真正的游戏操纵杆实物是怎么样的，因为之前只是使用开发板来模拟，而且确切来说，到目前为止还只是实现鼠标的移动功能。如果连某个设备具体是什么样子以及怎么使用都不知道，又怎么能够真正理解相应的报告描述符呢？

经典的飞行游戏操纵杆如图 21.1 所示，整体上就像汽车的手动挡位控制杆，方向舵本身有前、后、左、右四个活动方向（有些也可以旋转），它与底座（Base）上都会有一些按钮。苦力帽开关（Hat Switch）由于外形很像苦行僧的斗笠而得名，在游戏中用来控制视野方向。节流阀也称为油门加速器（Throttle Control）。当然，不同厂家生产的操作杆的按钮数量或功能会有一些差异。

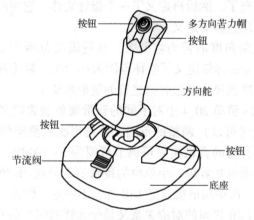

图 21.1 飞行游戏操纵杆

我们看看 HID 描述符编辑工具自带的一个游戏操纵杆的报告描述符，如清单 21.1 所示。

清单 21.1 游戏操纵杆的报告描述符

```
Usage Page (Generic Desktop),
Usage (Joystick),
Collection (Application),
    Usage Page (Simulation Controls),
    Usage (Throttle),
    Logical Minimum (-127), Logical Maximum (127),
    Report Size (8),  Report Count (1),
    Input (Data, Variable, Absolute),

    Usage Page (Generic Desktop),
    Usage (Pointer),
    Collection (Physical),
```

```
    Usage (X), Usage (Y),
    Report Count (2),
    Input (Data, Variable, Absolute),
End Collection,

Usage (Hat switch),
Logical Minimum (0), Logical Maximum (3),
Physical Minimum (0), Physical Maximum (270),
Unit (English Rotation: Angular Position),
Report Size (4), Report Count (1),
Input (Data Variable, Absolute, Null State),

Usage Page (Buttons),
Usage Minimum (Button 1), Usage Maximum (Button 4),
Logical Minimum (0), Logical Maximum (1),
Unit (None),
Input (Data, Variable, Absolute),

End Collection
```

与鼠标有所不同的是，该游戏操纵杆的报告描述符从一开始就定义了一个油门加速器，在具体的物理实现上可以像图 21.1 那样滑动，也可以是一个旋钮，系统根据用户调节程度控制游戏，其逻辑范围为 -127~127，所以需要一个字节来表示。既然已经是按字节方式对齐的，也就不必进行位填充了。然后再定义了一个指针实体，它对应方向舵的方向控制，相应的逻辑值范围沿用油门加速器的定义。

接下来定义了一个控制角度的苦力帽开关，其逻辑值范围为 0~3，然后使用 Physical Minimum 与 Physical Maximum 标签定义了实体范围为 0~270，紧接着又使用了 Unit 标签，到底表达的是什么意思呢？这就要涉及报告描述符的量纲系统了。

我们曾经在清单 20.2~清单 20.4 中对不同的音量调整装置定义了相应的逻辑范围，它们只能从逻辑上代表音量（可以）调整的范围，但是每次调整操作具体对应改变多大的音量则由厂商定义。假设某音箱的音量实际可调节范围为 0~100dB，而报告描述符定义的逻辑值为 0~100，那是不是就意味着每一个单位的逻辑值都对应 dB 值呢？也就是说，逻辑值为 50 则对应 50dB，调整一次逻辑值就改变 1dB 呢？不一定！假设一个同样的音箱对应的逻辑值范围为 0~10，它们与 dB 之间的对应关系又是什么样的呢？仍然不确定，而这些问题的出现都是由于逻辑值本身并没有单位而引起的，而 Physical Minimum、Physical Maximum、Unit 就是用来定义度量单位的物理量标签。

如果在定义逻辑值时使用 Physical Minimum 与 Physical Maximum 两个标签，就可以定义具体每一个逻辑值对应多大实际音量，你可以理解为给逻辑值增加一个单位。从另一个角度来说，也可以认为是比例因子或分辨率，因为即便使用 Physical Minimum 与 Physical Maximum 定义相同的范围，当使用的单位不同时，逻辑值对应的实际值也是不相同的，《HID 设备类定义》文档使用分辨率（Resolution）的术语，其计算公式如下：

$$\text{Resolution} = \frac{\text{Logical Maximum} - \text{Logical Minimum}}{(\text{Physical Maximum} - \text{Physical Minimum}) \times 10^{\text{Unit Exponent}}} \quad (21.1)$$

式（21.1）中，Unit Exponent 表示单位指数，它表达了逻辑值与实体值对应的关系，其范围为 -8~7。如果未使用 Unit Exponent 标签定义单位指数，则默认为 0（也就是不使用指数），相应的分辨率就是逻辑值范围与实体值范围的比值，这就意味着逻辑值与实体值是线性对应关系。单位指数分别为 0、1、-1 时逻辑值与实体值之间的对应关系如图 21.2 所示。

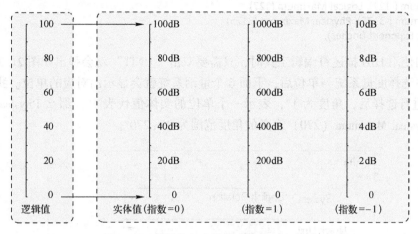

图 21.2　逻辑值与实体值之间的对应关系

需要注意的是，必须同时定义 Physical Minimum 或 Physical Maximum 标签。如果 Physical Minimum 或 Physical Maximum 中的任意一个标签没有被定义，或者它们都被定义为 0，则表示实体值范围与逻辑值范围相同（Physical Minimum = Logic Minimum，Physical Maximum = Logic Maximum）。

式（21.1）只是用来确定逻辑值与实体值之间的对应关系，但它们并不包含单位。那么指定的实体值到底是指时间、长度、角度还是其他属性呢？Unit 标签就是用来确定度量单位的，具体如表 21.1 所示。

表 21.1　报告描述符使用的物理量单位

量纲系统/指数系统 （Exponent System）	国际单位制（System International, SI）		英制（English/British Unit）	
	线性（Linear）	旋转（Rotation）	线性	旋转
长度（Length）	厘米（Centimeter）	弧度（Radians）	英寸（Inch）	度（Degrees）
质量（Mass）	克（Gram）		斯勒格（Slug, 1slug=14.593903kg）	
时间（Time）	秒（Seconds）			
温度（Temperature）	开尔文（Kelvin）		华氏（Fahrenheit）	
电流（Current）	安培（Ampere）			
发光强度（Luminous intensity）	坎德拉（Candela）			

举个例子，不同厂家生产的鼠标可能会有不同的分辨率，使用物理量标签就可以告诉主机这个信息。某鼠标的物理量标签如清单 21.2 所示，按照式（21.1）计算得到的分辨率为 $(127-(-127))/((3175-(-3175))\times10^{-4})=400\mathrm{dpi}$（Dots Per Inch，每英寸点数，指每一英

寸长度中能够取样、显示或输出的点的数目）。

清单 21.2　某鼠标的物理量标签（分辨率描述方式）

Logical Minimum (-127), Logical Maximum (127)
Physical Minimum (-3175), Physical Maximum (3175)
Unit (-4), Unit Exponent (Inches),

当我们使用 HID 描述符编辑工具时，只需要双击 "UNIT" 就会弹出如图 21.3 所示的对话框，从中选择度量系统与单位后，下面 6 个量纲系统就会显示出对应的单位。我们按清单 21.1 所示进行选择后，角度为 1°，表示一个单位的实体值代表 1°，那么 Physical Minimum（0）与 Physical Maximum（270）定义的角度范围为 0°~270°。

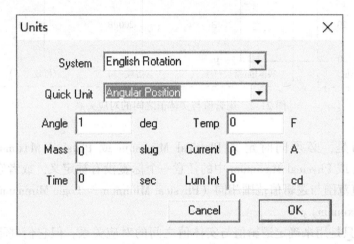

图 21.3　"Units" 对话框

有人可能会想：一定要给苦力帽开关定义单位吗？并不是必需的！《HID 用途表》中描述 Joystick 用途类时明确指出：**一般来说，游戏操纵杆驱动程序会对游戏操纵杆设备返回的逻辑值范围进行一定的比例缩放，具体来说，它会将逻辑范围值线性插入 0~64K 范围 (32K 为中心点)，（上层的）游戏应用程序自行决定是否再次进行转换，因此，游戏操纵杆设备通常没有为这些方向轴声明相应的单位与实体值范围，而且有些驱动可能会忽略这些声明**（原文：Traditionally, a joystick driver applies its own scaling to values returned from a joystick. That is, the driver simply linearizes and translates the range of values generated by the stick into normalized values between 0 and 64K, where 32K is centered. The application（game）then interprets the normalized values as necessary. Because of this, joysticks normally do not declare Units or Physical Minimum and Physical Maximum values for their axes. Depending on the driver, these items may be ignored if they are declared）。

也就是说，单位的定义并不是必需的，至少对于游戏操纵杆来说是这样的，这主要取决于设备的驱动程序。当然，如果测量设备的配套程序必须在获取相应的物理量后才能够正常工作，那么单位的定义则是必需的。

我们再次回到游戏操纵杆的报告描述符。在苦力帽开关后又再定义了 4 个按钮，而 Unit Exponent（0）与 Unit（None）则表示取消单位指数（逻辑值与实体值为线性对应的关系），因为从表 19.1 中可以看到，它们（包括 Physical Minimum、Physical Maximum）属于全局项标签，不取消单位指数意味着按钮对应的逻辑值单位也为"度"。当然，即便实体值定义错了也没什么影响，关键取决于主机端的驱动程序与应用程序。

总体上，图 21.1 所示的报告描述符定义了一个输入报告，如图 21.4 所示。

字节	D7	D6	D5	D4	D3	D2	D1	D0
0	节流阀（Throttle）							
1	X轴（X-axis）							
2	Y轴（Y-axis）							
2	按钮4	按钮3	按钮2	按钮1	苦力帽开关（Hat switch）			

图 21.4　游戏操纵杆的输入报告

我们再来看一个比较复杂的带显示装置的设备，它可以显示 2×16 个字符，相应的报告描述符如清单 21.3 所示。

清单 21.3　带显示装置的设备的报告描述符

```
Usage Page (Alphanumeric Display),
Usage (Alphanumeric Display),
Logical Minimum (0),
Collection (Logical),
  Usage (Display Attributes Report),
  Collection (Logical)
    Usage (Rows), Usage (Columns), Usage (Character Width), Usage (Character Height),
    Report ID (1), Logical Maximum (31),
    Report Size (5), Report Count (4),
    Feature (Constant, Variable, Absolute),
    Report Size (1), Report Count (3),
    Logical Maximum (1),
    Usage (ASCII Character Set), Usage (Data Read Back), Usage (Vertical Scroll),
    Feature (Constant, Variable, Absolute),
    Report Count (1),
    Feature (Constant, Variable, Absolute),
  End Collection,

  Usage (Character Attributes),
  Collection (Logical),
    Usage (Char Attr Enhance), Usage (Char Attr Underline), Usage (Char Attr Blink),
    Report Size (1), Report Count (3),
    Feature (Constant, Variable),
    Report Size (5), Report Count (1),
    Feature (Constant),
  End Collection
  Report Size (8), Report Count (1),
  Logical Maximum (2),
  Usage (Display Status),
  Collection (Logical),
    Usage (Stat Not Ready), Usage (Stat Ready), Usage (Err Not a loadable character),
    Input (Data, Array, Absolute, No Null),
  End Collection,

  Usage (Cursor Position Report),
  Collection (Logical),
    Report ID (2), Report Size (4), Report Count (1),
    Logical Maximum (15),
    Usage (Column),
```

```
    Feature (Data, Variable, Absolute, No Preferred State),
    Logical Maximum (1),
    Usage (Row),
    Feature (Data, Variable, Absolute, No Preferred State),
  End Collection,

Usage (Character Report)
Collection(Logical)
    Report ID (3), Report Size(8), Report Count(4)
    Usage (Display Data)
    Feature(Data, Variable, Absolute, Buffered Bytes),
    Usage (Attribute Data)
    Report Size(8), Report Count(4),
    Feature(Data, Variable, Absolute, Buffered Bytes),
End Collection

Report ID(4),
Usage(Font Report),
Collection(Logical),
    Logical Minimum(0), Logical Maximum(126),
    Report Size(8), Report Count(1),
    Usage(Display Data),
    Output(Data, Variable, Absolute),
    Report Count(5),
    Usage(Font Data),
    Output(Data, Variable, Absolute, Buffered Bytes),
  End Collection,

End Collection
```

该报告描述符虽然有点复杂，但理解的关键在于 Report ID 与 Feature 标签。我们首先讨论一下 Report ID 标签存在的意义。假设某设备可以工作于多种模式，虽然每种模式需要发送给主机的数据比较少，但模式一旦多了，总的数据量就会比较大，如果我们将这些数据字段都定义在一个报告中，每次给主机传输的数据量就会比较大，由于设备仅会处于一种工作模式，这意味着每次传输中的大部分数据是无效的。为了更有效率地进行数据传输，我们可以把原来的长报告分解为多个短报告，它们对应为每种模式，这样每个短报告就不会存在过多的资源浪费。如图 21.5 所示给出了两种不同的报告规划方案。

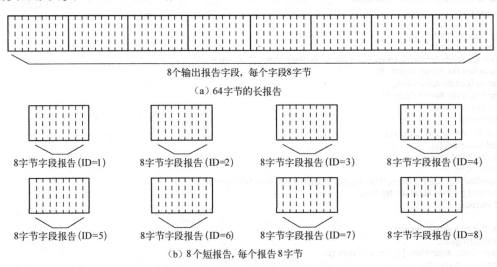

8个输出报告字段，每个字段8字节

（a）64字节的长报告

8字节字段报告(ID=1)　　8字节字段报告(ID=2)　　8字节字段报告(ID=3)　　8字节字段报告(ID=4)

8字节字段报告(ID=5)　　8字节字段报告(ID=6)　　8字节字段报告(ID=7)　　8字节字段报告(ID=8)

（b）8个短报告，每个报告8字节

图 21.5　不同的报告规划方案

为了在同一个端点传输多个不同的报告，我们需要使用 Report ID 标签给每个报告赋予一个唯一的值，其是从 1 开始的正整数，并且**总是处于报告（含 Input、Output、Feature）的第一个字段**。如果报告描述符中没有使用 Report ID 标签，则表示仅有一个报告，相应的报告 ID 为 0。如果你决定使用报告 ID，那么应该至少在第一个 Input、Output、Feature 标签前定义非 0 的报告 ID，因为每个报告都要求有一个报告 ID。另外，在同一个报告描述符中，相同的报告 ID 可以在不同的地方多次使用，但是它们仍然代表同一个报告。

主机怎么样获取或设置相应的报告呢？对于 HID 设备，可以使用表 18.9 中的"获取报告（GET_REPORT）"或"设置报告（SET_REPORT）"特定类请求，其中 wValue 字段的高字节对应表 18.11 中的报告类型，低字节则对应报告 ID，如果没有使用 Report ID 标签，可以将报告 ID 设置为 0。

接下来我们再来讨论一下 Feature 标签到底用来生成什么字段。《HID 设备类定义》文档对它的定义很简单：**用来描述可以发送给设备的配置信息**（原文：Feature items describe device configuration information that can be sent tothe device），到底是什么意思呢？

我们以鼠标为例，单击、右击、（中键）滚动等操作都会产生输入报告，这是我们（终端用户）正常使用时产生的报告，但鼠标本身也有一些属性可以在操作系统的控制面板中调整。例如，光标大小、形状、颜色、双击速度、移动速度、轨迹长度等，这些并不是在正常使用鼠标的过程中可以改变的，而 Feature 标签就**可以用来描述这些属性**（当然，鼠标的这些特征是从操作系统层面实现的，并不在报告描述符中指定，仅仅用来方便理解特征），相当于开辟了一个通道来改变设备的特征。

类似地，有些应用程序可以对配套设备的一些参数（特征）进行配置，主机可以通过使用"设置报告（SET_REPORT）"请求给设备发送特征报告的方式来完成。举个简单的例子，在第 3 章描述的应用程序中，当发光二极管对应的复选框处于勾选状态时，我们可以控制配套开发板上的发光二极管处于点亮的状态；反之，发光二极管将处于熄灭状态。但是，如果需要将控制发光二极管的逻辑反过来，该怎么办呢？我们可以在开发设备固件时添加一个"代表发光二极管控制逻辑"的变量（特征），该变量的值会根据主机发送的请求进行相应的修改，而设备固件则根据该变量的值分别进行引脚不同的高低电平设置即可。

有人可能会想：也可以使用输出报告来改变发光二极管的控制逻辑呀，只需要把发送给设备的数据取反即可，不是吗？的确是可行的，只不过通常情况下不建议这么做，这样可以将"数据本身"与"设备怎么样处理数据"分开来管理。

为了透彻理解清单 21.3 所示的报告描述符，我们首先从《HID 用途表》中确定 Alphanumberic Display 用途页下所有的用途，具体如表 21.2 所示。

表 21.2 所示的部分用途类型可以查找表 19.4 与表 20.2，其他涉及《HID 用途表》定义的 5 种数据类用途如表 21.3 所示。

表 21.2 Alphanumberic Display 用途页

Usage ID	用 途 名 称	用途类型	Usage ID	用 途 名 称	用途类型
00h	Undefined	—	47h	Display Contrast	DV
01h	Alphanumeric Display	CA	48h	Character Attribute	CL
02h	Auxiliary Display	CA	49h	Attribute Read back	SF
03h~1Fh	Reserved	—	4Ah	Attribute Data	DV
20h	Display Attributes Report	CL	4Bh	Char Attr Enhance	OOC
21h	ASCII Character Set	SF	4Ch	Char Attr Underline	OOC
22h	Data Read Back	SF	4Dh	Char Attr Blink	OOC
23h	Font Read Back	SF	4Eh~7Fh	Reserved	—
24h	Display Control Report	CL	80h	Bitmap Size X	SV
25h	Clear Display	DF	81h	Bitmap Size Y	SV
26h	Display Enable	DF	82h	Max Blit Size	SV
27h	Screen Saver Delay	SV/DV	83h	Bit Depth Format	SV
28h	Screen Saver Enable	DF	84h	Display Orientation	DV
29h	Vertical Scroll	SV/DF	85h	Palette Report	CL
2Ah	Horizontal Scroll	SV/DF	86h	Palette Data Size	SV
2Bh	Character Report	CL	87h	Palette Data Offset	SV
2Ch	Display Data	DV	88h	Palette Data	Buffered Bytes
2Dh	Display Status	CL	89h	Reserved	—
2Eh	Stat Not Ready	Sel	8Ah	Blit Report	CL
2Fh	Stat Ready	Sel	8Bh	Blit Rectangle X1	SV
30h	Err Not a loadable character	Sel	8Ch	Blit Rectangle Y1	SV
31h	Err Font data cannot be read	Sel	8Dh	Blit Rectangle X2	SV
32h	Cursor Position Report	CL	8Eh	Blit Rectangle Y2	SV
33h	Row	DV	8Fh	Blit Data	Buffered Bytes
34h	Column	DV	90h	Soft Button	CL
35h	Rows	SV	91h	Soft Button ID	SV
36h	Columns	SV	92h	Soft Button Side	SV
37h	Cursor Pixel Positioning	SF	93h	Soft Button Offset 1	SV
38h	Cursor Mode	DF	94h	Soft Button Offset 2	SV
39h	Cursor Enable	DF	95h	Soft Button Report	SV
3Ah	Cursor Blink	DF	96h~C1h	Reserved	—
3Bh	Font Report	CL	C2h	Soft Keys	SV
3Ch	Font Data	Buffered Byte	C3h~CBh	Reserved	—
3Dh	Character Width	SV	CCh	Display Data Extension	SF
3Eh	Character Height	SV	CDh~CEh	Reserved	—
3Fh	Character Spacing Horizontal	SV	CFh	Character Mapping	SV
40h	Character Spacing Vertical	SV	D0h~DCh	Reserved	—
41h	Unicode Character Set	SF	DDh	Unicode Equivalent	SV
42h	Font 7-Segmnt	SF	DEh	Reserved	—
43h	7-Segment Direct Map	SF	DFh	Character Page Mapping	SV
44h	Font 14-Segment	SF	E0h~FEh	Reserved	—
45h	14-Segment Direct Map	SF	FFh	Request Report	DV
46h	Display Brightness	DV	100h~FFFFh	—	—

表 21.3　数据类用途

类　　型	标　　记	描　　述
选择符（Selector, Sel）	数组	包含在命名数组中
静态值（Static Value, SV）	常量，变化，绝对	一个只读的多位值
静态标记（Static Flag, SF）	常量，变化，绝对	一个只读的一位值
动态值（Dynamic Value, DV）	数据，变化，绝对	一个读/写的多位值
动态标记（Dynamic Flag, DF）	数据，变化，绝对	一个读/写的一位值

　　数据类用途用于定义设备与主机之间传输的（除控制类用途外）特征信息，实际使用时需要特别注意**生成数据字段时使用的标记**。"选择符"用于从一个集合选出一个、多个或任意个值。例如，对于显示装置来说，它在刚上电时需要进行初始化过程，此时其处于未准备好状态（Stat Not Ready），直到初始化完成后才进入已准备好状态（Stat Ready），这两个状态就是设备的特征并且是互斥的（一个设备不可能同时处于未准备好与已准备好的状态），我们可以使用 Array 定义一个输入数据字段来向主机报告该状态。如果多个状态不是互斥的，也可以使用 Array 定义多个数据字段。

　　"静态值"用于声明设备的固定特征，它所声明的字段是不可以修改的。对于我们的显示装置来说，显示字符的宽度、高度、水平间距、垂直间距等特征是不变的，所以它们被声明为静态值数据类用途。"静态标记"用来声明设备存在某个固定特征，如果报告描述符中使用了"静态标记"，那么相应的字段必须由主机读取以确定相应的特征是否存在（0 表示不存在，1 表示存在），表 21.2 中定义了一些静态标记用途类型；如果报告描述符中没有使用它们，说明设备不支持该特征。例如，假设使用了"Cursor Pixel Positioning"类用途，说明设备支持光标像素定位功能。

　　"动态标记"声明设备中存在一个可以由主机控制的特征。对于我们的显示装置来说，光标的模式、使能，以及闪烁都是可以改变的。如果没有使用"动态标记"用途，说明设备并不支持该标记代表的特征。"动态值"则是一个包含与某个控制相关的多位数据字段，相关的主标签应该设置 Data 与 Variable 标记，它与"动态标记"一样，必须声明为数据（而不是常量）。例如，显示装置中的显示数据和代表光标位置的行与列信息。

　　我们结合清单 21.2 所示的报告描述符来进一步加深理解。首先有人可能会问：为什么使用 Collection（Logic）呢？道理其实前一章已经讨论过了，我们从表 21.2 中可以看到，"Display Attributes Report"属于逻辑集合（CL）用途类型，所以它必须跟随相同的用途类型进一步定义它们所包含的项目。表 21.2 中所示的数据类用途都可以放在逻辑集合中，这取决于你的设备支持哪些用途，具体细节可参考《HID 用途表》文档。

　　"Display Attributes Report"逻辑集合中定义了显示行数、列数、字符宽度、字符高度共 4 个用途，逻辑值范围为 0~31，所以需要 4 个 5 位字段来描述，它们都是表示绝对状态的常数，并且相应的报告 ID 为 1。然后又定义了 3 个 1 位逻辑值范围为 0~1 的字段，分别代表显示装置支持 ASCII 设置、垂直卷动、数据读回三个特征。由于已经定义了 23 位，不是以字节对齐的，所以又定义了 1 个位填充字段。"Character Attributes"逻辑集合中定义了

3 个 1 位逻辑范围为 0~1 的字段，分别代表显示装置支持反白显示、下画线、闪烁三个特征，相应的特征报告如图 21.6 所示（字段中 " = " 后面的数字只是当前显示装置的特征范例，不是由报告描述符确定的）。

字节	D_7	D_6	D_5	D_4	D_3	D_2	D_1	D_0
0	报告ID=1							
1	列数（2~0位）=16 (Columns)				行数=2 (Rows)			
2	字体高度 (位0)	字符宽度=5 (Character Width=5)					列数(4~3位) (Columns)	
3	位填充 (Pad)	垂直卷动 =1	数据读回 =1	ASCII 设置=1	字符高度（4~1位）=7 Character Height			
4	位填充 (Pad)					字符属性 闪烁	字符属性 下画线	字符属性 反白显示

图 21.6　显示设备的显示属性特征报告

接下来定义了一个输入报告，由于 Report ID 属于全局项标签，所以该报告的 ID 仍然是 1。当显示装置的状态发生改变时，中断端点就会产生输入报告，它包含状态未准备好、状态已准备好、不可加载字符错误状态字段。需要注意的是，由于同一时刻只会出现一种状态，所以使用 Array 进行数据字段的定义，相应的输入报告如图 21.7 所示。

字节	D_7	D_6	D_5	D_4	D_3	D_2	D_1	D_0
0	报告ID=1							
1	显示状态（Display Status）							

图 21.7　显示设备的输入报告

然后又定义了 2 个用于设置与获取当前光标位置的特征报告，其报告 ID 为 2，包含了各占用 4 位的行数与列数字段，相应的特征报告如图 21.8 所示。

字节	D_7	D_6	D_5	D_4	D_3	D_2	D_1	D_0
0	报告ID=2							
1	行(Row)				列（Column）			

图 21.8　显示设备的显示位置特征报告

主机与显示设备之间可以有多种数据传输方式。例如，一次一个字节、多个字节或 32 个字节（整屏数据），所以又进一步定义了连续写入到设备的 4 个显示数据与 4 个字符属性的缓冲字段，相应的特征报告如图 21.9 所示。

最后定义了一个输出报告，如图 21.10 所示，读者可自行分析。

最后，我们简单谈谈 Push 与 Pop 标签，它们分别用于将当前标签状态表复制到栈（stack）中进行保存，当你需要的时候可以使用 Pop 标签取出。举个简单的例子，假设有一个很长的报告描述符，并且其一开始就定义了一些全局状态，但是在后面，你需要再使用相

字节	D₇	D₆	D₅	D₄	D₃	D₂	D₁	D₀
0	报告ID=3							
1	显示数据0（Display Data 0）							
2	显示数据1（Display Data 1）							
3	显示数据2（Display Data 2）							
4	显示数据3（Display Data 3）							
5	属性数据0（Attribute Data 0）							
6	属性数据1（Attribute Data 1）							
7	属性数据2（Attribute Data 2）							
8	属性数据3（Attribute Data 3）							

图 21.9　显示设备的字符特征报告

字节	D₇	D₆	D₅	D₄	D₃	D₂	D₁	D₀
0	报告ID=4							
1	需要更新的显示数据（Display Data=Character to update）							
2	字体数据0（Font Data 0）							
3	字体数据1（Font Data 1）							
4	字体数据2（Font Data 2）							
5	字体数据3（Font Data 3）							
6	字体数据4（Font Data 4）							

图 21.10　显示设备的字体加载输出报告

同的全局状态定义其他字段，该怎么办？有一种方法就是将这些标签全部复制过去，但这样会增加报告描述符的冗余度，这时你也可以使用第二种方法，那就是在一开始定义了需要的全局标签之后就使用 Push 标签将当前的状态保存起来，在后面需要的时候再 Pop 出来，如果后续还需要多次使用，在 Pop 标签之后马上再使用 Push 标签就行了，如图 21.11 所示。

```
...
Logical Minimum (-127)，Logical Maximum (127)
Physical Minimum (-3175)，Physical Maximum (3175)
Unit (-4)，Unit Exponent (Inches)，
Push
...
Pop
Push
...
Pop
...
```

图 21.11　Pop 与 Push 标签的使用

Push 与 Pop 标签的作用与 C 语言中的函数调用一样，首先会将当前的一些状态压入堆栈，在函数返回时再将这些状态从堆栈弹出。还有一些使用得并不多的其他标签，限于篇幅不再赘述，有兴趣可以参考《HID 设备类定义》文档。

最后给大家留一个思考问题：图 20.9 所示鼠标的输入报告是否也应该以报告 ID 开始呢？

第 22 章 功能完善的 USB 鼠标设备

前面已经初步了解了游戏操纵杆官方例程 JoyStickMouse 的工作原理，接下来我们使用同一款开发板模拟 USB 鼠标设备。有些人可能会想：之前的游戏操纵杆不是可以控制鼠标方向吗？控制方向当然没问题，但是现在准备实现功能更完善的 USB 鼠标，也就是加入左、右、中键功能。

需要注意的是：考虑到本书内容的编排结构，我们是在游戏操纵杆官方例程的基础上进行修改而实现 USB 鼠标功能的，而前面已经提过，官方例程为了适配各种硬件平台而添加了一些适配文件，所以需要修改的地方多一些。如果你只是针对自己的平台实现 USB 鼠标功能，需要修改的工作量会少很多，所以关键在于理解 USB 鼠标功能的具体实现思想。

首先需要对与设备相关的描述符进行必要的修改，清单 22.1 给出了清单 12.2 中需要修改的描述符数组（无须修改的描述符数组相关代码未截取）。

清单 22.1　需要修改的描述符数组

```
const uint8_t Joystick_DeviceDescriptor[JOYSTICK_SIZ_DEVICE_DESC] = {
    0x12,                                               //bLength
    USB_DEVICE_DESCRIPTOR_TYPE,                         //bDescriptorType
    0x00,                                               //bcdUSB
    0x02,
    0x00,                                               //bDeviceClass
    0x00,                                               //bDeviceSubClass
    0x00,                                               //bDeviceProtocol
    0x40,                                       //bMaxPacketSize: 64 字节
    0x84,                                       //idVendor: 0x0484
    0x04,
    0x10,                                               //idProduct: 0x5910
    0x59,
    0x00,                                               //bcdDevice: USB 2.0
    0x02,
    1,                      //iManufacturer: 描述制造商字符串描述符的索引
    2,                           //iProduct: 描述产品字符串描述符的索引
    3,                 //iSerialNumber: 描述设备序列号字符串描述符的索引
    0x01                                                //bNumConfigurations
}; /* Joystick_DeviceDescriptor */
const uint8_t Joystick_ReportDescriptor[JOYSTICK_SIZ_REPORT_DESC] = //报告描述符
{
    0x05, 0x01,                         // Usage Page (Generic Desktop)
    0x09, 0x02,                         // Usage (Mouse)
    0xa1, 0x01,                         // Collection (Application)
    0x05, 0x09,                         //   Usage Page (Button)
    0x09, 0x01,                         //   Usage (Button 1)
    0x09, 0x02,                         //   Usage (Button 2)
    0x09, 0x03,                         //   Usage (Button 3)
    0x15, 0x00,                         //   Logical Minimum (0)
    0x25, 0x01,                         //   Logical Maximum (1)
    0x75, 0x01,                         //   Report Size (1)
    0x95, 0x03,                         //   Report Count (3)
    0x81, 0x02,                         //   Input (Data, Var, Abs)
    0x75, 0x05,                         //   Report Size (5)
    0x95, 0x01,                         //   Report Count (1)
    0x81, 0x03,                         //   Input (Cnst, Var, Abs)
    0x05, 0x01,                         //   Usage Page (Generic Desktop)
    0x09, 0x01,                         //   Usage (Pointer)
```

```
0xa1, 0x00,                          //    Collection (Physical)
0x09, 0x30,                          //      Usage (X)
0x09, 0x31,                          //      Usage (Y)
0x09, 0x38,                          //      Usage (Wheel)
0x15, 0x81,                          //      Logical Minimum (-127)
0x25, 0x7f,                          //      Logical Maximum (127)
0x75, 0x08,                          //      Report Size (8)
0x95, 0x03,                          //      Report Count (3)
0x81, 0x06,                          //      Input (Data, Var, Rel)
0xc0,                                //    End Collection
0xc0                                 // End Collection
}; /* Joystick_ReportDescriptor */
```

　　为统一全书描述，后续所有例程的厂商 ID 与产品 ID 都分别更改为 0x0484 与 0x5910，只需要修改 Joystick_DeviceDescriptor 描述符数组中对应的 idVendor 与 idProduct 字段值即可。当然，厂商 ID 与产品 ID 是随意更改且不是必需的，仅用于区别于原例程。报告描述符的修改是功能实现的重中之重，我们使用图 20.11 所示报告描述符右侧的十六进制数据替换清单 12.2 中的 Joystick_ReportDescriptor 数组数据即可。

　　值得一提的是，如果仅仅是为了实现 USB 鼠标左、中、右键功能，你也可以保持原来的报告描述符不做任何更改，因为官方例程是在 USB 鼠标的报告描述符基础上修改的，而不是基于真正的游戏操作杆的报告描述符。但我们决定使用更完整的例程以便展示所有可能需要修改的地方，因为在进行其他设备的开发过程中，你很有可能会使用其他报告描述符。另外，使用图 20.11 所示的报告描述符也是为了进一步验证报告描述符设计的正确性。

　　既然 Joystick_ReportDescriptor 数组中的数据数量已经更改了，那么数组的长度也应该做出相应的调整，也就是将清单 12.3 中的 JOYSTICK_SIZ_REPORT_DESC 修改为 54，如清单 22.2 所示。

清单 22.2　修改后的 JOYSTICK_SIZ_REPORT_DESC

```
#define USB_DEVICE_DESCRIPTOR_TYPE           0x01            //设备描述符类型
#define USB_CONFIGURATION_DESCRIPTOR_TYPE    0x02            //配置描述符类型
#define USB_STRING_DESCRIPTOR_TYPE           0x03            //字符串描述符类型
#define USB_INTERFACE_DESCRIPTOR_TYPE        0x04            //接口描述符类型
#define USB_ENDPOINT_DESCRIPTOR_TYPE         0x05            //端点描述符类型

#define HID_DESCRIPTOR_TYPE                  0x21            //HID描述符类型
#define JOYSTICK_SIZ_HID_DESC                0x09            //HID描述符字节长度
#define JOYSTICK_OFF_HID_DESC                0x12 //HID描述符在数组中的起始索引

#define JOYSTICK_SIZ_DEVICE_DESC             18              //设备描述符字节长度
#define JOYSTICK_SIZ_CONFIG_DESC             34              //配置描述符字节长度
#define JOYSTICK_SIZ_REPORT_DESC             54              //报告描述符字节长度
#define JOYSTICK_SIZ_STRING_LANGID           4    //语种标识字符串描述符字节长度
#define JOYSTICK_SIZ_STRING_VENDOR           38              //厂商描述符字节长度
#define JOYSTICK_SIZ_STRING_PRODUCT          30              //产品描述符字节长度
#define JOYSTICK_SIZ_STRING_SERIAL           26              //设备序列号描述符字节长度

#define STANDARD_ENDPOINT_DESC_SIZE          0x09            //端点描述符的字节长度
```

　　至此就已经完成了设备相关描述符的修改工作，接下来我们要在源代码中添加 3 个引脚来支持 USB 鼠标的左、右、中键功能。由于开发板总共有 7 个按键（剩下一个为复位按键），4 个方向控制按键可以保留与游戏操纵杆一致，剩下的 3 个按键恰好够用。我们规划的引脚与按键的对应关系如图 22.1 所示。

　　首先需要给按键添加唯一的编号进行标识，应用程序根据该编号可以从 BUTTON_PORT、BUTTON_PIN、BUTTON_CLK 等数组中检索出与引脚相关的信息，这一点已经详细

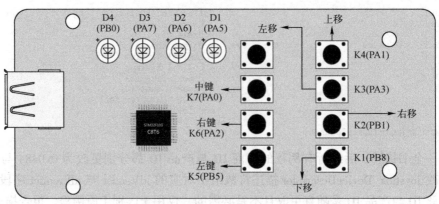

图 22.1　引脚与按键的对应关系

讨论过了，修改后的 stm3210b_eval. h 头文件（部分）如清单 22.3 所示。

清单 22.3　修改后的 stm3210b_eval. h 头文件（部分）

```
#ifndef __STM3210B_EVAL_H
#define __STM3210B_EVAL_H

#include "stm32f10x.h"
#include "stm32_eval_legacy.h"

typedef enum {                                    //LED唯一标识符（用于数组查询）
  LED_D1 = 0,                                                            //D1
  LED_D2 = 1,                                                            //D2
  LED_D3 = 2,                                                            //D3
  LED_D4 = 3                                                             //D4
} Led_TypeDef;

typedef enum {                                    //按键唯一标识符（用于数组查询）
  BUTTON_WAKEUP = 0,
  BUTTON_TAMPER = 1,
  BUTTON_KEY = 2,
  BUTTON_K2 = 3,                                                      //右移
  BUTTON_K3 = 4,                                                      //左移
  BUTTON_K4 = 5,                                                      //上移
  BUTTON_K1 = 6,                                                      //下移
  BUTTON_SEL = 7,
  BUTTON_K5 = 8,                                                      //左键
  BUTTON_K6 = 9,                                                      //右键
  BUTTON_K7 = 10                                                      //中键
} Button_TypeDef;

typedef enum {                                    //按键返回状态的唯一标识符
  JOY_NONE = 0,
  JOY_SEL = 1,
  JOY_K1 = 2,
  JOY_K3 = 3,
  JOY_K2 = 4,
  JOY_K4 = 5,
  JOY_K5 = 6,
  JOY_K6 = 7,
  JOY_K7 = 8
} JOYState_TypeDef;

//STM3210B评估板底层LED
#define LEDn                       4                        //LED数量
#define LED1_PIN                   GPIO_Pin_5
#define LED1_GPIO_PORT             GPIOA
#define LED1_GPIO_CLK              RCC_APB2Periph_GPIOA

#define LED2_PIN                   GPIO_Pin_6
#define LED2_GPIO_PORT             GPIOA
#define LED2_GPIO_CLK              RCC_APB2Periph_GPIOA
```

```
#define LED3_PIN                            GPIO_Pin_7
#define LED3_GPIO_PORT                      GPIOA
#define LED3_GPIO_CLK                       RCC_APB2Periph_GPIOA

#define LED4_PIN                            GPIO_Pin_0
#define LED4_GPIO_PORT                      GPIOB
#define LED4_GPIO_CLK                       RCC_APB2Periph_GPIOB

//STM3210B评估板底层按键
#define BUTTONn                             11                          //按键数量

//省略四个无须关注的按键宏定义代码

//"右移"按键
#define RIGHT_BUTTON_PIN                    GPIO_Pin_1
#define RIGHT_BUTTON_GPIO_PORT              GPIOB
#define RIGHT_BUTTON_GPIO_CLK               RCC_APB2Periph_GPIOB
#define RIGHT_BUTTON_EXTI_LINE              EXTI_Line1
#define RIGHT_BUTTON_EXTI_PORT_SOURCE       GPIO_PortSourceGPIOB
#define RIGHT_BUTTON_EXTI_PIN_SOURCE        GPIO_PinSource1
#define RIGHT_BUTTON_EXTI_IRQn              EXTI1_IRQn

//"左移"按键
#define LEFT_BUTTON_PIN                     GPIO_Pin_3
#define LEFT_BUTTON_GPIO_PORT               GPIOA
#define LEFT_BUTTON_GPIO_CLK                RCC_APB2Periph_GPIOA
#define LEFT_BUTTON_EXTI_LINE               EXTI_Line3
#define LEFT_BUTTON_EXTI_PORT_SOURCE        GPIO_PortSourceGPIOA
#define LEFT_BUTTON_EXTI_PIN_SOURCE         GPIO_PinSource3
#define LEFT_BUTTON_EXTI_IRQn               EXTI3_IRQn

//"上移"按键
#define UP_BUTTON_PIN                       GPIO_Pin_1
#define UP_BUTTON_GPIO_PORT                 GPIOA
#define UP_BUTTON_GPIO_CLK                  RCC_APB2Periph_GPIOA
#define UP_BUTTON_EXTI_LINE                 EXTI_Line1
#define UP_BUTTON_EXTI_PORT_SOURCE          GPIO_PortSourceGPIOA
#define UP_BUTTON_EXTI_PIN_SOURCE           GPIO_PinSource1
#define UP_BUTTON_EXTI_IRQn                 EXTI1_IRQn

//"下移"按键
#define DOWN_BUTTON_PIN                     GPIO_Pin_8
#define DOWN_BUTTON_GPIO_PORT               GPIOB
#define DOWN_BUTTON_GPIO_CLK                RCC_APB2Periph_GPIOB
#define DOWN_BUTTON_EXTI_LINE               EXTI_Line8
#define DOWN_BUTTON_EXTI_PORT_SOURCE        GPIO_PortSourceGPIOB
#define DOWN_BUTTON_EXTI_PIN_SOURCE         GPIO_PinSource8
#define DOWN_BUTTON_EXTI_IRQn               EXTI9_5_IRQn

//左键
#define LCLICK_BUTTON_PIN                   GPIO_Pin_5
#define LCLICK_BUTTON_GPIO_PORT             GPIOB
#define LCLICK_BUTTON_GPIO_CLK              RCC_APB2Periph_GPIOB
#define LCLICK_BUTTON_EXTI_LINE             EXTI_Line5
#define LCLICK_BUTTON_EXTI_PORT_SOURCE      GPIO_PortSourceGPIOB
#define LCLICK_BUTTON_EXTI_PIN_SOURCE       GPIO_PinSource5
#define LCLICK_BUTTON_EXTI_IRQn             EXTI9_5_IRQn

//右键
#define RCLICK_BUTTON_PIN                   GPIO_Pin_2
#define RCLICK_BUTTON_GPIO_PORT             GPIOA
#define RCLICK_BUTTON_GPIO_CLK              RCC_APB2Periph_GPIOA
#define RCLICK_BUTTON_EXTI_LINE             EXTI_Line2
#define RCLICK_BUTTON_EXTI_PORT_SOURCE      GPIO_PortSourceGPIOA
#define RCLICK_BUTTON_EXTI_PIN_SOURCE       GPIO_PinSource2
#define RCLICK_BUTTON_EXTI_IRQn             EXTI2_IRQn

//中键
#define MCLICK_BUTTON_PIN                   GPIO_Pin_0
#define MCLICK_BUTTON_GPIO_PORT             GPIOA
#define MCLICK_BUTTON_GPIO_CLK              RCC_APB2Periph_GPIOA
#define MCLICK_BUTTON_EXTI_LINE             EXTI_Line0
#define MCLICK_BUTTON_EXTI_PORT_SOURCE      GPIO_PortSourceGPIOA
#define MCLICK_BUTTON_EXTI_PIN_SOURCE       GPIO_PinSource0
#define MCLICK_BUTTON_EXTI_IRQn             EXTI0_IRQn

#endif /* __STM3210B_EVAL_H */
```

我们将 stm3210b_eval.h 头文件中的枚举类型 Button_TypeDef 中的 BUTTON_DOWN、BUT-TON_RIGHT、BUTTON_LEFT、BUTTON_UP 分别更改为 BUTTON_K1、BUTTON_K2、BUTTON_K3、BUTTON_K4（注意对应关系），并且还增加了分别代表左、右、中键的标识符 BUTTON_K5、BUTTON_K6、BUTTON_K7，这些标识符的排列顺序无所谓，但数字必须要唯一。

为什么要把原来用得好好的标识符全部进行更改呢？因为本书后续还会使用相同的开发板实现其他功能，它们对应的按键功能很可能是不一样的，所以现在统一定义了不含功能的通用按键名称，这样也就能够适用于所有例程了。同样，我们也将代表 LED 的唯一标识符的枚举类型 Led_TypeDef 也进行了相应的修改，后续直接可以使用。

既然已经增加了左、右、中键功能，那我们需要先将代表按键数量的宏 BUTTONn 由原来的 8 修改为 11，然后添加 3 个引脚的相关信息，清单 22.3 中已经完成了。我们没有将原来的宏名修改为以字母 "K" 开头，一方面是为了尽可能减少修改工作量，另一方面是因为这些宏名属于底层信息，顶层应用程序不会直接使用它们。当然，你可以根据自己的需要进行宏名修改。

然后再将刚刚新增的引脚信息添加到清单 9.7 所示的 stm3210b_eval.c 源文件中的 BUT-TON_PORT、BUTTON_PIN、BUTTON_CLK 等数组中，如清单 22.4 所示。

清单 22.4　将引脚信息添加到检索数组

```
GPIO_TypeDef* BUTTON_PORT[BUTTONn] = {            //按键引脚对应的GPIO外设基地址数组
     WAKEUP_BUTTON_GPIO_PORT, TAMPER_BUTTON_GPIO_PORT, KEY_BUTTON_GPIO_PORT,
     RIGHT_BUTTON_GPIO_PORT, LEFT_BUTTON_GPIO_PORT, UP_BUTTON_GPIO_PORT,
     DOWN_BUTTON_GPIO_PORT, SEL_BUTTON_GPIO_PORT,
     LCLICK_BUTTON_GPIO_PORT, RCLICK_BUTTON_GPIO_PORT, MCLICK_BUTTON_GPIO_PORT};//新增

const uint16_t BUTTON_PIN[BUTTONn] = {                          //按键引脚位数组
     WAKEUP_BUTTON_PIN, TAMPER_BUTTON_PIN, KEY_BUTTON_PIN, RIGHT_BUTTON_PIN,
     LEFT_BUTTON_PIN, UP_BUTTON_PIN, DOWN_BUTTON_PIN, SEL_BUTTON_PIN,
     LCLICK_BUTTON_PIN, RCLICK_BUTTON_PIN, MCLICK_BUTTON_PIN};            //新增

const uint32_t BUTTON_CLK[BUTTONn] = {       //按键引脚对应GPIO外设的总线时钟控制位数组
     WAKEUP_BUTTON_GPIO_CLK, TAMPER_BUTTON_GPIO_CLK, KEY_BUTTON_GPIO_CLK,
     RIGHT_BUTTON_GPIO_CLK, LEFT_BUTTON_GPIO_CLK, UP_BUTTON_GPIO_CLK,
     DOWN_BUTTON_GPIO_CLK, SEL_BUTTON_GPIO_CLK,
     LCLICK_BUTTON_GPIO_CLK, RCLICK_BUTTON_GPIO_CLK, MCLICK_BUTTON_GPIO_CLK};  //新增

const uint16_t BUTTON_EXTI_LINE[BUTTONn] = {             //按键引脚对应的外部中断线数组
     WAKEUP_BUTTON_EXTI_LINE, TAMPER_BUTTON_EXTI_LINE, KEY_BUTTON_EXTI_LINE,
     RIGHT_BUTTON_EXTI_LINE, LEFT_BUTTON_EXTI_LINE, UP_BUTTON_EXTI_LINE,
     DOWN_BUTTON_EXTI_LINE, SEL_BUTTON_EXTI_LINE,
     LCLICK_BUTTON_EXTI_LINE, RCLICK_BUTTON_EXTI_LINE, MCLICK_BUTTON_EXTI_LINE};//新增

const uint16_t BUTTON_PORT_SOURCE[BUTTONn] = {         //按键引脚对应的外部中断线组别数组
     WAKEUP_BUTTON_EXTI_PORT_SOURCE, TAMPER_BUTTON_EXTI_PORT_SOURCE,
     KEY_BUTTON_EXTI_PORT_SOURCE, RIGHT_BUTTON_EXTI_PORT_SOURCE,
     LEFT_BUTTON_EXTI_PORT_SOURCE, UP_BUTTON_EXTI_PORT_SOURCE,
     DOWN_BUTTON_EXTI_PORT_SOURCE, SEL_BUTTON_EXTI_PORT_SOURCE,
     LCLICK_BUTTON_EXTI_PORT_SOURCE, RCLICK_BUTTON_EXTI_PORT_SOURCE,
     MCLICK_BUTTON_EXTI_PORT_SOURCE};                                  //新增

const uint16_t BUTTON_PIN_SOURCE[BUTTONn] = {          //按键引脚对应的外部中断线位数组
     WAKEUP_BUTTON_EXTI_PIN_SOURCE, TAMPER_BUTTON_EXTI_PIN_SOURCE,
     KEY_BUTTON_EXTI_PIN_SOURCE, RIGHT_BUTTON_EXTI_PIN_SOURCE,
     LEFT_BUTTON_EXTI_PIN_SOURCE, UP_BUTTON_EXTI_PIN_SOURCE,
     DOWN_BUTTON_EXTI_PIN_SOURCE, SEL_BUTTON_EXTI_PIN_SOURCE,
     LCLICK_BUTTON_EXTI_PIN_SOURCE, RCLICK_BUTTON_EXTI_PIN_SOURCE,
     MCLICK_BUTTON_EXTI_PIN_SOURCE};                                   //新增

const uint16_t BUTTON_IRQn[BUTTONn] = {                 //按键引脚对应的中断号数组
     WAKEUP_BUTTON_EXTI_IRQn, TAMPER_BUTTON_EXTI_IRQn, KEY_BUTTON_EXTI_IRQn,
     RIGHT_BUTTON_EXTI_IRQn, LEFT_BUTTON_EXTI_IRQn, UP_BUTTON_EXTI_IRQn,
     DOWN_BUTTON_EXTI_IRQn, SEL_BUTTON_EXTI_IRQn,
     LCLICK_BUTTON_EXTI_IRQn, RCLICK_BUTTON_EXTI_IRQn, MCLICK_BUTTON_EXTI_IRQn};//新增
```

以上只是完成了从数组中检测引脚信息的修改，从官方例程的工作流程来看，每次按下某一个按键都会返回唯一的编号，所以应该在 JoyState_TypeDef 枚举类型中添加 3 个唯一的编号（与 Button_TypeDef 枚举类型的作用不一样，编号不要求一致），这些工作已经在清单 22.2 中完成。

Button_TypeDef 枚举类型中的常量并不会直接被上层的应用程序使用，而是在清单 9.5 所示的 stm32_eval_legacy. h 头文件中重新进行了宏名定义，所以也需要对其进行相应修改，如清单 22.5 所示。

清单 22.5　修改后的 stm32_eval_legacy.h 头文件

```
#ifndef __STM32_EVAL_LEGACY_H
#define __STM32_EVAL_LEGACY_H

#define Button_WAKEUP          BUTTON_WAKEUP                    //按键定义
#define Button_TAMPER          BUTTON_TAMPER
#define Button_KEY             BUTTON_KEY
#define Button_K2              BUTTON_K2                        //"右移"按键标识符
#define Button_K3              BUTTON_K3                        //"左移"按键标识符
#define Button_K4              BUTTON_K4                        //"上移"按键标识符
#define Button_K1              BUTTON_K1                        //"下移"按键标识符
#define Button_SEL             BUTTON_SEL
#define Button_K5              BUTTON_K5                        //左键标识符
#define Button_K6              BUTTON_K6                        //右键标识符
#define Button_K7              BUTTON_K7                        //中键标识符
#define Mode_GPIO              BUTTON_MODE_GPIO
#define Mode_EXTI              BUTTON_MODE_EXTI
#define Button_Mode_TypeDef    ButtonMode_TypeDef
#define JOY_CENTER             JOY_SEL
#define JOY_State_TypeDef      JOYState_TypeDef

#endif /* __STM32_EVAL_LEGACY_H */
```

到目前为止，与硬件平台相关的引脚信息添加工作已经完成，接下来需要对引脚进行初始化，这是在清单 9.8 所示的 Set_System 函数中完成的，修改后的源代码如清单 22.6 所示。请特别注意：我们还调用了 STM_EVAL_LEDInit 函数（具体实现可见清单 9.7，此处不再赘述）将开发板上 4 个 LED 对应的引脚都初始化为了推挽输出，这样做的原因也是避免后续例程再涉及底层初始化方面的代码修改，所以在此将需要进行的引脚初始化工作一并全部完成。

清单 22.6　引脚初始化函数

```
void Set_System(void)
{
  GPIO_InitTypeDef  GPIO_InitStructure;

  RCC_APB1PeriphClockCmd(RCC_APB1Periph_PWR, ENABLE);  //使能电源控制外设总线时钟

  STM_EVAL_PBInit(Button_K1, Mode_GPIO);        //配置按键对应引脚为普通GPIO输入模式
  STM_EVAL_PBInit(Button_K2, Mode_GPIO);
  STM_EVAL_PBInit(Button_K3, Mode_GPIO);
  STM_EVAL_PBInit(Button_K4, Mode_GPIO);
  STM_EVAL_PBInit(Button_K5, Mode_GPIO);
  STM_EVAL_PBInit(Button_K6, Mode_GPIO);
  STM_EVAL_PBInit(Button_K7, Mode_GPIO);

  STM_EVAL_LEDInit(LED_D1);                     //配置LED对应的引脚为推挽输出
  STM_EVAL_LEDInit(LED_D2);
  STM_EVAL_LEDInit(LED_D3);
  STM_EVAL_LEDInit(LED_D4);

  //以下省略了无须关注的初始化代码
}
```

引脚初始化后就可以直接使用了，我们进入清单 9.4 所示的获取按键状态的 JoyState 函数，添加左、右、中按键状态读取的源代码，如清单 22.7 所示，此处不再赘述。

清单 22.7　增加读取左、中、右键状态的代码

```
uint8_t JoyState(void)
{
  if (STM_EVAL_PBGetState(Button_K1)) {             //判断"下移"按键是否被按下
    return JOY_K1;
  }

  if (STM_EVAL_PBGetState(Button_K2)) {             //判断"右移"按键被是否按下
    return JOY_K2;
  }

  if (STM_EVAL_PBGetState(Button_K3)) {             //判断"左移"按键被是否按下
    return JOY_K3;
  }

  if (STM_EVAL_PBGetState(Button_K4)) {             //判断"上移"按键被是否按下
    return JOY_K4;
  }

  if (STM_EVAL_PBGetState(Button_K5)) {             //判断左键被是否按下
    return JOY_K5;
  }

  if (STM_EVAL_PBGetState(Button_K6)) {             //判断右键被是否按下
    return JOY_K6;
  }

  if (STM_EVAL_PBGetState(Button_K7)) {             //判断中键被是否按下
    return JOY_K7;
  } else {                                          //没有按键被按下
    return 0;
  }
}
```

　　JoyState 函数返回按键的唯一标识编号后就会进入数据发送的 Joystick_Send 函数中，修改后的源代码如清单 22.8 示。

清单 22.8　修改后的 Joystick_Send 函数

```
void Joystick_Send(uint8_t Keys)
{
  uint8_t Mouse_Buffer[4] = {0, 0, 0, 0};                    //对应输入报告
  int8_t X = 0, Y = 0;
  uint8_t KEY = 0;                     //保存左、右、中键状态的临时变量，仅低3位有效

  switch (Keys) {
    case JOY_K3   : { X -= CURSOR_STEP;break;}               //左移
    case JOY_K2   : { X += CURSOR_STEP; break;}              //右移
    case JOY_K4   : { Y -= CURSOR_STEP; break;}              //上移
    case JOY_K1   : { Y += CURSOR_STEP; break;}              //下移
    case JOY_K5   : { KEY |= 0x1; break;}                    //左键
    case JOY_K6   : { KEY |= 0x2; break;}                    //右键
    case JOY_K7   : { KEY |= 0x4; break;}                    //中键
    default       : {break;}
  }

  Mouse_Buffer[0] = KEY;          //将左、右、中键的按下状态放到输入报告的第1个字节
  Mouse_Buffer[1] = X;                       //将X位移数据放到输入报告的第2个字节
  Mouse_Buffer[2] = Y;                       //将Y位移数据放到输入报告的第3个字节

  PrevXferComplete = 0;              //表示开始传输数据（当前数据未完成传输）

  USB_SIL_Write(EP1_IN, Mouse_Buffer, 4);       //将鼠标位移数据复制到发送包缓冲区

  SetEPTxValid(ENDP1);                                       //使能发送端点
}
```

清单 22. 8 中需要注意两点，首先给标识 3 个按键的唯一编号添加了 switch 分支处理语句，定义的 KEY 临时变量的低 3 位用于分别保存 3 个按键功能对应的条件是否发生（0 为空闲，1 为按下），从低到高依次代表左、右、中键状态的数据字段，只要左、右、中键任意一个被按下，就将相应的字段位置 1。最后再把 KEY 赋给 Mouse_Buffer 数组的一个字节即可，这些工作都是依据图 20. 9 所示鼠标的输入报告完成的。

其次，我们把 default 语句中的返回语句 "return" 给删除了，这也就意味着在没有任何按键被按下时，仍然会执行后面的数据发送操作，为什么要这么做呢？前面已经提过，按钮（Button）的控制类 Usage 可以是开关控制、瞬间控制、单次控制，这取决于如何声明它们，而从 USB 鼠标的报告描述符中可以看到，左、右、中键对应报告字段的逻辑值只能是 0 或 1，而且定义的字段是绝对值，相应的状态为优选（这是默认的），所以我们根据这些定义方式就能够从表 19. 4 中确定左、右、中键属于 "瞬间控制" 类 Usage，它代表的操作是：**1 表示条件发生，0 表示条件不发生**。也就是说，当左、右、中键按下时，将相应的数据 "1" 发送给主机后，主机认为你按下了按键（条件发生），但是如果接下来一直不发送数据 "0"，主机会认为你一直按下了按键而没有松开。如果你要实现的正是此功能，那自然没话说，但我们需要 "按下与松开" 这一系列完整的单击过程，所以必须在主机获得按键按下状态后再次发送数据 "0"（表示取消已经发生的 "按键被按下" 条件），这就是为什么要注释返回的语句，如此一来，即使在没有任何按键被按下的情况下，设备也会发送全 0 数据（原来直接返回不再发送任何数据），也就能够清除之前的 "按键被按下" 条件。

我们还可以看看修改后的 main 函数，如清单 22. 9 所示。

清单 22. 9　修改后的 main 函数

```
#include "hw_config.h"
#include "usb_lib.h"
#include "usb_pwr.h"

__IO uint8_t PrevXferComplete = 1;              //标志上一次数据已经发送完成的全局变量

int main(void)
{
  Set_System();                                          //设置系统资源
  USB_Interrupts_Config();                               //USB控制器中断配置
  Set_USBClock();                                        //USB控制器时钟初始化
  USB_Init();                                            //USB控制器初始化

  while (1) {
    if (bDeviceState == CONFIGURED) {                    //判断设备是否已经配置
      if ((PrevXferComplete)) {                          //判断上一次数据发送完成状态
        Joystick_Send(JoyState());                       //检测按键状态发送数据
      }
    }
  }
}
```

从清单 22. 9 中可以看到，我们把 if 语句中原来 "判断 JoyState 函数返回值是否为 0" 的代码删除了，只保留了 "判断 PrevXfreCompelte 变量是否为 1"，表达的逻辑是：**只要主机将前一次数据读取完成，即便没有任何按键被按下，也会调用 Joystick_Send 函数向主机发送全 0 数据**。实际上，Joystick_Send 函数只是将需要发送的数据复制到 USB 控制器的发送数据缓冲区中（而不是直接发往主机）；主机在进行中断轮询时会尝试读取 USB 控制器中发送缓冲区的数据，读取完成后会触发中断函数将 PrevXfreCompelte 变量置 1。也就是说，只有当我们的数据真正被主机接收到，才允许下一次数据发送的开始，后续我们还会结合 USB 控制器进行详细讨论。

有些人可能会迷惑：对于 PC 鼠标方向移动功能，为什么只需要在有按键被按下时发送数据，而在没有任何按键被按下时却不需要发送数据呢？从表 19.3 中可以看到，"X"与"Y"属于"动态值"数据类 Usage，与左、右、中键的控制类 Usage 完全不一样。也就是说，如果你在报告描述符中使用了它们，就相当于告诉主机：**设备支持 X 轴与 Y 轴数据（或者说，设备具备 X 轴与 Y 轴的特征）**。又由于"X"与"Y"对应的数据字段的生成方式为"相对（Abs）"，所以主机接收到 X 轴与 Y 轴的数据就知道以当前坐标进行**一次移动量调整**。

最后给大家留两个问题思考一下。

（1）如果把图 19.2 所示的鼠标报告描述符数据全部复制到 Joystick_ReportDescriptor 数组，并且将数组长度 JOYSTICK_SIZ_REPORT_DESC 修改为 50，为什么开发板无法控制 PC 鼠标了呢？

（2）如果把鼠标报告描述符中"X"与"Y"数据字段的生成方式改为"绝对（Abs）"，主机会怎样响应鼠标的移动方向呢？

第23章 USB差分信号电平标准

前面已经对 USB 设备的开发有了初步认识，并且对固件编程也进行了简单阐述，虽然这还不足以让我们轻松应对更复杂的 USB 设备开发，但你应该已经对 USB 系统有了一定的宏观认识。前述章节几乎都是从顶层固件编程的角度来阐述的，接下来我们切换到硬件底层，从高低数字逻辑电平信号再往上直到顶层固件逐步分析，深入探讨一下 USB 信号到底是如何传输数据的。

最常见的数字逻辑信号传输只需要一条信号线（另一条是作为参考的公共地，暂定为 0V），称为单端（Single Ended）信号。当信号线电平大于某个值时为高电平，低于某个值时则为低电平，这就是单端数字信号的逻辑判断基本原理。那到底电平值多大算高电平，多小才算低电平呢？答案就在**逻辑电平标准**中，常用的单端信号的逻辑电平标准如图 23.1 所示。

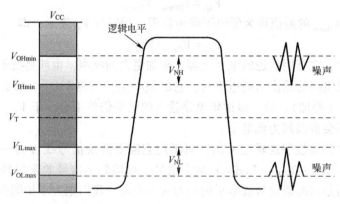

图 23.1　常用的单端信号的逻辑电平标准

其中，V_{IH}（High-Level input voltage）表示输入高电平，而 V_{OH}（High-Level output voltage）表示输出高电平，V_T 表示数字电路勉强完成翻转动作时的阈值电平，它是一个介于 V_{IL} 与 V_{IH} 之间的电压值。要保证数字逻辑认为外部给它输入的电平为 "高"，则输入电平（也就是前级的高电平输出）的最小值 V_{OHmin} 必须大于输入电平要求的最小值 V_{IHmin}，如图 23.2 所示。

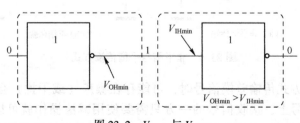

图 23.2　V_{OHmin} 与 V_{IHmin}

同样，V_{IL}（Low－Level input voltage）表示输入低电平，而 V_{OL}（Low－Level output voltage）表示输出低电平。要保证数字逻辑认为外部给它输入的电平为"低"，则输入电平（也就是前级的低电平输出）的最大值 V_{OLmax} 必须小于输入电平的最小值 V_{ILmax}，如图 23.3 所示。

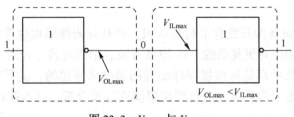

图 23.3 V_{OLmax} 与 V_{ILmax}

逻辑电平标准涉及数字逻辑系统中一个非常重要的概念：**噪声容限**（Noise Margin）。通俗地说，它是数字系统在传输逻辑电平时容许叠加在有用电平的噪声最大限制，也就是衡量数字逻辑系统的抗干扰能力。我们把 V_{OHmin} 与 V_{IHmin} 的差值称为高电平噪声容限，用符号 V_{NH} 表示，即

$$V_{\text{NH}} = V_{\text{OHmin}} - V_{\text{IHmin}} \tag{23.1}$$

而把 V_{ILmax} 与 V_{OLmax} 的差值称为低电平噪声容限，用符号 V_{NL} 表示，即

$$V_{\text{NL}} = V_{\text{ILmax}} - V_{\text{OLmax}} \tag{23.2}$$

噪声容限越大，在有用的逻辑电平上容许叠加更大的噪声，也就是抗干扰能力越强。例如，当前一级逻辑电路的输出为高电平时，它的最小值应该是 V_{OHmin}，那么即使被幅值不超过 V_{NH} 的噪声干扰（叠加），后一级逻辑电路输入的电平仍然不会小于 V_{IHmin}，这样也就能够保证电平传输后不会被误判为低电平。

USB 也是用来传输数字逻辑信号的，只不过它需要两条信号线（另一条也是作为参考的公共地），称为双端（Double Ended）数字信号。双端数字信号的逻辑判断不是以公共地电平为参考的，而是以两条信号线电平的相对大小参考。我们把大小相同而相位相反的两路信号称为差模或差分信号（Differential-Mode Signal），然后使用平衡传输电缆就可以增强信号传输的抗干扰能力了。差分传输也称为平衡传输，通常有两条信号线与一条公共地线，而且信号线之间是紧耦合的，而单端信号则采用非平衡传输方式，它们的区别如图 23.4 所示。

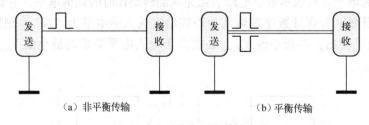

（a）非平衡传输　　　　　　　　　（b）平衡传输

图 23.4 非平衡与平衡传输方式

当我们使用平衡方式传输差模信号时，可能存在噪声（或干扰）会同时反应在两条紧耦合信号线传输的信号上，接收信号的一方只需要使用减法操作就可以将噪声（或干扰）抵消掉，而差模信号经减法操作后幅值就翻倍了，不会对传递的有用信息带来不良影响，所

以也就增强了信号传输的抗干扰能力，其基本原理如图 23.5 所示。

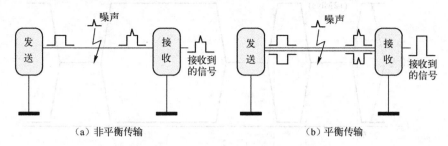

（a）非平衡传输　　　　　　　　　（b）平衡传输

图 23.5　平衡传输方式的抗干扰能力

我们把同时反应到双端信号线上的噪声（或干扰）称为共模信号（Common-Mode Signal），它通常是对系统无用甚至有害的。很明显，非平衡传输的单端信号（借由信号电平标准）建立起来的抗干扰能力已经由双端信号的传输媒介做到了，换句话说，双端信号从传输结构上就具备比单端信号在抗干扰方面的天生优势，所以 USB 才会使用差分信号来传输数据。

USB 2.0 规范给出的低速模式下的驱动信号波形如图 23.6 所示，其中一位数据完整的传输时间包含逻辑跳变开始与电平稳定期，具体时长取决于传输速率。但是规范给出的全速模式下的驱动信号波形却与之有所不同，如图 23.7 所示。

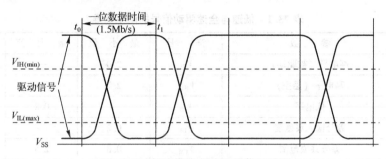

图 23.6　低速模式下的驱动信号波形

图 23.7 所示的波形分别表示发送端与接收端的信号，它们与图 23.6 所示的波形是不一样的，因为低速驱动信号的电平变化速率相对较低，而且规范还要求互连线缆延时 T_{CBL}（Propagation Delay of Cable）必须小于 18ns，这样才能够忽略互连线缆传播延时带来的影响，从而将整个 USB 系统当成一个集总参数系统（Lumped Parameter System），你可以理解为**发送端就是接收端**。

全速（或高速）驱动时却不能忽略互连线缆延时带来的影响，一位数据完整的传输时间包含逻辑跳变开始、传播延时与电平稳定期。在 t_0 时刻，驱动信号的差分输出逻辑进行跳变后，需要经过一段时间在互连线缆上进行传输，在信号尚未到达接收端之前，接收端的逻辑电平是不会发生变化的。只有在经过一定的互连线缆延时后，接收端的逻辑才开始跳变然后逐渐稳定下来。

低速与全速驱动信号的电平标准如表 23.1 所示（高速驱动信号的电平标准略有不同，后述）。

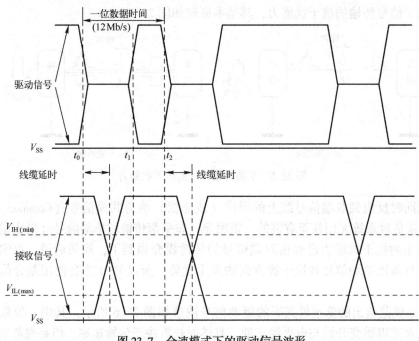

图 23.7　全速模式下的驱动信号波形

表 23.1　低速与全速驱动信号的电平标准

类　　型	参　　数	符　　号	最　小　值	最　大　值	单　　位
输入	高电平（被驱动）	V_{IH}	2.0	—	V
	高电平（悬空）	V_{IHZ}	2.7	3.6	V
	低电平	V_{IL}	—	0.8	V
	差分输入灵敏度	V_{DI}	0.2	—	V
	差分共模范围	V_{CM}	0.8	2.5	V
输出	低电平	V_{OL}	0.0	0.3	V
	高电平	V_{OH}	2.8	3.6	V
	单端 1（SE1）	V_{OSE1}	0.8	—	V
	输出信号交叉电压	V_{CRS}	1.3	2.0	V

表 23.1 中，V_{DI}（Differential Input Sensitivity）表示接收方能够检测到的差分电平范围，当然，实际传输的信号会有一定的共模分量，其范围使用 V_{CM}（Differential Common Mode Range）表示。也就是说，当差分共模电压的范围为 0.8~2.5V 时，接收方应该能够检测到低至 200mV 的差分输入电平的变化。V_{CRS} 表示输出信号交叉电压，其范围为 1.3~2.0V，图 23.8 展示了驱动输出与接收输入的电气参数。

表 23.1 中的 **SE1** 是什么呢？我们来看看 USB 2.0 规范进一步定义的低速/全速信号电平，如表 23.2 所示。

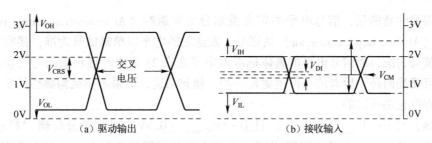

（a）驱动输出　　　　　　　　　（b）接收输入

图 23.8　低速/全速信号电平标准

表 23.2　低速/全速信号电平

总线状态	信号电平		
	发送端	接收端	
		需要（Required）	可接受（Acceptable）
差分逻辑 "1"	D+>$V_{OH(min)}$ 且 D-<$V_{OL(max)}$	(D+)-(D-)>200mV 且 D+>$V_{IH(min)}$	(D+)-(D-)>200mV
差分逻辑 "0"	D->$V_{OH(min)}$ 且 D+<$V_{OL(max)}$	(D-)-(D+)>200mV, 且 D->$V_{IH(min)}$	(D-)-(D+)>200mV
单端 0（SE0）	D+<$V_{OL(max)}$ 且 D-<$V_{OL(max)}$	D+<$V_{IL(max)}$ 且 D-<$V_{IL(max)}$	D+<$V_{IL(max)}$ 且 D-<$V_{IL(max)}$
单端 1（SE1）	D+<>$V_{O SE1(min)}$ 且 D->$V_{OL(max)}$	D+>$V_{IL(max)}$ 且 D->$V_{IL(max)}$	
数据 J 状态：			
低速	差分逻辑 "0"	差分逻辑 "0"	
全速	差分逻辑 "1"	差分逻辑 "1"	
数据 K 状态：			
低速	差分逻辑 "1"	差分逻辑 "1"	
全速	差分逻辑 "0"	差分逻辑 "0"	
空闲状态：			
低速	不适用(Not Applicable，NA)	D->$V_{IHZ(min)}$ 且 D+<$V_{IL(max)}$	D->$V_{IHZH(min)}$ 且 D+<$V_{IH(max)}$
全速		D+>$V_{IHZ(min)}$ 且 D-<$V_{IL(max)}$	D+>$V_{IHZH(min)}$ 且 D-<$V_{IH(max)}$
唤醒状态	数据 K 状态		
包起始（SOP）	数据线从空闲到 K 状态转换		
包结束（EOP）	约 2 位数据时长的 SE0 状态后，跟随一位数据时长的 J 状态	不小于 1 位数据时长的 SE0 状态后，跟随一位数据时长的 J 状态	J 状态后，跟随不小于 1 位数据时长的 SE0 状态
断开（在下行口）	不适用	SE0 状态时长不小于 2.5μs	
连接（在下行口）	不适用	空闲时长不小于 2ms	空闲时长不小于 2.5μs
复位	D+与 D-小于 $V_{OL(max)}$ 的时长不小于 10ms	D+与 D-小于 $V_{IL(max)}$ 的时长不小于 10ms	D+与 D-小于 $V_{IL(max)}$ 的时长不小于 2.5μs

表 23.2 包含的信息非常丰富，其中不仅定义了差分信号的基本逻辑，还描述了主机与设备之间的总线状态，也称为"握手协议"（Handshake Protocol），对深入理解 USB 控制器的工作原理与 USB 规范也非常有帮助，后续章节还会参考到这个表。

151

首先需要注意的是，信号电平的定义被划分为发送端（At originating source connector）与接收端（At final target connector）两部分，发送端的电平以**单端信号**为准，接收方的电平则以**双端信号**为准，而信号电平的具体标准就定义在表 23.1 中。接收端的电气参数被划分为**需要**与**可接受**两种，后者的条件更宽松一些。换句话说，如果不满足**需要**栏的要求，达到**可接受**的程度也是可以的。

很明显，当 D+>$V_{OH(min)}$（2.8V）且 D-<$V_{OL(max)}$（0.3V）时为**差分逻辑"1"**；当 D->$V_{OH(min)}$ 且 D+<$V_{OL(max)}$ 时为**差分逻辑"0"**。在基本差分逻辑的基础上，又定义了 SE0、SE1、J、K 四种状态，其中 J 与 K 状态就是基本差分逻辑"0"或"1"，但是请特别注意：**低速与全速模式下定义的 J 与 K 状态恰好是相反的。**

有人可能会想：为什么还要定义 J、K 状态，而不直接用基本差分逻辑"0"与"1"呢？因为 USB 差分信号实际上使用的是相对电平的变化或保持不变来代表逻辑"0"或"1"（而不是直接使用相对电平大小），是一种不归零反码（Non-Return-to-Zero Inverted Code，NRZI）的编码方式。例如，"JK"或"KJ"序列表示信号电平翻转，说明发送的数据是"0"；而"JJ"或"KK"序列表示信号电平保持不变，说明发送的数据是"1"。也就是说，基本差分逻辑"0"与"1"本身是没有意义的，后续还会进一步阐述这种编码方式所带来的好处。

我们说 USB 在正常传输数据时，D+与 D-的电平状态应该会有一定的差值（要么是差分逻辑"0"，要么是差分逻辑"1"），那么在没有传输数据时又是怎样的呢？USB 2.0 规范又定义了：当 D+与 D-均小于 $V_{OL(max)}$ 时为**单端 0 状态**（Single-ended 0，SE0），而当 D+与 D-均大于 $V_{OSE1(min)}$（0.8V）时为**单端 1 状态**（Single-ended 1，SE1）。

SE0、J、K 这 3 种状态在主机与设备进行握手时经常会使用到，在此基础上又定义了空闲、唤醒、包起始（Start Of Package，SOP）、包结束（End Of Package，EOP）、断开、连接、复位等信号状态，我们先来看看主机是如何检测设备是否连接的。

当 USB 设备没有连接主机时，总线由于主机端的下拉电阻而处于 SE0 状态。一旦设备与主机连接时，如果主机检测到 D-信号线被拉高，则判断为低速设备。如果检测到 D+信号被拉高，则判断为全速/高速设备，相应的设备连接检测时序如图 23.9 所示，其中的 T_{DCNN} 代表设备"将信号线上拉为高电平"与"被主机检测到"之间所需要的时间。当集线器处于唤醒状态时，其范围为 2.5μs～2ms，当集线器处于挂起状态时，其范围为 2.5μs～12ms。

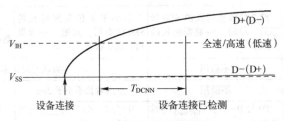

图 23.9　设备连接检测时序

主机检测到设备后首先会对其进行复位，也就是根据表 23.2 中所示的复位信号电平参数同时拉低 D+、D-两条信号（SE0 状态）并保持不小于 10ms 的时长，之后设备就会进入**默认状态**。当然，前述 10ms 时长是对发送端（任何集线器或主机控制器）的要求，因为复位信号最终到达设备需要一定的时间，而从接收方（设备）的角度来看，如果看到上行口的 SE0 状态持续时间超过 2.5μs，设备就会把它认为是复位信号，它必须在复位信号结束前完成复位。复位完成后就是主机获取设备各种描述符的过程，此处不再赘述。

在总线枚举或正常工作过程中，如果发现总线处于空闲状态的时长超过 3ms 以上时，设备则会认为主机发起了挂起信号而进入挂起状态。当所有端口的总线不活动时间不超过 10ms 后设备会被真正挂起，并且仅从总线获取挂起电流（原文：The device must actually be suspended, drawing only suspend current from the bus after no more than 10ms of bus inactivity on all its ports）。需要注意的是：**设备处于挂起状态时必须继续为 D+（全速或高速）或 D-（低速）信号线的上拉电阻提供电压而维持空闲状态，这样集线器才能为设备维持正确的连接状态。**

什么是空闲状态呢？如果结合表 23.1 与表 23.2 进行分析就很容易知道，全速模式下的空闲状态与 J 状态非常接近，也就是说，从接收端来看，符合空闲状态的电平必然符合 J 状态，反之则不然。低速模式下的空闲状态定义恰好与全速模式相反，但是刚刚已经提过，全速与低速模式下的 J 与 K 状态定义本身就是反的，所以"空闲状态与 J 状态非常接近"也同样适用于低速设备。

我们再来看看表 23.2 所示的包起始状态，它是指**数据线从空闲状态转换到 K 状态**。由于空闲状态**可以理解**（不代表完全相同）为 J 状态，所以简单地说，包起始状态就是**电平极性翻转的差分信号**。包结束状态则是后面跟随着 J 状态的 SE0 状态，之后数据线会再次进入空闲状态，而包起始与包结束状态之间就是可能发送的握手协议或数据包，如图 23.10 所示。

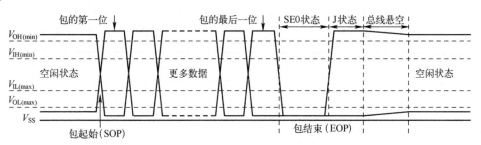

图 23.10　包起始与包结束状态

如果设备需要退出挂起状态进入唤醒状态，可以通过发送包起始信号（翻转数据线上的极性）并保持 20ms 来唤醒设备，最后再发送包结束信号即可，如图 23.11 所示。

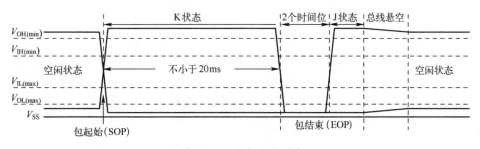

图 23.11　设备唤醒时序

如果已经进入空闲状态至少 5ms 的设备支持远程唤醒，可以向主机发起唤醒信号，时长必须维持在 1~15ms。主机在收到唤醒信号 1ms 内会接管并继续发送唤醒信号（驱动总线为 K 状态），并维持至少 20ms，最后再发送包结束信号即可。也就是说，唤醒信号可以由主机或设备发起，但只有主机可以发送包结束信号以结束唤醒信号。

当设备与主机断开时，主机端的 D+、D-信号线上连接的下拉电阻会使总线进入 SE0 状态，相应的断开检测时序如图 23.12 所示，其中的 T_{DDIS} 为设备"与主机断开后信号线下拉为低电平"与"被主机检测到断开"之间所需要的时间，其值应不小于 2.5μs。

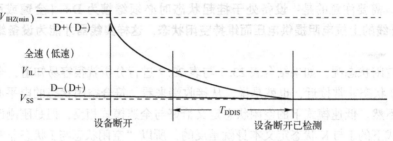

图 23.12 低速/全速设备断开检测时序

第24章　主机如何识别高速设备

有些读者至今可能还有一些疑问：前面已经讨论了主机识别低速与全速设备的方式，那么又是怎样识别高速设备的呢？为什么有些 USB 设备并没有看到信号线存在上拉电阻呢？为了解答这两个问题，我们先来了解一下高速模式下的信号电平是如何定义的。

首先需要说明的是：低速/全速与高速模式下信号的驱动方式是不一样的！前者使用**电压驱动**模式，这一点与以往 PC 使用的串口或并口并没有本质区别（就如单片机引脚输出电压驱动负载一样），只不过发送方将单端信号转换为双端电压信号进行传输，接收方通过判断两条信号线电平的相对大小来确定传输逻辑。

高速设备却有很大的不同，由于传输速率非常高，通常采用**电流驱动**模式，相应的驱动架构如图 24.1 所示，其中 $K_1 \sim K_4$ 是 4 个用来组成全桥电流转向的开关，驱动端有一个标称值为 17.78mA 的电流源（Current Source），接收器则有一个 90Ω 的端接电阻。

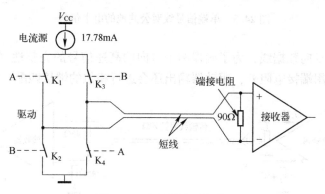

图 24.1　电流源驱动架构

电流源驱动方案的工作原理很简单，当 K_2 与 K_3 闭合时，电流经 K_3、短线、端接电阻上侧、端接电阻下侧、短线、K_2 到地形成回路，此时端接电阻两端的压降为 $17.78\text{mA} \times 90\Omega \approx 1.6\text{V}$，极性为上正下负。当 K_1 与 K_4 闭合时，电流经 K_1、短线、端接电阻下侧、端接电阻上侧、短线、K_4 到地形成回路，此时端接电阻两端的压降同样约为 1.6V，只不过极性恰好是相反的。也就是说，差分驱动输出与接收器两端看到的差分电压幅值约为 ±1.6V，如图 24.2 所示，其中标注的 V_{HSCM}（High-speed data signaling common mode voltage）是两条信号电压对公共地的平均值。

当然，±1.6V 只是在 "驱动器与接收器之间的传输线很短" 的情况下得出的结论，在实际应用中，通常会使用较长的传输线（互连电缆）连接驱动与接收双方，端接电阻的存在就是为了与传输线阻抗进行匹配，在理想情况下，接收器（传输线两端）看到的差分电压幅值只有原来的一半，即 ±0.8V。如果从单端电压信号来看待传输线上的差分信号，相应的波形如图 24.3 所示，其中标注的 800mV 只是差分信号线某一条对公共地的电压值，此

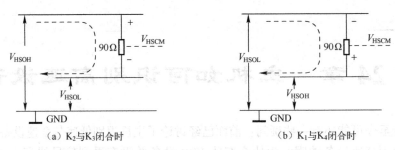

（a）K_2 与 K_3 闭合时 （b）K_1 与 K_4 闭合时

图 24.2 电流注入方向不同时的信号电平

时另一条信号线的电平与公共地接近。

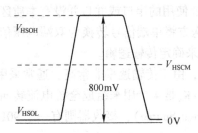

图 24.3 单端信号线对公共地的电平信号

USB 信号线是双向数据线，为了确保两个方向的高速信号的完整性（质量）不被破坏，除在接收器输入使用端接电阻外，驱动器输出还会进行相似的端接匹配，如图 24.4 所示。

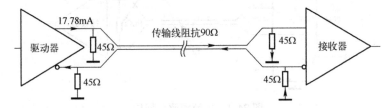

图 24.4 USB 信号线的端接

接收器的端接电阻可以等效为两条信号线分别与公共地连接的 45Ω 电阻，因为在正常工作时，流过这两个电阻的电流恰好是相反的（可以理解为电流从某个电阻流入公共地，再从公共地流出来进入另一个电阻），所以差分信号看到的差分阻抗仍然是 90Ω。驱动器输出对公共地同样存在两个 45Ω 的端接电阻，传输线缆的特性阻抗也是 90Ω（相当于每条信号线对公共地连接了 45Ω 的电阻，就像接收器的 90Ω 电阻一样），那么从传输线输入端往接收器看到的单端阻抗就是 45Ω（传输线阻抗与**接收器**的端接电阻不是"两个普通电阻并联而阻值减半"的关系，因为单端信号在传输线上向前传播直至看到端接电阻时的阻抗一直都是 45Ω），所以驱动器输出看到的单端阻抗就是 22.5Ω（两个 45Ω 电阻的并联）。当 17.78mA 的电流注入某一条信号线时，相应的单端电压值为 $17.78\text{mA} \times 22.5\Omega \approx 400\text{mV}$，此时另一条信号线的电压值为公共地，所以图 24.3 中的 800mV 则应该修正为 400mV。

我们来看看 USB 2.0 规范给出的高速模式下的信号电平标准，如表 24.1 所示。

表 24.1　高速模式下的信号电平标准

类　型	参　　数	符　号	最 小 值	最 大 值	单　位
输入	高速静噪检测阈值（差分信号幅度）	V_{HSSQ}	100	150	mV
	高速断开检测阈值（差分信号幅度）	V_{HSDSC}	525	625	mV
	高速数据信号共模电压范围（对于接收端）	V_{HSCM}	−50	500	mV
输出	高速空闲电平	V_{HSOI}	−10	10	mV
	高速数据信号高电平	V_{HSOH}	360	440	mV
	高速数据信号低电平	V_{HSOL}	−10	10	mV
	Chirp J 电平（差分电压）	V_{CHIRPJ}	700	1100	mV
	Chirp K 电平（差分电压）	V_{CHIRPK}	−900	−500	mV

Chirp J 与 Chirp K 是什么状态呢？我们来看看 USB 2.0 规范定义的高速模式下的信号电平，如表 24.2 所示。

表 24.2　高速模式下的信号电平

总 线 状 态	发 送 端	接 收 端
高速差分逻辑"1"	直流电平（DC Levels）： $V_{HSOH}(\min) \le D+ \le V_{HSOH}(\max)$ $V_{HSOL}(\min) \le D- \le V_{HSOL}(\max)$	见 USB 2.0 规范
高速差分逻辑"0"	直流电平： $V_{HSOH}(\min) \le D- \le V_{HSOH}(\max)$ $V_{HSOL}(\min) \le D+ \le V_{HSOL}(\max)$	
高速 J 状态	高速差分逻辑"1"	高速差分逻辑"1"
高速 K 状态	高速差分逻辑"0"	高速差分逻辑"0"
Chirp J 状态	直流电平： $V_{CHIRPJ}(\min) \le (D+-D-) \le V_{CHIRPJ}(\max)$	AC 差分电平不小于 300mV
Chirp K 状态	直流电平（DC Levels）： $V_{CHIRPK}(\min) \le (D+-D-) \le V_{CHIRPK}(\max)$	AC 差分电平不大于 −300mV
高速静噪状态（Squelch State）	NA	接收差分电压幅值不大于 100mV
高速空闲状态（Idle State）	NA	直流电平：$V_{HSOI}(\min) \le (D+,D-) \le V_{HSOI}(\max)$ 交流差分电压：不大于 100mV
高速起始包（HSSOP）	信号线从高速空闲状态到高速 J 或 K 状态的切换	
高速结束包（HSEOP）	信号线从高速 J 或 K 状态到高速空闲状态的切换	
高速断开状态（在下行口）	NA	见 USB 2.0 规范

　　高速差分逻辑及 J、K 状态与低速/全速是对应的，它们都是从**单端信号**的角度定义的，而 Chirp J 与 Chirp K 则是从双端信号的差分输出电压角度定义的状态，它们只有当集线器与设备都支持高速模式且在**复位**期间才会使用到，正常传输数据时仍然使用高速 J、K 状态。

　　从差分信号的数据传输原理可以知道，一对差分信号线只能够进行一个方向的数据传输，我们称其为**单工（simplex）通信**，也称点对点（Point-To-Point）传输。但 USB 也只是使用了一对差分信号线，为什么却可以进行双向数据传输呢？例如，在使用移动硬盘时，既可以读出硬盘中的数据也可以将数据写入硬盘。其实原因很简单，USB 系统是由两对驱动器与接收器组合而成的，类似如图 24.5 所示的**半双工（Half Duplex）**配置结构。在任意时刻，差分信号线仍然只能往一个方向传输数据，但可以分时进行双向数据传输，当驱动器 1 向接收器 1 发送数据时，驱动器 2 与接收器 2 应该关闭，反之亦然（就如警匪片中使用对讲机通话一样，双方不能同时讲话，必须某一方说一句"完毕"向对方表示通话结束再切换模式后，才可以听到另一方说的话）。

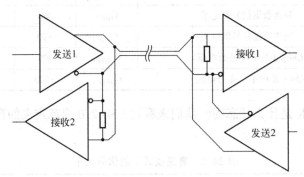

图 24.5　两对驱动器与接收器组合而成的双向数据传输结构

　　当然，USB 收发器实际的结构要复杂得多，USB 2.0 规范给出的电路结构如图 24.6 所示（在主机与设备两边都有这样一个模块，可以说是对称的），虽然看起来很复杂，其实可以分为（灰色填充的）低速/全速与（非填充的）高速两大块，低速/全速部分包含了低速/全速驱动器（用于差分信号输出）、低速/全速差分数据接收器（用于差分信号输入）和两个单端信号接收器。单端接收器主要处理差分接收器无法接收的总线状态信号。例如，设备进行状态转换时会用到 SE0 状态，此时就会使用到单端接收器，因为差分接收器只能判断有差别的两个电压。

　　高速模式下也有单独的接收器与发送器，需要注意的是，在高速模式下，低速/全速驱动器输出引脚的阻抗与串联电阻 R_S 必须在 45Ω 左右。也就是说，高速模式下的端接匹配是由低速/全速驱动器完成的，具体来说，是通过将低速/全速驱动器的 D+与 D-下拉为低电平（SE0 状态）来完成的。只有主机与设备是对称的，才有图 24.4 所示的电阻网络结构。另外，在主机端都有两个下拉电阻（R_{pd}），而在设备端会有一个上拉电阻（R_{pu}），它与+3.3V 电源之间存在一个开关，这意味着用户可以根据设备模式控制其连接状态。

　　好的，接下来我们来看看怎样识别高速设备。USB 高速设备首先被识别为全速设备，所以也必须在 D+信号线连接上拉电阻，前面也已经提过，集线器检测到设备插入时向主机通报，然后主机发送请求让集线器复位插入的设备，这个复位操作是集线器通过驱动数据线到复位状态 SE0（D+与 D-均为低电平）来实现的（持续时间至少为 10ms），相当于在每条信号线对公共地连接了一个 45Ω 的电阻，复位期间的状态如图 24.7 所示。

　　高速设备的识别操作就是在复位期间完成的。当主机发送的复位信号被高速设备检测到之后，高速设备通过数据驱动器内部的电流源往 D-信号线持续注入大小约为 17.78mA 的电流，此时单端信号看到的阻抗约为 45Ω（1.5kΩ 的上拉电阻此时还处于连接状态，但对阻抗影响不大），所以发出的 Chirp K 信号的电压幅值约为 45Ω×17.78mA = 800mV，持续的时

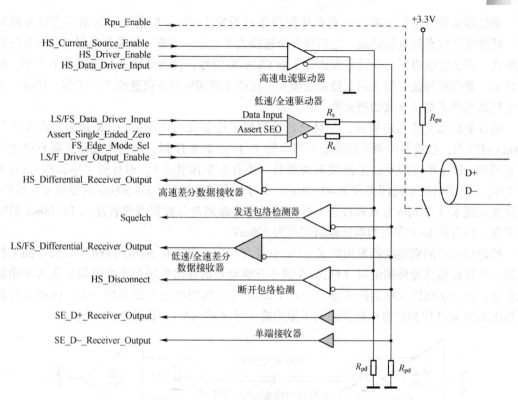

图 24.6　USB 总线高速收发器的电路结构

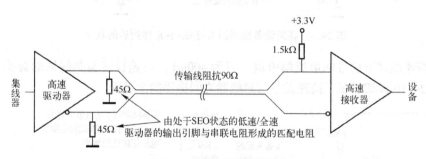

图 24.7　复位期间的状态

间范围为 1~7ms，相当于通知集线器：**我支持高速传输模式，如果你也支持，咱就一起使用高速传输模式共同创造美好未来。**此时相应的状态如图 24.8 所示。

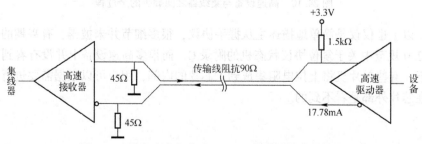

图 24.8　设备向主机发送 Chirp K 信号时相应的状态

集线器发送复位信号后，一直在检测设备是否发出 Chirp K 信号，如果一直没有检测到，就继续复位直到复位结束，之后就在全速模式下工作。当然，如果集线器本身不支持高速模式，那么它也将不理会设备发送过来的 Chirp K 信号，设备也将在全速模式下工作。换句话说，集线器与设备都必须支持高速模式；这样才能切换到在高速模式下工作，任何一方不支持高速模式都会导致切换失败。

假设集线器支持高速模式，并且已经检测到了设备发送来的 Chirp K 信号，在此后的 $100\mu s$ 时间内，集线器必须开始发送一连串的 K-J-K-J-K 序列，向高速设备表明自己支持高速模式。K-J 序列的发送是连续不间断的（不存在空闲状态），而且每个单独的 Chirp K 与 Chirp J 状态的持续时间必须为 $40\sim60\mu s$。K-J 序列停止后的 $100\sim500\mu s$ 内结束复位操作。集线器发送 K-J 序列的方式和设备一样，通过电流源向差分数据线交替注入 $17.78mA$ 的电流实现，相应的 K-J 序列的电压幅值同样为 $800mV$。

高速设备检测到集线器发出的 K-J-K-J-K 序列后，必须在 $500\mu s$ 内断开 $1.5k\Omega$ 的上拉电阻，并且使能高速终端电阻（低速/全速差分驱动器的输出电阻与串联电阻）进入高速默认状态，由于端接匹配电阻的连接，此时 USB 信号看到的阻抗为原来的一半，因此集线器发送出来的 K-J 序列的电压幅值降到了原先的一半（$400mV$），如图 24.9 所示。

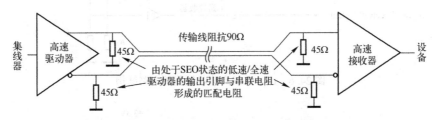

图 24.9　高速设备检测到 K-J-K-J-K 序列后的状态

之后高速模式下信号的电压幅值就一直为 $400mV$，高速设备与集线器的握手过程至此结束，图 24.10 详细展示了高速设备与集线器之间握手的全过程。

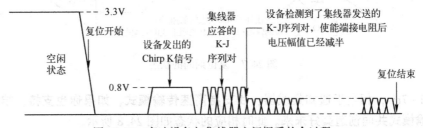

图 24.10　高速设备与集线器之间握手的全过程

当然，以上也仅仅是简单地描述主从握手协议，很多细节并未披露，有兴趣的读者可以参考 USB 2.0 规范中关于复位协议状态机的附录 C，而很多高速设备上并没有看到上拉电阻的原因在于，有些单片机将上拉电阻集成到了芯片的内部，用户可以根据需要进行使能或禁止，所以在芯片外部是看不到的。

第25章 为什么要进行阻抗匹配

前面已经提到过，为了保证高速信号在传输过程中的完整性（质量），通常会添加端接电阻进行传输线的阻抗匹配，那到底为什么要进行阻抗匹配呢？我们反过来看，如果没有进行阻抗匹配，传输的高速信号可能会发生什么变化。先来观察一下高速数字逻辑系统中很有可能遇到的一种方波信号，如图25.1所示。

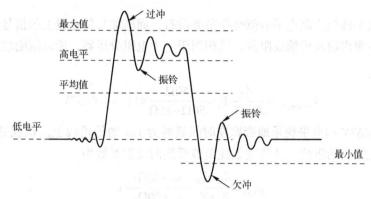

图25.1 一种方波信号

从图25.1中可以看到，方波信号中有明显的振铃与过冲或欠冲，它们就是由阻抗不匹配而导致的**信号反射**造成的。我们可以通过理论计算来绘出这个波形，首先引入反射系数（Reflection Coefficient）来衡量瞬态阻抗发生改变的程度，并使用符号 ρ 来表示。假设方波入射（Incident）信号在传输过程中会经过两个不同的阻抗区域 Z_1 与 Z_2，如图25.2所示。

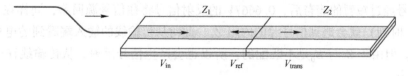

图25.2 阻抗突变与信号的反射

我们定义反射系数为反射回来的信号与发送信号幅值的比值，如下式：

$$\rho = \frac{V_{ref}}{V_{in}} = \frac{Z_2 - Z_1}{Z_2 + Z_1} \tag{25.1}$$

很明显，两个区域的阻抗差异越大（越不匹配），反射回来的信号就会越大。当 $Z_2 = 0$ 时，$\rho = -1$；当 $Z_2 = \infty$ 时，$\rho = 1$。也就是说，ρ 的变化范围为 $-1 \sim 1$。例如，电压幅值为 1V 的方波信号沿特性阻抗为 50Ω 的线缆传播，则其所受到的瞬态阻抗为 50Ω，如果它突然进入特性阻抗为 75Ω 的线缆时，反射系数为 $(75Ω - 50Ω)/(75Ω + 50Ω) = 20\%$，反射回来的电压为 20%×1V = 0.2V，那么你在输入端可以测量到幅值为 1V+0.2V = 1.2V 的电压。

为了进一步详细描述反射对传播信号的影响，假设信号源的阻抗为 25Ω、传输线的阻抗为 50Ω（延时为 1ns），且没有连接负载（阻抗为无穷大），方波信号源的幅值仍然为 1V，如图 25.3 所示。

图 25.3　将信号发送到一段传输线上

方波由低电平转换为高电平后就会往负载前行，而施加到传输线上的信号幅度取决于信号源电压、信号源内阻及传输线阻抗，就相当于一个电阻分压器，所以刚刚注入到传输线的电压幅值为

$$V_{source\_0ns} = \frac{Z_0}{Z_0 + Z_s}V_s = \frac{50\Omega}{50\Omega + 25\Omega} \times 1V \approx 0.6667V$$

幅值为 0.6667V 的电平快乐地奔跑在时间延时为 1ns 的传输线上。也就是说，1ns 时间过后它会遇到无穷大的阻抗。从传输线往负载看到的反射系数为

$$\rho_{load} = \frac{Z_L - Z_0}{Z_L + Z_0} = \frac{\infty - 50\Omega}{\infty + 50\Omega} \approx 1$$

所以引起的反射电压量为

$$V_{ref\_1ns} = \rho_{load} \times V_{0ns} = 1 \times 0.6667V = 0.6667V$$

也就是说，入射的所有能量都被反射回来，其幅值为 0.6667V。换句话说，在 0~1ns 时间内负载两端还没有电压（0V），在 1ns 后电压变为

$$V_{load\_1ns} = V_{source\_0ns} + V_{ref\_1ns} = 0.6667V + 0.6667V = 1.3333V。$$

这个电压值比信号源的还要高，所以就形成了如图 25.1 所示波形中的过冲。被负载反射回来的信号经过短暂的痛苦后，0.6667V 的反射信号将往信号源回跑，同样在 1ns 时间后（也就是 2ns 时刻）就会遇到信号源的内阻 Z_s，此时从传输线的输入端看到的电压幅值理应为 1.3333V。但由于 Z_s 与 Z_0 是不匹配的，所以也会产生信号反射。从传输线往信号源看到的反射系数为

$$\rho_{source} = \frac{Z_s - Z_0}{Z_s + Z_0} = \frac{25\Omega - 50\Omega}{25\Omega + 50\Omega} \approx -0.3333$$

而引起的反射电压量为

$$V_{ref\_2ns} = \rho_{source} \times V_{ref\_1ns} = -0.3333 \times 0.6667V \approx -0.2222V$$

也就是说，在 1~2ns 时间内，从负载两端看到的电压幅值仍然为 1.3333V，而在 2ns 时刻后，从传输线输入端看到的电压将会变为

$$V_{source\_2ns} = V_{source\_0ns} + V_{load\_1ns} + V_{ref\_2ns} = 0.6667V + 0.6667V - 0.2222V = 1.1112V$$

这个再次反射回来的电压同样又会朝负载疯狂地奔跑，在 3ns 时刻会赶到负载并再次反

射回来，相应的反射电压量计算如下：

$$V_{\text{ref\_3ns}} = \rho_{\text{load}} \times V_{\text{ref\_2ns}} = 1 \times (-0.2222\text{V}) = -0.2222\text{V}$$

那么 4ns 时刻又会遇到信号源的阻抗又反射回来，即

$$V_{\text{ref\_4ns}} = \rho_{\text{source}} \times V_{\text{ref\_3ns}} = (-0.3333) \times (-0.2222\text{V}) \approx 0.074\text{V}$$

后面的反射电压依此类推，即

$$V_{\text{ref\_5ns}} = \rho_{\text{load}} \times V_{\text{ref\_4ns}} = 1 \times (0.074\text{V}) = 0.074\text{V}$$

$$V_{\text{ref\_6ns}} = \rho_{\text{source}} \times V_{\text{ref\_5ns}} = (-0.3333) \times (0.074\text{V}) \approx -0.0494\text{V}$$

$$V_{\text{ref\_7ns}} = \rho_{\text{load}} \times V_{\text{ref\_6ns}} = 1 \times (-0.0494\text{V}) = -0.0494\text{V}$$

图 25.4 所示的格形图可以表示前述信号的整个反射过程。

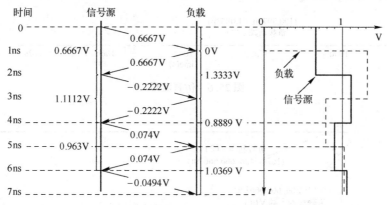

图 25.4　传输线上的反射格形图

我们使用 Multisim 软件平台验证一下，仿真电路如图 25.5 所示。

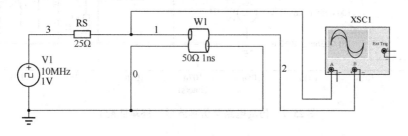

图 25.5　仿真电路

其中，W1 表示传输线，其特性阻抗为 50Ω，传播延时为 1ns，相应的波形如图 25.6 所示，读者可自行对比理论计算结果。

我们在传输线的输出端对公共地并联一个 50Ω 的电阻，这可以称为**终端匹配**方案，相应的仿真电路与仿真波形如图 25.7 所示。

由于电阻 R1 的阻值等于传输线的阻抗，信号从传输线出来后没有产生反射现象，而其幅值为信号源的 2/3，也就是 25Ω 与 50Ω 对信号源进行分压后的幅值。当然，具体的阻抗匹配方案有很多。例如，我们可以将图 25.5 所示电路中的电阻 RS 的阻值改为 50Ω，这称为**源端匹配**方案，相应的仿真电路与仿真波形如图 25.8 所示。

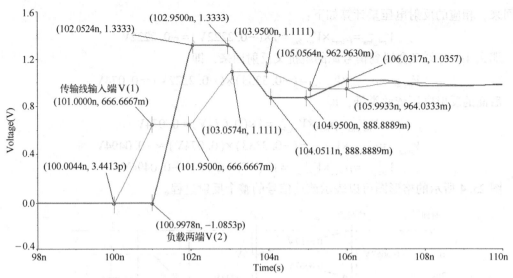

图 25.6　仿真波形

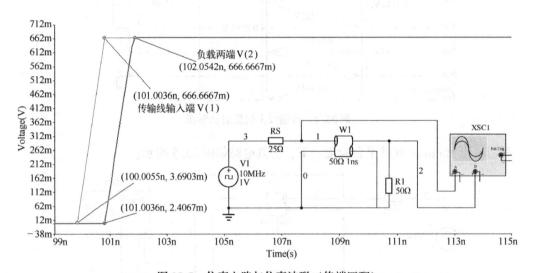

图 25.7　仿真电路与仿真波形（终端匹配）

从图 25.8 中可以看到，传输线的输出端并没有进行阻抗匹配，（开路）负载的一次信号反射正好使其两端的电压幅值等于信号源幅值，但反射信号从传输线往信号源看到的阻抗却是一致的，所以阻止了信号的再次反射。在源端（发送方）串联电阻与终端（接收方）并联电阻是两种最常见的阻抗匹配方式，掌握好这"两板斧"可以解决很多电路系统中与信号反射相关的问题，而在 USB 的高速模式下则采用终端并联电阻的阻抗匹配方案。

很明显，反射会破坏传输信号的完整性，严重的情况下会导致系统出现逻辑判断错误而产生功能故障，这肯定不是我们希望看到的，那么在实际工程应用中，怎么样才能确定传输数字信号的完整性足够好呢？因为即便测量得到某个波形的完整性足够好，也只能反映出某些信号在某段时间内的波形细节，并不能够代表传输系统总是会很稳定的，所以我们需要快速且直观地反映出物理器件与传输媒介对所有数字信号的**整体**影响程度，眼图（Eye

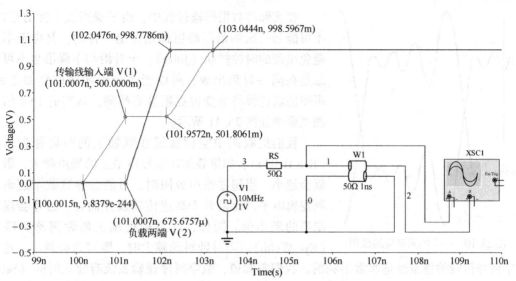

图 25.8　仿真电路与仿真波形（源端匹配）

Diagram/Pattern）就是最常用的一种观测手段，它经常用于需要对电子设备、芯片中串行数字信号或者高速数字信号进行测试及验证的场合，工程师借此可以预判可能发生的问题。

　　眼图就是像眼睛形状的图形，它的形成原理很简单，我们将一系列不同数字信号序列按一定的规律注入到传输线中，在测量信号时按某个基准点（通常是时钟）对齐并将所有波形叠加起来就形成了眼图，3 个码元（Symbol）产生的眼图如图 25.9 所示。

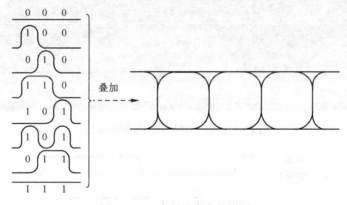

图 25.9　3 个码元产生的眼图

　　码元是携带了数据（信息）的信号波形，它是信号波形传输数据的最小单位，一个码元在不同调制方式下对应的二进制位数也会有所不同。例如，二进制码元的波形有两种，分别表示 "0" 与 "1"，即一个码元代表一位数据。四进制码元的波形有 4 种，分别表示 "00" "01" "10" "11"，即一个码元代表两位数据。本书如无特别说明，仅涉及二进制码元。

　　图 25.9 所示的眼图是没有产生任何反射的信号波形叠加，实际的高速数字信号或多或少会有一些反射，如果真实的信号波形如图 25.1 所示，那么一个码元对应的眼图类似如图 25.10 所示的眼图，从中我们仍然能够观察到上冲、下冲、上升沿和下降沿等电平变换参数。

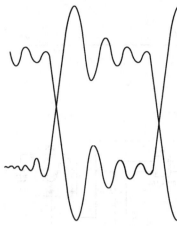

图 25.10　一个码元对应的眼图

在实际的数据传输过程中，由于噪声或干扰的存在，不可能每一次的信号幅值都是完全一样的，又由于不可避免出现的时钟抖动（Jitter），上升沿与下降沿也不可能总是在同一时刻出现，所以当多个码元经过叠加之后，眼图的轨迹线将会变得更粗且更模糊，真实的 USB 信号测试眼图如图 25.11 所示。

我们把眼图中空白区域在纵轴上的距离称为眼高（Eye Height）。如果叠加在信号电平上的噪声越大，眼高就会越小。当超过噪声容限时，可能会导致数字逻辑误判逻辑电平，所以对于高速传输媒介而言，通常会规定眼高的最小值。同样，我们把横轴上的距离称为眼宽（Eye Width）。当时钟抖动越大时，眼宽就会越小，这对数字信号传输的稳定性是非常不利的。我们都知道，数字时序逻辑系统有建立时间（Setup Time，t_{su}）与保持时间（Hold Time，t_{hd}）的概念，前者是指在触发时钟边沿到来前数据必须保持稳定的最小时间，而后者是指在触发时钟边沿过去后数据需要再保持稳定的最小的时间，相应的定义如图 25.12 所示。

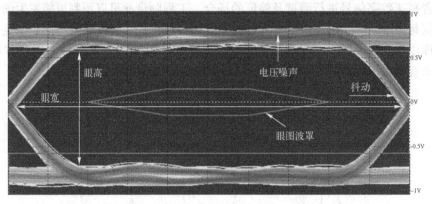

图 25.11　真实的 USB 信号测试眼图

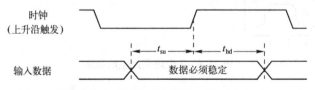

图 25.12　建立时间与保持时间的定义

从图 25.12 中可以看到，为了保证数据能够被可靠地触发，我们必须在时钟触发边沿（此处为上升沿）时刻提前至少一段时间（t_{su}）将数据准备好。同样，在时钟触发边沿后数据应该保持稳定状态至少一段时间（t_{hd}）才行。如果 t_{su} 或 t_{hd} 不满足要求，触发器将进入一种介于状态 0 与 1 之间的不确定状态（亚稳定状态），这在数字逻辑系统中是不允许的，而最小眼宽就是为了保证建立时间与保持时间足够大，这样才能保证接收方能够正常对数据进行采样，这样也就能够降低误码率。当眼宽越小时，采样基准会越接近上升沿或下降沿，相应的误码率将会越大。

在理想情况下（无码间串扰与噪声），每个码元会高度重叠在一起，眼图的轨迹线会很细且很清晰，"眼睛"睁得就越大（就像图 25.9 那样）。反之，当存在码间串扰与噪声时，眼图的轨迹线会不清晰，"眼睛"睁得就越小。简单地说，"眼睛"的睁开程度反映了信号失真的程度与误码率。为了提高测试效率，在实际测试时经常会使用波罩测试（Mask Testing），也就是根据信号传输的需求在眼图中定义一个多边形区域（如图 25.11 所示的六边菱形），要求测试到的信号全部出现在眼图波罩区域之外。如果眼图波罩区域内出现了信号波形，则认为测试未通过。

USB 2.0 规范给出了高速模式下的信号眼图测试平台，如图 25.13 所示。

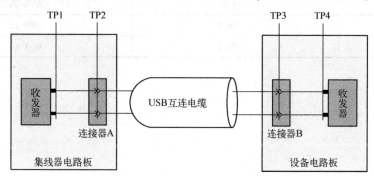

图 25.13　高速模式下的信号眼图测试平台

USB 2.0 规范进一步给出了测试平台中 4 个测试点的波形要求（也就是表 24.2 中接收端的"见 USB 2.0 规范"所代表的意思），其中测试点 TP4 的波形要求如图 25.14 所示，这也就意味着，在 TP4 测量得到的信号波形不能出现在六边菱形区域内，否则不满足 USB 2.0 高速模式下的波形要求。

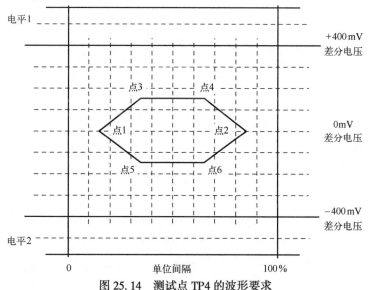

图 25.14　测试点 TP4 的波形要求

表 25.1 给出了图 25.14 中眼图波罩内各个点的具体数据，其中的 UI（Unit Interval）表示一个码元的宽度，也就是图 25.14 标注的单位间隔（0~100%）。

表 25.1　眼图波罩内各个点的具体数据

	差分电压（D+-D-）	时间（%UI）
电平 1	575mV	—
电平 2	−575mV	—
点 1	0V	15% UI
点 2	0V	85% UI
点 3	150mV	35% UI
点 4	150mV	65% UI
点 5	−150mV	35% UI
点 6	−150mV	65% UI

第 26 章 深入理解 USB 控制器: 串行接口引擎

前面我们已经对底层的 USB 电平信号标准进行了简单介绍，那么一系列的电平信号又是如何被 USB 设备解析成数据流的呢？这就是 USB 控制器承担的责任。STM32F103x 系列的单片机内置的 USB 控制器的功能框图如图 26.1 所示。

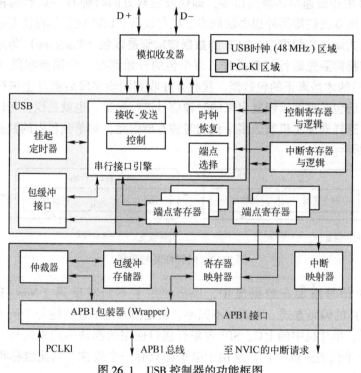

图 26.1 USB 控制器的功能框图

USB 信号线传输的差分逻辑经过模拟收发器（Analog Transceiver）之后就是普通的单端电压逻辑信号，这些信号可并不仅仅都是单纯的数据，还包含表 23.2 中所示的各种状态信号。USB 控制器必须从电压信号中将它们正确解析出来，这就是串行接口引擎（Serial Interface Engine，SIE）的作用。

首先关注串行接口引擎中的时钟恢复（Clock Recovery）单元，它用来从 USB 数据流中恢复时钟信号，为什么需要这么做呢？收发器后面不就应该是高低电平吗？因为 USB 是一种**异步传输方式的总线**！

很多读者可能都会知道，当我们使用诸如 I^2C、SPI 等串行总线收发数据时，这些总线都有一个共同的特点：**存在与数据信号分开的时钟信号**。接收方在每个时钟的上升沿或（与）下边沿对串行数据引脚电平进行采集，正如图 25.12 所示的那样。由于发送方与接收方拥有共同的时钟信号，发送每一位串行数据所占用的时间并没有严格规定。换句话说，无论发送某一位串行数据维持的时间有多长，一个时钟边沿只会采集一次数据，我们称为**同步传输方式**，而**异步传输方式**的 USB **只有数据而没有共同的时钟信号**，因为 USB 虽然有两条信号线，但它们是一对差分信号，实质上只相当于一条信号线。

有人可能会这么想：即使是异步传输方式，也不一定需要什么时钟恢复吧？旧版 PC 上配备的 RS232 串口不也使用异步传输方式吗？只要双方约定好**波特率**（Baud Rate），也一样可以做到数据的正常收发。

听起来好像有些道理，但是 RS232 串口的传输速率相对比较低，每一次传输的数据位并不多，而且多次传输之间不存在采样误差累积效应，所以约定好波特率后进行定时采样是可行的。但 USB 的传输速率却要高得多，即便收发双方的时钟有一点点偏移，也会造成数据采样的错误，所以我们得另外想办法同步主机与设备。USB 的具体做法是这样：**把时钟信号通过编码的方式添加在数据中。USB 的数据传输都是以包（Package）为基本单位的，所有数据在传输前都需要先进行打包操作**，每个包的开始都有一个**同步字段**（Synchronization Field），紧随其后的才是真正的包数据。接收方在收到同步字段后就马上进行时钟恢复，同步字段后面携带的包数据就以恢复出来的时钟信号进行采集。也就是说，每次传输都会执行时钟恢复操作，这样即使主机发送多个包的时钟有所偏差，对单独包中的数据采样影响也不大，如图 26.2 所示。

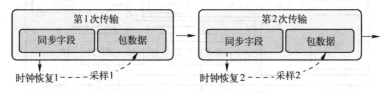

图 26.2　时钟恢复与采样

为了将时钟信号添加在数据流中，USB 使用了不归零反码（Non‑Return‑to‑Zero Inverted，NRZI）的编码方式。所谓的不归零，就是信号电平在传输每个码元的时期内不会自动归到零电平，单片机中的 I²C、SPI 等串行接口使用的都是不归零信号，即低电平代表逻辑"0"，高电平代表逻辑"1"。又由于电平都只有一个极性，因此也称单极性不归零编码，如图 26.3 所示。

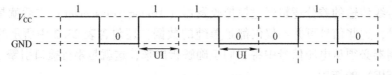

图 26.3　单极性不归零编码

单极性不归零编码是数字基带编码最简单的形式，它传输的多个数字电平之间没有间隔，也比较容易生成，但是它存在不包含有用信息的直流成分，所以要求传输媒介具有直流传输能力，而这会引起功率的浪费而不便于传输，所以其比较适合距离比较短的传输场合。

双极性不归零编码则使用正电平代表逻辑"1"、负电平代表逻辑"0"，如图 26.4 所示。当传输数据中"0"与"1"出现的概率相等时，此时没有直流分量，而且相对于单极性信号，双极性信号不易受传输媒介变化的影响，抗干扰能力较强。但是与单极性不归零信号一样，它们本身都不包含时钟信号。

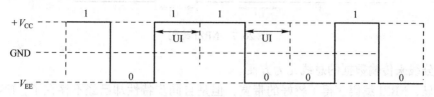

图 26.4　双极性不归零编码

与"不归零"相对的是"归零"，它是指传输信号的脉冲波形在码元的终止时刻总会回归零电平，其信号的脉冲宽度小于码元宽度，单极性归零编码如图 26.5 所示。

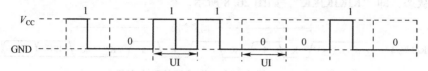

图 26.5　单极性归零编码

归零编码通常使用半占空码，即脉冲宽度为码元宽度的一半（占空比为 50%）。很明显，由于每位数据传输之后都要归零，所以接收方只需要在信号归零后采样即可，这样不再需要单独的时钟信号。也就是说，归零编码将时钟定时信息携带在数据流中，我们称之为自同步（Self-Clocking）编码。

还有一种双极性归零编码，正电平代表逻辑"1"，负电平代表逻辑"0"，并且每传输完一位数据，信号总会返回到零电平，所以信号线上会出现正、负、零三种电平，如图 26.6 所示。

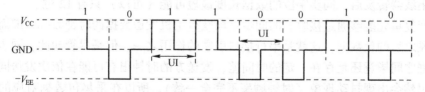

图 26.6　双极性归零编码

双极归零编码的好处在于相邻脉冲之间存在零电位间隔，接收方更容易判断出每个码元的起止时刻，能够使收发双方保持位同步。总而言之，归零码的好处就在于可以直接提取定时信号。例如，只要我们发送"11111"序列，归零码本身的波形就可以认为是时钟信号。

归零编码虽然节省了时钟信号线，但大部分数据带宽都用来传输"归零"信息而被浪费掉了，从带宽利用率的角度来看，还是不归零编码更有优势，USB 使用的 NRZI 编码就是不归零编码，与前述编码有所不同的是，它使用"信号电平翻转"代表一个逻辑，"信号电平保持不变"代表另一个逻辑。在 USB 信号中，"电平翻转"代表逻辑 0，"电平不变"代表逻辑 1，如图 26.7 所示。

从前面讨论的信号电平标准可以看到，信号翻转本身也可以作为一种通知机制，而且即使将 NRZI 编码的信号波形完全翻转，所代表的数据序列仍是一样的，这对于类似 USB 这

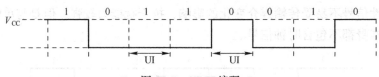

图 26.7　NRZI 编码

样通过差分线来传输数据的总线尤为方便。

　　很明显，NRZI 编码获得了较好的带宽，但是自同步特性却已经不存在了，USB 解决同步的方案已经提过：**每次进行数据传输之前都会先发送一个同步字段，接收方通过同步字段计算出发送方的时钟频率，然后再用这个频率采样紧随其后的包数据即可。**对于 USB 低速与全速模式，同步字段的数据为 8 位的 "000_0001"，更确切地说，是 3 个 KJ 状态对后再跟随 2 个 K 状态，即 "KJKJKJKK"，如图 26.8 所示。

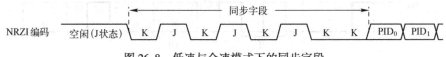

图 26.8　低速与全速模式下的同步字段

　　我们前面已经提过，空闲状态可以理解为 J 状态，所以 "KJKJKJ" 就相当于差分逻辑在不停地翻转，也就形成了一个时钟信号，而最后 2 个 K 状态是同步字段的结束标记，也同时意味着包标识符（Package Identifier, PID）的开始（后述）。另外，由于包起始（SOP）状态被定义为数据线从空闲到 K 状态转换，所以同步字段本身也包含了 SOP 状态。

　　USB 高速模式下的同步字段数据为 32 位的 "0000_0000_0000_0000_0000_0000_0000_0001"，即 15 个 KJ 状态对跟随 2 个 K 状态，但是当集线器在重复转发时，允许丢失从同步字段开始的最多 4 位，前提是不破坏同步字段（也就是一直处于翻转状态）。换句话说，当经过 5 个集线器转发后，同步字段的数据长度最短可能（可以）只有 12 位。

　　时钟恢复单元能够通过接收到的同步字段获得主机发送数据的时钟频率，继而采集跟随在同步字段之后的包数据，这就是串行接口引擎的作用之一。但是尽管如此，同步字段与跟随的包数据之间毕竟还是存在一定的时间差，发送方的时钟很有可能在依次发送同步字段与包数据时仍然会出现抖动现象（时钟频率不完全一致），所以在采集包数据对应的信号电平阶段，采集时钟与发送方的时钟频率之间总会有一定的误差，这就又可能出现一种问题：当发送的包数据一直都是逻辑 "1" 时，由于采集误差的累积效应可能会出现采样错误。例如，发送方发送的数据是 1000 个逻辑 "1"，经过 NRZI 编码之后会出现很长一段没有变化的电平，此时即使收发双方的时钟频率相差千分之一，采集到的逻辑 "1" 的实际个数或多或少会有一些偏差。

　　为了确保接收方采样的准确性，在往 USB 电缆发送包数据前，发送方会进行位插入（Bit Stuffing）操作。具体来说，当发送的数据流中出现 6 个连续的 "1" 时，会在后面强行插入一个 "0"，从而强迫 NRZI 码发生变化，如图 26.9 所示。

　　位插入操作从同步字段开始并贯穿整个数据的传输过程，它是由发送端一直强制执行的，除高速 EOP 状态外是没有例外的。同步字段结尾的数据 "1" 也将作为数据流中的 "1"，如果严格遵循位插入规则，那么在 EOP 状态前的最后一位也要插入一个 "0"。

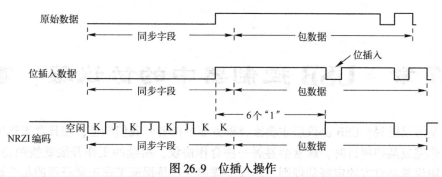

图 26.9　位插入操作

　　串行接口引擎需要对发送的数据流进行位插入与 NRZI 编码操作，同样还需要对接收到的 NRZI 编码的数据流进行译码，同时识别插入的数据 "0" 并去掉它们，称为位剥离（Bit Unstuffing）操作。如果接收方发现包数据中任意一处存在 7 个及以上的连续 "1"，则将会产生一个位插入错误，该包数据将会被忽略。

　　当然，即便对数据流进行了位插入操作，包数据仍然可能会受各种因素影响而出现错误，串行接口引擎必须能够检测到这些错误，并发出错误报告以进行必要的处理，为此 USB 还使用了包标识符（PID）与循环冗余校验（Cyclic Redundancy Check，CRC）机制。

　　所有同步字段后面都跟随了包标识符，它由低 4 位类型字段与高 4 位校验字段组成，如图 26.10 所示。类型字段指出了包的类型（包的格式及错误检测类型），检验字段只是类型字段的补码，接收方可以根据类型字段与检验字段共同确定数据传输的正确性。如果 4 个校验字段不是类型字段的补码，则说明存在错误。主机与所有设备都必须对得到的全部包标识符字段进行完整的译码，任何收到的包标识符如果含有失败的校验字段，或经译码后得到未定义的值，则该包标识符被认定为损坏，并且包的剩下数据也将被接收方忽略。如果设备收到了它所不支持的合法包标识符，则设备不能响应（must not respond），具体细节将在下一章讨论。

D_7	D_6	D_5	D_4	D_3	D_2	D_1	D_0
$\overline{PID_3}$	$\overline{PID_2}$	$\overline{PID_1}$	$\overline{PID_0}$	PID_3	PID_2	PID_1	PID_0

图 26.10　包标识符格式

　　CRC 校验是一种根据包数据产生简短固定位数校验码的一种信道编码技术，主要用来检测或校验数据传输或者保存后可能出现的错误，它利用除法及余数的原理进行错误侦测，并且可以对一位或两位数据错误进行 100% 修复，对 CRC 校验的具体原理细节有兴趣的读者可以参考 USB 2.0 规范或信息编码方面的资料，此处不再赘述。

　　总体上，串行接口引擎与 USB 模拟收发器进行对接，完成的功能应该包括同步字段的识别、位插入或剥离，CRC 产生与校验、PID 生成与校验，以及握手协议处理等。也就是说，接收的高低电平经过串行接口引擎之后已经被转成数据流供控制器使用，也就往上进入了 USB 协议层了。对于 STM32F103C8T6 单片机内置的 USB 控制器，串行接口引擎还会根据诸如 SOF、USB 复位、数据出错、传输完成、包正常传输等事件产生中断，下面，进一步看看吧！

第 27 章　USB 控制器中的协议层：事务

什么是协议层呢？USB 协议层主要涉及哪方面的内容？我们知道，在日常工作中，当双方需要合作完成某些项目时，通常会签署一些合作协议，后续的工作开展就按照协议来做。所以说，协议就是双方约定好的规则。协议层描述的正是保证工作正常开展的相关规则。

我们以表 19.1 所示约定好的控制格式来阐述协议的概念。由于模块的控制功能比较多，因此约定了一些数据传输格式。例如，每次发送控制命令前都会以固定字节数据"0x55"与"0xAA"分别作为开头与结束，中间则是一个命令跟随一个（或多个）数据，数据的字节长度则由命令来决定，这样也就能够避免数据中出现"0xAA"而导致意外的结束。另外，为了确认模块已经正常接收发送的数据，模块需要在每次接收数据后返回状态，主机只有在收到返回状态后才能进行下一步数据传输。也就是说，一次完整的控制传输是由多个不同用途的数据共同组成的（包括数据头、命令、数据、数据尾以及必要的握手环节），它是一次完整数据传输的最小单位。例如，你只发送数据头或命令，产品模块是无法识别的，这样也就不能算是一次完整的数据传输。

USB 规范定义的事务（Transaction）就是主机与设备之间传输数据的最小单位，它的具体定义就属于协议层，我们在协议层看到的不再是高低电平，而是从数据流的角度确定双方怎样完成通信。STM32F103x 系列单片机的 USB 控制器中有很多与 USB 协议层相关的寄存器，它们可以实时反映当前数据接收或发送的状态（以供应用程序使用），具体如图 27.1 所示。

为了透彻理解 USB 控制器中各个寄存器存在的意义，我们首先需要弄清楚一个问题：**为什么要定义 USB 事务呢？**大家都知道，USB 采用半双工通信方式，为了避免出现主机与设备同时发送数据的情况，必须使用一种协调主机与设备通信的机制，USB 规范将这种协调机制称为事务（Transaction）。

我们以篮球项目来讨论事务的概念，假设主机将要给设备传球（数据），但不能直接把球传过去，因为设备可能在做其他事情，所以主机需要先通知设备：**我马上要给你传球了，赶紧准备好！**设备收到通知后（应该）停止其他活动进入接球状态。然后主机将球传给设备，设备在收到球后再回复主机：**收到（或没有收到）球。**

如果设备要给主机传球该怎么办呢？肯定也是不能直接传的，因为我们已经提过，**设备无法主动做任何事情，只能被动响应主机请求，**所以仍然还是由主机先发通知给设备：**我已经准备好接球了！**设备收到通知后才会开始传球，主机收到球后也会回复：**收到（或没有收到）球了。**

很明显，主机通知设备、（主机或设备）发送数据、（主机或设备）反馈状态三个环节属于一次完整的动作，而这 3 个环节分别对应 USB 规范定义的令牌（Token）包、数据包、握手（Handshake）包，它们共同构成了 USB 事务，如图 27.2 所示。

偏移	寄存器	31~16	15	14	13	12	11	10	9	8	7	6	5	4	3	2	1	0
0x00	USB_EP0R	保留	CTR_RX	DTOG_RX	STAT_RX [1:0]		SETUP	EP_TYPE [1:0]		EP_KIND	CTR_TX	DTOG_TX	STAT_TX [1:0]		EA[3:0]			
	复位值		0	0	0	0	0	0	0	0	0	0	0	0	0	0	0	0
0x04	USB_EP1R	保留	CTR_RX	DTOG_RX	STAT_RX [1:0]		SETUP	EP_TYPE [1:0]		EP_KIND	CTR_TX	DTOG_TX	STAT_TX [1:0]		EA[3:0]			
	复位值		0	0	0	0	0	0	0	0	0	0	0	0	0	0	0	0
0x08	USB_EP2R	保留	CTR_RX	DTOG_RX	STAT_RX [1:0]		SETUP	EP_TYPE [1:0]		EP_KIND	CTR_TX	DTOG_TX	STAT_TX [1:0]		EA[3:0]			
	复位值		0	0	0	0	0	0	0	0	0	0	0	0	0	0	0	0
0x0C	USB_EP3R	保留	CTR_RX	DTOG_RX	STAT_RX [1:0]		SETUP	EP_TYPE [1:0]		EP_KIND	CTR_TX	DTOG_TX	STAT_TX [1:0]		EA[3:0]			
	复位值		0	0	0	0	0	0	0	0	0	0	0	0	0	0	0	0
0x10	USB_EP4R	保留	CTR_RX	DTOG_RX	STAT_RX [1:0]		SETUP	EP_TYPE [1:0]		EP_KIND	CTR_TX	DTOG_TX	STAT_TX [1:0]		EA[3:0]			
	复位值		0	0	0	0	0	0	0	0	0	0	0	0	0	0	0	0
0x14	USB_EP5R	保留	CTR_RX	DTOG_RX	STAT_RX [1:0]		SETUP	EP_TYPE [1:0]		EP_KIND	CTR_TX	DTOG_TX	STAT_TX [1:0]		EA[3:0]			
	复位值		0	0	0	0	0	0	0	0	0	0	0	0	0	0	0	0
0x18	USB_EP6R	保留	CTR_RX	DTOG_RX	STAT_RX [1:0]		SETUP	EP_TYPE [1:0]		EP_KIND	CTR_TX	DTOG_TX	STAT_TX [1:0]		EA[3:0]			
	复位值		0	0	0	0	0	0	0	0	0	0	0	0	0	0	0	0
0x1C	USB_EP7R	保留	CTR_RX	DTOG_RX	STAT_RX [1:0]		SETUP	EP_TYPE [1:0]		EP_KIND	CTR_TX	DTOG_TX	STAT_TX [1:0]		EA[3:0]			
	复位值		0	0	0	0	0	0	0	0	0	0	0	0	0	0	0	0
0x20 ~0x3F																		
0x40	USB_CNTR	保留	CTRM	PMAOVRM	EPRM	WKUPM	SUSPM	RESETM	SOFM	ESOFM	保留				RESUME	FSUSP	LPMODE	PDWN	FRES
	复位值		0	0	0	0	0	0	0	0					0	0	0	0
0x44	USB_ISTR	保留	CTR	PMAOVR	ERR	WKUP	SUSP	RESET	SOF	ESOF	保留			DIR	EP_ID[3:0]			
	复位值		0	0	0	0	0	0	0	0				0	0	0	0
0x48	USB_FNR	保留	RXDP	RXDM	LCK	LSOF [1:0]		FN[10:0]										
	复位值		0	0	0	0	0	×	×	×	×	×	×	×	×	×	×	×

图 27.1　STM32F103x 系列单片机的 USB 控制器寄存器

偏移	寄存器	31~16	15	14	13	12	11	10	9	8	7	6	5	4	3	2	1	0
0x4C	USB_DADDR	保留								EF			ADD[6:0]					
	复位值									0	0	0	0	0	0	0	0	0
0x50	USB_BTABLE	保留			BTABLE[15:3]											保留		
	复位值		0	0	0	0	0	0	0	0	0	0	0	0	0			

图 27.1　STM32F103x 系列单片机的 USB 控制器寄存器（续）

图 27.2　USB 事务组成

需要注意的是，**每一个事务必然会有一个令牌包**，因为每一次传输必然会有一个目的（通知），这就是令牌包存在的意义。但是数据包或握手包在某些事务中是没有的，这就跟篮球项目一样，并不是每一次通知都会伴随着传球（发送数据），有时也并不需要状态反馈，就相当于：**某人群发了一封邮件，但接收者不需要反馈"已阅"状态**。虽然缺少状态反馈环节可能会导致通知不一定会被接收到，但是在某些实时性要求较高的场合中是必要的，毕竟状态的反馈与确认还是需要花费一定时间的。

包只是组成 USB 事务的一部分，每个包都会夹在同步字段与包结束（EOP）状态之间进行发送，前者用来同步主从双方的时钟，并且本身就含有包起始（SOP）状态（前已述），具体如图 27.3 所示。需要提醒的是，本书使用的"数据包"与"包数据"是两个不同概念，后者包含了前者。

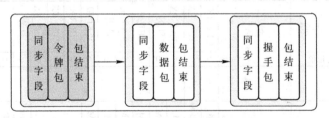

图 27.3　完整的 USB 事务

每个包又进一步由一些字段（例如，PID、地址、数据、CRC 等字段）构成，具体包含哪些字段取决于包的类型，但 **PID 字段是所有包都必须具备的，它决定了包的类型**。我们刚刚提过，令牌包主要是用来给设备发送通知的，而发送通知的类型就是由 PID 字段给出的，表 27.1 给出了 USB 2.0 规范中定义的所有 PID 类型。

我们先来讨论令牌包，USB 规范定义了 OUT、IN、SETUP、SOF、PING、SPLIT、PRE 共 7 种不同的令牌包，它们分别对应 7 种 USB 事务，我们先讨论前 4 种常用事务。

当主机需要往设备发送数据时，必须先发送 OUT 令牌包，它由包标识符（PID）、地址（ADDR）、端点（ENDP）、循环冗余校验（CRC）共 4 个字段构成（与 IN、SETUP、PING

令牌包相同），相应的格式定义如图 27.4 所示。

表 27.1　USB 2.0 规范中定义的所有 PID 类型

PID 类型	PID 名称	PID[3:0]	描 述
令牌	OUT	0001b	主机到设备的事务中包含地址与端点号
	IN	1001b	设备到主机的事务中包含地址与端点号
	SETUP	1101b	主机到设备建立的控制事务中包含地址与端点号
	SOF	0101b	帧起始标识与帧号
	PRE	1100b	主机发送的先导包，用于使能低速设备的下行总线通信
	SPLIT	1000b	用于高速数据传输时进行低速或全速数据传输控制
	PING	0100b	用于批量或控制端点的高速流控制检测（设备是否有空间接收数据）
数据	DATA0	0011b	偶数据包标识
	DATA1	1011b	奇数据包标识
	DATA2	0111b	高速数据包标识
	MDATA	1111b	
握手	ACK	0010b	接收方收到正确数据包
	NAK	1010b	接收方不能接收数据，或发送方不能发送数据
	STALL	1110b	端点停止，或控制管道命令不被支持
	NYET	0110b	接收方尚未响应
	ERR	1100b	SPLIT 事务错误握手

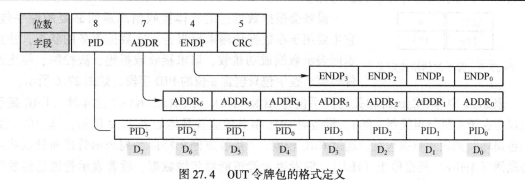

图 27.4　OUT 令牌包的格式定义

前一章已经初步讨论过 **PID 字段**（见图 26.10），它由 4 位类型字段与 4 位校验字段构成，前者决定了包的类型，只需要查表 27.1 即可。**CRC 字段**是为了保证传输的可靠性，一般用于令牌包（仅针对地址与端点字段的 5 位 CRC）与数据包（仅针对数据字段的 16 位 CRC），大家了解一下即可。

PID 字段后跟随了 7 位地址字段，它给出了接收 OUT 事务的设备目的地址。我们前面提到过，在总线枚举完成后，主机会给设备分配一个唯一的地址，它被存放在图 27.1 所示 USB_DADDR 寄存器的低 7 位（ADD[6:0]）中。由于地址字段的长度为 7 位，而地址 0 是默认地址（不能分配给 USB 设备），所以实际可供分配的地址数量只有 127 个。但是一个主机可以与多个设备同时连接，它们共享一个数据传输通道，那么设备又是如何知道主机传输的数据是发送给自己的呢？所有设备（USB 控制器）一直会监控主机发送的令牌包，如果其中携带了地址字段，说明主机需要单独与某个设备进行通信（如果令牌包不包含地址字段，说明事务对所有设备都有效，也就是我们所说的广播模式），此时设备会将**地址字段**与主机分配给自己的地址进行比较，如果两者不相同，说明此次事务与自己无关，设备会将其忽略，反之如果地址相同，则会进一步处理剩下的包数据并返回相应的状态。

端点字段代表该事务发送给设备的哪个端点（设备在主机眼里就是端点的集合），其长度为 4 位，所以可以表示最多 16 个端点。图 27.1 所示的 USB 控制器中定义了 8 个可用端点寄存器 USB_EPxR（x 的范围为 0~7），如果某个端点寄存器中 A[3:0] 代表的端点地址与**端点字段**相同，那么 USB 控制器在事务传输完成后会更新与该端点相关的寄存器状态。

现在假设 OUT 令牌包已经由设备正常接收，设备已经知道主机将要发送数据，并且已经准备好接收数据了。主机随后发送了由 8 位包标识符（PID）、0 或多字节的数据字段（DATA）及 16 位 CRC 校验码构成的数据包，如图 27.5 所示。

位数	8	0~8192	16
字段	PID	DATA	CRC

图 27.5　数据包的格式定义

在低速或全速模式下，数据包分为 DATA0 与 DATA1 两种类型（由 PID 决定，原因后述），数据包中数据字段的最大长度为 1024 字节（8192 位），具体大小则根据传输类型与用户需求而定。USB 规范明确指出，低速、全速、高速 USB 数据传输中数据字段的最大长度分别为 8 字节、1023 字节、1024 字节。

位数	8
字段	PID

图 27.6　握手包的格式定义

设备会根据数据包的具体接收情况返回**必要的**握手包，它主要用于在数据传输末尾报告本次数据事务的状态，并且返回表示数据成功接收、请求接收或拒绝、流控制、停止条件等值。握手包只包含 8 位的 PID 字段，如图 27.6 所示。

表 27.1 中与功能设备相关的握手包有 ACK、NAK、STALL、NYET 这 4 种（ERR 握手包仅存在于主机与集线器之间），设备对 OUT 事务的应答具体如表 27.2 所示，其中的"数据包损坏"列表示数据包是否通过 CRC 校验，"接收方停止特征"列表示管道所处的状态为激活（Active）还是停止（Halt），前者表示管道能够传输数据，后者表示管道已经发生了错误（或设备端点处于停止状态），"时序位匹配"表示发出的数据包类型是否以正确的次序发出。例如，某些事务要求数据包类型必须是 DATA0，有些连续事务之间要求数据包类型必须 DATA0 与 DATA1 循环切换（也称"时序位切换"）。"可接收数据"表示设备已经准备好接收数据。需要注意的是：NAK、STALL、NYET 握手包只有设备可以返回，因为请求都是由主机主导发送的，不存在尚未准备好的状态。

表 27.2　设备对 OUT 事务的应答（按优先顺序）

数据包损坏	接收方停止特征	时序位匹配	可接收数据	返回的握手
是	不适用	不适用	不适用	无
否	停止	不适用	不适用	STALL
否	激活	否	不适用	ACK
否	激活	是	是	ACK
否	激活	是	否	NAK

假设数据包通过了 CRC 校验（未损坏），并且接收方处于可接收状态，时序位也是匹配的，那么设备就会返回 ACK 握手包向主机表示已经成功接收数据。但是 OUT 事务传输并不一定总是成功的，当设备由于忙碌而暂时无法接收数据或没有数据要返回时，会发出 NAK 握手包，就相当说：**兄弟，不好意思，我现在正忙着其他事，顾不上来处理你发送的数据**。主机在收到 NAK 握手包就寻思着：**好，你厉害，这次我让着你**。主机会在合适时机重试。如果设备不支持主机发送的请求，或者端点已经被停止时（例如，端点没有被配置），会发出 STALL 握手包（"stall"的中文意思就是"抛锚"），就相当于说：**老板，你只给我开了 3000 块的月薪，我只能做月薪范围内的活，其他的事我是不会做的（也做不了）**！主机在收到 STALL 握手包后有两种处理方式（需要 USB 系统软件干涉），其一是开更高的薪资，也就是通过控制传输对端点进行配置后再传输；其二是继续发送下一个请求，前面没有正常回应的请求就不再理会了。NYET 握手包只有在高速设备输出事务中使用，表示设备的本次事务成功接收，但没有足够的缓冲区来接收下一次数据，主机在下一次输出数据时，先使用 PING 令牌包来试探设备是否有足够的接收缓冲区，以避免不必要的带宽浪费。

　　当主机需要从设备读取数据时，必须先发送 IN 令牌包。设备正常收到 IN 令牌包后就会发送数据包，主机正常收到数据包后会回应 ACK 握手包。当然，数据传输同样可能会出现异常，设备与主机对 IN 事务的应答具体分别如表 27.3 与表 27.4 所示。

表 27.3　设备对 IN 事务的应答

收到的令牌损坏	发送端点停止特征	可发送数据	应答
是	不适用	不适用	无
否	停止	不适用	发送 STALL 握手
否	激活	否	发送 ACK 握手
否	激活	是	发送数据包

表 27.4　主机对 IN 事务的应答

数据包损坏	可接收数据	返回的握手
是	不适用	丢弃数据，不回应
否	否	丢弃数据，不回应
否	能	接收数据，发送 ACK 握手包

　　当主机通过控制管道对设备进行配置时，需要先发送 SETUP 令牌包，设备不能以 STALL 或 NAK 握手包应答，并且也必须接收主机随后发送的数据包（不能像处理 OUT 事务那样找借口没时间处理）。如果非控制端点收到 SETUP 令牌包，必须忽略事务并不进行应答动作。

　　USB 控制器中定义的状态编码如表 27.5 所示，当一次 OUT 或 SETUP 事务正确传输完成后，硬件会设置 STAT_RX[1:0] 为 NAK 状态，向主机表示正在忙于处理接收的数据，**CTR_RX**（Correct Transfer）位也会由硬件置位，应用程序只能对它进行清零操作。如果作为 **CTR_RX** 位的中断掩码位 CTRM 也已经置位，那么就可以产生相应的中断。当 USB 控制器接收到正确的 SETUP 事务，**SETUP** 位会由硬件置位（只有控制端点才会使用它），它可以用来进一步确定接收的是 OUT 事务还是 SETUP 事务。

表 27.5　USB 控制器中的状态编码

STAT_RX[1:0]	描　述	STAT_TX[1:0]	描　述
00	DISABLE：端点忽略所有接收请求	00	DISABLE：端点忽略所有发送请求
01	以 STALL 响应所有接收请求	01	以 STALL 响应所有发送请求
10	以 NAK 响应所有接收请求	10	以 NAK 响应所有发送请求
11	VALID：端点可用于接收	11	VALID：端点可用于发送

同样，在一次 IN 事务正确传输后，硬件会将 STAT_TX[1:0] 置为 NAK 状态，**CTR_TX** 位将由硬件置位。如果作为 CTR_TX 位的中断掩码位 CTRM 也已经置位，那么就可以产生相应的中断。也就是说，如果设备需要进行数据发送或接收操作，必须将 STAT_TX[1:0] 或 STAT_RX[1:0] 设置为 VALID 状态。

最后我们以 USB 鼠标为例来回顾 USB 事务的执行过程。假设 USB 鼠标需要往主机发送数据，但是数据其实并不是由设备主动发出的，主机通过轮询的方式查看 USB 鼠标是否已经把数据准备好（设备将数据复制到发送缓冲区中，并且设置发送状态编码为 VALID，后述）。如果主机查询后得到肯定的答案，此时才会继续进行数据读取操作。具体来说，主机首先给 USB 鼠标发送代表"主机可以接收数据"的令牌包，USB 鼠标在收到该令牌包后才会向主机发送数据包，主机随后会向 USB 鼠标反馈数据包是否正确收的握手。同样，如果主机需要往设备发送数据，也需要首先给设备发送代表"主机将要发送数据"的令牌包，然后才开始发送数据包，USB 设备随后也会向主机反馈数据包是否正确接收的握手包。

第 28 章   USB 控制器中的协议层：传输

前面讨论的 IN、OUT、SETUP 等事务是 USB 数据传输的最小单位，USB 控制器处理这些事务并更新相关的寄存器状态，而多个事务就组成了一次传输。我们用图 28.1 来梳理一下传输、事务、包及字段之间的关系。

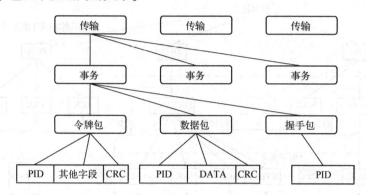

图 28.1   传输、事务、包及字段之间的关系

每一次传输由一个或多个事务组成，每一个事务总会有令牌包，也可能包含数据包与（或）握手包，而每一个包都会有一个 PID 字段，也可能包括其他字段。这里涉及的"传输"指的是表 16.6 中所示的传输类型，图 27.1 所示的 EP_TYPE[1:0] 就是用户（你）设置端点的类型，具体如表 28.1 所示。

表 28.1   端点的类型编码

EP_TYPE[1:0]	描　　述	EP_TYPE[1:0]	描　　述
00	BULK：批量端点	10	ISO：同步端点
01	CONTROL：控制端点	11	INTERRUPT：中断端点

例如，我们通过 USB 接口将大文件从 PC 复制到移动硬盘，主机需要将整个传输过程划分为多个事务来完成。即便完整的传输能够通过一次事务完成，但由于设备可能暂时无法接收数据，主机后续可能会重试，这也算是多个事务。那么多个事务到底如何具体构成相应的传输类型呢？换句话说，传输类型是如何分解成为具体的事务的呢？USB 规范明确定义了构成各种传输类型的事务包序列（Transaction Packet Sequences）。

批量传输是由多个 OUT 或 IN 事务构成的，主机总是会首先将第一个事务中的数据包初始化为 DATA0 类型，第二个事务则使用 DATA1 类型的数据包，并且将轮流切换剩余后续数据的包类型，图 28.2 给出了批量传输中读与写事务的序列，其中每个方框代表一次完整的事务（而不只是数据包），括号中的数字（0 或 1）表示每个事务中数据包的类型（DATA0 或 DATA1）。

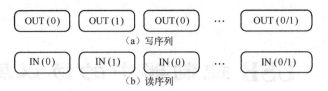

图 28.2　批量传输事务中的包序列

　　批量传输中的每一个事务由令牌、数据和握手包三个阶段（Phase）构成，具体的事务处理流程如图 28.3 所示。

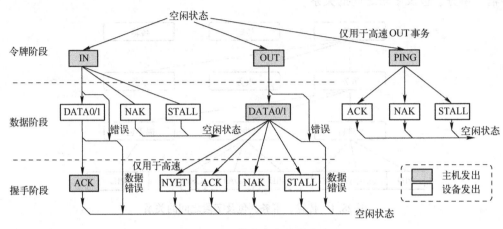

图 28.3　具体的事务处理流程

　　当主机需要读取设备中的批量数据时，其首先会发出 IN 令牌通知设备：**我已经准备好接收数据了**。如果设备有数据包发送就返回数据包，如果没有数据包就直接返回 NAK 或 STALL 握手包作为应答（此时只有两个传输阶段）。如果主机接收到的是合法的数据包，则会返回 ACK 握手包作为应答。如果主机检测到数据包中出现错误，则它将不返回握手包给设备。

　　当主机需要给设备发送批处理数据时，主机会首先发出 OUT 令牌通知设备：**我要发送数据了，请准备好接收**，随后会发出数据包等待设备返回的状态。设备根据数据包的接收情况返回不同的握手包，如果数据包被正确接收，则设备将返回 ACK 握手包通知主机可以发送下一个包。如果数据被正确收到，但设备由于某些临时因素（例如，缓冲已满）妨碍数据接收，设备将返回 NAK 握手包通知主机应该重新发送数据。如果端点被停止（属于错误条件），设备将返回 STALL 握手包通知主机不要重试。如果接收到的数据有 CRC 或位填充错误，则设备将不返回任何握手包。

　　图 28.4 给出了主机使用批量传输类型从设备（地址为 1，端点号为 3）读取 256 字节的事务序列，它包含 4 个 IN 事务（事务数量与端点支持的最大数据包长度有关，此处为 64 字节），数据包的类型依次为 DATA0、DATA1、DATA0、DATA1。需要注意的是，PID 字段数据的最高位在右侧。

　　中断传输可由 IN 事务或 OUT 事务构成，设备接收到 IN 令牌即可返回数据。如果端点没有数据返回，设备将返回 NAK 握手包；如果端点处于停止状态，设备将返回 STALL 握手

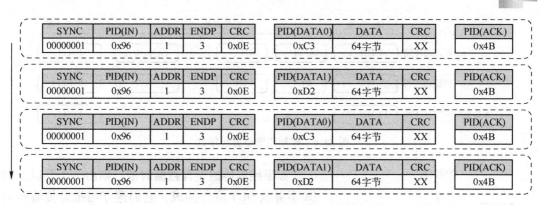

图 28.4　4 个 IN 事务构成的一次完整批量传输

包。作为对数据包接收的反应，主机在数据正确被接收后会发出 ACK 握手包，或者在数据包损坏时不返回握手包，图 28.5 给出了中断传输具体的事务处理流程，与图 28.3 有所不同的是，中断传输不支持高速模式下的 PING 令牌包。

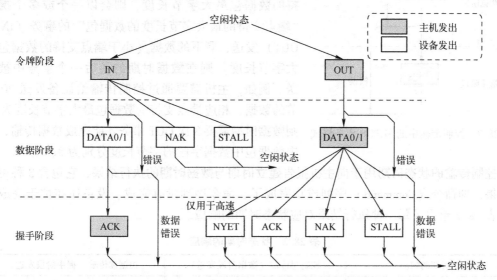

图 28.5　中断传输具体的事务处理流程

如果中断传输用在切换模式时（多个事务连续发起），第一个事务包含的数据包也应该被初始化为 DATA0 类型，也就是说，如果同样使用中断传输从设备读取 256 字节，并且数据包的大小为 64 字节，事务层面的序列包与图 28.4 完全一样。

控制传输是最复杂的传输类型，它至少包含**建立时期**（Stage）与**状态时期**，必要的时候也可以包含**数据时期**（"阶段"是事务层面的概念，"时期"是传输层面的概念），相应的传输事务包序列如图 28.6 所示。

控制传输的**建立时期**通过 SETUP 事务向设备的控制端点传输信息，其格式与 OUT 事务类似，只不过使用 SETUP 令牌（而不是 OUT 令牌），图 28.7 给出了控制传输中的 SETUP 事务格式。需要特别注意的是：**建立时期**总是会使用 DATA0 数据包，收到 SETUP 事务的设备必须接收数据并使用 ACK 应答，如果数据被损坏，那么设备将丢弃数据且不返回握手包。

USB 应用分析精粹：从设备硬件、固件到主机端程序设计

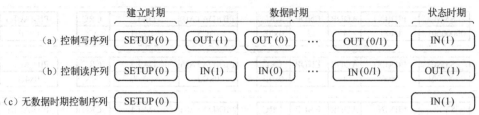

	建立时期	数据时期			状态时期
（a）控制写序列	SETUP(0)	OUT(1)	OUT(0) ···	OUT(0/1)	IN(1)
（b）控制读序列	SETUP(0)	IN(1)	IN(0) ···	IN(0/1)	OUT(1)
（c）无数据时期控制序列	SETUP(0)				IN(1)

图 28.6　控制传输事务包序列

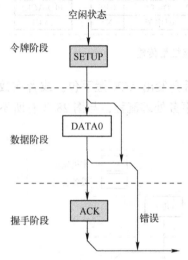

图 28.7　控制传输中的 SETUP 事务格式

如果控制传输包含**数据时期**，则由一个及以上的 IN 事务或 OUT 事务构成，它们遵守与批量传输相同的协议规则。也就是说，所有**数据时期**的事务都必须有相同的方向（全部为 IN 事务或 OUT 事务）。在**数据时期**需要发送的数据字节长度及其方向在**建立时期**被指定。如果需要发送的数据字节长度超过了端点支持的数据包最大字节长度，则会以一个或多个携带"端点支持的最大字节长度的数据包"的事务（IN 或 OUT）发送，剩下的数据（小于端点支持的数据包最大字节长度）则在**数据时期**的最后一个事务中被发送。例如，主机需要通过控制传输给设备发送 20 字节的数据，相应端点支持的数据包最大字节长度为 8，则**数据时期**需要 3 次 OUT 事务才能完成数据传输，其中数据包中数据字段的字节长度分别为 8、8、4。

控制传输的**状态时期**用于向主机报告**建立时期**与**数据时期**的执行结果，它包含 3 种可能的结果，即命令（Command）序列成功完成了、命令序列没有完成、设备还在忙于完成命令，表 28.2 给出了每一种执行结果对应**状态时期**的响应。

表 28.2　状态时期的响应

状态时期的响应	控制写传输（数据阶段发送）	控制读传输（握手阶段发送）
设备成功完成命令	零长度的数据包	ACK 握手包
设备没有完成命令	STALL 握手包	STALL 握手包
设备正在忙于执行命令	NAK 握手包	NAK 握手包

表 28.2 告诉我们，在控制写传输的**状态时期**，主机需要发送 IN 令牌包到控制管道用于初始化**状态时期**，设备使用握手包或零长度的数据包应答以说明其现状。以 NAK 握手包应答说明设备还在处理命令，并且主机应该继续保持**状态时期**，返回零长度的数据包表明命令正常完成，而返回 STALL 握手包表示设备不能完成命令。设备期待主机在**状态时期**中对数据包以 ACK 握手包应答。如果收不到 ACK 握手包，设备将仍处于命令执行**状态时期**，并且只要主机再次发送 IN 令牌，它将继续返回零长度的数据包，如图 28.8 所示。

在控制读传输的**状态时期**，主机需要向控制管道发送 OUT 或 PING（对于高速设备）令牌包以初始化**状态时期**，随后仅（都）发送零长度的数据包，但是设备可以将任何长度的

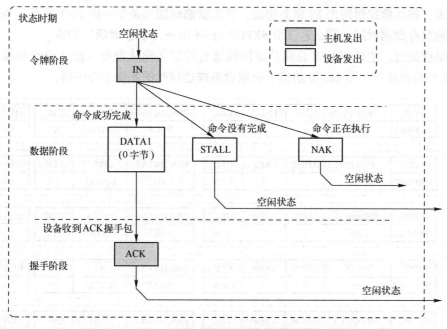

图 28.8　控制写传输的状态时期

包作为合法的状态查询接收下来。如果设备对主机刚刚发送的数据包以 NAK 握手包应答，则说明设备还在执行请求，并且主机应该继续保持**状态时期**。如果设备以 ACK 握手包应答，则说明设备完成了命令，并且已经准备好了接收新的命令。如果设备以 STALL 握手包应答，则说明当前设备有妨碍它完成命令的错误，如图 28.9 所示。

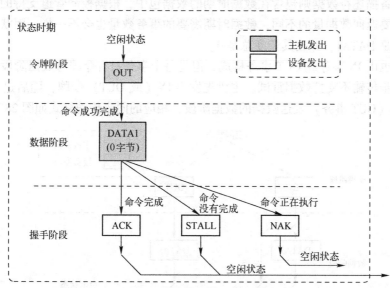

图 28.9　控制读传输的状态时期

很明显，控制传输的**状态时期**总是会使用 DATA1 的数据包类型，只不过根据**数据时期**的事务类型有所不同的。如果**数据时期**由 OUT 事务构成，那么**状态时期**则是单一的 IN 事务。反过来，如果**数据时期**由 IN 事务构成，那么**状态时期**则是单一的 OUT 事务。当然，如果控制传输没有**数据时期**，那么它仅由 SETUP 与 IN 事务（**状态时期**）构成。

我们早就提过，主机在 USB 总线枚举阶段通过控制传输从设备（默认地址与端点均为 0）获取需要的描述符，图 28.10 给出了获取设备描述符时的完整事务序列。

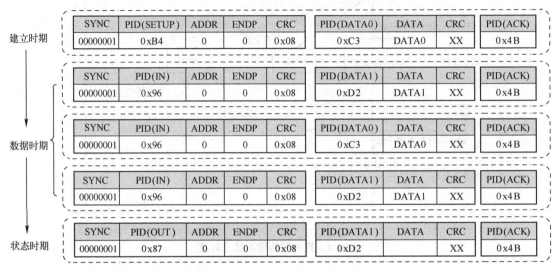

图 28.10　获取设备描述符时的完整事务序列

在第 17 章已经讨论过，主机获取设备描述符的请求数据应该为"0x80 0x06 0x00 0x01 0x00 0x00 0x12 0x00"，这 8 字节的数据就在图 28.10 所示**建立时期**的 DATA0 数据包中，而设备返回的设备描述符数据则包含在**数据时期**的数据包中，根据控制管道支持的最大数据包字节长度与需要返回数据量的不同，**数据时期**需要的事务数量也会不一样，而**状态时期**中数据包的类型总是 DATA1，并且其长度总是 0。

同步传输也由 IN 事务或 OUT 事务构成，但是每个事务只有令牌与数据阶段而没有握手阶段，所以同步传输不支持数据重试。主机先发出 IN（或 OUT）令牌，随后进入设备（IN 事务）或主机（OUT 事务）发送数据的数据阶段，相应的同步传输格式如图 28.11 所示。

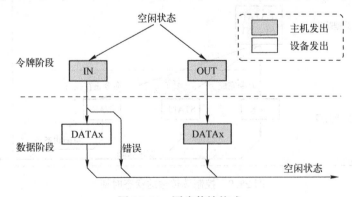

图 28.11　同步传输格式

全速设备或主机控制器应该有接收 DATA0 或 DATA1 类型数据包的能力，但是只发送 DATA0 数据包，而有着**高带宽端点**的高速设备或高速主机控制器则可以收发所有类型的数据包，**低带宽端点**的高速设备也只能发送 DATA0 类型的数据包。另外，只有高带宽高速同步传输才支持数据切换时序，全速或低带宽的高速同步传输并不支持。

图 28.12 给出了主机以同步传输类型向设备发送 256 字节音频数据的事务序列，多个 OUT 事务使用同一种类型的数据包，并且都没有握手包。

SYNC	PID(OUT)	ADDR	ENDP	CRC	PID(DATA0)	DATA	CRC
00000001	0x87	5	2	0x1F	0xC3	64 字节	XX

SYNC	PID(OUT)	ADDR	ENDP	CRC	PID(DATA0)	DATA	CRC
00000001	0x87	5	2	0x1F	0xC3	64 字节	XX

SYNC	PID(OUT)	ADDR	ENDP	CRC	PID(DATA0)	DATA	CRC
00000001	0x87	5	2	0x1F	0xC3	64 字节	XX

SYNC	PID(OUT)	ADDR	ENDP	CRC	PID(DATA0)	DATA	CRC
00000001	0x87	5	2	0x1F	0xC3	64 字节	XX

图 28.12　同步传输发送音频数据的事务序列

第 29 章 USB 控制器中的协议层：同步

通过前面的讨论，我们已经知道如何将顶层请求或数据分解成为 SETUP、IN、OUT 事务而进行底层传输，但是在正常的 USB 数据传输过程中，设备还会定时收到 SOF 事务，它仅包含由 8 位包标识符、11 位帧号、5 位 CRC 组成的 SOF 令牌包，具体格式如图 29.1 所示。

位数	8	11	5
字段	包标识	帧号	CRC校验

图 29.1　SOF 令牌包具体格式

SOF 事务处理非常简单，USB 主机只需要发送一个 SOF 令牌包即可（没有数据阶段，也不需要 USB 设备进行握手响应），它代表了一个 USB 帧（Frame）或微帧（Micro-Frame）的开始，你可以将每一个（微）帧理解为一个时间片。每个集线器都有一个（微）帧定时器，它的时间来自集线器本身的振荡时钟，并通过主机发来的 SOF 令牌包与主机的（微）帧周期同步，集线器必须跟踪主机的帧周期并能够在即使丢失两个连续 SOF 令牌包的情况下仍然保持同步。集线器的帧定时器在复位或唤醒后并不是同步的，但是只要接收到两个连续的 SOF 令牌包，它就必须同步。

对于不同的传输速度模式，SOF 事务处理的时间要求不一样。对于低速/全速 USB 传输，主机每隔 1ms 产生一个 SOF 令牌包；对于高速 USB 传输，主机每隔 125μs 产生一个微帧，每隔 7 个微帧产生一个 SOF 令牌包。主机尽可能快地监视所有出现的传输，然后将每个传输分配到每一帧，如图 29.2 所示，其中的填充矩形代表可能出现的事务。

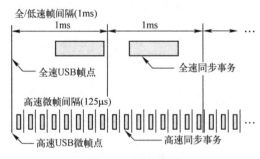

图 29.2　帧与微帧

需要注意的是：每一帧并不代表每一个事务，每一帧可以由一个或多个事务组成。所以我们在 USB 总线上看到的事务包序列类似如图 29.3 所示。

SOF 令牌包内有一个 11 位的帧号字段，当主机定时在每个（微）帧开始时发送 SOF 令牌包后，帧号会自加 1，帧号字段达到最大值 0x7FF 时归零。SOF 令牌包中并不包含地址字

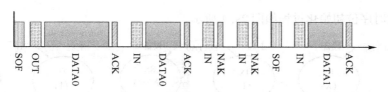

图 29.3　USB 总线上传输的事务序列

段，它是以广播的形式发送的。所有集线器与功能设备都会接收 SOF 令牌包，但都不会产生任何握手包，所以不能保证某个设备总是能够收到主机发送的每一个 SOF 令牌包，而具体怎么处于 SOF 令牌包则取决于设备的需求。例如，集线器设备只关心每帧是否已经开启（用来同步帧定时器），对具体的帧号并不感兴趣，所以仅需要对 SOF 令牌包的 PID 字段进行译码即可（忽略帧号）。有些设备还需要追踪帧号，所以必须对 PID 字段与帧号都进行译码。另外有些设备对总线时间完全没兴趣，则可以完全忽略 SOF 令牌包，USB 游戏操纵杆就是这样。

在 STM32F103x 系列的单片机中，USB 控制器每接收到一个 SOF 令牌包，11 位的帧编号会保存在图 27.1 所示 USB_FNR 寄存器的低 11 位中，同时硬件会将 USB_ISTR 寄存器中的 SOF 位置 1。如果 USB_CNTR 寄存器中对应中断掩码位的 SOFM 也处于置位状态，则可以产生中断。

SOF 令牌包实现的是主机与设备（含集线器与功能设备）之间的同步，而多个事务处理过程中的数据包也需要同步。前面已经提过，IN、OUT、SETUP 事务通常会包含数据包，但是它们通常会被分为 DATA0 与 DATA1（对于低速或全速设备）两种，而且在具体传输时还会规定数据包的类型，这样做的目的就是实现数据包的同步。

我们以棋类项目为例来讨论传输数据同步的必要性。通常行棋都是交互进行的，当一方行完棋之后，另一方才会行棋，但有时候可能会出现这种情况：由于某些原因，某一方没有行棋，而另一方以为对方已经行棋而继续行棋，连续行棋就违背了行棋规则。如果我们把每一次行棋当成 USB 事务中的数据包，把"先行棋者已经行完一次棋"当成握手包，但是由于握手包本身已经损坏，先行棋者不知道后行棋者是否已经行棋，双方都陷入混乱就没法下棋了。我们认为此时行棋双方已经处于不同步状态。

也就是说，事务传输的某个环节可能会出现传输失败的情况，而中断、控制、批量传输为了保证数据的正确性就会重新传输数据，但是多个事务可能并不是针对同一个设备的，它们可能是交叉发送的，而且可能会出现数据包或握手包损坏的情况。那么此时接收方如何才能保证接收到的数据不是重复的呢？**USB 采用了令牌翻转机制，接收方每收到一个数据包，自身的 PID 会翻转一次，如果下一次接收的数据未翻转，则认为是重发的数据。**

在具体实施同步方案时，首先需要使用控制传输来初始化主机与设备的时序切换位（Toggle Bit）。假设默认情况下，主机与设备的时序切换位都是不定状态（X），主机首先将自身的时序切换位置 1，然后往设备发送 SETUP 事务表示将要进行时序切换位设置，接下来再发送 OUT 事务，其中包含了 DATA0 数据包，设备必须接收数据并且将自身的时序切换位同样置 1，最后返回 ACK 握手包，让主机知道自己已经成功将时序切换位初始化。也就是说，主机与设备在初始化后的时序位都默认为 1，如果与行棋对比，就相当于开启新棋局的状态，相应的时序位初始化过程如图 29.4 所示。

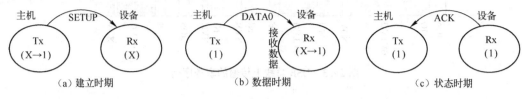

图 29.4　时序位初始化过程

初始化时序位后，如果接收方收到合法的数据包，并且数据包的 PID 与时序切换位的当前值匹配，那么就会切换自身的时序切换位，并且同时返回 ACK 握手包，主机根据 ACK 握手包就知道数据包已经正确接收，也会切换自身的时序切换位。也就是说，每一次成功接收数据后，发送与接收两方的时序位总是相同的，图 29.5 给出了连续 3 次事务成功传输后的时序位切换情况。

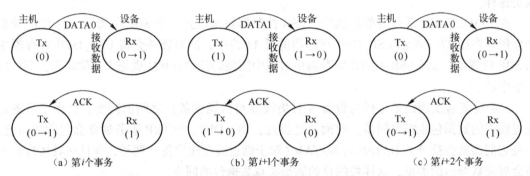

图 29.5　连续 3 次事务成功传输后的时序位切换情况

很明显，事务传输前的时序位总是与下一次数据包的类型是对应的。例如，时序位均为 1 时，表示下次必须传输 DATA1 数据包，反之则必须传输 DATA0 数据包。在每次事务的传输过程中，接收方总会将自身的时序位与接收到的时序位（被编码在数据包的 PID 中，即 DATA0 或 DATA1）进行比较。如果数据不能被接收，接收方必须返回 NAK 握手包，此时接收方的时序位保持不变，而发送方由于未收到 ACK 握手包也将保持不变。如果数据能被接收，并且接收方的时序位和发送方的时序位相匹配，那么数据被接收的同时将切换时序位。如果事务没有数据包阶段，那么发送方与接收方的时序位也将保持不变。

如果数据不能被接收，或数据包被损坏，那么接收方将不切换时序位，并且会根据实际情况返回 NAK、STALL 握手包或超时（Timeout），主机将试图重新发送数据。任何非 ACK 握手或超时都将产生类似的重试动作，没有收到 ACK 握手的发送方不会切换自身的时序切换位。也就是说，失败的数据包传输并不会使收发双方切换时序位，所以它们是同步的，但是事务很快会被重试，重试成功将引发时序位的切换，此时它们仍然是同步的，如图 29.6 所示。

有时候，发送方发出的合法数据包被接收方成功接收，并且接收方也返回 ACK 握手包进行了自身时序位的切换操作，但是由于 ACK 握手包出现丢失或损坏的情况，导致主机并未进行时序位切换，此时发送方与接收方之间暂时失去同步，那之后该怎么办呢？图 29.7 给出了重试的 ACK 事务。

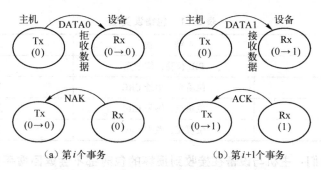

图 29.6　主机收到 NAK 握手包后进行重试

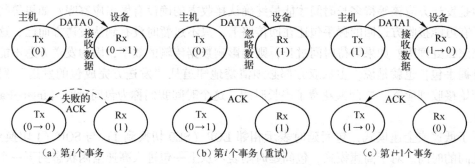

图 29.7　重试的 ACK 事务

在传输第 i 事务时，接收方已经接收到了正确的数据，所以切换自身的时序位并且返回 ACK 握手包，但由于各种原因，发送方并未收到 ACK 握手包，所以并不知道数据已经成功传输，也没有切换自身的时序位，此时收发双方暂时失去了同步。那么在下一个事务中，发送方将重新发送之前 DATA0 类型的数据包，很明显，接收方的时序位和数据包的时序位不匹配，接收方借此知道自己之前已经接收了该数据包，所以会将其丢弃且不切换自身的时位序，但仍然会返回 ACK 握手包。发送方收到 ACK 握手包就知道重试事务已经成功，也就会切换其时序位，这样收发双方在第 $i+1$ 个事务传输的开始就已经实现同步了。

数据发送方必须保证任何被重试的数据包都与先前事务发送的数据包一致（相同的长度与内容），在全速或低速模式下，如果由于某些原因发送方无法传送与先前完全一样的数据包时，必须通过产生一个填充违反位（a bit stuffing violation）来中止事务（而不应该通过发送"不正确的 CRC"来暗示包出现了错误，因为有可能"不正确的 CRC"恰好是已经损坏的数据包的正确 CRC，从而导致接收方误以为收到了正确的数据包），这能够向接收方暗示当前的包出现了错误，从而保证接收方不会将部分的包解析为好包。

在图 27.1 中，时序位指的就是 DTOG_RX 位与 DTOG_TX 位，它主要用于 USB 数据的收发双方之间进行同步，一般仅在控制、中断与批量传输时使用，因为它们需要保证数据传输的正确性，而全速同步传输不支持时序位切换。

有心的读者可能会问：前面提到的超时是什么呢？我们先来看看主机或设备在收到损坏包时是怎么处理的。根据错误检测机制，USB 规范定义的包错误类型分为 4 种，接收方对它们会有不同的响应，如表 29.1 所示。

表 29.1 包错误类型

字　　段	错　　误	动　　作
包标识符	PID 校验，位填充	忽略包
地址	位填充，地址 CRC	忽略标记
帧号	位填充，帧号 CRC	忽略帧号
数据	位填充，数据 CRC	丢弃数据

表 29.1 告诉我们：**主机与设备在接收到损坏的包时都不会返回握手包，直接以忽略或丢弃的方式进行处理**。换句话说，如果接收方没有做出应答，则发送方认为包的传输已经出错。但是发送方应该等待多长时间才能最终确认接收方的确没有做出应答呢？如果等待时间过短，有可能接收方返回的握手包还在回传路上，只不过暂时没有到达发送方而已，这种情况应该怎么处理呢？如果等待时间过长，则会影响数据传输的效率，因为发送方总不能无限地等待握手包！也就是说，主从双方都必须清楚地知道从"发送方完成包的发送"到"接收方开始接收到应答"之间共花费了多长时间，这个时间我们称为包间延时（Inter-Package Delay）。

对于低速或全速模式，包间延时表示相邻 EOP（SE0 切换到 J）与 SOP（J 切换到 K）状态之间的时间。对于高速模式，包间延时则表示从上一包进入高速空闲状态到下一个包退出高速空闲状态之间的时间。低速或全速模式下的包间延时如图 29.8 所示。

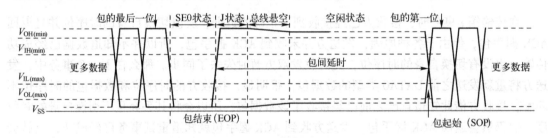

图 29.8 低速或全速模式下的包间延时

USB 规范把最坏情况下的包间延时称为总线周转时间（Bus Turn-Around Time），它被定义为往返延迟（Round Trip Delay）与最大设备应答延迟（Maximum Device Response）之和，低速与全速模式下最坏情况下的延时模型如图 29.9 所示。

图 29.9 低速与全速模式下最坏情况下的延时模型

设备与主机之间串联了 6 个集线器（USB 2.0 规范允许的最大集线器级联数量，其中主机控制器也包含了一个集线器），每条线缆与集线器之间都会有一定的延时，并且包与包之间也会有一些延时，将它们加起来就是最坏情况下的延时。

需要注意的是，总线周转时间是以一位数据的时长为单位的，并不是固定的具体时间

（取决于传输速率），所以延时也会折算成一位数据的时长。为了确定具体的包间延时，设备与主机都需要总线周转计时器，因为它们都有可能需要等待对方的应答，如图 29.10 所示。

图 29.10　总线周转计时器的用法

在低速与全速模式下，期待对方响应一方的等待时间不应该小于 16 位数据时长，但在等待 16~18 位数据时长**之间**会超时（原文：the device expecting the response will not time out before 16 bit times but will timeout before 18 bit times）。如果主机需要发起一个新的事务，它必须为了接收握手包而至少等待 18 位数据时长。相应地，如果主机想通过超时表示一个错误条件，那么它必须在发出下一个令牌包（针对所有下行设备）前至少等待 18 位数据时长。而在高速模式下，期待对方响应一方的等待时间不应该小于 736 位数据时长，但如果等待超过 816 位数据时长则表示超时（原文：a high-speed host or device expecting a response to a transmission must not timeout the transaction if the inter-packet delay is less than 736bit times, and it must timeout the transaction if no signaling is seen within 816 bit times），对具体细节有兴趣的读者可以参考 USB 2.0 规范。

第 30 章　USB 控制器的初始化

通过前面对 USB 协议层的简要阐述，我们对 USB 控制器如何对当前事务的传输状态进行反应有了初步了解，但是仅仅能够对其状态进行反应也是远远不够的，至少还得有一种机制告诉用户：**某个状态更新了，你应该做点什么**。难道让用户逐个去查询这么多寄存器吗？肯定是不现实的！中断是一种常用的机制，USB 控制器通常都有自己的事件中断源，而且还不止一个。

事件就是触发中断源的动作，如复位、挂起、唤醒、事务传输完成、SOF 接收等行为都是事件。初学 USB 设备开发的我们容易想到的事件就是：**USB 游戏操纵杆给主机发送完数据**！没错！发送或接收数据的具体动作都是由事务完成的，当每一个事务传输完成时，图 27.1 所示 USB_ISTR 寄存器中的 CTR 位会被硬件置位，而事务传输针对的端点号则体现在 EP_ID[3:0] 中。至于主机是要给设备发送数据还是从设备读取数据，则体现在 USB_ISTR 寄存器中代表传输方向的 DIR 位。当某个事务传输完成时，如果 DIR＝0，则表示一个 IN 事务完成，此时相应端点寄存器中的 CTR_TX 位会由硬件置位，如果 CTRM 位已被置位，则会产生相应的中断。相反，如果 DIR＝1，则表示一个 OUT 事务完成，此时相应端点寄存器中的 CTR_RX 位会由硬件置位。当 SETUP 事务传输完成时，相应端点寄存器中的 CTR_RX 与 SETUP 位都会被置位，我们通过判断 SETUP 位就能够知道当前传输完成的是 OUT 事务还是 SETUP 事务。

请特别注意：**USB_ISTR 寄存器中的 CTR、DIR、EP_ID[3:0] 位都是只读的**，它们的状态是 USB 控制器根据正确完成传输的事务来设置的，能够反映事务中的一些信息，用户（我们）需要做的就是根据这些信息进行相应的处理（例如，调用中断服务程序）。当然，具体的处理过程也不需要我们亲手去做，厂家的固件库已经搭建好了整个框架，我们只需要做一些修改即可，后续还会详细讨论。

为了方便用户使用 USB 控制器，usb_regs.h 头文件中定义了大量宏（为方便描述，后续也会将"带一对小括号的宏"称为"函数"）来进行操作，如清单 30.1 所示（反斜杠符号"\"表示续行符，表示下一行与当前行属于同一行）。例如，_SetCNTR 函数用来设置 USB_CNTR 寄存器，_GetCNTR 函数用来获取 USB_CNTR 寄存器的值，_pEPTxAddr 函数用来设置端点对应的发送包缓冲区的起始地址，_pEPRxCount 函数用来设置接收包缓冲区的字节数，后续还会结合源代码详细讨论。

清单 30.1　usb_regs.h 头文件（部分）

```
#ifndef __USB_REGS_H
#define __USB_REGS_H

typedef enum _EP_DBUF_DIR {                          //双缓冲端点方向
  EP_DBUF_ERR,
  EP_DBUF_OUT,
  EP_DBUF_IN
}EP_DBUF_DIR;
```

```
enum EP_BUF_NUM                                                //端点缓冲区编号
{
  EP_NOBUF,
  EP_BUF0,
  EP_BUF1
};

#define RegBase   (0x40005C00L)                                //USB控制器寄存器基地址
#define PMAAddr   (0x40006000L)                        //USB控制器对应的包缓冲区基地址

#define CNTR      ((__IO unsigned *)(RegBase + 0x40))              //控制寄存器
#define ISTR      ((__IO unsigned *)(RegBase + 0x44))            //中断状态寄存器
#define FNR       ((__IO unsigned *)(RegBase + 0x48))              //帧号寄存器
#define DADDR     ((__IO unsigned *)(RegBase + 0x4C))            //设备地址寄存器
#define BTABLE    ((__IO unsigned *)(RegBase + 0x50))    //缓冲区描述表地址寄存器
#define EP0REG    ((__IO unsigned *)(RegBase))                 //端点0寄存器地址

#define EP0_OUT    ((uint8_t)0x00) //端点地址(见端点描述符bEndpointAddress字段)
#define EP0_IN     ((uint8_t)0x80)
#define EP1_OUT    ((uint8_t)0x01)
#define EP1_IN     ((uint8_t)0x81)
#define EP2_OUT    ((uint8_t)0x02)
#define EP2_IN     ((uint8_t)0x82)
#define EP3_OUT    ((uint8_t)0x03)
#define EP3_IN     ((uint8_t)0x83)
#define EP4_OUT    ((uint8_t)0x04)
#define EP4_IN     ((uint8_t)0x84)
#define EP5_OUT    ((uint8_t)0x05)
#define EP5_IN     ((uint8_t)0x85)
#define EP6_OUT    ((uint8_t)0x06)
#define EP6_IN     ((uint8_t)0x86)
#define EP7_OUT    ((uint8_t)0x07)
#define EP7_IN     ((uint8_t)0x87)

#define ENDP0      ((uint8_t)0)                                       //端点号
#define ENDP1      ((uint8_t)1)
#define ENDP2      ((uint8_t)2)
#define ENDP3      ((uint8_t)3)
#define ENDP4      ((uint8_t)4)
#define ENDP5      ((uint8_t)5)
#define ENDP6      ((uint8_t)6)
#define ENDP7      ((uint8_t)7)

//USB_ISTR中断事件位掩码
#define ISTR_CTR    (0x8000)                                  //正确传输(只读位)
#define ISTR_DOVR   (0x4000)           //包缓冲区溢出(可读可写位,仅写0有效)
#define ISTR_ERR    (0x2000)                 //出错(可读可写位,仅写0有效)
#define ISTR_WKUP   (0x1000)                 //唤醒(可读可写位,仅写0有效)
#define ISTR_SUSP   (0x0800)                 //挂起(可读可写位,仅写0有效)
#define ISTR_RESET  (0x0400)           //USB复位(可读可写位,仅写0有效)
#define ISTR_SOF    (0x0200)               //帧起始(可读可写位,仅写0有效)
#define ISTR_ESOF   (0x0100)     //期望的帧起始(可读可写位,仅写0有效)
#define ISTR_DIR    (0x0010)                         //事务传输方向(只读位)
#define ISTR_EP_ID  (0x000F)                         //端点标识号(只读位)

#define CLR_CTR    (~ISTR_CTR)                                  //清除CTR位
#define CLR_DOVR   (~ISTR_DOVR)                                //清除DOVR位
#define CLR_ERR    (~ISTR_ERR)                                  //清除ERR位
#define CLR_WKUP   (~ISTR_WKUP)                                //清除WKUP位
#define CLR_SUSP   (~ISTR_SUSP)                                //清除SUSP位
#define CLR_RESET  (~ISTR_RESET)                              //清除RESET位
#define CLR_SOF    (~ISTR_SOF)                                  //清除SOF位
#define CLR_ESOF   (~ISTR_ESOF)                                //清除ESOF位

//USB_CNTR控制寄存器位掩码
#define CNTR_CTRM   (0x8000)                            //正确传输中断掩码
#define CNTR_DOVRM  (0x4000)                      //包缓冲区溢出中断掩码
#define CNTR_ERRM   (0x2000)                            //出错中断掩码
#define CNTR_WKUPM  (0x1000)                            //唤醒中断掩码
#define CNTR_SUSPM  (0x0800)                            //挂起中断掩码
#define CNTR_RESETM (0x0400)                      //USB复位中断掩码
#define CNTR_SOFM   (0x0200)                            //帧起始中断掩码
#define CNTR_ESOFM  (0x0100)                      //期望的帧起始中断掩码
#define CNTR_RESUME (0x0010)                            //恢复请求
#define CNTR_FSUSP  (0x0008)                            //强制挂起
#define CNTR_LPMODE (0x0004)                            //低功耗模式
#define CNTR_PDWN   (0x0002)                      //断电(Power Down)
```

```
#define CNTR_FRES    (0x0001)                              //强制USB复位

//USB_FNR帧号寄存器位掩码
#define FNR_RXDP  (0x8000)                              //D+数据线状态位
#define FNR_RXDM  (0x4000)                              //D-数据线状态位
#define FNR_LCK   (0x2000)                              //锁定 (Locked)
#define FNR_LSOF  (0x1800)                           //帧起始丢失 (Lost SOF)
#define FNR_FN    (0x07FF)                              //帧号 (Frame Number)

//USB_DADDR设备地址位掩码
#define DADDR_EF  (0x80)                      //使能USB控制器 (Enable Function)
#define DADDR_ADD (0x7F)                        //设备地址 (Device address)

//USB_EPnR端点寄存器位掩码
#define EP_CTR_RX       (0x8000)                         //正确接收事务
#define EP_DTOG_RX      (0x4000)                      //数据接收时序切换位
#define EPRX_STAT       (0x3000)                         //接收数据状态
#define EP_SETUP        (0x0800)                      //SETUP事务传输完成
#define EP_T_FIELD      (0x0600)                           //传输类型
#define EP_KIND         (0x0100)                           //特殊类型
#define EP_CTR_TX       (0x0080)                          //正确发送事务
#define EP_DTOG_TX      (0x0040)                      //数据发送时序切换位
#define EPTX_STAT       (0x0030)                         //发送数据状态
#define EPADDR_FIELD    (0x000F)                           //端点地址

#define EPREG_MASK      (EP_CTR_RX|EP_SETUP   \
                        |EP_T_FIELD|EP_KIND|EP_CTR_TX|EPADDR_FIELD)

// EP_TYPE[1:0] 端点类型掩码
#define EP_TYPE_MASK    (0x0600)                         //端点类型掩码
#define EP_BULK         (0x0000)                         //批量传输类型
#define EP_CONTROL      (0x0200)                         //控制传输类型
#define EP_ISOCHRONOUS  (0x0400)                         //同步传输类型
#define EP_INTERRUPT    (0x0600)                         //中断传输类型
#define EP_T_MASK       (~EP_T_FIELD & EPREG_MASK)  //EPREG_MASK中清除EP_T_FIELD位
#define EPKIND_MASK     (~EP_KIND & EPREG_MASK)     //EPREG_MASK中清除EP_KIND位


// STAT_TX[1:0] 发送状态
#define EP_TX_DIS       (0x0000)                           //DISABLE
#define EP_TX_STALL     (0x0010)                           //STALL
#define EP_TX_NAK       (0x0020)                           //NAK
#define EP_TX_VALID     (0x0030)                           //VALID
#define EPTX_DTOG1      (0x0010)                      //发送数据时序切换位1
#define EPTX_DTOG2      (0x0020)                      //发送数据时序切换位2
#define EPTX_DTOGMASK   (EPTX_STAT|EPREG_MASK)

// STAT_RX[1:0] 接收状态
#define EP_RX_DIS       (0x0000)                           //DISABLE
#define EP_RX_STALL     (0x1000)                           //STALL
#define EP_RX_NAK       (0x2000)                           //NAK
#define EP_RX_VALID     (0x3000)                           //VALID
#define EPRX_DTOG1      (0x1000)                      //接收数据时序切换位1
#define EPRX_DTOG2      (0x2000)                      //接收数据时序切换位2
#define EPRX_DTOGMASK   (EPRX_STAT|EPREG_MASK)

#define _SetCNTR(wRegValue)   (*CNTR = (uint16_t)wRegValue)   //设置USB_CNTR寄存器
#define _SetISTR(wRegValue)   (*ISTR = (uint16_t)wRegValue)   //设置USB_ISTR寄存器
#define _SetDADDR(wRegValue)  (*DADDR = (uint16_t)wRegValue)
#define _SetBTABLE(wRegValue) (*BTABLE = (uint16_t)(wRegValue & 0xFFF8))
#define _GetCNTR()   ((uint16_t) *CNTR)                  //获取USB_CNTR寄存器
#define _GetISTR()   ((uint16_t) *ISTR)                  //获取USB_ISTR寄存器
#define _GetFNR()    ((uint16_t) *FNR)                   //获取USB_FNR寄存器
#define _GetDADDR()  ((uint16_t) *DADDR)                 //获取USB_DADDR寄存器
#define _GetBTABLE() ((uint16_t) *BTABLE)                //获取USB_BTABLE寄存器

#define _SetENDPOINT(bEpNum,wRegValue)   (*(EPOREG + bEpNum)= \
                                          (uint16_t)wRegValue)
#define _GetENDPOINT(bEpNum)   ((uint16_t)(*(EPOREG + bEpNum)))
#define _SetEPType(bEpNum,wType) (_SetENDPOINT(bEpNum, \
                                 ((_GetENDPOINT(bEpNum) & EP_T_MASK) | wType )))
#define _GetEPType(bEpNum) (_GetENDPOINT(bEpNum) & EP_T_FIELD)

#define _SetEPTxStatus(bEpNum,wState) {\
    register uint16_t _wRegVal;      \
```

```
    _wRegVal = _GetENDPOINT(bEpNum) & EPTX_DTOGMASK;\
    if((EPTX_DTOG1 & wState)!= 0)_wRegVal  ^= EPTX_DTOG1;\
    if((EPTX_DTOG2 & wState)!= 0)_wRegVal  ^= EPTX_DTOG2;\
    _SetENDPOINT(bEpNum, (_wRegVal | EP_CTR_RX|EP_CTR_TX));}

#define _SetEPRxStatus(bEpNum, wState) {\
    register uint16_t _wRegVal;   \
    _wRegVal = _GetENDPOINT(bEpNum) & EPRX_DTOGMASK;\
    if((EPRX_DTOG1 & wState)!= 0)_wRegVal  ^= EPRX_DTOG1;\
    if((EPRX_DTOG2 & wState)!= 0)_wRegVal  ^= EPRX_DTOG2;\
    _SetENDPOINT(bEpNum, (_wRegVal | EP_CTR_RX|EP_CTR_TX));}

#define _GetEPTxStatus(bEpNum) ((uint16_t)_GetENDPOINT(bEpNum) & EPTX_STAT)
#define _GetEPRxStatus(bEpNum) ((uint16_t)_GetENDPOINT(bEpNum) & EPRX_STAT)

#define _SetEPAddress(bEpNum,bAddr) _SetENDPOINT(bEpNum, \
               EP_CTR_RX|EP_CTR_TX|(_GetENDPOINT(bEpNum) & EPREG_MASK) | bAddr)
#define _GetEPAddress(bEpNum) ((uint8_t)(_GetENDPOINT(bEpNum) & EPADDR_FIELD))

#define _pEPTxAddr(bEpNum) ((uint32_t *)((_GetBTABLE()+bEpNum*8  )*2 + PMAAddr))
#define _pEPTxCount(bEpNum) ((uint32_t *)((_GetBTABLE()+bEpNum*8+2)*2 + PMAAddr))
#define _pEPRxAddr(bEpNum) ((uint32_t *)((_GetBTABLE()+bEpNum*8+4)*2 + PMAAddr))
#define _pEPRxCount(bEpNum) ((uint32_t *)((_GetBTABLE()+bEpNum*8+6)*2 + PMAAddr))

#define _SetEPTxAddr(bEpNum,wAddr) (*_pEPTxAddr(bEpNum) = ((wAddr >> 1) << 1))
#define _SetEPRxAddr(bEpNum,wAddr) (*_pEPRxAddr(bEpNum) = ((wAddr >> 1) << 1))

#define _GetEPTxAddr(bEpNum) ((uint16_t)*_pEPTxAddr(bEpNum))
#define _GetEPRxAddr(bEpNum) ((uint16_t)*_pEPRxAddr(bEpNum))

#define _SetEPTxCount(bEpNum,wCount) (*_pEPTxCount(bEpNum) = wCount)
#define _SetEPRxCount(bEpNum,wCount) {\
    uint32_t *pdwReg = _pEPRxCount(bEpNum); _SetEPCountRxReg(pdwReg, wCount);}
#define _GetEPTxCount(bEpNum)((uint16_t)(*_pEPTxCount(bEpNum)) & 0x3ff)
#define _GetEPRxCount(bEpNum)((uint16_t)(*_pEPRxCount(bEpNum)) & 0x3ff)

//以下与双缓冲应用相关
#define _SetEPRxDb1Buf0Count(bEpNum, wCount)  {\
    uint32_t *pdwReg = _pEPTxCount(bEpNum); _SetEPCountRxReg(pdwReg, wCount);}
#define _SetEPDb1Buf0Addr(bEpNum, wBuf0Addr) {_SetEPTxAddr(bEpNum, wBuf0Addr);}
#define _SetEPDb1Buf1Addr(bEpNum, wBuf1Addr) {_SetEPRxAddr(bEpNum, wBuf1Addr);}
#define _SetEPDb1BuffAddr(bEpNum, wBuf0Addr, wBuf1Addr) { \
    _SetEPDb1Buf0Addr(bEpNum, wBuf0Addr); _SetEPDb1Buf1Addr(bEpNum, wBuf1Addr);}
#define _GetEPDb1Buf0Addr(bEpNum) (_GetEPTxAddr(bEpNum))
#define _GetEPDb1Buf1Addr(bEpNum) (_GetEPRxAddr(bEpNum))

#define _SetEPDb1Buf0Count(bEpNum, bDir, wCount)  { \
    if(bDir == EP_DBUF_OUT) {_SetEPRxDb1Buf0Count(bEpNum, wCount);} \
    else if(bDir == EP_DBUF_IN) {*_pEPTxCount(bEpNum) = (uint32_t)wCount;}
#define _SetEPDb1Buf1Count(bEpNum, bDir, wCount)  { \
    if(bDir == EP_DBUF_OUT) {_SetEPRxCount(bEpNum, wCount);}\
    else if(bDir == EP_DBUF_IN) {*_pEPRxCount(bEpNum) = (uint32_t)wCount;}
#define _SetEPDb1BuffCount(bEpNum, bDir, wCount) {\
    _SetEPDb1Buf0Count(bEpNum, bDir, wCount);\
    _SetEPDb1Buf1Count(bEpNum, bDir, wCount);}

#define _GetEPDb1Buf0Count(bEpNum) (_GetEPTxCount(bEpNum))
#define _GetEPDb1Buf1Count(bEpNum) (_GetEPRxCount(bEpNum))

extern __IO uint16_t wIstr;          // USB_ISTR寄存器最后一次读取值（外部变量）

#endif /* __USB_REGS_H */
```

　　我们接下来看看 USB 控制器是如何被初始化的。在清单 9.1 所示的 main 主函数中，首先调用了 USB_Interrupts_Config 函数设置中断向量表与相应的优先级，然后调用 Set_USBClock 函数将 USB 控制器的时钟设置为 48MHz（对应图 26.1 所示的 48MHz），至于具体的时钟设置过程此处不涉及，因为我们早就提过，不想对平台过于依赖，换句话说，即使你弄清楚了 STM32F103x 系列单片机的 USB 时钟配置，对于其他平台也没有任何意义。

　　USB_init 函数比较重要，它被定义在 usb_init.c 源文件中，主要完成对 USB 控制器的初始化，如清单 30.2 所示。

清单 30.2　usb_init.c 源文件

```
#include "usb_lib.h"

uint8_t EPindex;                                        //当前的端点号
DEVICE_INFO *pInformation;                              //指向当前设备信息的指针
DEVICE_PROP *pProperty;                                 //指向当前设备属性的指针
uint16_t SaveState ;                                    //临时保存STAT_RX与STAT_TX状态的变量
uint16_t wInterrupt_Mask;                               //中断掩码
DEVICE_INFO Device_Info;                                //代表设备信息的全局变量
USER_STANDARD_REQUESTS *pUser_Standard_Requests;//指向用户自定义标准请求处理的指针

void USB_Init(void)
{
  pInformation = &Device_Info;
  pInformation->ControlState = 2;                       //IN_DATA
  pProperty = &Device_Property;
  pUser_Standard_Requests = &User_Standard_Requests;
  pProperty->Init();                                    //初始化设备
}
```

　　首先注意 usb_init.c 源文件中定义了几个全局变量，EPindex 用来保存当前的端点号，它指出当前传输完成的事务是针对哪个端点的，对应图 27.1 所示 USB_ISTR 寄存器中的 EP_ID [3:0]，在实际工作过程中则会将其读出来放到 EPindex 中（后述）。pInformation、pProperty、pUser_Standard_Requests 是分别指向 DEVICE_INFO、DEVICE_PROP、USER_STANDARD_REQUESTS 结构体的指针，这 3 个结构体都被声明在 usb_core.h 头文件中，如清单 30.3 所示。

清单 30.3　usb_core.h 头文件

```
#ifndef __USB_CORE_H
#define __USB_CORE_H

typedef enum _CONTROL_STATE {                           //控制管道状态机的状态
  WAIT_SETUP,                                           //0: 等待建立
  SETTING_UP,                                           //1: 正在建立
  IN_DATA,                                              //2: 输入数据包
  OUT_DATA,                                             //3: 输出数据包
  LAST_IN_DATA,                                         //4: 最后一个输入数据包
  LAST_OUT_DATA,                                        //5: 最后一个输出数据包
  WAIT_STATUS_IN,                                       //6: 等待状态（输入事务）
  WAIT_STATUS_OUT,                                      //7: 等待状态（输出事务）
  STALLED,                                              //8: STALL
  PAUSE                                                 //9: 暂停
} CONTROL_STATE;

typedef struct OneDescriptor {                          //定位描述符数据首地址与长度的结构体
  uint8_t *Descriptor;                                  //指向描述符数据的首地址
  uint16_t Descriptor_Size;                             //描述数据的字节长度
}ONE_DESCRIPTOR, *PONE_DESCRIPTOR;

typedef enum _RESULT{                                   //请求处理返回值
  USB_SUCCESS = 0,                                      // 成功处理
  USB_ERROR,                                            //出错
  USB_UNSUPPORT,                                        //设备不支持
  USB_NOT_READY                                         //处理未完成，端点会以NAK响应后续请求
} RESULT;

typedef struct _ENDPOINT_INFO {                         //端点相关的信息
  uint16_t Usb_wLength;                                 //端点将要发送或接收数据的字节长度
  uint16_t Usb_wOffset;                                 //端点将要发送或接收数据的偏移地址
  uint16_t PacketSize;                                  //端点发送数据包的字节大小
  uint8_t *(*CopyData)(uint16_t Length);   //端点发送或接收数据时执行的回调函数
}ENDPOINT_INFO;

typedef struct _DEVICE {
  uint8_t Total_Endpoint;    //使用端点的数量（Number of endpoints that are used）
  uint8_t Total_Configuration;       //可用配置的数量（configuration available）
} DEVICE;
```

```
typedef union {                       //16位无符号整型与2个8位无符号整型数据类型共用体
  uint16_t w;
  struct BW {
    uint8_t bb1;
    uint8_t bb0;
  } bw;
} uint16_t_uint8_t;

typedef struct _DEVICE_INFO {
  uint8_t USBbmRequestType;                                       //bmRequestType
  uint8_t USBbRequest;                                            //bRequest
  uint16_t_uint8_t USBwValues;                                    //wValue
  uint16_t_uint8_t USBwIndexs;                                    //wIndex
  uint16_t_uint8_t USBwLengths;                                   //wLength
  uint8_t ControlState;                            //控制管道状态（CONTROL_STATE）
  uint8_t Current_Feature;                                  //当前的特征
  uint8_t Current_Configuration;         //选择的配置（Selected configuration）
  uint8_t Current_Interface;                //选择的接口（Selected interface）
  uint8_t Current_AlternateSetting;//选择的备用接口（Selected Alternate Setting）
  ENDPOINT_INFO Ctrl_Info;                      //端点发送或接收数据相关的信息
}DEVICE_INFO;

typedef struct _DEVICE_PROP {          //用户自定义的与设备相关的回调函数结构体
  void (*Init)(void);                                       //初始化设备
  void (*Reset)(void);                                      //复位设备
  void (*Process_Status_IN)(void);                 //状态时期后调用的函数
  void (*Process_Status_OUT)(void);
  RESULT (*Class_Data_Setup)(uint8_t RequestNo);   //有数据时期的建立时期处理函数
  RESULT (*Class_NoData_Setup)(uint8_t RequestNo);//无数据时期的建立时期处理函数
  RESULT (*Class_Get_Interface_Setting)(uint8_t Interface,
                                        uint8_t AlternateSetting);
  uint8_t* (*GetDeviceDescriptor)(uint16_t Length);
  uint8_t* (*GetConfigDescriptor)(uint16_t Length);
  uint8_t* (*GetStringDescriptor)(uint16_t Length);


  void* RxEP_buffer;                         //当前库版本未使用，仅为兼容旧版本
  uint8_t MaxPacketSize;                                 //最大数据包的字节长度
}DEVICE_PROP;

typedef struct _USER_STANDARD_REQUESTS {  //用户自定义标准请求处理回调函数结构体
  void (*User_GetConfiguration)(void);                       //获取配置
  void (*User_SetConfiguration)(void);                       //设置配置
  void (*User_GetInterface)(void);                           //获取接口
  void (*User_SetInterface)(void);                           //设置接口
  void (*User_GetStatus)(void);                              //获取状态
  void (*User_ClearFeature)(void);                           //清除特征
  void (*User_SetEndPointFeature)(void);                //设置端点特征
  void (*User_SetDeviceFeature)(void);                  //设置设备特征
  void (*User_SetDeviceAddress)(void);                  //设置设备地址
}USER_STANDARD_REQUESTS;

#define Type_Recipient (pInformation->USBbmRequestType &    //接收方相关的信息
                        (REQUEST_TYPE | RECIPIENT))
#define Usb_rLength Usb_wLength                             //重新定义别名
#define Usb_rOffset Usb_wOffset

#define USBwValue USBwValues.w
#define USBwValue0 USBwValues.bw.bb0                        //wValue字段低字节
#define USBwValue1 USBwValues.bw.bb1                        //wValue字段高低节
#define USBwIndex USBwIndexs.w
#define USBwIndex0 USBwIndexs.bw.bb0                        //wIndex字段低字节
#define USBwIndex1 USBwIndexs.bw.bb1                        //wIndex字段高字节
#define USBwLength USBwLengths.w
#define USBwLength0 USBwLengths.bw.bb0                      //wLength字段低字节
#define USBwLength1 USBwLengths.bw.bb1                      //wLength字段高字节


uint8_t Setup0_Process(void);
uint8_t Post0_Process(void);
uint8_t Out0_Process(void);
uint8_t In0_Process(void);

RESULT Standard_SetEndPointFeature(void);
RESULT Standard_SetDeviceFeature(void);
```

```
uint8_t *Standard_GetConfiguration(uint16_t Length);
RESULT Standard_SetConfiguration(void);
uint8_t *Standard_GetInterface(uint16_t Length);
RESULT Standard_SetInterface(void);
uint8_t *Standard_GetDescriptorData(uint16_t Length, PONE_DESCRIPTOR pDesc);
uint8_t *Standard_GetStatus(uint16_t Length);
RESULT Standard_ClearFeature(void);
void SetDeviceAddress(uint8_t);
void NOP_Process(void);

#endif /* __USB_CORE_H */
```

　　DEVICE_INFO 结构体用来保存当前设备的相关信息，前 5 个字段表示接收到的请求（对应表 17.1），也就是主机通过控制管道往设备发送 SETUP 事务中的数据包信息，而剩下的那些 uint8_t 类型的变量表示当前设备的控制管道状态、特征、配置、接口信息，可以理解为对接收到请求的执行结果。例如，一个设备可以有多个配置，主机在 USB 总线枚举阶段通过"设置配置（SET_CONFIGURATION）"请求给设备选择一个配置（数字），这个配置号就保存在 Current_Configuration 成员变量中。最后一个字段是 ENDPOINT_INFO 结构体变量，它是对设备收到请求后的分析结果（后续需要执行的参数）。例如，当主机获取设备的描述符时，其中的成员变量 wLength 表示设备有多少个数据需要发送，Usb_wOffset 表示要发送的描述符数据数组的偏移量，PacketSize 表示每次发送数据包的字节大小（这样也能够确定需要发送多少次数据包），而 CopyData 则是指向函数的指针，它指向修改需要执行参数（数据发送或接收）的函数。最后一个成员变量 MaxPacketSize 表示控制管道支持的最大数据包字节长度。

　　DEVICE_PROP 结构体表示设备属性结构体，前 10 个成员变量均为指向函数的指针。函数指针就是某个函数的入口地址，**而这些函数的具体实现是由用户（我们）来完成的，** 可以称为回调函数（Callback Function），USB 控制器在必要时通过回调函数将控制权交给用户程序。例如，当主机向设备发送复位信号时，内核会调用函数指针 Reset 指向的回调函数做些复位方面的工作。当主机通过控制管道向设备发送获取描述符请求时，内核会调用函数指针 GetDeviceDescriptor 指向的函数做一些请求解析工作，图 30.1 给出了用户接口层中的回调函数与内核层之间的关系。

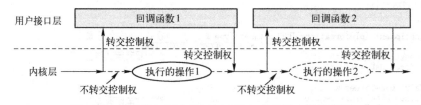

图 30.1　用户接口层中的回调函数与内核层之间的关系

　　从理论上来讲，回调函数实现的操作也可以放在内核层，但这会使得用户接口层与内核层的联系太过紧密，因为我们不得不经常进入内核层去修改代码，这是非常不安全的行为。使用回调函数则可以降低用户接口层与内核层之间的耦合程度（称为"代码解耦"），这是模块化编程的核心之一。简单地说，回调函数就是内核层给用户一些执行操作的机会，具体的方式就是提供一个空函数，至于空函数里面具体的实现则由你来决定，我们马上就会看到具体是如何操作的。

USER_STANDARD_REQUESTS 结构体用来响应主机的标准请求，它包含的 9 个字段也都是指向函数的指针，它们是用户代码和标准请求管理之间的接口。与 DEVICE_PROP 类型中的函数指针一样，我们也需要相应的回调函数来实现它们。另外，中断掩码变量 wInterrupt_Mask（默认为 0）被用来设置图 27.1 所示的 USB_CNTR 寄存器。

接下来看看 USB_Init 函数做了什么事情。首先将全局变量 Device_Info 的地址赋给 pInformation 指针，这也就意味着后续对设备信息的操作都将以指针的形式来访问。然后设置控制状态 ControlState 为 2，它对应清单 30.3 中 _CONTROL_STATE 枚举常量，即输入数据状态（IN_DATA）。我们前面提过，控制传输分为**初始设置时期**、**数据时期**（可选的）及**状态时期**，具体的控制序列如图 28.6 所示，那么主机与设备在进行事务传输时怎么知道目前处于什么状态呢？因为无论顶层在进行什么类型的传输，USB 控制器看到的只是一个个的事务，无法确定当前所处的传输状态。例如，在控制传输初始**建立时期**后出现了一个 IN 事务，那么它到底代表**数据时期**还是**状态时期**呢？为了明确当前所处的状态，主机与设备都会有相应的状态机，USB 规范中也有详细的描述，而 CONTROL_STATE 枚举常量就是设备对控制传输中每个状态的细分，包含等待建立（WAIT_SETUP）、初始建立（SETTING_UP）、输出数据与最后一个输出数据（OUT_DATA 与 LAST_OUT_DATA）、输入数据与最后一个输入数据（IN_DATA 与 LAST_IN_DATA）、输入与输出状态（WAIT_STATUS_IN 与 WAIT_STATUS_OUT）、STALLED 与 PAUSE。

紧接着，将 Device_Property 的地址赋给 pProperty 指针，它被定义在清单 14.1 所示的 usb_prop.c 源文件中，其中的函数也被定义在相同的源文件中（后述）。按照赋值一一对应的原则，指向 DEVICE_PROP 结构体的指针 pProperty 与各回调函数有如图 30.2 所示的关系。

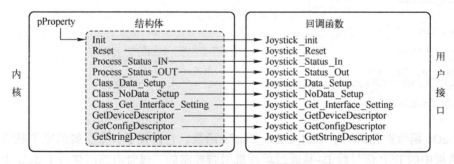

图 30.2　与 pProperty 指针相关的回调函数

紧接着将 User_Standard_Requests 的地址赋给 pUser_Standard_Requests 指针，它也被定义在 usb_prop.c 源文件中，同样按照赋值一一对应的原则，指向 USER_STANDARD_REQUESTS 结构体的指针 pUser_Standard_Request 与各回调函数有如图 30.3 所示的关系。

最后，pProperty 调用了 Init 函数，从图 30.2 中可以看到，实际上执行的是 Joystick_init 回调函数（其定义见清单 14.1），其中调用了 Get_SerialNum 函数根据 STM32 单片机唯一的 96 位 ID 更新设备序列号字符串描述符（前已述）。然后将当前设备的配置设置为 0，表示设备暂时没有被配置。紧接着调用了 PowerOn 函数，它被定义在 usb_pwr.c 源文件中，如清单 30.4 所示。

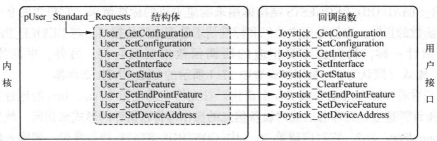

图 30.3　与 pUser_Standard_Requests 指针相关的回调函数

清单 30.4　usb_pwr.c 源文件（部分）

```
#include "usb_lib.h"
#include "usb_conf.h"
#include "usb_pwr.h"
#include "hw_config.h"

__IO uint32_t bDeviceState = UNCONNECTED;               //USB设备的状态

RESULT PowerOn(void)
{
  uint16_t wRegVal;

  USB_Cable_Config(ENABLE);                             //使能D+信号线的上拉电阻
  wRegVal = CNTR_FRES;
  _SetCNTR(wRegVal);                                    //强制USB复位，退出断电模式

  wInterrupt_Mask = 0;
  _SetCNTR(wInterrupt_Mask);                            //屏蔽所有中断（清除USB复位信号）
  _SetISTR(0);                                          //清除ISTR寄存器

  wInterrupt_Mask = CNTR_RESETM | CNTR_SUSPM | CNTR_WKUPM;
  _SetCNTR(wInterrupt_Mask);                            //使能USB复位、挂起、唤醒中断

  return USB_SUCCESS;
}

RESULT PowerOff()
{
  _SetCNTR(CNTR_FRES);                                  //屏蔽所有中断，并强制USB复位
  _SetISTR(0);                                          //清除ISTR寄存器
  USB_Cable_Config(DISABLE);                            //断开D+信号线的上拉电阻
  _SetCNTR(CNTR_FRES + CNTR_PDWN);                      //关闭USB控制器电源

  return USB_SUCCESS;
}
```

PowerOn 函数首先调用了 USB_Cable_Config 函数，它设置了一个引脚的电平状态，因为官方评估板中的 USB 信号线 D+ 是通过单片机引脚控制的三极管电路间接与 1.5kΩ 上拉电阻相连的（三极管电路就相当于图 24.6 中控制上拉电阻 R_{pu} 的开关），具体的实现代码可参考清单 14.2，其中 USB_DISCONNECT 与 USB_DISCONNECT_PIN 在清单 8.1 中分别定义为 GPIOD 与 GPIO_Pin_9。也就是说，控制三极管开关电路的引脚为 PD9。当 PD9 输出低电平时，1.5kΩ 的上拉电阻才会与 D+ 信号线连接。在我们的开发板中，1.5kΩ 的上拉电阻直接与 D+ 连接，所以该函数没有实际的执行效果。

接下来使用 _SetCNTR 函数将图 27.1 所示 USB_CNTR 寄存器的 FRES 位置 1，它会对 USB 控制器进行强制复位（类似于 USB 总线上的复位信号，USB 控制器将一直保持在复位状态，直到软件清除此位），由于同时也将 PDWN 位清 0 了，所以也就使 USB 控制器退出断电模式（这样 USB 控制器才能正常工作）。紧接着又全部清除了 USB_ISTR 寄存器中所有的

中断请求位，然后仅使能了 USB 复位、挂起、唤醒三个中断屏蔽位。与 PowerOn 相应的是 PowerOff 函数，它屏蔽了所有中断，并且断开了与 USB 的 D+信号线连接的 1.5kΩ 的上拉电阻，然后使 USB 控制器进入断电模式，但游戏操纵杆例程并没有调用 PowerOff 函数。

　　PowerOn 函数后又执行了 USB_SIL_Init 函数，它被定义在 usb_sil.c 源文件中，如清单 30.5 所示，其中也执行了清除寄存器 USB_ISTR 的操作，并且又重新设置 USB_CNTR 寄存器的值为 IMR_MSK，它被定义在 usb_conf.h 头文件中，如清单 30.6 所示。

清单 30.5　usb_sil.c 源文件

```
uint32_t USB_SIL_Init(void)
{
  _SetISTR(0);                                       //清除USB_ISTR寄存器
  wInterrupt_Mask = IMR_MSK;
  _SetCNTR(wInterrupt_Mask);                         //使能IMR_MSK对应的中断
  return 0;
}

uint32_t USB_SIL_Write(uint8_t bEpAddr,
                       uint8_t* pBufferPointer, uint32_t wBufferSize)
{
  UserToPMABufferCopy(pBufferPointer,   //将需要发送的数据写入端点对应包的缓冲区
                   GetEPTxAddr(bEpAddr & 0x7F), wBufferSize);
  SetEPTxCount((bEpAddr & 0x7F), wBufferSize);       //设置发送数据的字节长度

  return 0;
}

uint32_t USB_SIL_Read(uint8_t bEpAddr, uint8_t* pBufferPointer)
{
  uint32_t DataLength = 0;

  DataLength = GetEPRxCount(bEpAddr & 0x7F);      //获取接收到数据的字节长度
  PMAToUserBufferCopy(pBufferPointer, //将需要接收的数据从端点对应包的缓冲区读出
                   GetEPRxAddr(bEpAddr & 0x7F), DataLength);

  return DataLength;                               //返回接收数据的字节长度
}
```

清单 30.6　usb_conf.h 头文件

```
#ifndef __USB_CONF_H
#define __USB_CONF_H

#define EP_NUM     (2)                             //当前设备使用的端点数量

#define BTABLE_ADDRESS      (0x00)                 //缓冲区描述表基地址

#define ENDP0_RXADDR       (0x18)                  //端点0对应的接收缓冲区首地址
#define ENDP0_TXADDR       (0x58)                  //端点0对应的发送缓冲区首地址

#define ENDP1_TXADDR       (0x100)                 //端点1对应的发送缓冲区首地址

#define IMR_MSK (CNTR_CTRM  | CNTR_WKUPM | CNTR_SUSPM | CNTR_ERRM  | CNTR_SOFM \
              | CNTR_ESOFM | CNTR_RESETM )

//以下为端点发生正确传输后的中断服务程序入口地址
//#define  EP1_IN_Callback    NOP_Process
#define  EP2_IN_Callback    NOP_Process
#define  EP3_IN_Callback    NOP_Process
#define  EP4_IN_Callback    NOP_Process
#define  EP5_IN_Callback    NOP_Process
#define  EP6_IN_Callback    NOP_Process
#define  EP7_IN_Callback    NOP_Process

#define  EP1_OUT_Callback   NOP_Process
#define  EP2_OUT_Callback   NOP_Process
#define  EP3_OUT_Callback   NOP_Process
#define  EP4_OUT_Callback   NOP_Process
#define  EP5_OUT_Callback   NOP_Process
#define  EP6_OUT_Callback   NOP_Process
#define  EP7_OUT_Callback   NOP_Process

#endif /*__USB_CONF_H*/
```

对比图 27.1 可以看到，USB_SIL_Init 函数使能了 USB_ISTR 寄存器中**正确传输**（Corrcet Transfer, CTR）、**出错**（Error, ERR）、**唤醒**（Wakeup, WKUP）、**挂起**（Suspend, SUSP）、**复位**（RESET）、**帧首**（Start of Frame, SOF）、**期望帧首**（Expectd SOF, ESOF）位对应的中断掩码位，也就是说，USB 固件库中应该有对这些事件中断进行响应的中断服务函数（很快就会知道）。

USB 设备上电初始化后还没有连接主机，Joystick_init 函数最后将 bDeviceState 变量赋为 UNCONNECED，所以清单 9.1 中读取按键状态及发送数据的函数都不会执行，它会一直等待直到设备与主机连接并完成枚举之后才会将之后的 bDeviceState 变量赋为 CONFIGURED，我们来看看设备是如何响应主机的总线枚举吧！

第 31 章　USB 设备响应总线枚举：复位

　　到目前为止，我们已经对 USB 控制器的整体运行机制有了一定的了解，接下来具体看看 USB 设备是如何响应总线枚举的，在此过程中，我们也会深入阐述内核的工作机制，并通过实例更进一步理解 USB 规范。前面提到的对事件中断进行响应的中断服务子程序被定义在 usb_istr.c 源文件中，如清单 31.1 所示。

清单 31.1　usb_istr.c 源文件

```c
#include "usb_lib.h"
#include "usb_prop.h"
#include "usb_pwr.h"
#include "usb_istr.h"

__IO uint16_t wIstr;                            //最后一次读取的USB_ISTR寄存器值
__IO uint8_t bIntPackSOF = 0;                   //接收到的两个连续包之间的帧起始
__IO uint32_t esof_counter =0;                  //期望的帧起始计数器
__IO uint32_t wCNTR=0;                          //USB_CNTR寄存器状态

//以下为非控制端点中断服务函数的入口地址（函数指针数据）
void (*pEpInt_IN[7])(void) = {
    EP1_IN_Callback,
    EP2_IN_Callback,
    EP3_IN_Callback,
    EP4_IN_Callback,
    EP5_IN_Callback,
    EP6_IN_Callback,
    EP7_IN_Callback,
  };

void (*pEpInt_OUT[7])(void) =
  {
    EP1_OUT_Callback,
    EP2_OUT_Callback,
    EP3_OUT_Callback,
    EP4_OUT_Callback,
    EP5_OUT_Callback,
    EP6_OUT_Callback,
    EP7_OUT_Callback,
  };

//USB事件的中断服务函数
void USB_Istr(void)
{
    uint32_t i=0;
  __IO uint32_t EP[8];

  wIstr = _GetISTR();
#if (IMR_MSK & ISTR_CTR)
  if (wIstr & ISTR_CTR & wInterrupt_Mask) {
    CTR_LP();                                   //响应端点正确传输完成的中断服务函数
  }
#endif

#if (IMR_MSK & ISTR_RESET)
  if (wIstr & ISTR_RESET & wInterrupt_Mask) {
    _SetISTR((uint16_t)CLR_RESET);
    Device_Property.Reset();                    //响应USB复位的中断服务函数
  }
#endif

#if (IMR_MSK & ISTR_DOVR)
  if (wIstr & ISTR_DOVR & wInterrupt_Mask) {
```

```
            _SetISTR((uint16_t)CLR_DOVR);
        }
#endif

#if (IMR_MSK & ISTR_ERR)
    if (wIstr & ISTR_ERR & wInterrupt_Mask) {
        _SetISTR((uint16_t)CLR_ERR);
    }
#endif

#if (IMR_MSK & ISTR_WKUP)
    if (wIstr & ISTR_WKUP & wInterrupt_Mask) {
        _SetISTR((uint16_t)CLR_WKUP);
        Resume(RESUME_EXTERNAL);
    }
#endif

#if (IMR_MSK & ISTR_SUSP)
    if (wIstr & ISTR_SUSP & wInterrupt_Mask) {
        if (fSuspendEnabled) {                          //确认是否可以挂起
            Suspend();
        } else{                        //如果不能进入挂起状态，就在若干毫秒之后恢复
            Resume(RESUME_LATER);
        }
        _SetISTR((uint16_t)CLR_SUSP);
    }
#endif

#if (IMR_MSK & ISTR_SOF)
    if (wIstr & ISTR_SOF & wInterrupt_Mask) {
        _SetISTR((uint16_t)CLR_SOF);
        bIntPackSOF++;
    }
#endif

#if (IMR_MSK & ISTR_ESOF)
    if (wIstr & ISTR_ESOF & wInterrupt_Mask) {
        _SetISTR((uint16_t)CLR_ESOF);                    //清除USB_ISTR寄存器中的ESOF位

#if (IMR_MSK & ISTR_ESOF)
    if (wIstr & ISTR_ESOF & wInterrupt_Mask) {
        _SetISTR((uint16_t)CLR_ESOF);                    //清除USB_ISTR寄存器中的ESOF位

        if ((_GetFNR()&FNR_RXDP)!=0) {
            esof_counter ++;
            if ((esof_counter >3)&&((_GetCNTR()&CNTR_FSUSP)==0)) {   //以下强制USB复位

                wCNTR = _GetCNTR();                      //保存USB_CNTR寄存器的状态
                for (i=0;i<8;i++) {                      //保存所有端点寄存器的状态
                    EP[i] = _GetENDPOINT(i);
                }
                wCNTR|=CNTR_FRES;
                _SetCNTR(wCNTR);                                   //强制USB复位

                wCNTR&=~CNTR_FRES;
                _SetCNTR(wCNTR);                                   //退出USB复位

                while((_GetISTR()&ISTR_RESET) == 0);               //等待USB复位中断

                _SetISTR((uint16_t)CLR_RESET);                     //清除复位标志

                for (i=0;i<8;i++) {                      //恢复所有端点寄存器的状态
                    _SetENDPOINT(i, EP[i]);
                }
                esof_counter = 0;
            }
        } else {
            esof_counter = 0;
        }

        Resume(RESUME_ESOF);
    }
#endif
} /* USB_Istr */
```

USB_Instr 函数首先读取 USB_ISTR 寄存器的状态并将其保存在 wIstr 变量中，然后依次判断 CTR、RESET、DOVR、ERR、WKUP、SUSP、SOF、ESOF 位并进入相应的中断服务程序。前面早就提过，在 USB 主机的枚举过程中，主机首先对 USB 设备进行复位，在 STM32F103x 系列单片机内置的 USB 控制器经过初始化后，它就可以响应复位并产生中断进入清单 31.1 中所示的 USB_Istr 中断服务程序中。首先判断 CTR 位是否为 1，很明显不是，**因为 USB 复位信号不是事务（只是一种总线状态信号）**，所以会进入下一个 if 语句，继而进入了函数指针 Reset 指向的回调函数，从图 30.2 中可以看到，实际执行的是 Joystick_Reset 函数，该函数具体实现在 usb_prop. c 源文件中，如清单 31. 2 所示。

清单 31. 2　Joystick_Reset 函数

```
void Joystick_Reset(void)
{
  pInformation->Current_Configuration = 0;                //设备当前配置为0（未配置状态）
  pInformation->Current_Interface = 0;                           //设备默认接口0
  pInformation->Current_Feature = Joystick_ConfigDescriptor[7];   //初始化当前特征
  SetBTABLE(BTABLE_ADDRESS);                              //设置缓冲描述表基地址

  SetEPType(ENDP0, EP_CONTROL);                            //设置端点0为控制类型
  SetEPTxStatus(ENDP0, EP_TX_STALL);                        //设置端点0的发送状态为STALL
  SetEPRxAddr(ENDP0, ENDP0_RXADDR);            //设置端点0对应数据接收包缓冲区的首地址
  SetEPTxAddr(ENDP0, ENDP0_TXADDR);            //设置端点0对应数据发送包缓冲区的首地址
  Clear_Status_Out(ENDP0);
  SetEPRxCount(ENDP0, Device_Property.MaxPacketSize);   //设置端点0接收数据包的长度
  SetEPRxValid(ENDP0);                                     //设置端点0的接收状态为VALID

  SetEPType(ENDP1, EP_INTERRUPT);                          //设置端点1为中断类型
  SetEPTxAddr(ENDP1, ENDP1_TXADDR);           //设置端点1对应数据发送包缓冲区的首地址
  SetEPTxCount(ENDP1, 4);                         //设置端点1发送数据包的长度为4字节
  SetEPRxStatus(ENDP1, EP_RX_DIS);                 //设置端点1的接收状态为DISABLE
  SetEPTxStatus(ENDP1, EP_TX_NAK);                     //设置端点1的发送状态为NAK

  SetDeviceAddress(0);                                     //设置默认设备的地址为0
  bDeviceState = ATTACHED;                                 //设置设备的状态为默认
}
```

Joystick_Reset 函数牵涉到 USB 控制器的包缓冲区与描述表，有必要预先对其进行详细讨论。我们前面提过，如果事务传输完成，USB 控制器就可能会触发中断，那么接收到的数据包到底放在哪里呢？STM32F103x 系列的单片机为 USB 控制器分配了一块大小为 512 字节的包缓冲区（Packet Buffers），而每个端点用来接收或发送数据对应缓冲区的基地址与大小则由缓冲区描述表（Buffer description table）来管理，如图 31.1 所示。

每个端点都对应两个包缓冲区，它们可以位于包缓冲区的任意**空闲**位置。对于双向端点，接收到的数据保存在端点指定的接收缓冲区中，而需要发送的数据则被保存在发送缓冲区中，而单向端点则可以配置为双缓冲模式。什么是双缓冲模式呢？当主机发起的 OUT 事务被 USB 控制器成功接收后，数据包便会被保存在接收包缓冲区中，应用程序接下来就需要从包缓冲区将收到的数据包复制出来进行处理（IN 事务则需要将数据包复制到包缓冲区），而复制的过程需要花费一定的软件执行时间，而在复制操作结束之前，包缓冲区是无法再接收数据的，这就是单缓冲模式。双缓冲模式具有两个缓冲区，当应用程序在进行数据复制的过程中，USB 控制器仍然可以同时接收另一个数据包（由硬件执行），这样也就节省了软件的执行时间，提升了数据的处理速度，也称乒乓操作。

需要注意的是，**双缓冲模式仅在批量与同步传输模式下有效**，批量传输模式下应该将 EP_KIND 位置 1，具体如表 31.1 所示。另外，在控制传输模式下，EP_KIND 位表示状态输

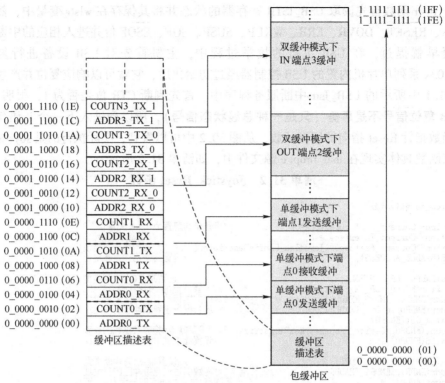

图 31.1   包缓冲区与缓冲区描述表

出。当该位置 1 时，表示设备期望主机发送状态输出事务（Status Out Transaction），并且对所有长度不为 0 的 OUT 事务以 STALL 握手包响应，这样有利于提升控制传输协议应用方面的鲁棒性。如果 EP_KIND 位被清 0，OUT 事务则可以包含任意长度的数据，大家了解一下即可。

表 31.1   端点特殊类型 EP_TYDE[1:0] 的定义

EP_TYPE[1:0]		EP_KIND
00	批量传输	0：单缓冲模式 1：双缓冲模式（DBL_BUF）
01	控制传输	0：关闭状态输出 1：开启状态输出（STATUS_OUT）
10	同步传输	未使用（Not Used）
11	中断传输	

为了给端点分配缓冲区，我们需要通过缓冲区描述表确定端点对应包缓冲区的基地址（ADDRx_TX 或 ADDRx_RX 寄存器）与大小（COUNTx_TX 寄存器），但是在图 27.1 中并没有这些寄存器呀？其实答案就在 USB_BTABLE 寄存器，它应该被设置为缓冲区描述表中端点的偏移地址，即 0x0、0x8、0x10、0x18 等，清单 30.6 中已经将其定义为 0（BTABLE_ADDRESS）。在初始化某端点对应的缓冲区描述表时，会根据 USB_BTABLE 的值来计算其中的寄存器地址，具体如表 31.2 所示。其中，给计算出来的偏移地址加"偏移地址加 2、4、6"表示每个缓冲描述表项占用两个字节，因为地址最大为 0x1FF，所以给每个描述表项都分配了两个字节。

表 31.2　缓冲描述表中的寄存器地址

偏 移 地 址	双 向 端 点	单 向 端 点
［USB_BTABLE］+n×8	发送缓冲区地址 0	发送（或接收）缓冲区地址 0
［USB_BTABLE］+n×8+2	发送数据字节数 0	发送（或接收）数据字节数 0
［USB_BTABLE］+n×8+4	接收缓冲区地址 1	发送（或接收）缓冲区地址 1
［USB_BTABLE］+n×8+6	接收数据字节数 1	发送（或接收）数据字节数 1

例如，我们要设置图 31.1 所示端点 1 对应的包缓冲区，那么应该往地址 0x08、0x0A、0x0C、0x0E 对应的寄存器分别写入发送缓冲区首地址、发送数据字节数、接收缓冲区首地址、接收数据字节数。当然，缓冲描述表使用相对于包缓冲区首地址的偏移地址，实际在操作时总是会以总线地址来实施。STM32F103x 系列的单片机给 USB 控制器分配的包缓冲区基地址是 0x40006000，那么端点 1 发送缓冲区的实际地址应为 0x40006000+（0x08+1×8）×2 = 0x40006020，端点 1 的接收缓冲区的实际地址为 0x40006000 +（0x08 + 1 × 8 + 4）×2 = 0x40006028。当然，这些底层的计算方式只需要了解一下即可，官方发布的 USB 固件库已经将它们打包成了函数。

需要注意的是：**缓冲描述表也包含在包缓冲区中**，它总是从包缓冲区首地址开始分配，而具体占用多大空间取决于端点的使用情况，**所以在实际分配端点对应的包缓冲区首地址时，应该避开已经使用的缓冲区描述表占用的空间地址**。另外一些细节可以自行查阅 STM32 参考手册，此处仅阐述与后续源代码阅读相关的部分。

我们仍然回到 Joystick_Reset 函数，它首先将配置（Current_Configuration）与接口（Current_Interface）都初始化为 0，表示设备当前没有被配置。当前的特征（Current_Feature）被初始化为配置描述符数组 Joystick_ConfigDescriptor 中索引为 7 的数据（bmAttributes 字段值），它代表着"设备是否支持远程唤醒及自供电模式"的特征。

接下来调用 SetBTABLE 函数设置图 27.1 所示的 USB_BTABLE 寄存器为 0，然后调用 SetEPType 函数将端点 0 设置为控制端点类型（EP_CONTROL），具体的函数调用过程如图 31.2 所示。虽然看似同时清除了端点 0 寄存器中的 DTOG_RX、DTOG_TX、STAT_RX、STAT_TX 位（复位后的状态是全 0），但根据 STM32F103x 系列单片机的参考手册，在这些控制位上写 0 是无效的，写 1 可以进行位翻转。简单地说，SetEPType 函数只是设置了端点类型。

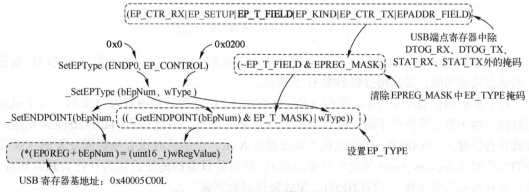

图 31.2　SetEPType 函数的调用过程

接下来调用 SetEPTxStatus 函数设置端点 0 的发送状态为 STALL，实际的调用过程如图 31.3 所示。仍然特别提醒一下发送状态的设置方式：**往 STAT_TX 位写 0 是无效的，而写 1 可以进行位翻转**。另外，往 CTR_TX 与 CTR_RX 写 0 是有效的，但写 1 无效（只能由硬件置位）。

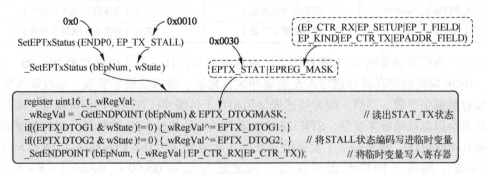

图 31.3　SetEPTxStatus 函数的调用过程

SetEPTxAddr 函数设置端点 0 发送数据时对应的发送包缓冲区首地址（0x58），SetEPRxAddr、SetEPRxCount 函数则是分别设置接收包缓冲区首地址（0x18）、接收包缓冲区的长度（64 字节）。虽然端点 0 的发送包缓冲区长度在此并未指定，但只要在每次进行数据发送前设置好即可（实际也是这么做的）。之后调用 SetEPRxValid 函数将端点 0 的接收状态设置为 VALID，这样才能够接收控制传输序列的第一个 SETUP 事务。图 31.4 展示了 SetEPTxAddr 函数的执行过程，并且给出了缓冲区描述表的设置情况。

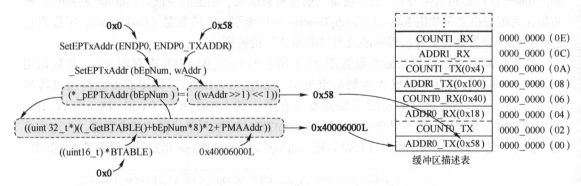

图 31.4　SetEPTxAddr 函数的执行过程

函数 Clear_Status_Out 清除了端点 0 寄存器对应的 EP_KIND 位，表示暂时不使用控制管道的状态输出功能，其调用过程如图 31.5 所示。

接下来初始化端点 1 为中断类型（EP_INTERRUPT），游戏操纵杆通过该端点向主机发送数据，由于游戏操作杆不需要接收主机发送过来的数据，因此调用 SetEPRxStatus 函数将接收状态设置为 DISABLE，而发送状态则设置为 NAK，表示暂时没有数据需要发送（需要我们后续调用 Joystick_Send 函数来使能端点），最后将设备的地址设置为 0 作为默认地址，将设备状态标记为连接（ATTCHED），至此复位过程完成。

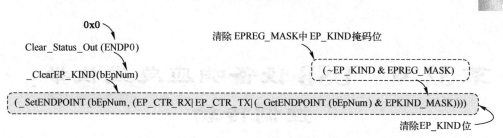

图 31.5　Clear_Status_Out 函数的调用过程

第 32 章 USB 设备响应总线枚举：控制传输

主机对设备完成复位操作之后，开始发送一系列获取设备各种描述符的请求。我们前面提过，获取描述符的请求是由 SETUP、OUT、IN 事务构成的控制传输完成的，USB 控制器最开始接收到了 SETUP 事务，这会使 USB_EP0R 寄存器中的 CTR_RX 位置 1，由于相应的中断屏蔽位 CTRM 已经被初始化为使能状态，所以将进入清单 31.1 所示的 USB_Istr 中断服务函数。每次事务传输完成都会导致 USB_ISTR 寄存器中的 CTR 位置 1，所以接下来会进入 CTR_LP 函数，它被定义在 usb_int.c 源文件中，如清单 32.1 所示。

清单 32.1 CTR_LP 函数

```
#include "usb_lib.h"

__IO uint16_t SaveRState;
__IO uint16_t SaveTState;

extern void (*pEpInt_IN[7])(void);                          //IN事务中断处理
extern void (*pEpInt_OUT[7])(void);                         //OUT事务中断处理

//低优先级端点正确传输对应的中断服务
void CTR_LP(void)
{
  __IO uint16_t wEPVal = 0;
  while (((wIstr = _GetISTR()) & ISTR_CTR) != 0) {          //确认正确传输完成

    EPindex = (uint8_t)(wIstr & ISTR_EP_ID);       //获取当前事务针对的端点号
    if (EPindex == 0) {                                   //如果端点号为0
    SaveRState = _GetENDPOINT(ENDP0);
    SaveTState = SaveRState & EPTX_STAT;                     //保存发送状态
    SaveRState &= EPRX_STAT;                                 //保存接收状态
    _SetEPRxTxStatus(ENDP0,EP_RX_NAK,EP_TX_NAK);  //设置发送与接收状态均为NAK

    if ((wIstr & ISTR_DIR) == 0) {                   //DIR位为0，表示输入事务
      _ClearEP_CTR_TX(ENDP0);
      In0_Process();
      _SetEPRxTxStatus(ENDP0,SaveRState,SaveTState);     //恢复发送与接收状态
      return;
    } else {                         //DIR与CTR_RX均为1，表示OUT或SETUP事务
      wEPVal = _GetENDPOINT(ENDP0);

      if ((wEPVal &EP_SETUP) != 0) {              //SETUP位为1，表示SETUP事务
        _ClearEP_CTR_RX(ENDP0);
        Setup0_Process();
        _SetEPRxTxStatus(ENDP0,SaveRState,SaveTState);    //恢复发送与接收状态
        return;
      } else if ((wEPVal & EP_CTR_RX) != 0) {      //SETUP位为0，表示OUT事务
        _ClearEP_CTR_RX(ENDP0);
        Out0_Process();
        _SetEPRxTxStatus(ENDP0,SaveRState,SaveTState);    //恢复发送与接收状态
        return;
      }
    }
  } else {                        //如果端点号为非0，则表示非控制端点中断
    wEPVal = _GetENDPOINT(EPindex);
    if ((wEPVal & EP_CTR_RX) != 0) {
      _ClearEP_CTR_RX(EPindex);                              //清除中断标记
      (*pEpInt_OUT[EPindex-1])();                      //调用OUT事务服务函数
    }
```

```
        if ((wEPVa1 & EP_CTR_TX) != 0) {
            _ClearEP_CTR_TX(EPindex);                      //清除中断标记
            (*pEpInt_IN[EPindex-1])();                     //调用IN事务服务函数
        } /* if((wEPVa1 & EP_CTR_TX) != 0) */
    }/* if(EPindex == 0) else */
  ]/* while(...) */
}

//高优先级端点正确传输对应的中断服务
void CTR_HP(void)
{
  uint32_t wEPVa1 = 0;

  while (((wIstr = _GetISTR()) & ISTR_CTR) != 0)
  {
    _SetISTR((uint16_t)CLR_CTR);                          //清除CTR标记
    EPindex = (uint8_t)(wIstr & ISTR_EP_ID);              //获取当前事务针对的端点号
    wEPVa1 = _GetENDPOINT(EPindex);

    if ((wEPVa1 & EP_CTR_RX) != 0) {
        _ClearEP_CTR_RX(EPindex);                         //清除中断标记
        (*pEpInt_OUT[EPindex-1])();                       //调用OUT事务服务函数
    } /* if((wEPVa1 & EP_CTR_RX) */
    else if ((wEPVa1 & EP_CTR_TX) != 0) {
        _ClearEP_CTR_TX(EPindex);                         //清除中断标记
        (*pEpInt_IN[EPindex-1])();                        //调用OUT事务服务函数
    } /* if((wEPVa1 & EP_CTR_TX) != 0) */
  }/* while(...) */
}
```

　　进入 CTR_LP 函数后，while 语句首先将 USB_ISTR 寄存器的值保存在临时变量 wEPVal 中，然后确认 CTR 位是否为 1（表示事务传输正确完成）。由于接收到 SETUP 事务会将其置 1，所以会执行后续的 while 语句，然后从变量 wEPVal 中获取"当前事务针对的端点号"并将其保存在全局变量 EPindex 中。如果端点号为非 0，则进入 else 分支执行非 0 端点语句（后述）；如果端点号为 0，则说明主机在通过默认端点 0 的控制管道与设备进行通信，总线枚举过程中正是此种情况，所以会进入 if 语句。

　　由于 USB 控制器已经正确接收了一个 SETUP 事务，所以相应的端点 0 就会更新寄存器的状态，我们需要根据状态来做些事情，为此首先获取端点 0 寄存器（USB_EP0R）的值，将其中发送与接收的状态位交给 SaveTState 与 SaveRState 保存，后续在控制传输的每个事务处理完成后再恢复。

　　紧接着将端点 0 的接收与发送都设置为 NAK 状态（事务处理完成后需要 SaveTState 与 SaveRState 恢复状态），向主机表示当前 USB 控制器正在忙于处理事务，然后判断传输的是 IN、OUT 还是 SETUP 事务，为此首先判断 USB_ISTR 寄存器中的 DIR 位。如果 DIR 位为 1，则表示传输完成的可能是 OUT 或 SETUP 事务，需要进一步判断 SETUP 位；如果 SETUP 位为 1，则表示传输完成的正是 SETUP 事务，随即进入 Setup0_Process 函数，否则就是 OUT 事务，相应会调用 Out0_Process 函数。如果 DIR 位为 0，则表示传输完成的是 IN 事务，进入 In0_Process 函数。

　　Setup0_Process、In0_Process、Out0_Process 及其他相关函数都被定义在 usb_core.c 源文件中，部分如清单 32.2 所示。

清单 32.2　usb_core.c 源文件（部分）

```
#include "usb_lib.h"

#define ValBit(VAR,Place)    (VAR & (1 << Place))            //确定某一位是否为1
#define SetBit(VAR,Place)    (VAR |= (1 << Place))           //设置某一位为1
#define ClrBit(VAR,Place)    (VAR &= ((1 << Place) ^ 255))   //清除某一位
```

```
#define Send0LengthData() { _SetEPTxCount(ENDP0, 0);\          //发送零长度数据包
                           vSetEPTxStatus(EP_TX_VALID); }

#define vSetEPRxStatus(st) (SaveRState = st)                   //设置发送状态
#define vSetEPTxStatus(st) (SaveTState = st)                   //设置接收状态

#define USB_StatusIn() Send0LengthData()                       //发送零长度数据包
#define USB_StatusOut() vSetEPRxStatus(EP_RX_VALID)

#define StatusInfo0 StatusInfo.bw.bb1                          //调换bb0与bb1
#define StatusInfo1 StatusInfo.bw.bb0

uint16_t_uint8_t StatusInfo;                                   //获取状态请求返回的状态数据

bool Data_Mul_MaxPacketSize = FALSE;     //是否可以使用最大数据包长度完成数据包发送
static void DataStageOut(void);
static void DataStageIn(void);
static void NoData_Setup0(void);
static void Data_Setup0(void);

//控制写序列的数据时期处理函数
void DataStageOut(void)
{
  ENDPOINT_INFO *pEPinfo = &pInformation->Ctrl_Info;
  uint32_t save_rLength;

  save_rLength = pEPinfo->Usb_rLength;                         //剩下需要接收的数据字节长度

  if (pEPinfo->CopyData && save_rLength) {//回调函数不为空，且接收数据的长度不为0
    uint8_t *Buffer;
    uint32_t Length;

    Length = pEPinfo->PacketSize;
    if (Length > save_rLength) {                               //调整接收的数据包字节长度
      Length = save_rLength;
    }

    Buffer = (*pEPinfo->CopyData)(Length);                     //执行请求回调函数
    pEPinfo->Usb_rLength -= Length;                            //调整剩余需要接收的数据字节长度
    pEPinfo->Usb_rOffset += Length;                            //调整用户数据接收缓冲区的偏移地址
    PMAToUserBufferCopy(Buffer, GetEPRxAddr(ENDP0), Length);
  }

  if (pEPinfo->Usb_rLength != 0) {                             //还有数据需要接收？
    vSetEPRxStatus(EP_RX_VALID);                               //使能下一次数据接收
    SetEPTxCount(ENDP0, 0);
    vSetEPTxStatus(EP_TX_VALID);
  }

  if (pEPinfo->Usb_rLength >= pEPinfo->PacketSize) {   //不止一个数据包需要接收
    pInformation->ControlState = OUT_DATA;
  } else {
    if (pEPinfo->Usb_rLength > 0) {                            //还有一个数据包需要接收
      pInformation->ControlState = LAST_OUT_DATA;
    } else if (pEPinfo->Usb_rLength == 0) {   //没有数据包需要接收，进入状态时期
      pInformation->ControlState = WAIT_STATUS_IN;
      USB_StatusIn();                                          //发送零长度数据包
    }
  }
}

//控制读序列的数据时期处理函数
void DataStageIn(void)
{
  ENDPOINT_INFO *pEPinfo = &pInformation->Ctrl_Info;
  uint32_t save_wLength = pEPinfo->Usb_wLength;   //设备需要发送的数据包字节长度
  uint32_t ControlState = pInformation->ControlState;

  uint8_t *DataBuffer;
  uint32_t Length;

  if ((save_wLength == 0) && (ControlState == LAST_IN_DATA)) {//最后一个数据包？
    if(Data_Mul_MaxPacketSize == TRUE) {
      Send0LengthData();                                       //发送零长度数据包
      ControlState = LAST_IN_DATA;
```

```
      Data_Mul_MaxPacketSize = FALSE;
   } else {
      ControlState = WAIT_STATUS_OUT;          //没有数据需要发送，进入状态时期
      vSetEPTxStatus(EP_TX_STALL);
   }

   goto Expect_Status_Out;
 }

 Length = pEPinfo->PacketSize;      //已经设置为控制管道支持的最大数据包字节长度
 ControlState = (save_wLength <= Length) ? LAST_IN_DATA : IN_DATA;

 if (Length > save_wLength) {  //如果最大包数据长度大于需要发送的实际数据长度，
   Length = save_wLength;                       //就把传输长度设置为实际长度
 }

 DataBuffer = (*pEPinfo->CopyData)(Length);                //执行请求回调函数
 UserToPMABufferCopy(DataBuffer, GetEPTxAddr(ENDP0), Length);
 SetEPTxCount(ENDP0, Length);

 pEPinfo->Usb_wLength -= Length;              //调整剩余需要发送的数据字节长度
 pEPinfo->Usb_wOffset += Length;             //调整下次需要发送数据的偏移地址
 vSetEPTxStatus(EP_TX_VALID);

 USB_StatusOut();
Expect_Status_Out:
 pInformation->ControlState = ControlState;
}

//无数据时期控制序列的建立时期处理函数
void NoData_Setup0(void)
{
 RESULT Result = USB_UNSUPPORT;
 uint32_t RequestNo = pInformation->USBbRequest;
 uint32_t ControlState;

 if (Type_Recipient == (STANDARD_REQUEST | DEVICE_RECIPIENT)) { //请求针对设备
   if (RequestNo == SET_CONFIGURATION) {  //如果请求代码为 "SET_CONFIGURATION"
     Result = Standard_SetConfiguration();
   } else if (RequestNo == SET_ADDRESS) {         //如果请求代码为 "SET_ADDRESS"
     if ((pInformation->USBwValue0 > 127) || (pInformation->USBwValue1 != 0)
          || (pInformation->USBwIndex != 0)
          || (pInformation->Current_Configuration != 0)) {
       ControlState = STALLED;
       goto exit_NoData_Setup0;
     } else {
       Result = USB_SUCCESS;
     }

   } else if (RequestNo == SET_FEATURE) {        //如果请求代码为 "SET_FEATURE"
     if ((pInformation->USBwValue0 == DEVICE_REMOTE_WAKEUP)
          && (pInformation->USBwIndex == 0)) {
       Result = Standard_SetDeviceFeature();
     } else {
       Result = USB_UNSUPPORT;
     }
   } else if (RequestNo == CLEAR_FEATURE) {    //如果请求代码为 "CLEAR_FEATURE"
     if (pInformation->USBwValue0 == DEVICE_REMOTE_WAKEUP
         && pInformation->USBwIndex == 0
         && ValBit(pInformation->Current_Feature, 5)) {
       Result = Standard_ClearFeature();
     } else {
       Result = USB_UNSUPPORT;
     }
   }
 } else if (Type_Recipient == (STANDARD_REQUEST
                 | INTERFACE_RECIPIENT)) {                //请求针对接口
   if (RequestNo == SET_INTERFACE) {          //如果请求代码为 "SET_INTERFACE"
     Result = Standard_SetInterface();
   }
 } else if (Type_Recipient == (STANDARD_REQUEST
                 | ENDPOINT_RECIPIENT)) {                //请求针对端点
   if (RequestNo == CLEAR_FEATURE) {        //如果请求代码为 "CLEAR_FEATURE"
     Result = Standard_ClearFeature();
   } else if (RequestNo == SET_FEATURE) {      //如果请求代码为 "SET_FEATURE"
     Result = Standard_SetEndPointFeature();
```

```
      }
   } else {
      Result = USB_UNSUPPORT;                                      //请求不支持
   }

   if (Result != USB_SUCCESS) {
      Result = (*pProperty->Class_NoData_Setup)(RequestNo); //按特定类数据请求处理
      if (Result == USB_NOT_READY) {
         ControlState = PAUSE;
         goto exit_NoData_Setup0;
      }
   }

   if (Result != USB_SUCCESS) {
      ControlState = STALLED;
      goto exit_NoData_Setup0;
   }

   ControlState = WAIT_STATUS_IN;            //进入无数据时期控制序列的状态时期
   USB_StatusIn();

exit_NoData_Setup0:
   pInformation->ControlState = ControlState;
   return;
}

//有数据时期控制序列的建立时期处理函数
void Data_Setup0(void)
{

   uint8_t *(*CopyRoutine)(uint16_t);
   RESULT Result;
   uint32_t Request_No = pInformation->USBbRequest;    //取出请求代码bReqeust字段
   uint32_t Related_Endpoint, Reserved;
   uint32_t wOffset, Status;
   CopyRoutine = NULL;                                  //函数指针初始化为NULL
   wOffset = 0;

   //如果请求代码为"GET_DESCRIPTOR"
   if (Request_No == GET_DESCRIPTOR) {
      if (Type_Recipient == (STANDARD_REQUEST | DEVICE_RECIPIENT)) {
         uint8_t wValue1 = pInformation->USBwValue1;
         if (wValue1 == DEVICE_DESCRIPTOR) {             //获取设备描述符请求
            CopyRoutine = pProperty->GetDeviceDescriptor;
         } else if (wValue1 == CONFIG_DESCRIPTOR) {      //获取配置描述符请求
            CopyRoutine = pProperty->GetConfigDescriptor;
         } else if (wValue1 == STRING_DESCRIPTOR) {      //获取字符串描述符请求
            CopyRoutine = pProperty->GetStringDescriptor;
         }  /* End of GET_DESCRIPTOR */
      }
   }
   //如果请求代码为"GET_STATUS"
   else if ((Request_No == GET_STATUS) && (pInformation->USBwValue == 0)
           && (pInformation->USBwLength == 0x0002)
           && (pInformation->USBwIndex1 == 0)) {
      if ((Type_Recipient == (STANDARD_REQUEST | DEVICE_RECIPIENT))
           && (pInformation->USBwIndex == 0)) {              //获取设备状态请求
         CopyRoutine = Standard_GetStatus;

      } else if (Type_Recipient == (STANDARD_REQUEST | INTERFACE_RECIPIENT)) {
         if (((*pProperty->Class_Get_Interface_Setting)(\
            pInformation->USBwIndex0,  0) == USB_SUCCESS)
              && (pInformation->Current_Configuration != 0)) {  //获取接口状态请求
            CopyRoutine = Standard_GetStatus;
         }
      } else if (Type_Recipient == (STANDARD_REQUEST | ENDPOINT_RECIPIENT)) {
         Related_Endpoint = (pInformation->USBwIndex0 & 0x0f);
         Reserved = pInformation->USBwIndex0 & 0x70;

         if (ValBit(pInformation->USBwIndex0, 7)) {   //判断端点方向是否为输入（1）
            Status = _GetEPTxStatus(Related_Endpoint);    //读取发送端点的状态
         } else {
            Status = _GetEPRxStatus(Related_Endpoint);    //读取接收端点的状态
         }
```

```
   if ((Related_Endpoint < Device_Table.Total_Endpoint) && (Reserved == 0)
       && (Status != 0)) { //如果端点没有被禁止（DISABLE），并且端点正在使用
     CopyRoutine = Standard_GetStatus;                       //获取端点状态请求
   }
 }
}
//如果请求代码为"GET_CONFIGURATION"
else if (Request_No == GET_CONFIGURATION) {
  if (Type_Recipient == (STANDARD_REQUEST | DEVICE_RECIPIENT)) {
    CopyRoutine = Standard_GetConfiguration;                //获取设备配置请求
  }
}

//如果请求代码为"GET_INTERFACE"
else if (Request_No == GET_INTERFACE) {
  if ((Type_Recipient == (STANDARD_REQUEST | INTERFACE_RECIPIENT))
      && (pInformation->Current_Configuration != 0)
      && (pInformation->USBwValue == 0) && (pInformation->USBwIndex1 == 0)
      && (pInformation->USBwLength == 0x0001)
      && ((*pProperty->Class_Get_Interface_Setting)(\
      pInformation->USBwIndex0, 0) == USB_SUCCESS)) {
    CopyRoutine = Standard_GetInterface;                    //获取接口号请求
  }
}

if (CopyRoutine) {                                          //如果CopyRoutine不为NULL
  pInformation->Ctrl_Info.Usb_wOffset = wOffset;           //设置数据偏移地址
  pInformation->Ctrl_Info.CopyData = CopyRoutine;          //设置处理请求的函数指针
  (*CopyRoutine)(0);                            //定位主机请求的数据（首地址与字节长度）
  Result = USB_SUCCESS;
} else {                                                    //是不是特定类请求呢？
  Result = (*pProperty->Class_Data_Setup)(pInformation->USBbRequest);
  if (Result == USB_NOT_READY) {
    pInformation->ControlState = PAUSE;                     //数据没有准备好
    return;
  }
}

if (pInformation->Ctrl_Info.Usb_wLength == 0xFFFF) {
  pInformation->ControlState = PAUSE;                       //数据没有准备好，等待
  return;
}
if ((Result == USB_UNSUPPORT) || (pInformation->Ctrl_Info.Usb_wLength == 0)) {
  pInformation->ControlState = STALLED;                     //不支持的请求
  return;
}

  if (ValBit(pInformation->USBbmRequestType, 7)) {     //如果传输方向为设备到主机
    __IO uint32_t wLength = pInformation->USBwLength;

    if (pInformation->Ctrl_Info.Usb_wLength > wLength) {  //将设备发送数据的长度
      pInformation->Ctrl_Info.Usb_wLength = wLength;  //设置为主机请求的数据长度
    } else if (pInformation->Ctrl_Info.Usb_wLength < pInformation->USBwLength) {
      if (pInformation->Ctrl_Info.Usb_wLength < pProperty->MaxPacketSize) {
        Data_Mul_MaxPacketSize = FALSE;    //只需要一个数据包即可完成数据发送
      } else if ((pInformation->Ctrl_Info.Usb_wLength
                % pProperty->MaxPacketSize) == 0) {
        Data_Mul_MaxPacketSize = TRUE;    //需要多个最大数据包才能完成数据发送
      }
    }

    pInformation->Ctrl_Info.PacketSize = pProperty->MaxPacketSize;
    DataStageIn();                          //将需要发送的数据拷贝到包缓冲区中
  } else {
    pInformation->ControlState = OUT_DATA;
    vSetEPRxStatus(EP_RX_VALID);                    //使能下一次数据接收
  }

  return;
}

//SETUP事务处理函数
uint8_t Setup0_Process(void)
{
  union {                        //用于更改地址偏移量（1字节或1个字）的共用体
```

```
        uint8_t* b;
        uint16_t* w;
    } pBuf;
    uint16_t offset = 1;                                //双字节字段的偏移累加量
    pBuf.b = PMAAddr + (uint8_t *)(_GetEPRxAddr(ENDP0) * 2);

    if (pInformation->ControlState != PAUSE) {                        //控制管道正常
        pInformation->USBbmRequestType = *pBuf.b++;     //获取bmRequestType字段数据
        pInformation->USBbRequest = *pBuf.b++;                  //获取bRequest字段数据
        pBuf.w += offset;      //偏移量累加（两个字节），以便后续读取一个字（两个字节）
        pInformation->USBwValue = ByteSwap(*pBuf.w++);            //获取wValue字段数据
        pBuf.w += offset;      //偏移量累加（两个字节），以便后续读取一个字（两个字节）
        pInformation->USBwIndex   = ByteSwap(*pBuf.w++);         //获取wIndex字段数据
        pBuf.w += offset;      //偏移量累加（两个字节），以便后续读取一个字（两个字节）
        pInformation->USBwLength = *pBuf.w;                     //获取wLength字段数据
    }

    pInformation->ControlState = SETTING_UP;                    //进入初始建立时期
    if (pInformation->USBwLength == 0) { //如果wLength字段值为0，表示没有数据时期
        NoData_Setup0();              //进入无数据时期控制序列的建立时期处理函数
    } else {                            //如果wLength字段值不为0，表示有数据时期
        Data_Setup0();                 //进入有数据时期控制序列的建立时期处理函数
    }
    return Post0_Process();
}


//IN事务处理函数
uint8_t In0_Process(void)
{
    uint32_t ControlState = pInformation->ControlState;

    if ((ControlState == IN_DATA) || (ControlState == LAST_IN_DATA)) {
        DataStageIn();                          //继续在数据时期给主机发送数据包
        ControlState = pInformation->ControlState;     //状态可能会在函数外被修改
    } else if (ControlState == WAIT_STATUS_IN) {                     //状态时期
        if ((pInformation->USBbRequest == SET_ADDRESS) &&
            (Type_Recipient == (STANDARD_REQUEST | DEVICE_RECIPIENT))) {
            SetDeviceAddress(pInformation->USBwValue0);              //给设备分配地址
            pUser_Standard_Requests->User_SetDeviceAddress();
        }
        (*pProperty->Process_Status_IN)();
        ControlState = STALLED;
    } else {
        ControlState = STALLED;
    }

    pInformation->ControlState = ControlState;

    return Post0_Process();
}

//OUT事务处理函数
uint8_t Out0_Process(void)
{
    uint32_t ControlState = pInformation->ControlState;

    if ((ControlState == IN_DATA) || (ControlState == LAST_IN_DATA)) {
        ControlState = STALLED;                             //主机在完成前退出
    } else if ((ControlState == OUT_DATA) || (ControlState == LAST_OUT_DATA)) {
        DataStageOut();                         //从接收包缓冲区中将数据拷贝出来
        ControlState = pInformation->ControlState;     //状态可能会在函数外被修改
    } else if (ControlState == WAIT_STATUS_OUT) {
        (*pProperty->Process_Status_OUT)();
        ControlState = STALLED;
    } else {                            //错误的状态，将端点状态设置为STALL
        ControlState = STALLED;
    }

    pInformation->ControlState = ControlState;

    return Post0_Process();
}

//出现错误就将端点0状态设置为STALL
uint8_t Post0_Process(void)
```

```
{
  SetEPRxCount(ENDP0, Device_Property.MaxPacketSize);

  if (pInformation->ControlState == STALLED) {
    vSetEPRxStatus(EP_RX_STALL);
    vSetEPTxStatus(EP_TX_STALL);
  }

  return (pInformation->ControlState == PAUSE);
}

//设置设备地址与所有使用的端点号
void SetDeviceAddress(uint8_t Val)
{
  uint32_t i;
  uint32_t nEP = Device_Table.Total_Endpoint;

  for (i = 0; i < nEP; i++) {    //所有使用的端点寄存器都写入端点号（否则不可用）
    _SetEPAddress((uint8_t)i, (uint8_t)i);
  } /* for */
  _SetDADDR(Val | DADDR_EF);                      //设置设备地址，并使能USB控制器
}

//空函数
void NOP_Process(void)
{
}
```

　　首先整体上简单梳理一下控制传输的事务序列。从图 28.10 中可以看到，主机获取设备描述符的第一步是在**建立时期**使用 SETUP 事务发送标准请求，然后在**数据时期**通过 IN 事务返回设备描述符数据，最后在**状态时期**通过 OUT 事务进行状态返回（状态报告方向总是设备到主机，前已述），Setup0_Process 函数就是进行**建立时期**的处理操作，所以首先需要把 SETUP 事务中的标准请求数据解析出来，然后再根据具体的请求进行相应处理。获取设备描述符请求在控制传输的**建立时期**会携带一个数据包，它包含了主机发送的请求，而这些请求数据在 USB 控制器接收完 SETUP 事务后就被放在端点 0 对应的接收包缓冲区中，所以我们需要先从包缓冲区中将请求数据复制出来。

　　Setup0_Process 函数首先定义了一个共用体（Union）变量 pBuf，它包含可以表示指向字节或字（两个字节）变量的指针，这么做的用意在于：**如果将指向字节的指针 b 累加，地址偏移量会加 1（字节）；如果将指向字的指针 w 累加，偏移量为加 2（字节）**。在具体提取请求数据之前，将 pBuf 中的 b 成员设置为端点 0 接收包缓冲区的基地址（总线地址），如**果控制管道状态机的状态**（以下简称"控制管道状态"）正常，就开始逐个将包缓冲区中的数据保存到 pInformation 指向的结构体对应的字段中，依次是 bmRequestType、bRequest、wValue、wIndex、wLength。根据表 17.1 可知，USB 标准请求结构中的前两个字段各占用 1 字节，后三个字段各占用 2 字节，所以在取值的过程中，前面两个字段使用 b 指针，后三个字段使用 w 指针，而 w 指针的累加是通过加上 offset（已经初始化为 1）来实现的，具体的从完成的 SETUP 事务中提取请求数据的过程如图 32.1 所示。

　　顺利取出请求数据后，就正式进入了控制传输的建立时期，所以将控制管道状态设置为 SETTING_UP。那么该 SETUP 事务表示的控制序列有没有**数据时期**呢？因为根据图 28.6 所示，可能有或没有数据时期，具体可以根据请求数据中的 wLength 字段来判断。如果其值为 0，说明此次控制传输没有**数据时期**，相应就会进入 NoData_Setup0 函数；如果其值不为 0，说明此次控制传输存在**数据时期**，相应就会进入 Data_Setup0 函数。在这两个函数中都会设置控制管道状态，而最后调用的 Post0_Process 函数会根据控制管道状态是否为 STALLED 来

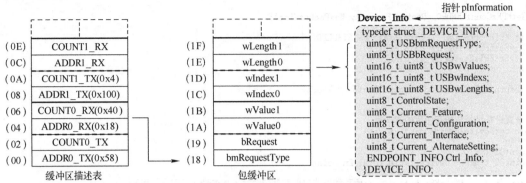

图 32.1 从完成的 SETUP 事务中提取请求数据的过程

设置 USB 控制器的发送与接收状态为 STALL（在 CTR_LP 函数中完成），并且将控制管道状态设置为 PAUSE。

由于获取的设备描述符请求是有**数据时期**的，所以会进入 Data_Setup0 函数，其中的代码虽然比较长，但并不复杂，总体执行思路是：**根据请求数据中的字段判断主机需要设备做什么，判断依据来源于表 17.2**。函数一开始声明了一个函数指针 CopyRoutine，后续会根据请求数据中字段的判断结果将对应的函数指针（包括图 30.2 中设备属性结构体中的 GetDeviceDescriptor、GetConfigDescriptor、GetStringDescriptor 函数指针，以及处理标准请求的 Standard_GetStatus、Standard_GetConfiguration、Standard_GetInterface 函数指针）赋给它来统一执行。简单地说，这些函数指针对应的回调函数会将主机需要的数据首地址与长度先准备好（后续再发送），具体细节下一章再来详细讨论，先来整体熟悉一下控制传输序列的处理流程。

为了方便后续判断接收到的请求类型，Data_Setup0 函数首先将 bRequest 字段的值提取出来保存到 Request_No 临时变量中，而这些标准请求代码都已经根据 USB 规范（见表 17.3）的要求定义在 usb_def.h 头文件中，如清单 32.3 所示。

清单 32.3 usb_def.h 头文件

```
#ifndef __USB_DEF_H
#define __USB_DEF_H

typedef enum _RECIPIENT_TYPE {                          //接收方类型
  DEVICE_RECIPIENT,                                     //设备
  INTERFACE_RECIPIENT,                                  //接口
  ENDPOINT_RECIPIENT,                                   //端点
  OTHER_RECIPIENT                                       //其他
} RECIPIENT_TYPE;

typedef enum _STANDARD_REQUESTS {                       //标准请求代码（bRequest）
  GET_STATUS = 0,
  CLEAR_FEATURE,
  RESERVED1,
  SET_FEATURE,
  RESERVED2,
  SET_ADDRESS,
  GET_DESCRIPTOR,
  SET_DESCRIPTOR,
  GET_CONFIGURATION,
  SET_CONFIGURATION,
  GET_INTERFACE,
  SET_INTERFACE,
  TOTAL_sREQUEST,                                       //标准请求的总数（11个）
```

```
    SYNCH_FRAME = 12
} STANDARD_REQUESTS;
typedef enum _DESCRIPTOR_TYPE {          //wValue字段的定义(标准描述符类型代码)
    DEVICE_DESCRIPTOR = 1,
    CONFIG_DESCRIPTOR,
    STRING_DESCRIPTOR,
    INTERFACE_DESCRIPTOR,
    ENDPOINT_DESCRIPTOR
} DESCRIPTOR_TYPE;

typedef enum _FEATURE_SELECTOR {         //"SET_FEATURE"或"CLEAR_FEATURE"请求中的特征选择符
    ENDPOINT_STALL,
    DEVICE_REMOTE_WAKEUP
} FEATURE_SELECTOR;

#define REQUEST_TYPE        0x60         //bmRequestType字段中的请求类型掩码
#define STANDARD_REQUEST    0x00         //标准请求
#define CLASS_REQUEST       0x20         //特定类请求
#define VENDOR_REQUEST      0x40         //厂商自定义请求

#define RECIPIENT           0x1F         //bmRequestType字段中的接收方类型掩码

#endif /* __USB_DEF_H */
```

　　如果对请求数据进行一系列判断后能够确定请求的类型，CopyRoutine 就会被赋予相应的回调函数指针（不为 NULL），最终也就会执行相应的回调函数。官方代码给 CopyRoutine 传入了一个"0"，对于获取设备、配置、字符串描述符请求，表示设备应该返回相应的描述符数据；对于获取状态请求，设备会返回 2 字节长度的数据；对于获取配置与接口请求，设备只会返回一个字节（配置号或接口号），具体细节会在下一章详尽讨论，现在只需要知道：**回调函数的执行结果会修改 pProerpy 指向的结构体中的 Ctrl_Info 结构体变量，它包含了将要发送（或接收）数据源的长度（Usb_wLengh）、偏移地址（Usb_wOffset）、最大数据包传输字节长度（PacketSize）及函数指针 CopyData（也指向刚刚执行的回调函数，以供下次正式发送数据时调用）**，后续会根据设置好的参数进行数据发送（或接收）。简单地说，第一次以形参"0"调用 CopyRoutine 的目的就是把需要发送（或接收）数据的首地址与字节长度进行定位。

　　如果对请求数据进行一系列判断后无法确定请求的类型，是不是说明设备不支持该请求呢？不一定！也许它属于特定类请求呢，所以会调用 Class_Data_Setup 函数进行进一步判断。如果仍然无法确定请求类型，就会返回请求不支持（USB_UNSUPPORT）；如果能够确定请求类型，同样会定位需要发送的数据，然后返回成功（USB_SUCCESS）。如果设备确实不支持主机发送的请求，或者需要返回的数据为 0（不要忘了，之前所有的请求都是获取设备的信息，正常情况下肯定会有数据返回，因为现在还在 Data_Setup0 函数中），就将控制管道状态设置为 STALLED 表示出现了错误，然后直接返回。

　　如果执行到了 Data_Setup0 函数中最后一个 if 语句，说明主机发送的请求数据解析并没有出错，需要进一步确定（由 CopyRoutine 回调函数执行后）设置的设备将要发送的数据字节长度（Usb_wLength）是否符合要求。根据 USB 规范的要求，设备一次可以返回的数据绝对不能比主机要求返回得更多（可以相同或更少），所以 if 语句首先通过 bRequestType 的最高位（D7）来判断传输方向，ValBit 函数将检查 D7 位的状态。从图 17.1 中可以看到，如果 bmRequestType 的最高位为 1，说明数据的传输方向是从设备到主机。如果进一步判断设备将要发送的数据字节长度（Usb_wLength）大于主机请求的数据字节长度（wLength），就将发送数据的长度限制为 wLength，否则就进一步判断是否能够使用一个数据包发送完成，具体为 pProerty 指向的结构体中的成员变量 MaxPacketSize（在清单 14.1 中已经初始化为 64 字节）。然后进一步使用变量 Data_Mul_MaxPacketSize 表示是否可以恰好使用一个或多个最大数据包字节长度完成数据传输（根据 USB 规范定义，控制传输的**数据时期**可以传输可变长度的数据包，如果数据包字节长度是管道支持数据包的最大字节长度的整数倍，那么设备必须返回零长度数据包以表示**数据时期**结束）。如果设备需要发送的数据字节长度小于控制管道支持的最大数据包字节长度，则说明一个数据包就足够传输了，也就会将 Data_Mul_MaxPacketSize 设置为 FALSE(0)；如果需要发送的数据字节长度与控制管道支持的最大数据包字节长度取模为 0，则说明恰好使用若干个数据包就可以完成传输，会将 Data_Mul_MaxPacketSize 设置为 TRUE(1)。最后将 Ctrl_Info 变量中的 PacketSize 设置为控制管道支持的最大数据包字节长度 MaxPacketSize，后续在发送数据时作为修改剩余发送数据长度 Usb_wLength 及数据源偏移地址 Usb_wOffset 的依据（我们很快就会知道）。如果判断 bRequestType 字段的最高位为 0，则数据的传输方向是从主机到设备，则会将控制管道状态设置为 OUT_DATA，之后进入图 28.6 所示控制写序列的**数据时期**，也就是再次从 USB_Istr 函数重新执行流程，正常情况下会接收到 OUT 事务。

前面已经把设备需要获取的设备描述符数据定位好了，接下来进入 DataStageIn 函数将定位好的数据复制到发送包缓冲区中。DataStageIn 函数首先判断控制管道状态是不是最后一个数据包状态（LAST_IN_DATA），并且是否已经发送完数据（因为设备可能会在**数据时期**多次响应 IN 事务而进入 DataStageIn 函数）。如果答案都是肯定的，则说明没有更多的数据需要发送，但是不排除最后还需要发送零长度数据包。如果 Data_Mul_MaxPacketSize 为 FALSE，则表示数据已经全部发送完毕，接下来设置当前状态为 WAIT_STATUS_OUT 进入**状态时期**。如果 Data_Mul_MaxPacketSize 为 TRUE（但前面已经判断没有数据发送），就发送一个零长度数据包，并将 Data_Mul_MaxPacketSize 设置为 FALSE，待发送下一个数据包时就会跳到 FALSE 分支语句，仍会进入控制传输的**状态时期**。之后直接跳到 DataStageIn 函数最后，把控制管道状态更新为 WAIT_STATUS_OUT 就退出了，最后再次回到 USB_Istr 函数处理下一次接收的事务。

如果还有数据需要发送，则首先会判断当前处于 IN_DATA 或 LAST_IN_DATA 状态。如果需要发送的数据字节长度（Usb_wLength）不大于控制管道支持的最大数据包字节长度（PacketSize），则表示当前是 LAST_IN_DATA 状态（因为剩余的数据只需要发送一次就完成了），否则表示当前是 IN_DATA 状态，表示需要多次发送数据包才能完成。如果控制管道支持的最大数据包字节长度大于需要发送的实际数据字节长度，就把发送数据字节长度（Length）设置为实际需要发送的数据字节长度。CopyData 就是前面设备的 CopyRoutine 指针，只不过现在传入的形参不是"0"，它表示按实际需要的数据来发送（其中会根据每一次已经发送的数据长度调整剩余需要发送的数据量与偏移地址，下一章详述），然后调用 UserToPMABufferCopy 函数将数据（此处是描述符数组数据）复制至端点 0 对应的包缓冲区中，它被定义在 usb_mem.c 源文件中，如清单 32.4 所示，有兴趣的读者可自行阅读相关代码，此处不再赘述，UserToPMABufferCopy 函数的执行过程如图 32.2 所示。

清单 32.4　usb_mem.c 源文件

```c
#include "usb_lib.h"

//将数据复制到包缓冲区
//(pbUsrBuf:用户数据首地址, wPMABufAddr:包缓冲区首地址, wNBytes:要复制的字节数)
void UserToPMABufferCopy(uint8_t *pbUsrBuf, uint16_t wPMABufAddr, uint16_t wNBytes)
{
  uint32_t n = (wNBytes + 1) >> 1;                    // n = (wNBytes + 1) / 2
  uint32_t i, temp1, temp2;
  uint16_t *pdwVa1;
  pdwVa1 = (uint16_t *)(wPMABufAddr * 2 + PMAAddr);
  for (i = n; i != 0; i--){
    temp1 = (uint16_t) * pbUsrBuf;
    pbUsrBuf++;
    temp2 = temp1 | (uint16_t) * pbUsrBuf << 8;
    *pdwVa1++ = temp2;
    pdwVa1++;
    pbUsrBuf++;
  }
}

//从包缓冲区中将数组复制出来
//(pbUsrBuf:用户数据首地址, wPMABufAddr:包缓冲区首地址, wNBytes:要复制的字节数)
void PMAToUserBufferCopy(uint8_t *pbUsrBuf, uint16_t wPMABufAddr, uint16_t wNBytes)
{
  uint32_t n = (wNBytes + 1) >> 1;                                      // /2
  uint32_t i;
  uint32_t *pdwVa1;
  pdwVa1 = (uint32_t *)(wPMABufAddr * 2 + PMAAddr);
  for (i = n; i != 0; i--) {
    *(uint16_t*)pbUsrBuf++ = *pdwVa1++;
    pbUsrBuf++;
  }
}
```

缓冲区描述表			包缓冲区			用户数据	
(0E)	COUNT1_RX	(5F)	—			—	
(0C)	ADDR1_RX	(5E)	—			—	
(0A)	COUNT1_TX(0x4)	(5D)	—	wNBytes		—	wNBytes
(08)	ADDR1_TX(0x100)	(5C)	—	(Length)		—	(Length)
(06)	COUNT0_RX(0x40)	(5B)	—			—	
(04)	ADDR0_RX(0x18)	(5A)	—			—	
(02)	COUNT0_TX	(59)	—			—	
(00)	ADDR0_TX(0x58) →	(58)	—			— ←	pbUserBuf

一一对应复制数据

wPMABufAddr

图 32.2　UserToPMABufferCopy 函数的执行过程

每一次完成数据复制后，都会将设备需要发送的数据字节长度（Usb_wLength）减去已经发送的数据包长度（Length），而源数据的偏移地址则增加已经发送的数据包字节长度，发送数据后 Ctrl_Info 变量成员的变化如图 32.3 所示（为简化绘图，将发送数据包最大字节长度设置为 2）。数据复制完成后就会设置发送端点为有效状态，设备在下一次接收到 IN 事务时就会发送出去。

请特别注意：以上所述还只是完成了控制传输的**建立时期**（控制传输是最复杂的传输类型）。也就是说，如果主机需要设备发送数据，则在控制传输的**建立时期**解析 SETUP 事务中的请求数据并执行（也就是将需要的数据复制到包缓冲区中），但数据并没有到达主机，

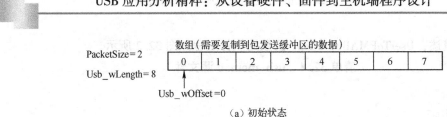

（a）初始状态

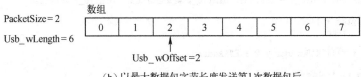

（b）以最大数据包字节长度发送第1次数据包后

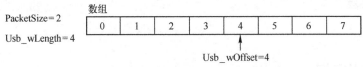

（c）以最大数据包字节长度发送第2次数据包后

图 32.3　发送数据后 Ctrl_Info 变量成员的变化

只有主机接下来在**数据时期**发送 IN 事务才会进行，此时会通过 CTR_LP 函数进入 In0_Process 函数。那么当前 IN 事务是返回状态还是数据呢？如果是数据，那是不是最后一个呢？因为如果是最后一个，那么就需要设置后续的状态为 WAIT_STATUS_OUT。在 In0_Process 函数中，如果当前状态为 IN_DATA 或 LAST_IN_DATA，说明还在控制传输的**数据时期**，所以仍然会进入前述的 DataStageIn 函数中，继续将剩下的数据包复制到发送包缓冲区中。如果当前状态是 WAIT_STATUS_IN，则有两种可能的情况，其一是在控制写序列中使用 IN 事务向主机报告状态，其二是在无数据时期控制序列中使用 IN 事务向主机报告状态。无论哪种情况，最后总会将控制管道状态设置为 STALLED。如果是其他状态，说明出错了，但也会将当前状态设置为 STALLED。

　　有些人可能会想：为什么要在 WAIT_STATUS_IN 处理后将当前状态设置为 STALLED 呢？不是正常完成了吗？按道理应该设置 WAIT_SETUP 吧？USB 规范定义的 STALL 握手包分为协议与功能 STALL，前面我们对 STALL 握手包的描述都属于功能类（function STALL），它代表设备收到不支持或无效请求，此时主机应该通过控制端点 0 发送 "清除特征（CLEAR_FEATURE）" 请求清除端点的停止特征来实现端点重启。但是在控制传输中，**数据时期**或**状态时期**返回的 STALL 握手包是协议性（protocol STALL），并不表示请求发生了错误，设备会对收到的每个 IN 事务或 OUT 事务都返回协议 STALL 握手包，直到一个新的 SETUP 事务收到为止。也就是说，主机收到 STALL 握手包应该重新开启一次控制传输。当然，控制传输也可以支持功能性 STALL 握手包，只是规范并不建议这么做。

　　现在**数据时期**已经完成了，所以主机应该会发送 OUT 事务来要求设备返回状态（前面已经提过，控制传输中**状态时期**的报告方向都是从**设备到主机**），相应会进入 Out0_Process 函数，该函数的处理流程与 In0_Process 函数基本相同。如果当前状态为 IN_DATA 或 LAST_

IN_DATA，说明出错了，则将控制管道状态设置为 STALLED。如果控制管道状态为 OUT_
DATA 或 LAST_OUT_DATA，则说明还有数据需要接收，所以会进入"将数据从接收包缓冲
区复制出来"的 DataStageOut 函数。如果控制管道状态是 WAIT_STATUS_OUT，则说明出错
了，因为此时应该通过 IN 事务来向主机返回状态。

我们再一起看看 DataStageOut 函数，它的处理流程与 DataStageIn 函数是相似的，只不过
是将接收包缓冲区的数据复制出来。当进入 DataStageOut 函数后，数据包已经到达了包缓冲
区中，所以需要将其复制出来，其中 Usb_rLength 与 Usb_rOffset 分别就是 Usb_wLength 与
Usb_wOffset，只不过在清单 30.3 中使用宏定义重新取了一个别名，分别表示剩下需要接收
的数据字节长度与用户接收数据缓冲区的偏移地址。

如果 CopyData 回调函数不为空，并且设备需要接收的数据长度不为 0，就表示有数据需
要接收。如果最大数据包字节长度（PacketSize）大于需要接收的数据长度，就将其设置为
实际数据字节长度（save_rLength），然后同样通过回调函数设置用户的缓冲区，开始调用
PMAtoUserBufferCopy 函数（与前述的 UserBuffertoPMACopy 函数恰好相反）从包缓冲区中将
数据复制到用户数据缓冲区。如果还有需要接收的数据，就将端点 0 的接收状态设置为有
效，表示可以接收下一个数据包。

如果剩下还没有收到的数据长度（Usb_rLength）大于最大数据包字节长度，则说明后
面还不止有一个数据包需要接收，所以应该设置为 OUT_DATA 状态；如果 Usb_rLength 小于
最大数据包字节长度，但是大于 0，则说明只有最后一个数据包需要接收，所以会进入
LAST_OUT_DATA 状态。如果 Usb_rLength 为 0，则表示后面没有数据接收了，就会进入
WAIT_STATUS_IN 状态，随后会调用 USB_StatusIn 函数，它发送了零长度的数据包向主机表
示请求正常完成。

以上我们只是描述主机如何获取设备描述符的具体执行过程，这些过程同样适用于
获取配置、字符串描述符。接下来进入总线枚举的设置设备地址与选择配置阶段，从
表 17.2 中可以看到，它们的 wLength 字段均为 0，这也就意味着相应的控制传输都没有**数
据时期**，所以会在 Setup0_Process 函数中进入 NoData_Setup0 函数，该函数的处理过程与
Data_Setup0 函数是相似的，只不过它只负责处理表 17.2 中不携带数据的请求，相应的标
准请求回调函数为 Standard_SetConfiguration、Standard_SetDeviceFeature、Standard_ClearFea-
ture、Standard_SetInterface、Standard_SetEndPointFeature，而特定类请求对应的回调函数为
Class_NoData_Setup，处理完成后就将控制管道状态设置为 WAIT_STATUS_IN，此处不再
赘述。

整个控制传输的大体执行流程可以用图 32.4 来表示，读者可自行对照源代码进行分析，
此处不再赘述。

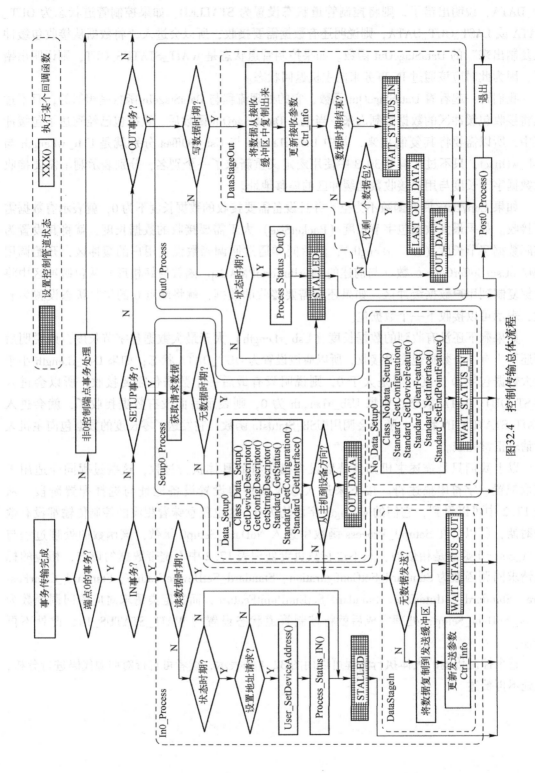

图32.4 控制传输总体流程

第33章 USB设备响应总线枚举：
标准请求

前面只是整体上讨论了 USB 控制器对"主机通过控制管道发送的请求数据"的处理流程，但并没有详细给出各请求数据具体是如何被判断并执行的，我们从主机发出"获取描述符（GET_DISCRIPTOR）"请求开始，仍然回到清单32.2中的 Data_Setup0 函数，一开始执行的 if-else 语句就是用来对设备收到的请求数据的各个字段进行一系列判断。

如果主机发出"获取描述符"请求，则首先判断是否为针对设备的标准请求。Type_Recipient 是一个宏定义（见清单30.3），它取出了 bmReuestType 的低7位（屏蔽最高位），其中包含了请求种类与接收方（见图17.1）。如果是标准请求（STANDARD_REQUEST）且接收方是设备（DEVICE_RECIPIENT），还需要进一步判断是获取设备、配置还是字符串描述符请求，这是由请求数据中的 wValue 字段来决定的，其中高字节（USBwValue1）给出了表13.3所示标准描述符类型值，而低字节（USBwValue0）代表描述符索引值（仅对配置与字符串描述符有效），所以接下来通过判断 USBwValue1 字段将相应的函数指针（GetDeviceDescriptor、GetConfigDescriptor、GetStringDescriptor 之一）赋给 CopyRoutine 指针。

我们先来看看 GetDeviceDescriptor 具体执行了什么操作。从图30.2中可以看到，实际执行的是 Joystick_GetDeviceDescriptor 回调函数，它被定义在 usb_prop.c 源文件中，如清单33.1所示。

清单33.1 usb_prop.c 源文件（部分）

```
//选择配置
void Joystick_SetConfiguration(void)
{
  DEVICE_INFO *pInfo = &Device_Info;

  if (pInfo->Current_Configuration != 0) {          //不为0表示已经配置
    bDeviceState = CONFIGURED;                       //设备已配置状态
  }
}
//设置设备地址
void Joystick_SetDeviceAddress (void)
{
  bDeviceState = ADDRESSED;                          //设备已编址状态
}

//使用IN事务向主机报告状态
void Joystick_Status_In(void)
{
}

//使用OUT事务向主机报告状态
void Joystick_Status_Out (void)
{
}

//特定类请求处理（有数据时期）
RESULT Joystick_Data_Setup(uint8_t RequestNo)
{
  uint8_t *(*CopyRoutine)(uint16_t);
```

```
    CopyRoutine = NULL;
    if ((RequestNo == GET_DESCRIPTOR)                    //如果请求代码为"GET_DESCRIPTOR"
        && (Type_Recipient == (STANDARD_REQUEST | INTERFACE_RECIPIENT))
        && (pInformation->USBwIndex0 == 0)) {
      if (pInformation->USBwValue1 == REPORT_DESCRIPTOR){
        CopyRoutine = Joystick_GetReportDescriptor;
      } else if (pInformation->USBwValue1 == HID_DESCRIPTOR_TYPE) {
        CopyRoutine = Joystick_GetHIDDescriptor;
      }

    } else if ((Type_Recipient == (CLASS_REQUEST | INTERFACE_RECIPIENT))
            && RequestNo == GET_PROTOCOL) {              //如果请求代码为"GET_PROTOCOL"
      CopyRoutine = Joystick_GetProtocolValue;
    }

    if (CopyRoutine == NULL) {
      return USB_UNSUPPORT;
    }
    pInformation->Ctrl_Info.CopyData = CopyRoutine;
    pInformation->Ctrl_Info.Usb_wOffset = 0;
    (*CopyRoutine)(0);                                   //定位需要发送的数据
    return USB_SUCCESS;
}

//特定类请求处理（无数据时期）
RESULT Joystick_NoData_Setup(uint8_t RequestNo)
{
    if ((Type_Recipient == (CLASS_REQUEST | INTERFACE_RECIPIENT))
        && (RequestNo == SET_PROTOCOL)) {
      return Joystick_SetProtocol();
    } else {
      return USB_UNSUPPORT;
    }
}

//获取设备描述符
uint8_t *Joystick_GetDeviceDescriptor(uint16_t Length)
{
    return Standard_GetDescriptorData(Length, &Device_Descriptor);
}

//获取配置描述符
uint8_t *Joystick_GetConfigDescriptor(uint16_t Length)
{
    return Standard_GetDescriptorData(Length, &Config_Descriptor);
}


//获取字符串描述符
uint8_t *Joystick_GetStringDescriptor(uint16_t Length)
{
    uint8_t wValue0 = pInformation->USBwValue0;
    if (wValue0 > 4) {                                   //判断字符串索引值是否有效
      return NULL;
    } else {                            //如果字符串索引值有效，就定位到相应的字符串描述符
      return Standard_GetDescriptorData(Length, &String_Descriptor[wValue0]);
    }
}

//获取报告描述符
uint8_t *Joystick_GetReportDescriptor(uint16_t Length)
{
    return Standard_GetDescriptorData(Length, &Joystick_Report_Descriptor);
}

//获取HID描述符
uint8_t *Joystick_GetHIDDescriptor(uint16_t Length)
{
    return Standard_GetDescriptorData(Length, &Mouse_Hid_Descriptor);
}


//获取接口配置
RESULT Joystick_Get_Interface_Setting(uint8_t Interface,
                                      uint8_t AlternateSetting)
```

```
{
  if (AlternateSetting > 0) {            //游戏操纵杆设备没有使用备用接口
    return USB_UNSUPPORT;
  } else if (Interface > 0) {            //游戏操纵杆设备只有一个接口（0）
    return USB_UNSUPPORT;
  }
  return USB_SUCCESS;
}

//设置协议代码
RESULT Joystick_SetProtocol(void)
{
  uint8_t wValue0 = pInformation->USBwValue0;
  ProtocolValue = wValue0;
  return USB_SUCCESS;
}

//获取协议代码
uint8_t *Joystick_GetProtocolValue(uint16_t Length)
{
  if (Length == 0) {
    pInformation->Ctrl_Info.Usb_wLength = 1;
    return NULL;
  } else {
    return (uint8_t *)(&ProtocolValue);
  }
}
```

从清单 33.1 中可以看到，Joystick_GetDeviceDescriptor 回调函数只调用了 Standard_Get-DescriptorData 函数，它是处理获取各种描述符数据的通用函数（同样适用于获取配置、字符串、HID、报告等描述符数据），其具体被定义在 usb_core.c 源文件中（USB 固件库的内核层），如清单 33.2 所示。

清单 33.2　usb_core.c 源文件（部分）

```
//获取配置标准请求
uint8_t *Standard_GetConfiguration(uint16_t Length)
{
  if (Length == 0) {
    pInformation->Ctrl_Info.Usb_wLength =
      sizeof(pInformation->Current_Configuration);
    return 0;
  }
  pUser_Standard_Requests->User_GetConfiguration();
  return (uint8_t *)&pInformation->Current_Configuration;
}

//设置配置标准请求
RESULT Standard_SetConfiguration(void)
{
  if ((pInformation->USBwValue0 <=
      Device_Table.Total_Configuration) && (pInformation->USBwValue1 == 0)
      && (pInformation->USBwIndex == 0)) {
    pInformation->Current_Configuration = pInformation->USBwValue0;   //配置值
    pUser_Standard_Requests->User_SetConfiguration();                 //执行回调函数
    return USB_SUCCESS;
  } else {
    return USB_UNSUPPORT;
  }
}

//获取接口标准请求
uint8_t *Standard_GetInterface(uint16_t Length)
{
  if (Length == 0) {
    pInformation->Ctrl_Info.Usb_wLength =
      sizeof(pInformation->Current_AlternateSetting);
    return 0;
  }
  pUser_Standard_Requests->User_GetInterface();
  return (uint8_t *)&pInformation->Current_AlternateSetting;
}
```

```
//设置接口标准请求
RESULT Standard_SetInterface(void)
{
  RESULT Re;

  Re = (*pProperty->Class_Get_Interface_Setting)(pInformation->USBwIndex0,
                 pInformation->USBwValue0);

  if (pInformation->Current_Configuration != 0) {
    if ((Re != USB_SUCCESS) || (pInformation->USBwIndex1 != 0)
        || (pInformation->USBwValue1 != 0)) {
      return  USB_UNSUPPORT;
    } else if (Re == USB_SUCCESS) {
    pUser_Standard_Requests->User_SetInterface();
    pInformation->Current_Interface = pInformation->USBwIndex0;
    pInformation->Current_AlternateSetting = pInformation->USBwValue0;
    return USB_SUCCESS;
    }
  }
  return USB_UNSUPPORT;
}

//获取状态标准请求
uint8_t *Standard_GetStatus(uint16_t Length)
{
  if (Length == 0) {
    pInformation->Ctrl_Info.Usb_wLength = 2;          //返回的状态数据为两个字节
    return 0;
  }

  StatusInfo.w = 0;                                              //状态数据清零

  if (Type_Recipient == (STANDARD_REQUEST | DEVICE_RECIPIENT)) {
    uint8_t Feature = pInformation->Current_Feature;           //获取设备状态

    if (ValBit(Feature, 5)) {
      SetBit(StatusInfo0, 1);                                    //支持远程唤醒
    } else {
      ClrBit(StatusInfo0, 1);                                    //不支持远程唤醒
    }

    if (ValBit(Feature, 6)) {
      SetBit(StatusInfo0, 0);                                      //总线供电
    } else {
      ClrBit(StatusInfo0, 0);                                      //自供电
    }
  } else if (Type_Recipient == (STANDARD_REQUEST | INTERFACE_RECIPIENT)) {
  return (uint8_t *)&StatusInfo;                                 //获取接口状态
  } else if (Type_Recipient == (STANDARD_REQUEST | ENDPOINT_RECIPIENT)) {
  uint8_t Related_Endpoint;                                      //获取端点状态
  uint8_t wIndex0 = pInformation->USBwIndex0;

  Related_Endpoint = (wIndex0 & 0x0f);
  if (ValBit(wIndex0, 7)) {                                     //输入端点
    if (_GetTxStallStatus(Related_Endpoint)) {
      SetBit(StatusInfo0, 0);                                    //端点为STALL
    }
  } else {                                                       //输出端点
    if (_GetRxStallStatus(Related_Endpoint)) {
      SetBit(StatusInfo0, 0);                                    //OUT端点为STALL
    }
  }
  } else {
    return NULL;
  }
  pUser_Standard_Requests->User_GetStatus();
  return (uint8_t *)&StatusInfo;
}

//清除特征标准请求
RESULT Standard_ClearFeature(void)
{
  uint32_t      Type_Rec = Type_Recipient;
  uint32_t      Status;
```

```
  if (Type_Rec == (STANDARD_REQUEST | DEVICE_RECIPIENT)) {          //针对设备
    ClrBit(pInformation->Current_Feature, 5);
    return USB_SUCCESS;
  } else if (Type_Rec == (STANDARD_REQUEST | ENDPOINT_RECIPIENT)) { //针对端点
    DEVICE* pDev;
    uint32_t Related_Endpoint;
    uint32_t wIndex0;
    uint32_t rEP;

    if ((pInformation->USBwValue != ENDPOINT_STALL)
        || (pInformation->USBwIndex1 != 0)) {     //特征选择符是ENDPOINT_HALT？
      return USB_UNSUPPORT;
    }

    pDev = &Device_Table;
    wIndex0 = pInformation->USBwIndex0;
    rEP = wIndex0 & ~0x80;
    Related_Endpoint = ENDP0 + rEP;

    if (ValBit(pInformation->USBwIndex0, 7)) {                    //获取端点状态
      Status = _GetEPTxStatus(Related_Endpoint);
    } else {
      Status = _GetEPRxStatus(Related_Endpoint);
    }

    if ((rEP >= pDev->Total_Endpoint) || (Status == 0)      //如果设备没有被配置
        || (pInformation->Current_Configuration == 0)) {       //或端点状态禁止
      return USB_UNSUPPORT;       //或端点号大于设备使用的端点总数，则请求不支持
    }

    if (wIndex0 & 0x80) {                                         //输入端点
      if (_GetTxStallStatus(Related_Endpoint )) {
        ClearDTOG_TX(Related_Endpoint);
        SetEPTxStatus(Related_Endpoint, EP_TX_VALID);
      }
    } else {                                                     //输出端点
      if (_GetRxStallStatus(Related_Endpoint)) {
        if (Related_Endpoint == ENDP0) {   //清除STALL状态后，使能默认接收端点
          SetEPRxCount(Related_Endpoint, Device_Property.MaxPacketSize);
          _SetEPRxStatus(Related_Endpoint, EP_RX_VALID);
        } else {
          ClearDTOG_RX(Related_Endpoint);
          _SetEPRxStatus(Related_Endpoint, EP_RX_VALID);
        }
      }
    }
    pUser_Standard_Requests->User_ClearFeature();
    return USB_SUCCESS;
  }

  return USB_UNSUPPORT;
}

//设置端点特征标准请求
RESULT Standard_SetEndPointFeature(void)
{
  uint32_t    wIndex0;
  uint32_t    Related_Endpoint;
  uint32_t    rEP;
  uint32_t    Status;

  wIndex0 = pInformation->USBwIndex0;
  rEP = wIndex0 & ~0x80;
  Related_Endpoint = ENDP0 + rEP;

  if (ValBit(pInformation->USBwIndex0, 7)) {                      //获取端点状态
    Status = _GetEPTxStatus(Related_Endpoint);
  } else {
    Status = _GetEPRxStatus(Related_Endpoint);
  }

  if (Related_Endpoint >= Device_Table.Total_Endpoint
      || pInformation->USBwValue != 0 || Status == 0
      || pInformation->Current_Configuration == 0) {
```

```
    return USB_UNSUPPORT;
} else {
    if (wIndex0 & 0x80) {                                    //输入端点
        _SetEPTxStatus(Related_Endpoint, EP_TX_STALL);
    } else {                                                 //输出端点
        _SetEPRxStatus(Related_Endpoint, EP_RX_STALL);
    }
}
pUser_Standard_Requests->User_SetEndPointFeature();
return USB_SUCCESS;
}

//设置设备特征标准请求
RESULT Standard_SetDeviceFeature(void)
{
    SetBit(pInformation->Current_Feature, 5);
    pUser_Standard_Requests->User_SetDeviceFeature();
    return USB_SUCCESS;
}

//获取描述符标准请求
uint8_t *Standard_GetDescriptorData(uint16_t Length, ONE_DESCRIPTOR *pDesc)
{
    uint32_t  wOffset;

    wOffset = pInformation->Ctrl_Info.Usb_wOffset;        //取出发送数据源的偏移地址
    if (Length == 0) {    //此时Usb_wOffset也为0, 发送数据字节长度为整个描述符长度
        pInformation->Ctrl_Info.Usb_wLength = pDesc->Descriptor_Size - wOffset;
        return 0;
    }

    return pDesc->Descriptor + wOffset; //此时Usb_wOffset会随每次数据包发送而调整
}
```

请注意：Joystick_GetDeviceDescriptor 函数中调用的 Standard_GetDescriptorData 函数有两个形参，第 1 个形参为长度（Length），第一次调用 Joystick_GetDeviceDescriptor 时（在 Data_Setup0 函数中执行 CopyRoutine 函数指针）传入了 "0"，第二次调用 Joystick_GetDeviceDescriptor 时（DataStageIn 函数中执行 CopyData 函数指针）传入了 "发送数据包的字节长度"。第 2 个形参为指向 ONE_DESCRIPTOR 结构体的指针 pDesc，应用程序给它传递了 Device_Descriptor 的首地址。我们在第 14 章已经讨论过，ONE_DESCRIPTOR 结构体包含了描述符数据数组的首地址与长度信息，Standard_GetDescriptorData 函数就是根据这两个参数来确定 "将要发送给主机的描述符数组首地址与字节长度" 的。对于 Joystick_GetDeviceDescriptor 函数，也就相当于把设备描述符数据数组 Joystick_DeviceDescriptor 的定位信息传入 Standard_GetDescriptorData 函数。

在 Standard_GetDescriptorData 函数中，首先将 Usb_wOffset 取出来（此值在第一次执行 CopyRoutine 函数指针前已经被设置成了 0）。由于传入的长度（Length）为 0，所以 if 语句中进一步将 Usb_wLength 设置为刚刚传入的游戏操作杆设备描述符的长度（Descriptor_Size）。也就是说，Ctrl_Info 结构体变量中已经指定了需要发送的数据是整个设备描述符 Joystick_DeviceDecriptor 数组数据。

之后就会进入 DataStageIn 函数中正式对刚刚定位好的描述符数组进行发送，也就是第二次调用 Joystick_GetDeviceDescriptor 函数，只不过给它传入了 "发送数据包的字节长度"，这样进入 Standard_GetDescriptorData 函数后，不会再执行 if 语句，而只是把发送数据的偏移地址进行了调整（具体见图 32.3）。

我们仍然回到 Data_Setup0 函数。根据 USB 总线枚举过程，接下来是获取配置描述符请求，相应的回调函数为 Joystick_GetConfigDescriptor，它同样也调用了 Standard_GetDescriptorData 函数，只不过传入的第 2 个参数是包含配置描述符 Joystick_ConfigDescriptor 数据数组信息的 ONE_DESCRITPOR 指针，而第 1 个参数仍然是 0，此处不再赘述。

然后是获取字符串描述符请求，相应的回调函数为 Joystick_GetStringDescriptor，从清单 12.2 中可以看到，已经定义的字符串描述符有 4 个，主机究竟想获取哪一个呢？这由请求数据中的 wValue 字段来决定（见表 17.2）。wValue 字段的高字节代表描述符的类型，而低字节就是表示具体的索引值（仅对配置与字符串描述符有效），而索引值被定义在清单 14.1 中的 String_Descriptor 数组中。也就是说，wValue0 不会大于 3，否则说明设备不支持主机发送的请求。Joystick_GetStringDescriptor 函数中首先判断 wValue0 是否有效，如果是无效索引就会直接返回 NULL，但是原厂固件的比较索引值却是错误的（不应该是 4）。当然，只要主机不发出索引值为 4 的请求，一般情况下不影响设备运行；否则，可能会因为数组索引值溢出而崩溃。

　　主机已经获取到了所需的所有描述符信息，接下来需要为设备分配一个地址，相应的请求代码为 SET_ADDRESS。从表 17.2 来看，这个请求是没有**数据时期**的，所以会在 NoData_Setup0 函数中执行，它首先判断设备地址是有效的（不大于 127），wIndex、wLength 都为 0，同时判断了 Current_Configuration 不为 0（这是为了确保设备还没有被配置过，因为配置完成后 Current_Configuration 是一个不为 0 的值，而配置后的设备已经被分配了地址），不然会认为请求是错误的，也就会将控制管道状态设置为 STALLED 直接返回。

　　有些读者可能会想：好像并没有具体的分配地址的代码呀？NoData_Setup0 函数中的确没有！但是在确定接收的"设置地址"请求有效之后，设备会将控制管道状态设置为 WAIT_STATUS_IN，而分配地址的具体操作就是在**状态时期**操作的，也就是在 In0_Process 函数中被执行了，其中将主机发送过来的设备地址（wValue0）传入 SetDeviceAddress 函数，该函数做了两件事，其一，把主机发送的设备地址保存到 USB_DADDR 寄存器的低 7 位中，并且将 EF（Enable Function）位置 1（如果此位为 0，USB 控制器将停止工作，不响应任何 USB 总线通信）。其二，通过 for 语句把设备使用到的所有端点对应的寄存器 USB_EPnR 写入对应的端点号（USB_EP0R 的最低 4 位写 0，USB_EP1R 的最低 4 位写 1，其他依此类推）。USB 控制器会将事务中包含的设备地址与端点号信息与控制器中相应的信息进行对比，这样才能够在指定的端点进行正确传输。

　　游戏操作杆设备使用了两个端点。Device_Table 结构体变量（见清单 14.1）中包含了所有使用到的端点数量与配置值，如果需要增加更多的端点，则需要修改 EP_NUM 值，它被定义在清单 30.6 中。当然，官方固件库中的 SetDeviceAddress 函数有个限制：**必须使用连续的端点号**。例如，你想仅仅通过更改游戏操纵杆的端点描述符使用端点 3（而不是原来的端点 1）来给主机发送数据，这样做就是不可行的，因为 for 语句中只是通过端点总数来设置端点号的，所以无法初始化到端点 3，需要额外对端点 3 进行初始化。

　　值得一提的是，官方固件库给用户提供了一次自定义操作的机会，也就是紧接着 SetDeviceAddress 函数调用了 User_SetDeviceAddress 函数，根据图 30.3 所示，它实际执行的是 Joystick_SetDeviceAddress 回调函数，其中只是将 bDeviceState 设置为已经寻址状态（ADDRESSED）。当然，你也可以做一些其他必要的工作，因为 Joystick_SetDeviceAddress 回调函数处于用户接口层（刚才提到的"不连续端点号初始化的问题"就可以放在这里解决）。

　　分配好设备地址后，主机会给设备选择一个配置，相应的请求代码是 SET_CONFIGURATION，这是在 NoData_Setup0 函数中调用 Standard_SetConfiguration 函数完成的。我们的游戏操纵杆只有一个配置，所以主机发送的配置值应该是 1（wValue 与 wIndex 字段必须均为 0，见表 17.2），应用程序将其保存在指针 pInformation 指向的结构体 Device_Info 中的 Currnet_ Configuration 变量中，然后再执行了 User_SetConfiguration 回调函数，其中将设备状态设置为已经配置状态（CONFIGURE）。

对于游戏操纵杆设备，选择完配置后还需要获取报告描述符，这是通过在 Data_Setup0 函数中调用 Class_Data_Setup（Joystick_Data_Setup 回调函数）来完成的，该函数的执行过程与处理标准请求类似，也是通过调用 Standard_GetDescriptorData 来处理的，与 HID 类相关的请求代码被定义在 usb_prop.h 头文件中，如清单 33.3 所示，此处不再赘述。

清单 33.3 usb_prop.h 头文件

```
#ifndef __USB_PROP_H
#define __USB_PROP_H

typedef enum _HID_REQUESTS {                          //HID请求代码
  GET_REPORT = 1,
  GET_IDLE,
  GET_PROTOCOL,
  SET_REPORT = 9,
  SET_IDLE,
  SET_PROTOCOL
} HID_REQUESTS;

void Joystick_init(void);
void Joystick_Reset(void);
void Joystick_SetConfiguration(void);
void Joystick_SetDeviceAddress (void);
void Joystick_Status_In (void);
void Joystick_Status_Out (void);
RESULT Joystick_Data_Setup(uint8_t);
RESULT Joystick_NoData_Setup(uint8_t);
RESULT Joystick_Get_Interface_Setting(uint8_t Interface,
                               uint8_t AlternateSetting);
uint8_t *Joystick_GetDeviceDescriptor(uint16_t);
uint8_t *Joystick_GetConfigDescriptor(uint16_t);
uint8_t *Joystick_GetStringDescriptor(uint16_t);
RESULT Joystick_SetProtocol(void);
uint8_t *Joystick_GetProtocolValue(uint16_t Length);
RESULT Joystick_SetProtocol(void);
uint8_t *Joystick_GetReportDescriptor(uint16_t Length);
uint8_t *Joystick_GetHIDDescriptor(uint16_t Length);

#define Joystick_GetConfiguration       NOP_Process
//#define Joystick_SetConfiguration       NOP_Process
#define Joystick_GetInterface           NOP_Process
#define Joystick_SetInterface           NOP_Process
#define Joystick_GetStatus              NOP_Process
#define Joystick_ClearFeature           NOP_Process
#define Joystick_SetEndPointFeature     NOP_Process
#define Joystick_SetDeviceFeature       NOP_Process
//#define Joystick_SetDeviceAddress       NOP_Process

#define REPORT_DESCRIPTOR               0x22

#endif /* __USB_PROP_H */
```

表 17.2 中还有几个标准请求并没有在总线枚举过程中涉及，但分析它们对于理解 USB 规范也是非常有帮助的。我们先来看看 Data_Setup0 函数中是如何处理"获取状态（GET_STATUS）"请求的。首先需要知道的是，"获取状态"请求可以针对设备、接口或端点，这取决于 bmRequestType 字段的值。如果请求的对象是设备，则 wIndex 字段应该被设置为 0；如果请求的对象是接口或端点，则 wIndex 字段应该为相应的接口号或端点号，相应的格式

如图 33.1 所示。

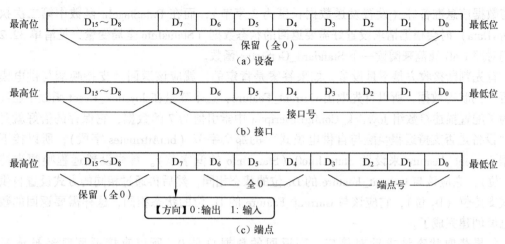

图 33.1　设备、接口、端点对应的 wIndex 字段的格式

"获取状态"请求最终返回的数据都是 2 字节，根据针对的请求对象，返回的状态数据会有所不同，具体如图 33.2 所示。

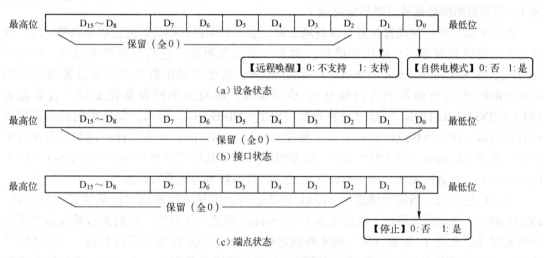

图 33.2　设备、接口、端点返回的状态

也就是说，**在主机发送"获取状态"请求中，wIndex 字段的高字节与 wValue 字段总是为 0，而 wLength 字段总是为 2**，所以在 Data_Setup0 函数中，当判断当前的请求代码为 GET_STATUS 时，首先就会**据此**进一步判断是否为"获取状态"请求。如果确实是获取状态请求，就紧接着判断是获取设备、接口还是端点状态。如果是获取设备状态请求，则 wIndex 总是为 0。如果是获取接口状态请求，则通过调用 Class_Get_Interface_Setting（Joystick _ Get_Interface_Setting 函数）确认接口号是否正确。如果是获取端点状态请求，则取出 wIndex 低字节包含的端点号，然后根据传输方向来判断 USB 控制器中是否已经对该端点进行了正常初始化。无论端点的传输方向如何，最终都会将 Standard_GetStatus 函数指针赋给 Copy-

Routine，并且接下来在第一次执行时（Data_Setup0 函数中）给它传入参数"0"，也就是将状态数据信息准备好（设置发送数据长度为 2 字节），而在 DataStageIn 函数中第二次执行（CopyData）时会根据请求设置好需要返回的状态数据（StatusInfo 全局变量，见清单 32.2），我们对照 USB 规范来阅读一下 Standard_GetStatus 函数。

首先判断接收方是不是设备，如果答案是肯定的，就应该返回"支持唤醒与供电模式与否"的状态数据，所以首先取出 Current_Feature，这个变量在 Joystick_Reset 函数中已经设置为了配置描述符数组 Joystick_ConfigDescriptor 中索引值为 7 的数据，它保存的恰好就是给出"设备是否支持远程唤醒与自供电模式"的那个字节（bmAttributes 字段），所以接下来根据 Current_Feature 来设置 StatusInfo0（StatusInfo 的低字节）。首先设置远程唤醒支持位（D_1 位），它应该与 Current_Feature 的 D_5 位的状态相同，然后再通过相同的方式设置自供电模式支持位（D_2 位），它应该与 Current_Feature 的 D_6 位的状态相同，这样需要返回的数据就已经创建完成了。

如果获取状态请求针对接口，则返回的数据总是 0，所以直接返回已经被清零的 StatusInfo 即可。如果获取状态请求针对端点号，则它需要返回端点的停止（Halt）状态，为此首先从 USBwIndex0 中获取主机的请求是哪个端点状态，然后根据最高位判断端点的方向，无论端点的方向如何，都会获取端点的状态，如果状态是 STALL，则将 StatusInfo0 的最低位置 1，需要返回的数据就已经创建完成了。

有人可能会想：除设置配置与设备地址外，怎么前面讲的都是如何获取信息的请求，而没怎么讨论设置请求呢？原因很简单，对于一个设备而言，它们并不是必需的，在清单 33.3 中，除 SetConfiguration 与 SetDeviceAddress 外，其他回调函数的入口地址都被定义为 NOP_PROCESS（空函数的入口地址）。也就是说，游戏操纵杆设备仅支持"设置配置（SET_CONFIGURATION）"与"设置地址（SET_ADDRESS）"请求。如果你的设备需要支持其他请求，应该将相应行的宏定义注释掉，然后在 usb_prop.h 头文件中添加回调函数的声明，并在 usb_prop.c 源文件中添加相应的实现即可，具体可以参考 SetConfiguration 与 SetDeviceAddress 函数的做法，因为固件库已经将回调函数与内核关联起来了。

前面已经提过，当流管道返回 STALL 握手包时，主机应该使用"清除特征（CLEAR_FEATURE）"请求重启端点，它是在 NoData_Setup0 函数中执行的，我们来看看设备究竟是如何处理该请求的（"设置特征"请求处理是相似的）。从表 17.2 中可以看到，"清除特征"请求的 wIndex 字段的格式与图 33.1 相同，wLength 字段总是为 0，而 wValue 字段则指定清除的特征，具体如表 33.1 所示。

表 33.1　标准的特征选择符

特征选择符	接 收 方	值
DEVICE_REMOT_WAKEUP	设备	1
ENDPOINT_HALT	端点	0
TEST_MODE	设备	2

在 NoData_Setup0 函数中，如果"清除特征"请求针对端点（或针对设备时的特征选择符为 DEVICE _ REMOTE _ WAKEUP，且设备开启了唤醒模式），就会进入 Standard _

ClearFeature 函数，其中如果接收方是设备，就直接清除 D_5 位（远程唤醒支持位）返回。如果接收方是端点，则需要判断 wValue 与 wIndex 字段的值是否符合规范定义要求，即 USBwValue 字段必须是 ENDPOINT_STALL（对应表 33.1 中的 ENDPOINT_HALT），且 wIndex 的高字节（USBwIndex1）必须为 0。

接下来判断端点是否有效。如果设备没有被配置，或端点状态为禁止，或端点号大于设备使用的端点总数，说明请求数据不符合 USB 规范，直接返回不支持状态（USB_UNSUPPORT）。如果端点号正确，就判断是输入还是输出端点；如果是输入端点，就直接调用 ClearDTOG_TX 函数重置发送数据时序切换位（清 0），其执行过程如图 33.3 所示。

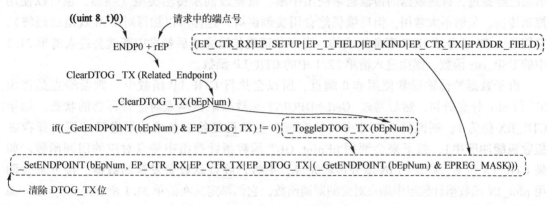

图 33.3　ClearDTOG_TX 函数的执行过程

然后将该端点 0 的接收状态设置为 VALID，即清除了管道的 STALL 状态。如果是输出端点，则同样判断是否处于 STALL 状态。如果是控制端点 0，则设置接收数据字节长度为最大数据包字节长度，并设置接收状态为有效；如果是非 0 端点，则执行 ClearDTOG_RX 函数，其中重置了接收数据时序切换位，并同样设置接收状态为有效，最后执行 User_ClearFeature 回调函数才返回。

第34章 USB键盘设备：
数据收发处理

到目前为止，主机已经完成了对设备的总线枚举过程，它们之间可以进行数据传输了，前面已经提过，普通数据的传输通常使用中断、批量或同步传输类型（当然，也可以使用控制传输，虽然不太常用，但后续仍然会用实例讲解，这样可以加深对 USB 规范的理解），它们是由 IN 事务或 OUT 事务组成的。当事务正确传输完成后触发中断就会进入清单 31.1 中的 USB_Istr 函数，继而进入清单 32.1 中的 CTR_LP 函数。

由于数据的传输通常使用非 0 端点，所以会执行 CTR_LP 函数中"判断端点是否为0"的 else 分支语句，然后通过_GetENDPOINT 函数获取该端点对应寄存器的状态。如果 CTR_RX 位为 1，则说明 OUT 事务传输完成，**主机已经给设备成功发送了数据（保存在接收包缓冲区中）**，接下来会调用 pEpInt_OUT 函数指针数组中端点对应的回调函数。如果 CTR_TX 位 E，则说明 IN 事务传输完成，**主机已经读取设备发送的数据**，接下来会调用 pInt_IN 函数指针数组中端点对应的回调函数，它们都定义在清单 31.1 所示的 usb_istr.c 源文件中。

函数指针数组就是一个数组，只不过它保存了多个函数指针。请注意，在清单 30.6 所示的 usb_conf.h 头文件中，所有端点回调函数的入口地址（函数名就是函数的入口地址）都预先定义为了 NOP_Process。前面已经提过，NOP_Process 是空函数的入口地址，如果你需要响应（由 IN 或 OUT 事务触发的）某个非 0 端点中断而进行必要的数据处理，应该删除"相应端点回调函数的入口地址定义为 NOP_Process"的语句。清单 30.6 中只有 EP1_IN_Callback 回调函数的宏定义删除了，也就意味着游戏操纵杆**成功响应 IN 事务后会调用 EP1_IN_Callback** 回调函数，它的具体实现就在 usb_endp.c 源文件中，如清单 34.1 所示。

清单 34.1　usb_endp.c 源文件

```
#include "hw_config.h"
#include "usb_lib.h"
#include "usb_istr.h"

extern __IO uint8_t PrevXferComplete;    //标志上一次数据已经发送完成的全局变量

//端点1输入回调函数（从设备到主机）
void EP1_IN_Callback(void)
{
  PrevXferComplete = 1;//主机使用IN事务获取了"设备复制到发送包缓冲区中的"数据
}
```

usb_endp.c 源文件里面只定义了一个 EP1_IN_Callback 函数，它仅仅将全局变量 PreXferComplete（清单 9.1 所示 main.c 源文件中定义的标记数据传输完成的）置 1，表示主机通过 IN 事务完成了一次"从端点 1 对应发送包缓冲区中获取数据"的操作。

我们再整体回顾一下游戏操纵杆的数据发送全过程。在清单 9.1 的 main 主函数中，while 循环的第一个 if 语句首先判断设备是否已经被配置，也就相当于预先确定设备已经完成总线枚举过程，否则设备是无法正常工作的。第二个 if 语句则使用 JoyState 函数返回值判断是否有按键按下，但是即使按下了也并不代表一定会**立刻**发送数据，设备必须等待上次复制到发送包缓冲区的旧数据被主机读取后（进入 EP1_IN_Callback 函数设置 PreXferComplete 为 1），才会调用 Joystick_Send 函数再次把新数据复制到发送包缓冲区，以避免上次需要发送的旧数据被覆盖。

在清单 22.8 中的 Joystick_Send 函数中，把鼠标数据信息计算好并放到 Mouse_Buffer 数组的对应位置之后，首先将 PreXferComplete 进行清 0 操作，表示一次新的数据传输将要开始，然后再调用 USB_SIL_Write 函数将 Mouse_Buffer 数组数据复制到端点 1 对应的发送包缓冲区，该函数被定义在清单 30.5 中，其中调用了 UserToPMABufferCopy 函数将需要发送的数据写入端点对应的发送包缓冲区，然后调用 SetEPTxCount 函数设置了发送数据长度。Joystick_Send 函数最后使用 SetEPTxValid 函数使能了端点 1，这就意味着设备已经准备好了（需要发送的）数据，主机如果发送 IN 事务，设备会响应并将发送包缓冲区的数据发送给主机。

游戏操纵杆只是将数据发送给主机，那么如何接收与处理主机发送过来的数据呢？下面我们使用开发板来模拟 USB 键盘设备，它需要使用到输入与输出端点，我们来看看具体怎么实现数据的收发处理。

USB 键盘也属于 HID 设备，我们先来看看它的报告描述符，如清单 34.2 所示。

清单 34.2　USB 键盘的报告描述符

```
Usage Page (Generic Desktop),
Usage (Keyboard),
Collection (Application),
    Usage Page (Key Codes),
    Usage Minimum(224), Usage Maximum(231),
    Logical Minimum (0), Logical Maximum (1),
    Report Size (1), Report Count (8),
    Input (Data, Variable, Absolute),
    Report Size (1), Report Count (8),
    Input (Constant),
    Report Size (1), Report Count (5),
    Usage Page (LEDs),
    Usage Minimum(1), Usage Maximum(5),
    Output (Data, Variable, Absolute),
    Output (Constant),
    Report Size (8), Report Count (6),
    Logical Minimum (0), Logical Maximum (255),
    Usage Page (Key Codes),
    Usage Minimum (0), Usage Maximum (255),
    Input (Data, Array),
End Collection
```

这是一个比较简单的报告描述符，它定义了一个向主机发送按键码的输入报告（8 字节）与一个由主机控制键盘 LED 状态的输出报告（1 字节），分别如图 34.1 与图 34.2 所示。

输入报告中的用途按键码在《HID 用途表》中的 "Keyboard/Keypad" 用途页已经明确定义了，部分如表 34.1 所示。

字节	D_7	D_6	D_5	D_4	D_3	D_2	D_1	D_0
0	修饰按键（Modifer keys）							
1	保留							
2	按键码1（Keycode 1）							
3	按键码2（Keycode 2）							
4	按键码3（Keycode 3）							
5	按键码4（Keycode 4）							
6	按键码5（Keycode 5）							
7	按键码6（Keycode 6）							

图 34.1 输入报告

字节	D_7	D_6	D_5	D_4	D_3	D_2	D_1	D_0
0	位填充常数（Constant）			Kana	Compose	Scroll Lock	Caps Lock	Num Lock

图 34.2 输出报告

表 34.1 "Keyboard/Keypad" 用途页（部分）

Usage ID	用途名	用途类型	Usage ID	用途名	用途类型
00h	保留	Sel	54h	数字键盘 /	Sel
04h	按键a 与 A	Sel	55h	数字键盘 *	Sel
05h	按键b 与 B	Sel	56h	数字键盘 −	Sel
06h	按键c 与 C	Sel	57h	数字键盘 +	Sel
1Eh	按键1	Sel	E0h	按键 左 Ctrl	DV
1Fh	按键2	Sel	E1h	按键 左 Shift	DV
20h	按键3	Sel	E2h	按键 左 Alt	DV
21h	按键4	Sel	E3h	按键 左 GUI	DV
22h	按键5	Sel	E4h	按键 右 Ctrl	DV
23h	按键6	Sel	E5h	按键 右 Shift	DV
24h	按键7	Sel	E6h	按键 右 Alt	DV
39h	大小写锁定键	Sel	E7h	按键 右 GUI	DV

　　输入报告的第一个字节代表修饰键，也就是我们所说的控制键，从低位到高位依次为左Ctrl、左 Shift、左 Alt、左 GUI、右 Ctrl、右 Shift、右 Alt、右 GUI 按键，它们可以同时有效，因为对应的8个数据字段（1位）均以 Variable 方式生成，每个数据字段对应一个按键（0为无效，1为有效）。第二个字节为保留，接下来的6个字节代表6个输入按键码，相应的数据字段生成方式为 Array，这也就意味着：**Report Count 标签定义的数量就是按键可以同时有效的数量**，即一次性可以最多输入6个按键码（Usage ID 为0~255）。也就是说，如果同时按下6个或更多按键，最多只有6个按键码会送到主机，主机会对它们依次全部处理。

输出报告代表主机发送给设备用来设置 LED 状态的数据，只有 6 位有效（1 表示相应的按键按下，0 表示按键无效）。这里特别要注意：当我们按下某个按键（如大小写锁定键）而使相应的 LED 点亮时，LED 点亮的动作不是受按键**直接控制**的，而是主机收到按键码后给设备发送输出报告，设备再根据输出报告中的数据位设置 LED 的状态的。

接下来使用开发板来模拟 USB 键盘。USB 键盘本身的按键是非常多的，而开发板的按键只有 7 个，所以只能有选择地实现一些功能，其他的原理是相通的。我们决定在第 22 章中已经实现的 USB 鼠标例程的基础上进行修改，并且实现字母 A、B、（左）Ctrl 键与 **CapsLock 键**（大小写锁定键）。为了显示 **CapsLock 键**当前的状态，我们还需要一个 LED，所以需要增加一个 LED 控制输出引脚，但是 USB 鼠标例程中已经将所有底层引脚初始化完成，我们只需要直接使用即可（不再需要涉及具体的引脚），图 34.3 给出了 USB 键盘设备的功能规划。

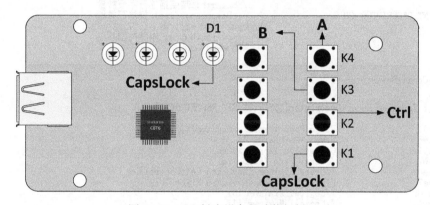

图 34.3　USB 键盘设备的功能规划

首先需要对与设备相关的描述符进行修改，如清单 34.3 所示。

清单 34.3　USB 键盘报告描述符数据数组

```
//配置描述符(包括配置、接口、端点、HID)
const uint8_t Joystick_ConfigDescriptor[JOYSTICK_SIZ_CONFIG_DESC] = {
    0x09,                                   //bLength:配置描述符字节数量
    USB_CONFIGURATION_DESCRIPTOR_TYPE,      //bDescriptorType: 配置类型
    JOYSTICK_SIZ_CONFIG_DESC,               //wTotalLength: 配置描述符总字节数量
    0x00,
    0x01,                                   //bNumInterfaces: 1个接口
    0x01,                                   //bConfigurationValue: 配置值
    0x00,                                   //iConfiguration: 描述配置的字符串描述符的索引
    0xE0,                                   //bmAttributes: 自供电模式
    0x32,                                   //最大电流100mA

    //接口描述符(下一个数据的数组索引为09)
    0x09,                                   //bLength: 接口描述符字节数量
    USB_INTERFACE_DESCRIPTOR_TYPE,          //bDescriptorType: 接口描述符类型
    0x00,                                   //bInterfaceNumber: 接口号
    0x00,                                   //bAlternateSetting: 备用接口号
    0x02,                                   //bNumEndpoints: 端点数量
    0x03,                                   //bInterfaceClass: 人机接口设备类
    0x01,                                   //bInterfaceSubClass : 1=启动, 0=不启动
    0x01,                                   //nInterfaceProtocol : 0=无, 1=键盘, 2=鼠标
    0,                                      //iInterface: 字符串描述符的索引
```

```
//HID描述符（下一个数据的数组索引为18）
0x09,                                        //bLength: HID描述符字节数量
HID_DESCRIPTOR_TYPE,                         //bDescriptorType: HID
0x00,                                        //bcdHID: HID类规范发布版本号
0x01,
0x00,                                        //bCountryCode: 硬件目标国家
0x01,                            //bNumDescriptors:附加特定类描述符的数量
0x22,                                        //bDescriptorType
JOYSTICK_SIZ_REPORT_DESC,             //wItemLength: 报告描述符总字节长度
0x00,

//端点描述符（下一个数据的数组索引为27）
0x07,                                        //bLength: 端点描述符字节数量
USB_ENDPOINT_DESCRIPTOR_TYPE,                //bDescriptorType: 描述符类型
0x82,                              //bEndpointAddress: 输入（IN）端点2
0x03,                                        //bmAttributes: 中断类型端点
0x08,                                        //wMaxPacketSize: 最多8字节
0x00,
0x20,                                        //bInterval: 查询时间间隔为32ms

//端点描述符（下一个数据的数组索引为34）
0x07,                                        //bLength: 端点描述符字节数量
USB_ENDPOINT_DESCRIPTOR_TYPE,                //bDescriptorType: 描述符类型
0x02,                              //bEndpointAddress: 输出（OUT）端点2
0x03,                                        //bmAttributes: 中断类型端点
0x01,                                        //wMaxPacketSize: 最多1字节
0x00,
0x20,
}; /* MOUSE_ConfigDescriptor */
//报告描述符
const uint8_t Joystick_ReportDescriptor[JOYSTICK_SIZ_REPORT_DESC] =
    {
    0x05, 0x01,            //Usage Page (Generic Desktop)
    0x09, 0x06,            //Usage (Keyboard)
    0xa1, 0x01,            //Collection (Application)
    0x05, 0x07,              //Usage Page (Keyboard)
    0x19, 0xe0,              //Usage Minimum (Keyboard LeftControl)
    0x29, 0xe7,              //Usage Maximum (Keyboard Right GUI)
    0x15, 0x00,              //Logical Minimum (0)
    0x25, 0x01,              //Logical Maximum (1)
    0x75, 0x01,              //Report Size (1)
    0x95, 0x08,              //Report Count (8)
    0x81, 0x02,              //Input (Data,Var,Abs)
    0x95, 0x01,              //Report Count (1)
    0x75, 0x08,              //Report Size (8)
    0x81, 0x03,              //Input (Cnst,Var,Abs)
    0x95, 0x05,              //Report Count (5)
    0x75, 0x01,              //Report Size (1)
    0x05, 0x08,              //Usage Page (LEDs)
    0x19, 0x01,              //Usage Minimum (Num Lock)
    0x29, 0x05,              //Usage Maximum (Kana)
    0x91, 0x02,              //Output (Data,Var,Abs)
    0x95, 0x01,              //Report Count (1)
    0x75, 0x03,              //Report Size (3)
    0x91, 0x03,              //Output (Cnst,Var,Abs)
    0x95, 0x06,              //Report Count (6)
    0x75, 0x08,              //Report Size (8)
    0x15, 0x00,              //Logical Minimum (0)
    0x25, 0xFF,              //Logical Maximum (255)
    0x05, 0x07,              //Usage Page (Keyboard)
    0x19, 0x00,              //Usage Minimum  (Reserved (no event indicated))
    0x29, 0x65,              //Usage Maximum (Keyboard Application)
    0x81, 0x00,              //Input(Data,Ary,Abs)
    0xc0               // End Collection
    }; /* Joystick_ReportDescriptor */
```

在配置描述符数组 Joystick_ConfigDescriptor 中，首先将接口描述符中的 bNumEndpoints 字段修改为 0x02，表示 USB 键盘使用两个端点。其次将 InterfaceProtocol 字段改为 0x01，因为现在是模拟 USB 键盘（而不再是 USB 鼠标）。接下来将原来的端点描述符（输入端点 1）删除，并在相同位置依次增加两个用于键盘设备的（双向）端点描述符，将输入与输出端

点 2 对应的最大数据包字节长度分别设置为 8 与 1。值得一提的是，wMaxPacketSize 字段无须一定与报告字段的数量相同，它只不过代表端点支持的最大数据包字节长度，如果报告字段的数量大于 wMaxPacketSize 字段，USB 控制器会调度多个事务传输完整的数据，而之所以使用端点 2，是因为下一章会实现 USB 键盘+鼠标复合设备，这样就可以避免读者阅读代码时产生混乱。

既然已经增加了两个端点描述符，那么配置描述符数组 Joystick_ConfigDescriptor 的长度也应该做出相应调整，也就是将清单 22.2 中的 JOYSTICK_SIZ_CONFIG_DESC 由原来的"34"修改为"41"（增加了 7 字节），如清单 34.4 所示。

清单 34.4　修改后的 usb_desc.h 头文件

```
#define USB_DEVICE_DESCRIPTOR_TYPE          0x01            //设备描述符的类型
#define USB_CONFIGURATION_DESCRIPTOR_TYPE   0x02            //配置描述符的类型
#define USB_STRING_DESCRIPTOR_TYPE          0x03            //字符串描述符的类型
#define USB_INTERFACE_DESCRIPTOR_TYPE       0x04            //接口描述符的类型
#define USB_ENDPOINT_DESCRIPTOR_TYPE        0x05            //端点描述符的类型

#define HID_DESCRIPTOR_TYPE                 0x21            //HID描述符的类型
#define JOYSTICK_SIZ_HID_DESC               0x09            //HID描述符的字节长度
#define JOYSTICK_OFF_HID_DESC               0x12 //HID描述符在数组中的起始索引

#define JOYSTICK_SIZ_DEVICE_DESC            18              //设备描述符的字节长度
#define JOYSTICK_SIZ_CONFIG_DESC            41              //配置描述符的字节长度
#define JOYSTICK_SIZ_REPORT_DESC            63              //报告描述符的字节长度
#define JOYSTICK_SIZ_STRING_LANGID          4           //语种标识字符串描述符的字节长度
#define JOYSTICK_SIZ_STRING_VENDOR          38              //厂商描述符的字节长度
#define JOYSTICK_SIZ_STRING_PRODUCT         30              //产品描述符的字节长度
#define JOYSTICK_SIZ_STRING_SERIAL          26          //设备序列号描述符的字节长度

#define STANDARD_ENDPOINT_DESC_SIZE         0x09            //端点描述符的字节长度
```

然后进入报告描述符的修改过程。我们把清单 34.2 所示的 USB 键盘的报告描述符输入 HID 描述符编辑工具中，将转换出来的数据替换 Joystick_ReportDescriptor 数组即可，同样也应该对数组的长度进行相应调整，即将 JOYSTICK_SIZ_REPORT_DESC 由原来的"54"修改为"63"即可，至此与描述符相关的数据已经修改完毕。

还有一点需要注意，由于键盘设备使用了端点 2，因此必须将 usb_conf.h 头文件中的宏 EP_NUM 定义为 3（或更大），否则将不可使用设备（因为端点 2 没有初始化），具体如清单 34.5 所示。

清单 34.5　修改后的 usb_conf.h 头文件

```
#ifndef __USB_CONF_H
#define __USB_CONF_H

#define EP_NUM          (3)                              //当前设备使用的端点数量

#define BTABLE_ADDRESS      (0x00)                       //缓冲区描述表基地址

#define ENDP0_RXADDR        (0x18)                   //端点0对应的接收缓冲区首地址
#define ENDP0_TXADDR        (0x58)                   //端点0对应的发送缓冲区首地址

#define ENDP1_TXADDR        (0x100)                  //端点1对应的发送缓冲区首地址

#define ENDP2_TXADDR        (0x108)                  //端点2对应的发送缓冲区首地址
#define ENDP2_RXADDR        (0x120)                  //端点2对应的接收缓冲区首地址

#define IMR_MSK (CNTR_CTRM  | CNTR_WKUPM | CNTR_SUSPM | CNTR_ERRM  | CNTR_SOFM \
                | CNTR_ESOFM | CNTR_RESETM )
```

```
//以下为端点发生正确传输后的中断服务程序入口地址
//#define  EP1_IN_Callback    NOP_Process
//#define  EP2_IN_Callback    NOP_Process
#define  EP3_IN_Callback    NOP_Process
#define  EP4_IN_Callback    NOP_Process
#define  EP5_IN_Callback    NOP_Process
#define  EP6_IN_Callback    NOP_Process
#define  EP7_IN_Callback    NOP_Process

#define  EP1_OUT_Callback   NOP_Process
//#define  EP2_OUT_Callback   NOP_Process
#define  EP3_OUT_Callback   NOP_Process
#define  EP4_OUT_Callback   NOP_Process
#define  EP5_OUT_Callback   NOP_Process
#define  EP6_OUT_Callback   NOP_Process
#define  EP7_OUT_Callback   NOP_Process

#endif /*__USB_CONF_H*/
```

既然增加了两个新端点，那么就必须对其进行初始化，这是在 Joystick_Reset 函数中实现的，如清单 34.6 所示，其中未删除原来对端点 1 进行初始化的源代码，实际并没有意义，只是为了在后续章节行文时节省篇幅。

清单 34.6 Joystick_Reset 函数

```
void Joystick_Reset(void)
{
  pInformation->Current_Configuration = 0;        //设备当前配置为0（未配置状态）
  pInformation->Current_Interface = 0;            //设备默认接口0
  pInformation->Current_Feature = Joystick_ConfigDescriptor[7];//初始化当前特征
  SetBTABLE(BTABLE_ADDRESS);                       //设置缓冲描述表基地址

  SetEPType(ENDP0, EP_CONTROL);                    //设置端点0为控制类型
  SetEPTxStatus(ENDP0, EP_TX_STALL);               //设置端点0发送状态为STALL
  SetEPRxAddr(ENDP0, ENDP0_RXADDR);        //设置端点0对应数据接收包缓冲区的首地址
  SetEPTxAddr(ENDP0, ENDP0_TXADDR);        //设置端点0对应数据发送包缓冲区的首地址
  Clear_Status_Out(ENDP0);
  SetEPRxCount(ENDP0, Device_Property.MaxPacketSize); //设置端点0接收数据包长度
  SetEPRxValid(ENDP0);                             //设置端点0接收状态为VALID

  SetEPType(ENDP1, EP_INTERRUPT);                  //设置端点1为中断类型
  SetEPTxAddr(ENDP1, ENDP1_TXADDR);        //设置端点1对应数据发送包缓冲区的首地址
  SetEPTxCount(ENDP1, 4);                          //设置端点1发送数据包长度为4字节
  SetEPRxStatus(ENDP1, EP_RX_DIS);                 //设置端点1接收状态为DISABLE
  SetEPTxStatus(ENDP1, EP_TX_NAK);                 //设置端点1发送状态为NAK

  SetEPType(ENDP2, EP_INTERRUPT);                  //设置端点2为中断类型
  SetEPTxAddr(ENDP2, ENDP2_TXADDR);        //设置端点2对应数据发送包缓冲区的首地址
  SetEPRxAddr(ENDP2, ENDP2_RXADDR);        //设置端点2对应数据接收包缓冲区的首地址
  SetEPTxCount(ENDP2, 8);                          //设置端点2发送数据包长度为8字节
  SetEPRxCount(ENDP2, 1);                          //设置端点2接收数据包长度为1字节
  SetEPRxStatus(ENDP2, EP_RX_VALID);               //设置端点2接收状态为VALID
  SetEPTxStatus(ENDP2, EP_TX_NAK);                 //设置端点2发送状态为NAK

  SetDeviceAddress(0);                             //设置默认设备地址为0
  bDeviceState = ATTACHED;                         //设置设备状态为默认
}
```

原来端点 1 对应的发送包缓冲区首地址（ENDP1_TXADDR）为 0x100，缓冲区大小为 4 字节，为了避开已经分配的缓冲区，我们把端点 2 的发送包缓冲区首地址（ENDP2_TXADDR）设置为 0x108（不小于 0x104 即可，设置为更大值也可以）。由于发送数据包的大小为 8 字节，所以端点 2 的接收包缓冲区首地址（ENDP2_RXADDR）至少应该为 0x108+0x8=0x120（设置为 0x104、0x105、0x106、0x107 也可以，这样恰好 1 字节的接收缓冲区就被分配在端点 1 与端点 2 发送包缓冲区中间，只要注意分配的缓冲区地址空间不要重叠即可）。

由于引脚初始化工作已经完成了，因此可以直接进入 Joystick_Send 函数，如清单 34.7 所示。

清单 34.7　Joystick_Send 函数

```
void Joystick_Send(uint8_t Keys)
{
  uint8_t KeyBoard_Buffer[8] = {0, 0, 0, 0, 0, 0, 0, 0};              //对应输入报告

  if (STM_EVAL_PBGetState(Button_K2)) {
    KeyBoard_Buffer[0] = 0x1;                                          //左Ctrl键
  }

  if (STM_EVAL_PBGetState(Button_K4)) {
    KeyBoard_Buffer[2] = 0x4;                                          //A键
  }

  if (STM_EVAL_PBGetState(Button_K3)) {
    KeyBoard_Buffer[3] = 0x5;                                          //B键
  }

  if (STM_EVAL_PBGetState(Button_K1)) {
    KeyBoard_Buffer[4] = 0x39;                                         //大小写锁定键
  }

  PrevXferComplete = 0;                         //表示开始传输数据（当前数据未完成传输）

  USB_SIL_Write(EP2_IN, KeyBoard_Buffer, 8);    //将按键信息复制到发送包缓冲区

  SetEPTxValid(ENDP2);                                                 //使能发送端点
}
```

从清单 34.7 中可以看到，Joystick_Send 函数首先定义了一个字节长度为 8 的 KeyBoard_Buffer 数组用于保存图 34.1 所示的输入报告，然后通过 if 语句将按键功能对应的 Usage ID 赋给对应的数据位。这里仅提醒一下，"左 Ctrl 键"按下时只需要将图 34.1 所示输入报告的第一个字节最低位置 1 即可，其他 3 个按键则是将相应的 Usage ID 保存到输入报告的第 3~8 个字节（无顺序要求）。之所以不使用原来"根据形参 Keys 判断按键状态"的 switch 语句，是因为同一时刻的有效按键可以是多个，而为了使代码修改量最小化，我们直接在 Joystick_Send 函数中进行按键状态的判断（不再使用 JoyState 函数）。

main 主函数仍然可以保持与清单 22.8 相同，但是此时 PreXferComplete 变量的状态修改应该是在输入端点 2 对应的 EP2_IN_Callback 回调函数中（EP1_IN_Callback 回调函数没有起到作用）。如清单 34.8 所示的修改后的 usb_endp.c 源文件，其中实现了 EP2_IN_Callback 与 EP2_OUT_Callback 回调函数，前者在主机通过 IN 事务获取"设备复制到发送包缓冲区中的数据"**后**被调用（将 PreXferComplete 变量置 1，也就能够执行下一次 Joystick_Send 函数），后者在设备收到主机发送的 OUT 事务后调用。当然，为了正常使用这两个回调函数，还必须在清单 34.5 中将相应函数名定义为 NOP_Process 的宏注释掉，否则编译时会出现重定义错误（Symbol NOP_Process multiply defined）。

清单 34.8　修改后的 usb_endp.c 源文件

```
#include "hw_config.h"
#include "usb_lib.h"
#include "usb_istr.h"

extern __IO uint8_t PrevXferComplete;    //标志上一次数据已经发送完成的全局变量
```

```
//端点1输入回调函数（从设备到主机）
void EP1_IN_Callback(void)
{
  PrevXferComplete = 1;//主机使用IN事务获取了"设备复制到发送包缓冲区中的数据"
}

//端点2输入回调函数（从设备到主机）
void EP2_IN_Callback(void)
{
  PrevXferComplete = 1;//主机使用IN事务获取了"设备复制到发送包缓冲区中的数据"
}

//端点2输出回调函数（从主机到设备）
void EP2_OUT_Callback(void)
{
  uint8_t Receive_Buffer;                      //保存输出报告中的字段（1字节）
  USB_SIL_Read(EP2_OUT, &Receive_Buffer);          //从接收包缓冲区中读出1字节

  if (Receive_Buffer&0x1) {//判断小键盘的数字锁定键（NumLock：0为关闭，1为开启）
    STM_EVAL_LEDOff(LED_D2);                  //设置引脚为低电平（点亮LED_D2）
  } else {
    STM_EVAL_LEDOn(LED_D2);                   //设置引脚为高电平（熄灭LED_D2）
  }

  if (Receive_Buffer&0x2) {      //判断大小写锁定键（CapsLock：0为关闭，1为开启）
    STM_EVAL_LEDOff(LED_D1);                  //设置引脚为低电平（点亮LED_D1）
  } else {
    STM_EVAL_LEDOn(LED_D1);                   //设置引脚为高电平（熄灭LED_D1）
  }

  SetEPRxStatus(ENDP2, EP_RX_VALID);          //处理完后再次设置接收状态为VALID
}
```

EP2_OUT_Callback 回调函数根据主机发送的"反应按键状态"的输出报告来设置 LED 的状态，根据图 34.2 应该很容易理解，但是有些人可能会想：我们不是只实现了 **CapsLock 键**对应的 LED（D1）状态指示吗？为什么还可以根据输出报告来设置 **NumLock 键**（小键盘的数字锁定键）对应的 LED（D2）状态指示呢？其实开发板实现的 USB 键盘的功能与 PC 配套的商用 USB 键盘一样，当在开发板按下 K1 时，D1 的状态会发生变化，商用 USB 键盘上的 **CapsLock 键**状态指示也会改变，反过来，如果改变商用 USB 键盘上的 **NumLock 键**状态，开发板上 D1 的状态也会发生改变。换句话说，两者的状态是同步变化的，开发板上指示 **NumLock 键**状态的 LED（D2）也因此而有效，尽管开发板本身并没有给主机发送 **NumLock 键**的按键码，但这并不影响商用 USB 键盘（给主机发送 **NumLock 键**的按键码后）同步改变开发板上 D2 的状态。

最后留个问题给大家思考：如果在清单 34.3 所示 Joystick_ConfigDescriptor 数组中保留原来 USB 鼠标的端点 1 描述符，并修改 JOYSTICK_SIZ_CONFIG_DESC 为 48，开发板上的所有按键功能都将无效，但是 D1 与 D2 的状态却仍然能够跟随商用 USB 键盘上 **CapsLock 键**与 **NumLock 键**的状态变化而变化，为什么呢？

第 35 章　复合设备：USB 鼠标+键盘

一个功能设备通常至少会实现一个功能，也会对应一个实实在在的物理设备，如果每个物理设备都对应一个 USB 接口，那么多个物理设备同时工作时也就需要占用主机多个 USB 接口。例如，USB 鼠标完成移动与选择操作，USB 键盘则完成信息输入操作，同时连接主机则需要占用两个 USB 接口。然而复合设备使用一个物理设备就可完成多个功能，它只需一个 USB 接口即可。

我们接下来讨论如何使用复合设备同时实现 USB 键盘与鼠标功能，它的主要实现方式有两种。其一，将多个设备的报告描述符合并成一个，这种方式相对比较简单一些，只需要根据相应的报告描述符处理数据即可，此处不再赘述。其二，使用多个接口来实现复合设备，每一个接口实现一个功能。第二种方式涉及的源码修改要复杂得多，需要对 USB 规范与 STM32F103x 系列单片机 USB 固件库有比较深入的理解，我们就使用这种方式来简单回顾前面学习的内容，相应的"USB 鼠标+键盘"复合设备的功能规划如图 35.1 所示，它是图 22.1 与图 34.3 的功能结合，K1 ~ K4 实现 USB 键盘功能，K5 ~ K7 则实现 USB 鼠标功能。

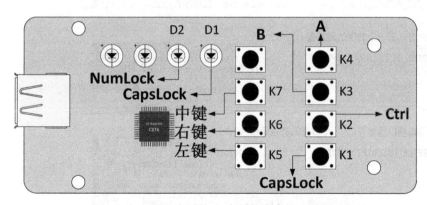

图 35.1 "USB 鼠标+键盘"复合设备的功能规划

我们决定在前一章实现的 USB 键盘设备例程的基础上进行修改。为了使修改之处最少化，所有与 USB 键盘相关的标识符都会使用"_KB"字符加以区分，没有"_KB"字符则表示与 USB 鼠标相关的标识符。例如，Joystick_ReportDescriptor 表示 USB 鼠标的报告描述符数组名，而 Joystick_KB_ReportDescriptor 表示 USB 键盘的报告描述符数组名，其他依此类推。

由于使用两个接口分别实现 USB 鼠标与 USB 键盘功能，所以需要两个报告描述符，USB 键盘报告描述符在例程中是现成的，我们将其数据数组名由原来的"Joystick_ReportDescriptor"更改为"Joystick_KB_ReportDescriptor"，然后从清单 22.1 中将 USB 鼠标的报告描述符直接复制过来即可，修改后的 usb_desc. c 源文件如清单 35.1 所示。

清单 35.1 修改后的 usb_desc. c 源文件 (部分)

```
//配置描述符(包括配置、接口、端点、HID)
const uint8_t Joystick_ConfigDescriptor[JOYSTICK_SIZ_CONFIG_DESC] = {
    0x09,                                      //bLength:配置描述符字节数量
    USB_CONFIGURATION_DESCRIPTOR_TYPE,         //bDescriptorType: 配置类型
    JOYSTICK_SIZ_CONFIG_DESC,                  //wTotalLength: 配置描述符总字节数量
    0x00,
    0x02,                                      //bNumInterfaces: 2个接口
    0x01,                                      //bConfigurationValue: 配置值
    0x00,                           //iConfiguration: 描述配置的字符串描述符的索引
    0xE0,                                      //bmAttributes: 自供电模式
    0x32,                                      //最大电流100mA

    //第一个鼠标接口描述符(下一个数据的数组索引为09)
    0x09,                                      //bLength: 接口描述符字节数量
    USB_INTERFACE_DESCRIPTOR_TYPE,             //bDescriptorType: 接口描述符类型
    0x00,                                      //bInterfaceNumber: 接口0
    0x00,                                      //bAlternateSetting: 备用接口号
    0x01,                                      //bNumEndpoints: 端点数量
    0x03,                                      //bInterfaceClass: 人机接口设备类
    0x01,                             //bInterfaceSubClass : 1=启动, 0=不启动
    0x02,                         //nInterfaceProtocol : 0=无, 1=键盘, 2=鼠标
    0,                                         //iInterface: 字符串描述符的索引

    //HID描述符 (下一个数据的数组索引为18)
    0x09,                                      //bLength: HID描述符字节数量
    HID_DESCRIPTOR_TYPE,                       //bDescriptorType: HID
    0x00,                             //bcdHID: HID类规范发布版本号
    0x01,
    0x00,                                      //bCountryCode: 硬件目标国家
    0x01,                        //bNumDescriptors:附加特定类描述符的数量
    0x22,                                      //bDescriptorType
    JOYSTICK_SIZ_REPORT_DESC,       //wItemLength: 鼠标报告描述符总字节长度
    0x00,

    //端点描述符 (下一个数据的数组索引为27)
    0x07,                                      //bLength: 端点描述符字节数量
    USB_ENDPOINT_DESCRIPTOR_TYPE,              //bDescriptorType: 描述符类型
    0x81,                            //bEndpointAddress: 输入(IN)端点1
    0x03,                                      //bmAttributes: 中断类型端点
    0x04,                                      //wMaxPacketSize: 最多4字节
    0x00,
    0x20,                                      //bInterval: 查询时间间隔为32ms

    //第二个键盘接口描述符(下一个数据的数组索引为34)
    0x09,                                      //bLength: 接口描述符字节数量
    USB_INTERFACE_DESCRIPTOR_TYPE,             //bDescriptorType: 接口描述符类型
    0x01,                                      //bInterfaceNumber: 接口1
    0x00,                                      //bAlternateSetting: 备用接口号
    0x02,                                      //bNumEndpoints: 端点数量
    0x03,                                      //bInterfaceClass: 人机接口设备类
    0x01,                            //bInterfaceSubClass : 1=启动, 0=不启动
    0x01,                        //nInterfaceProtocol : 0=无, 1=键盘, 2=鼠标
    0,                                         //iInterface: 字符串描述符的索引

    //HID描述符 (下一个数据的数组索引为43)
    0x09,                                      //bLength: HID描述符字节数量
    HID_DESCRIPTOR_TYPE,                       //bDescriptorType: HID
    0x00,                             //bcdHID: HID类规范发布版本号
    0x01,
    0x00,                                      //bCountryCode: 硬件目标国家
    0x01,                        //bNumDescriptors:附加特定类描述符的数量
    0x22,                                      //bDescriptorType
    JOYSTICK_KB_SIZ_REPORT_DESC,    //wItemLength: 键盘报告描述符总字节长度
    0x00,
```

```
//端点描述符（下一个数据的数组索引为52）
0x07,                                    //bLength: 端点描述符字节数量
USB_ENDPOINT_DESCRIPTOR_TYPE,            //bDescriptorType: 描述符类型
0x82,                                    //bEndpointAddress: 输入（IN）端点2
0x03,                                    //bmAttributes: 中断类型端点
0x08,                                    //wMaxPacketSize: 最多8字节
0x00,
0x20,                                    //bInterval: 查询时间间隔为32ms

//端点描述符（下一个数据的数组索引为59）
0x07,                                    //bLength: 端点描述符字节数量
USB_ENDPOINT_DESCRIPTOR_TYPE,            //bDescriptorType: 描述符类型
0x02,                                    //bEndpointAddress: 输出（OUT）端点2
0x03,                                    //bmAttributes: 中断类型端点
0x01,                                    //wMaxPacketSize: 最多1字节
0x00,
0x20,
};  /* Joystick_ConfigDescriptor */
//鼠标报告描述符
const uint8_t Joystick_ReportDescriptor[JOYSTICK_SIZ_REPORT_DESC] =
  {
  0x05, 0x01,                            // Usage Page (Generic Desktop)
  0x09, 0x02,                            // Usage (Mouse)
  0xa1, 0x01,                            // Collection (Application)
  0x05, 0x09,                            //   Usage Page (Button)

  0x09, 0x01,                            //   Usage (Button 1)
  //
  //以下省略若干源代码行
  //
  0x81, 0x06,                            //     Input (Data,Var,Rel)
  0xc0,                                  //   End Collection
  0xc0                                   // End Collection
  };  /* Joystick_ReportDescriptor */

//键盘报告描述符
const uint8_t Joystick_KB_ReportDescriptor[JOYSTICK_KB_SIZ_REPORT_DESC] =
  {
  0x05, 0x01,          //Usage Page (Generic Desktop)
  0x09, 0x06,          //Usage (Keyboard)
  0xa1, 0x01,          //Collection (Application)
  0x05, 0x07,          //Usage Page (Keyboard)
  0x19, 0xe0,          //Usage Minimum (Keyboard LeftControl)
  0x29, 0xe7,          //Usage Maximum (Keyboard Right GUI)
  //
  //以下省略若干源代码行
  //
  0x81, 0x00,          //Input(Data,Ary,Abs)
  0xc0                 // End Collection
  };  /* Joystick_KB_ReportDescriptor */
```

由于增加了新的报告描述符数组 Joystick_KB_ReportDescriptor 与长度 JOYSTICK_KB_SIZ_ REPORT_DESC，因此在 usb_desc.h 头文件中给出了相应的定义，并且使用关键字 **extern** 声明了 Joystick_KB_ReportDescriptor 数组，如清单 35.2 所示。仍然需要提醒的是，**JOYSTICK _SIZ_REPORT_DESC 代表 USB 鼠标描述符数组的字节长度，JOYSTICK_KB_SIZ_RE-PORT_DESC 则代表 USB 键盘描述符数组的字节长度（与 USB 键盘例程不同）**。

清单 35.2 修改后的 usb_desc.h 头文件

```
#ifndef __USB_DESC_H
#define __USB_DESC_H

#define USB_DEVICE_DESCRIPTOR_TYPE           0x01         //设备描述符类型
#define USB_CONFIGURATION_DESCRIPTOR_TYPE    0x02         //配置描述符类型
#define USB_STRING_DESCRIPTOR_TYPE           0x03         //字符串描述符类型
#define USB_INTERFACE_DESCRIPTOR_TYPE        0x04         //接口描述符类型
#define USB_ENDPOINT_DESCRIPTOR_TYPE         0x05         //端点描述符类型
```

```
#define HID_DESCRIPTOR_TYPE                    0x21            //HID描述符类型
#define JOYSTICK_SIZ_HID_DESC                  0x09            //HID描述符字节长度
#define JOYSTICK_OFF_HID_DESC                  0x12  //鼠标HID描述符的数组起始索引
#define JOYSTICK_KB_OFF_HID_DESC               43    //键盘HID描述符的数组起始索引

#define JOYSTICK_SIZ_DEVICE_DESC               18              //设备描述符字节长度
#define JOYSTICK_SIZ_CONFIG_DESC               66              //配置描述符字节长度
#define JOYSTICK_SIZ_REPORT_DESC               54              //鼠标报告描述符字节长度
#define JOYSTICK_KB_SIZ_REPORT_DESC            63              //键盘报告描述符字节长度
#define JOYSTICK_SIZ_STRING_LANGID             4      //语种标识字符串描述符字节长度
#define JOYSTICK_SIZ_STRING_VENDOR             38             //厂商描述符字节长度
#define JOYSTICK_SIZ_STRING_PRODUCT            30             //产品描述符字节长度
#define JOYSTICK_SIZ_STRING_SERIAL             26      //设备序列号描述符字节长度

#define STANDARD_ENDPOINT_DESC_SIZE            0x09           //端点描述符的字节长度

//数组声明
extern const uint8_t Joystick_DeviceDescriptor[JOYSTICK_SIZ_DEVICE_DESC];
extern const uint8_t Joystick_ConfigDescriptor[JOYSTICK_SIZ_CONFIG_DESC];
extern const uint8_t Joystick_ReportDescriptor[JOYSTICK_SIZ_REPORT_DESC];
extern const uint8_t Joystick_KB_ReportDescriptor[JOYSTICK_KB_SIZ_REPORT_DESC];//
extern const uint8_t Joystick_StringLangID[JOYSTICK_SIZ_STRING_LANGID];
extern const uint8_t Joystick_StringVendor[JOYSTICK_SIZ_STRING_VENDOR];
extern const uint8_t Joystick_StringProduct[JOYSTICK_SIZ_STRING_PRODUCT];
extern uint8_t Joystick_StringSerial[JOYSTICK_SIZ_STRING_SERIAL];

#endif /* __USB_DESC_H */
```

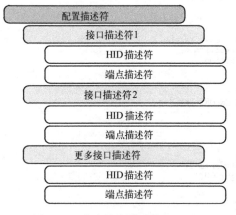

图 35.2　多个接口描述符在配置
描述符中的添加顺序

修改完相关的报告描述符后，我们再回到清单 35.1，重点分析一下配置描述符中的修改之处。首先将 bNumInterfaces 字段的值修改为 0x02，表示该配置包含 2 个接口，所以还需要增加一个接口描述符（包含 HID 描述符与端点描述符），多个接口描述符按照图 35.2 所示的顺序进行添加即可。

需要特别注意的是，多个接口描述符出现的顺序并不重要，但必须给不同的接口赋予不同的接口号，也就是设置 bInterfaceNumber 字段的值，清单 35.1 将 USB 鼠标与 USB 键盘接口描述符的接口号分别设置为 0 与 1。另外，在各个接口的 HID 描述符中，必须在 wDescriptorLength 字段中给出相应报告描述符的字节长度，USB 鼠标与 USB 键盘的 HID 描述符分别将该字段设置为 JOYSTICK_SIZ_REPORT_DESC 与 JOYSTICK_KB_SIZ_REPORT_DESC。其他字段设置详情前面已经讨论过了，此处不再赘述。

与描述符相关的数据修改至此告一段落，接下来复合设备需要响应总线枚举。主机首先对设备进行复位，所以会进入 Joystick_Reset 函数初始化使用到的 3 个端点，但是这一步我们并不需要做什么，因为清单 34.6 已经做好了。紧接着，主机需要获取设备与配置，在配置完设备后还需要获取报告描述符，那么需不需要对设备响应这些请求的代码进行修改呢？答案当然是肯定的。

我们前面已经提过，HID 设备类必须有相应的 HID 描述符与报告描述符，由于"USB 鼠标+键盘"设备有两个接口，每个接口都对应一个 HID 设备类，因此主机必须对每个接口分别获取相应的 HID 描述符与报告描述符数据。问题是：**怎样提交这些描述符数据呢？**根据前面对控制传输的执行流程分析，设备必须在 usb_prop.c 源文件中预先定义 ONE_DE-SCRIPTOR 结构体变量对"需要提交的描述符数据数组"进行（首地址与字节长度）定位，所以我们增加了针对"键盘 HID 描述符与报告描述符数据数组"定位的 Joystick_KB_Report_Descriptor 与 Joystick_KB_Hid_Descriptor 变量定义，其中使用的 JOYSTICK_KB_SIZ_REPORT_DESC（USB 键盘报告描述符的字节长度）与 JOYSTICK_KB_OFF_HID_DESC（键盘 HID 描述符在配置描述符数据数组中的起始索引值）被定义在清单 35.2 中（与鼠标相关描述符的定位信息可保持不变），具体如清单 35.3 所示。

清单 35.3　修改后的 usb_prop.c 源文件（部分）

```
ONE_DESCRIPTOR Device_Descriptor = {                    //设备描述符数据首地址与长度
    (uint8_t*)Joystick_DeviceDescriptor,
    JOYSTICK_SIZ_DEVICE_DESC
};

ONE_DESCRIPTOR Config_Descriptor = {                    //配置描述符数据首地址与长度
    (uint8_t*)Joystick_ConfigDescriptor,
    JOYSTICK_SIZ_CONFIG_DESC
};

ONE_DESCRIPTOR Joystick_Report_Descriptor = {    //鼠标报告描述符数据首地址与长度
    (uint8_t *)Joystick_ReportDescriptor,
    JOYSTICK_SIZ_REPORT_DESC
};

ONE_DESCRIPTOR Mouse_Hid_Descriptor = {            //鼠标HID描述符数据首地址与长度
    (uint8_t*)Joystick_ConfigDescriptor + JOYSTICK_OFF_HID_DESC,
    JOYSTICK_SIZ_HID_DESC
};

ONE_DESCRIPTOR Joystick_KB_Report_Descriptor ={ //键盘报告描述符数据首地址与长度
    (uint8_t *)Joystick_KB_ReportDescriptor,                                //(新增)
    JOYSTICK_KB_SIZ_REPORT_DESC
};

ONE_DESCRIPTOR Joystick_KB_Hid_Descriptor = {      //键盘HID描述符数据首地址与长度
    (uint8_t*)Joystick_ConfigDescriptor + JOYSTICK_KB_OFF_HID_DESC,      //(新增)
    JOYSTICK_SIZ_HID_DESC
};
//特定类请求处理（有数据时期）
RESULT Joystick_Data_Setup(uint8_t RequestNo)
{
    uint8_t *(*CopyRoutine)(uint16_t);

    CopyRoutine = NULL;
    if ((RequestNo == GET_DESCRIPTOR)               //如果请求代码为"GET_DESCRIPTOR"
        && (Type_Recipient == (STANDARD_REQUEST | INTERFACE_RECIPIENT))
        && (pInformation->USBwIndex0 < 2)) {    //接口0与1
      if (pInformation->USBwValue1 == REPORT_DESCRIPTOR) {
        if (pInformation->USBwIndex0 == 0) {
          CopyRoutine = Joystick_GetReportDescriptor;     //鼠标报告描述符提交处理
        } else {
          CopyRoutine = Joystick_KB_GetReportDescriptor;//键盘报告描述符提交处理
        }
      } else if (pInformation->USBwValue1 == HID_DESCRIPTOR_TYPE) {
        if (pInformation->USBwIndex0 == 0) {
          CopyRoutine = Joystick_GetHIDDescriptor;        //鼠标HID描述符提交处理
        } else {
          CopyRoutine = Joystick_KB_GetHIDDescriptor;     //键盘HID描述符提交处理
        }
      }
    } else if ((Type_Recipient == (CLASS_REQUEST | INTERFACE_RECIPIENT))
        && RequestNo == GET_PROTOCOL) {          //如果请求代码为"GET_PROTOCOL"
      CopyRoutine = Joystick_GetProtocolValue;
    }

    if (CopyRoutine == NULL) {
      return USB_UNSUPPORT;
    }
```

```
pInformation->Ctrl_Info.CopyData = CopyRoutine;
pInformation->Ctrl_Info.Usb_wOffset = 0;
(*CopyRoutine)(0);                                //定位需要发送的数据
return USB_SUCCESS;
}

//获取鼠标报告描述符
uint8_t *Joystick_GetReportDescriptor(uint16_t Length)
{
    return Standard_GetDescriptorData(Length, &Joystick_Report_Descriptor);
}

//获取鼠标HID描述符
uint8_t *Joystick_GetHIDDescriptor(uint16_t Length)
{
    return Standard_GetDescriptorData(Length, &Mouse_Hid_Descriptor);
}

//获取键盘报告描述符（新增）
uint8_t *Joystick_KB_GetReportDescriptor(uint16_t Length)
{
    return Standard_GetDescriptorData(Length, &Joystick_KB_Report_Descriptor);
}

//获取键盘HID描述符（新增）
uint8_t *Joystick_KB_GetHIDDescriptor(uint16_t Length)
{
    return Standard_GetDescriptorData(Length, &Joystick_KB_Hid_Descriptor);
}
```

从清单 35.3 中可以看到，接下来我们分别定义了获取"键盘 HID 描述符与报告描述符数据数组"的 Joystick_KB_GetHIDDescriptor 与 Joystick_KB_GetReportDescriptor 函数，其中分别将刚刚准备好的定位信息（Joystick_KB_Hid_Descriptor 与 Joystick_KB_Report_Descriptor 变量首地址）传入 Standard_GetDescriptorData 函数，同时也应该在清单 33.3 所示 usb_prop.h 头文件中对新定义的函数进行声明，如清单 35.4 所示。

清单 35.4　在 usb_prop.h 头文件中添加函数声明

```
void Joystick_init(void);
void Joystick_Reset(void);
void Joystick_SetConfiguration(void);
void Joystick_SetDeviceAddress (void);
void Joystick_Status_In (void);
void Joystick_Status_Out (void);
RESULT Joystick_Data_Setup(uint8_t);
RESULT Joystick_NoData_Setup(uint8_t);
RESULT Joystick_Get_Interface_Setting(uint8_t Interface,
                                       uint8_t AlternateSetting);
uint8_t *Joystick_GetDeviceDescriptor(uint16_t);
uint8_t *Joystick_GetConfigDescriptor(uint16_t);
uint8_t *Joystick_GetStringDescriptor(uint16_t);
RESULT Joystick_SetProtocol(void);
uint8_t *Joystick_GetProtocolValue(uint16_t Length);
RESULT Joystick_SetProtocol(void);
uint8_t *Joystick_GetReportDescriptor(uint16_t Length);
uint8_t *Joystick_GetHIDDescriptor(uint16_t Length);
uint8_t *Joystick_KB_GetReportDescriptor(uint16_t Length);    //声明（新增）
uint8_t *Joystick_KB_GetHIDDescriptor(uint16_t Length);       //声明（新增）
```

那么什么时候调用 Joystick_KB_GetHIDDescriptor 与 Joystick_KB_GetReportDescriptor 函数呢？由于获取描述符请求是有数据时期的，而"获取 HID 描述符与报告描述符"请求属于特定类请求（不是标准请求），因此应该在 Class_Data_Setup 函数（Joystick_Data_Setup 回调函数）中调用。在原来的键盘（以及游戏操作杆）例程中，由于设备只有一个接口（接口号为0），所以设备在确定主机发送**针对设备的**"获取描述符（GET_DESCRIPTOR）"请求后，就会进一步确定接口号（USBwIndex0）是否为 0，然后根据请求的描述符类型（USBwValue1）提交相应的描述符数据。复合设备有两个接口（接口号为 0 与 1），所以首先会确定接口号不会大于 2。如果接口号为 0，就提交与鼠标相关的描述符；如果接口号为 1，就提交与键盘相关的描述符，就这么简单！

如果将前述修改的复合设备例程编译后下载到开发板并与 PC 连接，在 Windows 操作系统的"设备管理器"窗口中会新增的 4 项（一个接口对应两项）内容，如图 35.3 所示，也就代表 PC 已经能够识别我们设计的复合设备了。

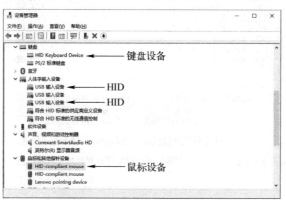

图 35.3 "设备管理器"窗口

当然，复合设备暂时还无法工作，还需要进行数据接收与发送处理的修改。首先进入清单 35.5 所示的 main 主函数中，其中定义了一个标志**键盘数据**发送状态的新变量 PreXferK-BComplete，而变量 PreXferComplete 则标志**鼠标数据**的发送状态。在 while 语句中，鼠标与键盘数据发送处理是分开的，第一个 if 语句通过判断 PreXferComplete 状态决定是否调用 Joystick_Send 函数发送鼠标数据，第二个 if 语句通过判断 PreXferKBComplete 状态决定是否调用 Joystick_KB_Send 函数发送键盘数据，而这两个函数需要在 hw_config.c 源文件中实现，如清单 35.6 所示。

清单 35.5　main.c 源文件

```
#include "hw_config.h"
#include "usb_lib.h"
#include "usb_pwr.h"

__IO uint8_t PrevXferComplete = 1;     //标志上一次鼠标数据已经发送完成的全局变量
__IO uint8_t PrevXferKBComplete = 1;   //标志上一次键盘数据已经发送完成的全局变量

int main(void)
{
  Set_System();                                        //设置系统资源
  USB_Interrupts_Config();                             //USB控制器中断配置
  Set_USBClock();                                      //USB控制器时钟初始化
  USB_Init();                                          //USB控制器初始化

  while (1) {
    if (bDeviceState == CONFIGURED) {                  //判断设备是否已经配置
      if ((PrevXferComplete)) {                        //判断上一次鼠标数据发送完成状态
        Joystick_Send(JoyState());                     //检测鼠标按键状态发送数据
      }

      if ((PrevXferKBComplete)) {                      //判断上一次键盘数据发送完成状态
        Joystick_KB_Send(JoyState());                  //检测键盘按键状态发送数据
      }
    }
  }
}
```

253

清单 35.6　数据发送函数

```c
//将主机需要读取的鼠标数据复制到发送缓冲区
void Joystick_Send(uint8_t Keys)
{
    uint8_t Mouse_Buffer[4] = {0, 0, 0, 0};              //对应的输入报告
    //int8_t X = 0, Y = 0;
    uint8_t KEY = 0;                    //保存左、右、中键状态的临时变量，仅低3位有效

    switch (Keys) {
        //case JOY_K3  : { X -= CURSOR_STEP;break;}                    //左移
        //case JOY_K2  : { X += CURSOR_STEP; break;}                   //右移
        //case JOY_K4  : { Y -= CURSOR_STEP; break;}                   //上移
        //case JOY_K1  : { Y += CURSOR_STEP; break;}                   //下移
        case JOY_K5  : { KEY |= 0x1; break;}                          //左键
        case JOY_K6  : { KEY |= 0x2; break;}                          //右键
        case JOY_K7  : { KEY |= 0x4; break;}                          //中键
        default      : {break;}
    }

    Mouse_Buffer[0] = KEY;           //将左、右、中键按下状态放到输入报告的第1个字节
    //Mouse_Buffer[1] = X;                     //将X位移数据放到输入报告的第2个字节
    //Mouse_Buffer[2] = Y;                     //将Y位移数据放到输入报告的第3个字节

    PrevXferComplete = 0;            //表示开始传输数据（当前鼠标数据未完成传输）

    USB_SIL_Write(EP1_IN, Mouse_Buffer, 4);        //将鼠标位移数据复制到发送包缓冲区

    SetEPTxValid(ENDP1);                                           //使能发送端点
}

//将主机需要读取的键盘坐标数据复制到发送缓冲区
void Joystick_KB_Send(uint8_t Keys)
{
    uint8_t KeyBoard_Buffer[8] = {0, 0, 0, 0, 0, 0, 0, 0};         //对应的输入报告

    if (STM_EVAL_PBGetState(Button_K2)) {
        KeyBoard_Buffer[0] = 0x1;                                   //左Ctrl键
    }

    if (STM_EVAL_PBGetState(Button_K4)) {
        KeyBoard_Buffer[2] = 0x4;                                   //A键
    }

    if (STM_EVAL_PBGetState(Button_K3)) {
        KeyBoard_Buffer[3] = 0x5;                                   //B键
    }

    if (STM_EVAL_PBGetState(Button_K1)) {
        KeyBoard_Buffer[4] = 0x39;                                  //大小写锁定键
    }

    PrevXferKBComplete = 0;            //表示开始传输数据（当前键盘数据未完成传输）

    USB_SIL_Write(EP2_IN, KeyBoard_Buffer, 8);        //将按键信息复制到发送包缓冲区

    SetEPTxValid(ENDP2);                                           //使能发送端点
}
```

　　仍然需要提醒的是：鼠标与键盘的数据是分开发送的，相应"标记数据发送状态"的变量（PreXferComplete 与 PreXferKBComplete）也应该是分开设置的。当然，Joystick_KB_Send 函数也同样需要在清单 9.3 所示的 hw_config.h 头文件中添加相应的声明，如清单 35.7 所示。

清单 35.7　在 hw_config.h 头文件中添加 Joystick_KB_Send 函数声明

```c
void Set_System(void);
void Set_USBClock(void);
void GPIO_AINConfig(void);
void Enter_LowPowerMode(void);
void Leave_LowPowerMode(void);
```

```
void USB_Interrupts_Config(void);
void USB_Cable_Config (FunctionalState NewState);
void Joystick_Send(uint8_t Keys);
void Joystick_KB_Send(uint8_t Keys);                              //声明
uint8_t JoyState(void);
void Get_SerialNum(void);
```

那么 PreXferComplete 与 PreXferKBComplete 变量分别又是在哪里被置位的呢？当然是在 usb_endp.c 源文件中对应的端点输入回调函数实现的，如清单 35.8 所示。与清单 34.9 主要的区别就是：**EP2_IN_Callback** 回调函数中对 **PreXferKBComplete**（而不是 **PreXferComplete**）变量进行了置位操作（需要使用 **extern** 关键字对该变量进行声明）。

清单 35.8　修改后的 usb_endp.h 头文件

```
#include "hw_config.h"
#include "usb_lib.h"
#include "usb_istr.h"

extern __IO uint8_t PrevXferComplete;  //标志上一次鼠标数据已发送完成的全局变量
extern __IO uint8_t PrevXferKBComplete;//标志上一次按键数据已发送完成的全局变量

//端点1输入回调函数（从设备到主机）
void EP1_IN_Callback(void)
{
  PrevXferComplete = 1;  //主机使用IN事务获取了"设备复制到发送包缓冲区的"数据
}

//端点2输入回调函数（从设备到主机）
void EP2_IN_Callback(void)
{
  PrevXferKBComplete = 1;//主机使用IN事务获取了"设备复制到发送包缓冲区的"数据
}

//端点2输出回调函数（从主机到设备）
void EP2_OUT_Callback(void)
{
  uint8_t Receive_Buffer;                      //保存输出报告中的字段（1字节）
  USB_SIL_Read(EP2_OUT, &Receive_Buffer);      //从接收包缓冲区中读出1字节

  if (Receive_Buffer&0x1) {//判断小键盘的数字锁定键（NumLock：0为关闭，1为开启）
    STM_EVAL_LEDOff(LED_D2);                 //设置引脚为低电平（点亮LED_D2）
  } else {
    STM_EVAL_LEDOn(LED_D2);                  //设置引脚为高电平（熄灭LED_D2）
  }

  if (Receive_Buffer&0x2) {     //判断大小写锁定键（CapsLock：0为关闭，1为开启）
    STM_EVAL_LEDOff(LED_D1);                 //设置引脚为低电平（点亮LED_D1）
  } else {
    STM_EVAL_LEDOn(LED_D1);                  //设置引脚为高电平（熄灭LED_D1）
  }

  SetEPRxStatus(ENDP2, EP_RX_VALID);         //处理完后再次设置接收状态为VALID
}
```

第 36 章　打造自己的 HID 设备

前面一直都在使用开发板实现一些标准 HID 设备，它们不需要进行主机端设备驱动与应用程序开发就可以得到直观的执行效果，这使得读者即便在接触较少 USB 设备开发知识的前提下也能够理解 USB 通信的基本原理，同时也是学习 USB 设备开发的较好入口，但是本书的篇幅已经过半了，是时候开始讨论主机编程方面的内容。

我们决定开发一个自定义 HID 设备，这也是很多简单项目的首选设备类型，因为标准 HID 设备只能做一些主机（操作系统）已经定义好的操作。例如，USB 鼠标就只能控制鼠标动作，USB 键盘只能输入按键信息。但是很多时候我们想通过把开发板枚举成为 HID 设备来发送（或接收）数据，然后在主机端编写应用程序来实现一些自己的功能，这样即可以充分利用操作系统自带的 HID 设备驱动（不用自己编写），又能够按照自己的意愿执行相应的功能（而不是只能执行定义好的操作）。

接下来进入第 3 章所示项目的开发过程，相应的功能规划如图 36.1 所示，仅使用 4 个按键主要是为了节省代码篇幅，其他按键的控制原理与之都是相同的，此处不再赘述。

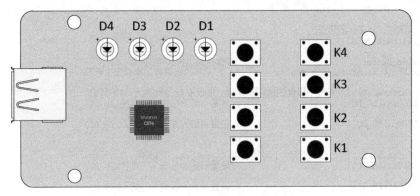

图 36.1　自定义的 HID 设备的功能规划

由于设备需要向主机发送 4 位代表按键状态的数据，并且接收主机发送的 4 位代表 LED 状态的数据，因此需要输入与输出两个端点，这一点与 USB 键盘是相似的，所以我们决定在第 34 章实现的 USB 键盘例程的基础上进行修改。首先看看修改后的描述符数据，如清单 36.1 所示。

清单 36.1　修改后的描述符数据（Joystick_ReportDescriptor）

```
//配置描述符(包括配置、接口、端点、HID)
const uint8_t Joystick_ConfigDescriptor[JOYSTICK_SIZ_CONFIG_DESC] = {
    0x09,                                      //bLength:配置描述符字节数量
    USB_CONFIGURATION_DESCRIPTOR_TYPE,         //bDescriptorType: 配置类型
    JOYSTICK_SIZ_CONFIG_DESC,                  //wTotalLength: 配置描述符总字节数量
```

```
    0x00,
    0x01,                                        //bNumInterfaces: 1个接口
    0x01,                                        //bConfigurationValue: 配置值
    0x00,                       //iConfiguration: 描述配置的字符串描述符的索引
    0xC0,                                        //bmAttributes: 自供电模式
    0x32,                                              //最大电流100mA

//接口描述符(下一个数据的数组索引为09)
    0x09,                                        //bLength: 接口描述符字节数量
    USB_INTERFACE_DESCRIPTOR_TYPE,               //bDescriptorType: 接口描述符类型
    0x00,                                        //bInterfaceNumber: 接口号
    0x00,                                        //bAlternateSetting: 备用接口号
    0x02,                                        //bNumEndpoints: 端点数量
    0x03,                                        //bInterfaceClass: 人机接口设备类
    0x00,                            //bInterfaceSubClass: 1=启动, 0=不启动
    0x00,                    //nInterfaceProtocol : 0=无, 1=键盘, 2=鼠标
    0,                                           //iInterface: 字符串描述符的索引

//HID描述符 (下一个数据的数组索引为18)
    0x09,                                        //bLength: HID描述符字节数量
    HID_DESCRIPTOR_TYPE,                         //bDescriptorType: HID
    0x00,                                        //bcdHID: HID类规范发布版本号
    0x01,
    0x00,                                        //bCountryCode: 硬件目标国家
    0x01,                            //bNumDescriptors:附加特定类描述符的数量
    0x22,                                        //bDescriptorType
    JOYSTICK_SIZ_REPORT_DESC,           //wItemLength: 报告描述符总字节长度
    0x00,

//端点描述符 (下一个数据的数组索引为27)
    0x07,                                        //bLength: 端点描述符字节数量
    USB_ENDPOINT_DESCRIPTOR_TYPE,                //bDescriptorType: 描述符类型
    0x82,                               //bEndpointAddress: 输入(IN)端点2
    0x03,                                        //bmAttributes: 中断类型端点
    0x08,                                        //wMaxPacketSize: 最多8字节
    0x00,
    0x20,                                //bInterval: 查询时间间隔为32ms

//端点描述符 (下一个数据的数组索引为34)
    0x07,                                        //bLength: 端点描述符字节数量
    USB_ENDPOINT_DESCRIPTOR_TYPE,                //bDescriptorType: 描述符类型
    0x02,                               //bEndpointAddress: 输出(OUT)端点2
    0x03,                                        //bmAttributes: 中断类型端点
    0x01,                                        //wMaxPacketSize: 最多1字节
    0x00,
    0x20,
}; /* MOUSE_ConfigDescriptor */

//报告描述符
const uint8_t Joystick_ReportDescriptor[JOYSTICK_SIZ_REPORT_DESC] =
    {
    0x06, 0xFF, 0x00,         //Usage Page (Vendor Defined Page: 0xFF00)
    0x09, 0x01,               //Usage (Vendor Usage 1)
    0xA1, 0x01,               //Collection (Application)
    0x09, 0x02,                 //Usage (Vendor Usage 2)
    0x15, 0x00,                 //Logical Minimum (0)
    0x26, 0xFF, 0x00,           //Logical Maximum (255)
    0x75, 0x08,                 //Report Size (8)
    0x95, 0x08,                 //Report Count (8)
    0x81, 0x02,                 //Input (Data, Var, Abs)
    0x09, 0x03,                 //Usage (Vendor Usage 3)
    0x95, 0x01,                 //Report Count (1)
    0x91, 0x02,                 //Output (Data, Var, Abs)
    0xc0                      //End Collection
    }; /* Joystick_ReportDescriptor */
```

清单 36.1 中所示的报告描述符比较简单，它使用厂商自定义的 Usage Page 与 Usage 定义了一个输入报告（8 字节）与一个输出报告（1 字节），我们可以按照第 3 章所示项目的需求将报告中的字段信息图 36.2 与图 36.3 所示的**约定**。

也就是说，输入报告中第 1 个字节的低 4 位分别与 K4～K1 的状态对应，而输出报告中

字节	D_7	D_6	D_5	D_4	D_3	D_2	D_1	D_0
0	保留				K4	K3	K2	K1
1	保留							
2	保留							
3	保留							
4	保留							
5	保留							
6	保留							
7	保留							

图 36.2　输入报告

字节	D_7	D_6	D_5	D_4	D_3	D_2	D_1	D_0
0	保留				D4	D3	D2	D1

图 36.3　输出报告

第 1 个字节的低 4 位分别与 D4～D1 的状态对应。当然，务必记得将清单 34.4 所示 usb_desc.h 头文件中的宏 JOYSTICK_SIZ_REPORT_DESC 由来原来的"63"修改为"27"。

请特别注意：我们将输入与输出报告的字节长度分别设置为"8"与"1"，只是为了保持与 USB 键盘相同，这样其他需要修改的地方就更少了，读者就可以集中更多精力关注编程的思路。如果你自己进行设备固件开发，也可以尝试将输入与输出报告的字节长度都改为1，但是请务必谨记：**同时也必须将复制到发送包缓冲区中的数据的字节长度进行相应修改，否则将出现工作异常**。第 22 章最后给出的思考问题中：将鼠标报告描述符进行修改之后，为什么开发板无法控制 PC 鼠标了呢？就是因为修改后的鼠标报告描述符对应的输入报告字节长度为 3，而设备却发送了 4 字节，也就是说，设备尝试发送的数据字节长度大于主机请求的数据字节长度，这是 USB 规范所不允许的。

另外还需要注意的是：清单 36.1 中所示的报告描述符并没有像 USB 键盘那样对每个字节或位定义得那么详细，有些读者可能就会想：能行吗？能行！因为我们已经说过，报告描述符就是为了定义数据传输的格式，之所以 USB 鼠标或键盘等标准设备需要定义详细的报告描述符，是因为 USB-IF 已经将其作为了一个标准，标准推广出去后厂商就需要遵循（Windows 操作系统也是按标准来解析 USB 鼠标或键盘数据的），所以必须给出必要的数据控制或特征信息，不然只是给出几个数据字段，而主机端的设备驱动或应用编程工作又不是厂商自己完成的，那么厂商又如何能够知道哪些字段代表 X 与 Y 位移呢？哪些字段又代表左、右、中键信息呢？又怎么去开发 USB 鼠标或键盘等相应的设备呢？但是我们自定义的 HID 设备却不一样，它与主机之间传输数据的解析工作都是由我们自己编程全权来处理的，只要约定好哪些数据代表什么信息就可以了。事实上，清单 36.1 中所示的报告描述符对于大多数自定义 HID 设备是通用的，只需要根据项目需求修改生成字段的数量即可。

再来看看配置描述符，它与清单 34.3 有 3 点不同，其一，将 bmAttributes 字段的值修改为 0xC0，表示设备不支持远程唤醒模式；其二，将 bInterfaceSubClass 字段的值设置为 0，表示不支持 BIOS 启动时进行操作；其三，将 bInterfaceProtocol 字段的值设置为 0，表示不使用（键盘或鼠标）协议，这样主机就不会按照键盘或鼠标协议对数据进行处理，因为我们只是想将设备枚举成为 HID 设备（以达到方便传输数据的目的）。

接下来需要在 Joystick_Reset 函数中初始化使用到的 2 个端点，但是这一步我们并不需要做什么，保持与清单 34.6 相同即可。然后修改给主机发送按键状态数据的 Joystick_Send 函数，其中实现的操作很简单，只要哪个按键（K4~K1）被按下，就根据图 36.2 将第一个字节对应的数据位置 1，然后将相应的输入报告复制到发送包缓冲区即可，如清单 36.2 所示。

清单 36.2　Joystick_Send 函数

```
void Joystick_Send(uint8_t Keys)
{
  uint8_t KeyBoard_Buffer[8] = {0, 0, 0, 0, 0, 0, 0, 0};          //对应输入报告

  if (STM_EVAL_PBGetState(Button_K1)) {                          //K1键按下
    KeyBoard_Buffer[0] |= 0x1;
  }

  if (STM_EVAL_PBGetState(Button_K2)) {                          //K2键按下
    KeyBoard_Buffer[0] |= 0x2;
  }

  if (STM_EVAL_PBGetState(Button_K3)) {                          //K3键按下
    KeyBoard_Buffer[0] |= 0x4;
  }

  if (STM_EVAL_PBGetState(Button_K4)) {                          //K4键按下
    KeyBoard_Buffer[0] |= 0x8;
  }

  PrevXferComplete = 0;                        //表示开始传输数据（当前数据未完成传输）

  USB_SIL_Write(EP2_IN, KeyBoard_Buffer, 8);   //将按键信息复制到发送包缓冲区

  SetEPTxValid(ENDP2);                                              //使能发送端点
}
```

接下来需要在 EP2_OUT_Callback 函数中处理主机发送过来的数据（只有 1 字节），同样只需要根据图 36.3 所示的输出报告判断相应的数据位，然后设置对应的 LED 状态即可，修改后的 usb_endp.c 源文件如清单 36.3 所示。

清单 36.3　修改后的 usb_endp.c 源文件

```
#include "hw_config.h"
#include "usb_lib.h"
#include "usb_istr.h"

extern __IO uint8_t PrevXferComplete;      //标志上一次数据已经发送完成的全局变量

//端点1输入回调函数（从设备到主机）
void EP1_IN_Callback(void)
{
  PrevXferComplete = 1;//主机使用IN事务获取了"设备复制到发送包缓冲区中的"数据
}

//端点2输入回调函数（从设备到主机）
void EP2_IN_Callback(void)
{
  PrevXferComplete = 1;//主机使用IN事务获取了"设备复制到发送包缓冲区中的"数据
}

//端点2输出回调函数（从主机到设备）
void EP2_OUT_Callback(void)
{
```

```
uint8_t Receive_Buffer;                          //保存输出报告中的字段（1字节）
USB_SIL_Read(EP2_OUT, &Receive_Buffer);          //从接收包缓冲区中读出 1 字节

if (Receive_Buffer&0x1) {                         //判断D1需要设置的状态（0为熄灭，1为点亮）
   STM_EVAL_LEDOff(LED_D1);                       //设置引脚为低电平（点亮LED_D1）
} else
   STM_EVAL_LEDOn(LED_D1);                        //设置引脚为高电平（熄灭LED_D1）
}

if (Receive_Buffer&0x1) {                         //判断D2需要设置的状态（0为熄灭，1为点亮）
   STM_EVAL_LEDOff(LED_D2);                       //设置引脚为低电平（点亮LED_D2）
} else
   STM_EVAL_LEDOn(LED_D2);                        //设置引脚为高电平（熄灭LED_D2）
}

if (Receive_Buffer&0x1) {                         //判断D3需要设置的状态（0为熄灭，1为点亮）
   STM_EVAL_LEDOff(LED_D3);                       //设置引脚为低电平（点亮LED_D3）
} else
   STM_EVAL_LEDOn(LED_D3);                        //设置引脚为高电平（熄灭LED_D3）
}

if (Receive_Buffer&0x1) {                         //判断D4需要设置的状态（0为熄灭，1为点亮）
   STM_EVAL_LEDOff(LED_D4);                       //设置引脚为低电平（点亮LED_D4）
} else
   STM_EVAL_LEDOn(LED_D4);                        //设置引脚为高电平（熄灭LED_D4）
}

SetEPRxStatus(ENDP2, EP_RX_VALID);               //处理完后再次设置接收状态为VALID
}
```

　　设备固件设计方面的工作已经完成了，我们将相应文件编译后，将 hex 文件下载到开发板，连接主机，主机会将我们的开发板识别为 HID 设备，但问题是：**单独的 USB 设备什么都不能做，怎样充分证明刚刚设计的固件确实能够正常工作呢？**因为现在还没有开始编写主机应用程序，不然到时候编写主机应用程序出现工作异常，还需要判断问题到底来自主机还是设备，联合调试有时会变得比较复杂。当然，我们也可以把看似复杂的问题简单化，也就是使用合适的调试工具预先单独对设备固件进行一些测试，Bus Hound（本书的使用版本为6.01）就是比较常用的一款，它不但能够监控主机与设备之间传输的 USB 数据（如 Device Monitoring Studio 一样），还可以给设备发送一些 USB 请求或普通数据，这样也就能够（在没有主机应用程序的情况下）测试设备的反应是否正常。

　　我们不打算赘述 Bus Hound 的安装过程，将前面自定义的 HID 设备与主机连接后，正常情况下应该能够从主窗口"Devices"选项的"设备列表"中找到，如图 36.4 所示。

　　一台主机可能会连接多个 HID 设备，你可以通过下方"属性（Properties）"列表中的"硬件标识符（Hardware ID）"项给出 VID 与 PID 确定自己的设备。"属性"列表还告诉我们：设备属于 HID 类（0x03），没有接口子类（0x00），并且使用了 3 个端点，其中的端点 2 为双向中断类型（INT），输入与输出支持的最大数据包字节长度分别为 8 与 1，这与我们在配置描述符中的定义是相符的。

　　从"设备列表"中选择我们自定义的 HID 设备，然后单击"发送指令（Send Commands）"按钮，在弹出的界面中切换到"USB"选项卡页，在该页中，上侧列表给出了设备使用的所有端点（以下简称"端点列表"），下侧窗口则根据设置的"数据长度（Data Length）"显示相应数量的十六进制数据（初始为"00"），从中可以输入你想要发送的数据，然后单击左上角的"运行（Run）"按钮即可给设备发送数据，如图 36.5 所示。

　　先来测试设备能否根据请求正确设置 LED 的状态。根据前述自定义 HID 设备处理输出报告的逻辑，第 1 个字节的低 4 位对应设备上各个 LED 的状态（高有效）。例如，给输出端

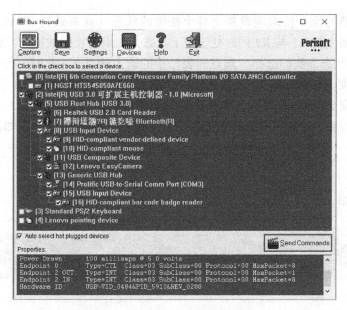

图 36.4　找到自定义的 HID 设备

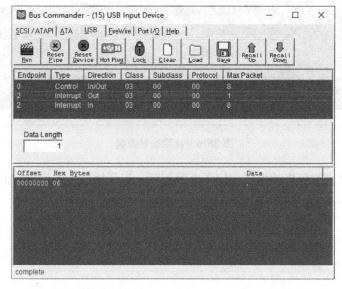

图 36.5　指令发送窗口中的 "USB" 选项卡页

点 2 发送数据 "0x06"，就代表点亮设备上的 D3 与 D2；如果发送的数据为 "0x09"，则点亮 D4 与 D1。我们选择 "端点列表" 中的输出端点 2（此时该行应该高亮显示），然后将 "数据长度（Data Length）" 设置为 1，表示将要给端点 2 发送 1 字节长度的数据，下侧窗口将会出现 1 个 "00"，我们将其修改为 "06"，最后单击 "运行（Run）" 按钮即可。如果数据正常发送到了设备，左下方的状态栏中会显示 "完成（complete）"，正如图 36.5 所示，而开发板上的 D3 与 D2 也应该会亮起来。

　　我们再来测试一下读取开发板按键的状态。根据前述自定义 HID 设备处理输入报告的逻辑，第 1 个字节的低 4 位对应设备上各个按键的状态（高有效）。例如，收到的数据为 "0x06"，代表设备上的 K3 与 K2 同时处于按下状态；如果接收的数据为 "0x09"，则 K4 与 K1 应该处于按下状态。我们选择 "端点列表" 中的输入端点 2 （此时该行应该高亮显示），然后将 "数据长度（Data Length）" 设置为 8，表示端点 2 将会接收到 8 字节长度的数据，下侧窗口将会出现 8 个 "00"。一切准备就绪，请同时按住开发板上的 K3 与 K2，然后单击 "运行（Run）" 按钮，这样就可以在下侧窗口看到读取到的数据 "06"，如图 36.6 所示。

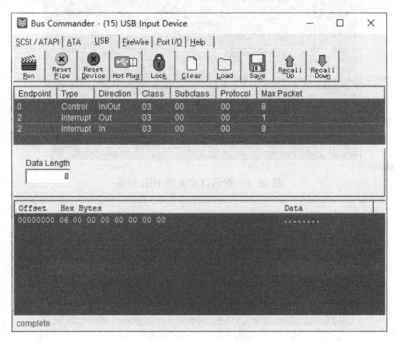

图 36.6 读取按键数据

一切测试结果正如预想的那样，接下来我们就一起开始进入主机端的世界吧！

第37章　主机端软件架构：设备驱动程序

自定义 HID 设备的固件开发与验证工作已经完成，接下来就应该进行主机端应用程序的开发工作了，但是有些读者可能仍然还在想：听说还要进行设备驱动程序的开发，我们不需要做吗？到底哪些设备可以不需要进行设备驱动程序的开发呢？为了回答这些问题，我们还是需要先解答：什么是设备驱动程序？它存在的意义是什么？

前面已经讨论过，STM32F103x 系列单片机的 USB 固件库包含内核层与用户接口层两层，其中用户接口层并不直接与硬件打交道，我们只是通过内核层给用户开放的接口来间接操作 USB 控制器。Windows 操作系统也是相同的道理，我们开发的应用程序并不能对硬件设备直接进行控制，必须通过一定的接口间接完成，而承担这项工作的就是设备驱动程序。换句话说，设备驱动程序是**应用程序**与**硬件**之间的桥梁，但这还远不足以让我们理解设备驱动程序。对于 Windows 操作系统而言，USB 主机端的软件按不同层次可以划分为控制器驱动、集线器驱动、总线驱动、功能驱动、过滤驱动等多种类型，那么设备驱动程序属于哪一部分呢？

我们首先了解一下 USB 传输的数据是如何从总线底层往上到达应用程序的，USB 2.0 规范给出了图 37.1 所示的通信模型层次划分。其中，USB 接口层提供了设备与主机之间的物理连接，而设备层与功能层属于逻辑上的划分。如果非要与 USB 固件库对应，则可以将内核层与应用接口层视为设备层，而功能层属于更高的应用层面。USB 主机控制器（Host Controller）是允许 USB 设备连接到主机的软件与硬件，也是 USB 在主机端的接口。USB 系统软件（System Software）用于在特定的操作系统中支持 USB，负责与逻辑设备进行配置与通信，并管理客户软件（Client Software）启动的数据传输。客户软件负责与 USB 设备进行通信以实现特定的功能，一般由 USB 设备的开发者（或操作系统）提供。

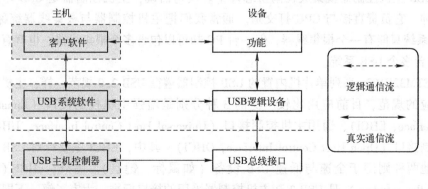

图 37.1　通信模型层次划分

逻辑层次划分的好处在于，不同类型的开发人员只需要关注相应层的实现即可，如果是应用程序的开发人员，不必掌握底层硬件的细节，反之亦然。就像我们在进行 USB 设备开发一样，虽然本书对 STM32F103x 系列单片机的 USB 固件库进行了比较详尽讨论，但如果你只是想使用 USB 给主机发送一些数据，底层核心实现细节的掌握并不是必需的。

图 37.1 只是从宏观层面描述了 USB 通信模型层次，USB 2.0 规范还提供了如图 37.2 所示的 USB 主机与设备的通信模型细节视图。

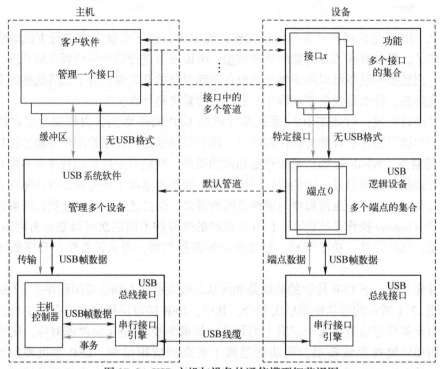

图 37.2　USB 主机与设备的通信模型细节视图

USB 传输的逻辑电平在主机端最先遇到的就是根集线器（Root Hub），其中包含了串行接口引擎，之后再到达直接与系统总线相连的主机控制器。例如，在南北桥芯片架构的 PC 主板中，USB 主机控制器就集成在南桥芯片中。换句话说，主机控制器是 USB 拓扑结构中的最高统帅，它负责直接与 CPU 打交道。通常我们把主机控制器与根集线器统称为主机，一个 USB 系统只能有一个根集线器，但一台 PC 却可以包含多个根集线器，也就意味着一台 PC 可以包含多个 USB 系统。

就像 STM32F103x 系列单片机内置的 USB 控制器遵循 USB 2.0 规范一样，主机控制器其实也有相应的规范，目前应用比较广泛的 3 种分别是增强主机控制接口（Enhanced Host Control Interface，EHCI）、通用主机控制接口（Universal Host Control Interface，UHCI）和开放主机控制接口（Open Host Control Interface，OHCI）。其中，EHCI 主要针对 USB 2.0 高速设备，其他两种则用于全速与低速 USB 设备（如鼠标、键盘）。另外，xHCI（extensible Host Controller Interface）是 USB 3.2 主机控制器采用的接口标准，大家了解一下即可。

USB 系统软件的责任就是让底层硬件能够正常工作，底层硬件主要包括主机控制器驱动（Host Controller Driver，HCD）与总线驱动（USB Driver，USBD）。其中，主机控制器驱动用于将各种不同主机控制器映射到 USB 系统，这样一来，客户软件即使不知道设备具体与哪个主机控制器连接，也不妨碍其与设备进行通信，而总线驱动则提供了面向客户软件的接口，并且通常由操作系统提供，与特定的 USB 设备或客户软件无关，开发人员通常无须涉及。

那我们通常所说的"设备驱动程序"指的是哪一块呢？根据不同的逻辑划分，它可以包含在客户软件中（处于应用程序下一层），也可以包含在系统软件中（处于 USB 总线驱动的上一层）。总之，设备驱动程序处在应用程序与总线驱动之间，它为应用程序访问总线驱动提供接口，图 37.3 所示为 USB 2.0 系统框架。

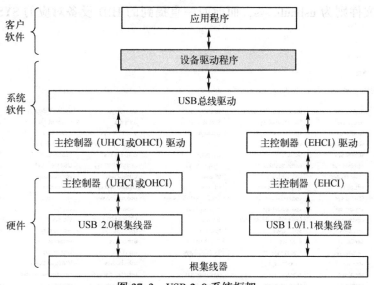

图 37.3 USB 2.0 系统框架

当然，系统软件在特定操作系统中的具体实现架构也会有所不同。Windows 操作系统下 WDM 驱动模型的分层结构如图 37.4 所示，其中的"USB 功能驱动程序"指的就是我们通常所说的"设备驱动程序"，它通常由设备开发者设计（如果有必要），并通过向 USB 总线驱动程序发送包含 USB 请求块（USB Request Block，URB）的 I/O 请求包（I/O Request Package）来启动 USB 数据传输。与USB 总线驱动程序不同，设备驱动程序从来不与实际硬件直接打交道。过滤驱动则是一个信息筛子，它允许你把感兴趣的信息进行拦截处理，杀毒软件与防火墙通常都会用到，Device Monitor Studio 与 Bus Hound 也正是因为使用了过滤驱动才能够监控 USB 数据。

设备驱动程序是一个没有 main 函数入口的模块，取而代之的是进行设备初始化工作的 DriverEntry 入口函数，操作系统在驱动程序启动时会调用它。设备驱动程序处于内核模式，具体开发时涉及设备对象、I/O 对象、内存对

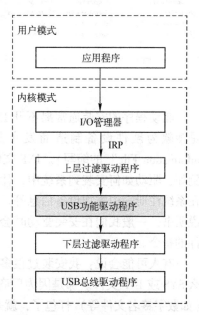

图 37.4 Windows 操作系统下 WDM 驱动模型的分层结构

象、队列等概念（相对于普通应用程序，相关的开发资料较少，难度也会大一些），我们只需要知道有这么回事就行了。

在 Windows 操作系统中，我们所说的 "USB 设备驱动程序" 在形式上指的是 SYS 文件（后缀为 .sys 的文件，"SYS" 是 "System" 的缩写，SYS 文件是 Windows 操作系统的系统文件），它是驱动程序的可执行文件。对于 Windows 10 操作系统，SYS 文件安装后将保存在如图 37.5 所示的 %SystemRoot% \ Windows \ System32 \ drivers 目录中。例如，OHCI、UHCI、EHCI 标准的主机控制器对应的 SYS 文件分别为 usbohci.sys、usbuhci.sys、usbehci.sys，集线器对应的 SYS 文件则为 usbhub.sys，而前面一直提到的 HID 设备对应的 SYS 文件则为 input.sys。

图 37.5　SYS 文件

驱动程序的安装通常离不开 INF 文件（后缀为 .inf，有时也被称为 "安装文件"），它是微软为硬件设备制造商发布其驱动程序推出的一种文件格式（"INF" 是 "Device information File" 的缩写）。INF 文件向操作系统提供了 USB 设备及其驱动程序的详细信息。例如，驱动如何安装到系统中，什么设备使用什么驱动程序，将驱动程序复制到哪里，如何在系统注册表中添加设备信息等。如果把 SYS 文件当作一个产品，INF 文件就是产品的使用说明书，一般我们在安装驱动时会要求选择 INF 文件，因为它给出了具体如何安装 SYS 文件的指令。

有人可能会说：我安装过很多设备驱动程序，从来都只有一个 EXE 文件，可没见过什么 SYS 或 INF 文件。那是因为厂商在发布驱动程序时将相应的 SYS、INF 及其他必要的文件（如数字签名文件等）打包了，就是为了方便普通用户使用。

当设备驱动程序安装好之后，Windows 操作系统会复制一份 INF 文件到 %SystemRoot% \ Windows\INF 目录中以备将来使用，如图 37.6 所示。

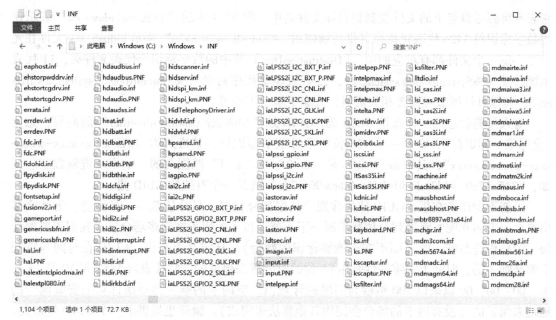

图 37.6　INF 目录

HID 设备对应的 .INF 文件的名称为 input.inf，我们可以使用记事本将其打开简单看一下，如图 37.7 所示。

INF 文件是由许多按层次结构排列的**节**（Section）组成的，这些节以包含节名的方括号开始，每个节包含若干项。图 37.7 中的［Version］节用于版本控制，"Signature"项指定了驱动签名，它定义了该 INF 文件需要运行在哪些操作系统版本中，"＄Windows NT ＄"表示 Windows 2000/XP/2003 及以上的操作系统。"Class"项指出该驱动程序属于 HID 类，"ClassGUID"项给出设备安装类 GUID 为 ｛745a17a0 - 74d3 - 11d0 - b6fe - 00a0c90f57da｝。"Provider"项表示 INF 文件的提供商为微软，"DriverVer"项指出驱动程序的版本号为 10.0.18362.175，日期为 2006/06/21。

图 37.7　input.inf 文件（部分）

［SouceDisksNames］、［SouceDisksFiles］、［DestinationDirs］是与文件操作的 3 个节，分别表示源磁盘名、源磁盘文件、目标文件夹，当安装文件中存在复制、删除或（和）重命名命令时会使用到。以复制指令为例，

它表示将源磁盘名下的文件复制到目标文件夹中。图 37.7 中的 "3426 = windows cd" 表示使用数字标识符 3426 代表光盘位置供后续使用，"hidusb. sys = 3426" 表示 hidusb. sys 文件在光盘中，每一个文件都有对应的项。[DestinationDirs] 节中的数字标识符代表文件夹，11 代表系统目录（%SystemRoot%system32），12 代表驱动程序目录（%SystemRoot% \system32 \drivers），其他具体细节可参考相关资料，大家了解一下即可。

有人可能会想问：什么是 GUID 呢？GUID 是 "Globally Unique Identifier" 的简写，意为 "全球唯一标识符"，它是一个 128 位的字母数字标识符，其格式为 "xxxxxxxx-xxxx-xxxx-xxxx-xxxxxxxxxxxx"，其中每个 "x" 是 "0~9" 或 "a~f" 范围内的一个十六进制数字。例如，"745a17a0-74d3-11d0-b6fe-00a0c90f57da" 就是一个有效的 GUID 值。

可能不少读者在想：GUID 值好像跟产品序列号相似，只是位数不一样而已，为什么搞出这么一个名堂呢？将序列号位数扩展一下不就可以了？因为在很多场合下，我们需要保证每一个标识符是唯一的（而不在于能够标识的数量）。从定义上来讲，GUID 在时间与空间上都是唯一的，时间上的唯一性是由 60 位的时间戳来保证的，它代表自 1852 年 10 月 15 日 00∶00∶00∶00 以来以 100 纳秒为间隔的计数值，空间上的唯一性是由计算上安装网卡的地址来保证的（没有网卡的场合会使用其他算法来完成）。微软也提供了一个 GUID 生成器，它与 Microsoft Visual Studio 开发软件一并安装，相应的界面如图 37.8 所示。简单地说，你跟我使用 GUID 生成器能够创建相同 GUID 的概率非常小。

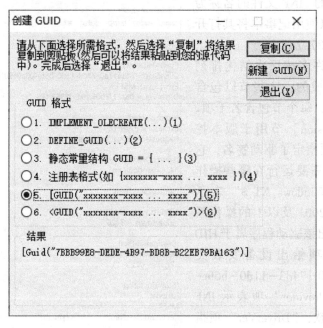

图 37.8　GUID 生成器

Windows 操作系统使用 GUID 区分设备安装类（Device Setup Classes）与设备接口类（Device Interface Classes），设备安装类 GUID 标识了以相同方式安装的设备，设备接口类 GUID 用于标识 "类或设备驱动程序注册的" 一个或多个设备接口，它为应用程序了解并完成与设备通信提供了一种机制，后续进行 HID 应用编程时就会使用到设备接口类 GUID。

到目前为止，你可能会觉得驱动开发有些复杂，就一个 INF 文件已经够令人头疼了。对此我只能回复：那是当然的。但是，幸好本书并不涉及设备驱动程序的开发，而且对于大多数应用而言，我们也没有必要去做这项工作，将设备枚举为标准 USB 设备已经足够我们使用了。这就好比我们把自己的设备当作一个水泵，标准 USB 设备提供的功能相当于已有的标准管道（早在水泵设计前就已经广泛存在了），虽然这个管道并不满足水泵的所有要求，但为了节省成本，我们还是凑合着使用这个管道，毕竟它还是能够满足基本需求的。如果你觉得已有标准管道不能够满足自己较高的需求，那就自己重新设计一个，成本方面很明显要更高一些。

第38章 主机如何为设备加载合适的驱动程序

到目前为止，我们已经知道设备驱动程序具体是个什么东西，并且知道 Windows 操作系统通常需要 INF 文件才能安装 SYS 文件，本书不打算深入探讨设备驱动程序的具体开发过程，那到底哪些 USB 设备可以不需要进行驱动程序的开发呢? 表 38.1 为微软提供的 USB 设备类驱动程序列表（官方更新时间为 2017 年 4 月 20 日）。

表 38.1 微软提供的 USB 设备类驱动程序

USB-IF 类代码	设备安装程序类	微软提供的驱动程序和 INF	Windows 支持	说明
音频 (01h)	媒体 {4d36e96c-e325-11ce-bfc1-08002be10318}	Usbaudio.sys Wdma_usb.inf	Windows Vista/Server 2008/7/8/8.1/10 桌面版与移动版	微软通过 Usbaudio.sys 驱动程序为 USB 音频设备类提供支持
通信和 CDC 控制 (02h)	端口 {4D36E978-E325-11CE-BFC1-08002BE10318}	Usbser.sys Usbser.inf	Windows 10 桌面版与移动版	Windows 10 添加了新的 INF（Usbser.inf），它自动加载 Usbser.sys 作为功能驱动程序
	调制解调器 {4D36E96D-E325-11CE-BFC1-08002BE10318} 注意: 支持子类 02h（ACM）	Usbser.sys 引用 mdmcpq.inf 的自定义 INF	Windows Vista/Server 2008/7/8/8.1/10 桌面版	在 Windows 8.1 及更低版本中，不会自动加载 Usbser.sys。若要加载该驱动程序，需要编写引用调制解调器 INF（mdmcpq.inf）的 INF。 从 Windows Vista 开始，可以通过设置注册表值来启用 CDC 和无线移动 CDC（WMCDC）支持。 启用 CDC 支持后，USB 公共类通用父驱动程序枚举对应于 CDC 和 WMCDC 控件模型的接口集合，并将物理设备对象（PDO）分配到这些集合
	Net {4d36e972-e325-11ce-bfc1-08002be10318} 注意: 支持子类 0Dh（NCM）	UsbNcm.sys UsbNcm.inf	Windows Insider Preview	微软提供了 UsbNcm.sys 驱动程序来操作符合 USB NCM 的设备
	Net {4d36e972-e325-11ce-bfc1-08002be10318} 注意支持子类 0Eh（MBIM）	wmbclass.sys Netwmbclass.inf	Windows 8/8.1/10 桌面版	从 Windows 8 开始，微软为移动宽带设备提供 wmbclass.sys 驱动程序

续表

USB-IF 类代码	设备安装 程序类	微软提供的驱动 程序和 INF	Windows 支持	说　明
HID（人机接口设备）（03h）	HIDClass {745a17a0−74d3−11d0−b6fe−00a0c90f57da}	Hidclass. sys Hidusb. sys Input. inf	Windows Vista/Server 2008/7/8/8.1/10 桌面版与移动版	微软提供 HID 类驱动程序（Hidclass. sys）和 miniclass 驱动程序（Hidusb. sys）来操作符合 USB HID 标准的设备
物理（05h）	—	—	—	推荐的驱动程序：WinUSB（Winusb. sys）
图像（06h）	映像 {6bdd1fc6−810f−11d0−bec7−08002be2092f}	Usbscan. sys Sti. inf	Windows Vista/Server 2008/7/8/8.1/10 桌面版	微软提供 Usbscan. sys 驱动程序，用于管理 Windows XP 和更高版本的操作系统的 USB 数码相机与扫描仪。此驱动程序实现 Windows 映像体系结构（WIA）的 USB 组件
打印机（07h）	USB 注意 Usbprint. sys 在设备设置程序类下枚举打印机设备：打印机 {4d36e979−e325−11ce−bfc1−08002be10318}	Usbprint. sys Usbprint. inf	Windows Vista/Server 2008/7/8/8.1/10 桌面版	微软提供管理 USB 打印机的 Usbprint. sys 类驱动程序
大容量存储（08h）	USB	Usbstor. sys	Windows Vista/Server 2008/7/8/8.1/10 桌面版与移动版	微软提供 Usbstor. sys 端口驱动程序，以使用微软的本机存储类驱动程序管理 USB 大容量的存储设备
	SCSIAdapter {4d36e97b−e325−11ce−bfc1−08002be10318}	子类（06）和协议（62） Uaspstor. sys Uaspstor. inf	Windows 8/8.1/10 桌面版与移动版	Uaspstor. sys 是支持大容量流终结点的 SuperSpeed USB 设备的类驱动程序
集线器（09h）	USB {36fc9e60−c465−11cf−8056−444553540000}	Usbhub. sys Usb. inf	Windows Vista/Server 2008/7/8/8.1/10 桌面版与移动版	微软提供了用于管理 USB 集线器的 Usbhub. sys 驱动程序
		Usbhub3. sys Usbhub3. inf	Windows8/8.1/10 桌面版	微软提供用于管理 SuperSpeed（USB 3.0）USB 集线器的 Usbhub3. sys 驱动程序
CDC-Data（0Ah）	—	—	—	推荐的驱动程序：WinUSB（Winusb. sys）
智能卡（0Bh）	SmartCardReader {50dd5230−ba8a−11d1−bf5d−0000f805f530}	Usbccid. sys （Obsolete）	Windows Vista/Server 2008/7/10 桌面版	微软提供 Usbccid. sys 迷你类驱动程序来管理 USB 智能卡读卡器 注意：Usbccid. sys 驱动程序已替换为 UMDF 驱动程序 WUDFUsbccid-Driver. dll
		WUDFUsbccid-Driver. dll WUDFUsbccid-Driver. inf	Windows 8/8.1	WUDFUsbccidDriver. dll 是 USB CCID 智能卡读卡器设备的用户模式驱动程序

USB-IF 类代码	设备安装 程序类	微软提供的驱动 程序和 INF	Windows 支持	说　　明
内容安全（0Dh）	—	—	—	推荐的驱动程序：USB 通用父驱动程序（Usbccgp.sys）。某些内容的安全功能是在 Usbccgp.sys 中实现的
视频（0Eh）	映像 {6bdd1fc6-810f-11d0-bec7-08002be2092f}	Usbvideo.sys Usbvideo.inf	Windows Vista/10 桌面版	微软通过 Usbvideo.sys 驱动程序提供 USB 视频类支持
个人保健 （0Fh）	—	—	—	推荐的驱动程序：WinUSB（Winusb.sys）
音频/视频 设备（10h）	—	—	—	—
诊断设备（DCh）	—	—	—	推荐的驱动程序：WinUSB（Winusb.sys）
无线控制器 （E0h） 注意 支持子类 01h 和协议 01h	Bluetooth {e0cbf06c-cd8b-4647-bb8a-263b43f0f974}	Bthusb.sys Bth.inf	Windows Vista/7/8/8.1/10 桌面版与移动版	微软提供 Bthusb.sys 微型端口驱动程序来管理 USB 蓝牙无线电收发器
杂项（EFh） 注意：支持子类 04h 和协议 01h	Net {4d36e972-e325-11ce-bfc1-08002be10318}	Rndismp.sys Rndismp.inf	Windows Vista/7/8/8.1/10 桌面版	注意：微软建议硬件供应商改为构建兼容 USB NCM 的设备。USB NCM 是一种公共 USB IF 协议，可提供更好的吞吐量性能。 在 Windows Vista 之前，只有 RNDIS 特定的抽象控制模型（ACM）实现[供应商唯一协议（bInterfaceProtocol）的值为 0xFF]才支持 CDC。RNDIS 设备将所有 802 样式的网卡集中在单个类驱动程序 Rndismp.sys 中进行管理
应用程序 特定（FEh）	—	—	—	推荐的驱动程序：WinUSB（Winusb.sys）
供应商特定 （FFh）	—	—	Windows 10 桌面版与移动版	推荐的驱动程序：WinUSB（Winusb.sys）

　　也就是说，如果将 USB 设备枚举成为表 38.1 中微软支持的 USB 设备类，你就可以不需要编写设备驱动程序了。例如，我们的自定义 HID 设备就属于 HID 类。当然，"不需要编写设备驱动程序"并不代表"没有设备驱动程序"，表 38.1 中"微软提供的驱动程序与 INF"列中已经给出了相应的 SYS 与 INF 文件，它们已经预先被安装到操作系统中了。当然，如果你的设备中有一些操作系统自带驱动不支持的功能时，可能需要自己编写驱动。例如，一

些打印机应用厂商可能会加入一些特殊功能。但常见的标准设备类（如 HID 设备类、大容量存储设备类）等通常都不需要重新编写驱动程序，本书的讨论范围也主要限于标准设备类。

　　细心的读者可能已经注意到，表 38.1 中有些设备类推荐的驱动程序是 WinUSB（Winusb. sys），它与后续将要讨论的通用驱动程序 libusb 存在的意义是相同的，只不过只能用于 Windows 操作系统。

　　那么当 USB 设备连接 PC 时，操作系统又是如何为设备选择正确的设备驱动程序呢？这涉及 Windows 操作系统中十分重要的系统注册表（Registry），它是用来保存"系统上的硬件和软件关键信息"的数据库，其中保存了已经安装的设备（即使当前未连接）的信息。当新设备完成总线枚举后，操作系统会将必要的设备信息保存在注册表中。

　　我们通常使用 Windows 操作系统的注册表编辑工具（regedig）来查看或编辑（必要的话）相应的内容，如图 38.1 所示。

　　单击图 38.1 中的"确定"按钮后，即可弹出如图 38.2 所示的"注册表编辑器"窗口，其中左侧树形结构中的每个节点也称键（KEY）。处于第 1 层级的 5 个节点也称根键，它们用来存储不同类型的信息。例如，HKEY_CURRENT_USER 用来存储当前用户设置的

图 38.1　"运行"对话框

信息，HKEY_LOCAL_MACHINE 用来存储安装在计算机上的硬件和软件的信息。每个根键下面又分为多个子键，子键下面可以包含更多的子键或相关的项。

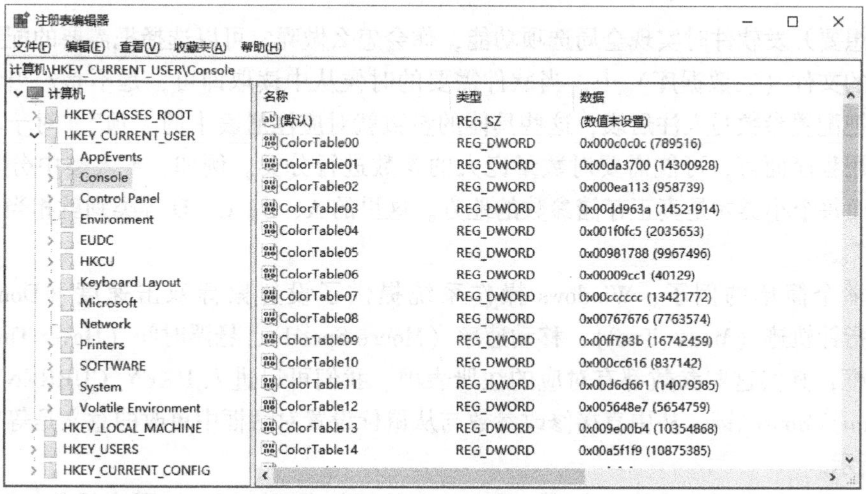

图 38.2　"注册表编辑器"窗口

　　请不要对注册表中的"键"与"项"觉得太陌生，简单来说，它们就是设备或程序正常运行时需要使用到的"参数类"与"具体参数"。大家都知道，稍微复杂点的应用程序都会给用户提供修改选项配置的机会，以适应不同用户的不同习惯。有些选项只是针对当前的文件，当你创建其他文件时，之前配置的选项是无效的，我们称为局部选项。以 Keil 软件

平台为例，图 5.6 所示的对话框中就是局部选项，它们的配置仅限于当前工程，相应的参数也保存在工程文件中。但是有些选项则不一样，一旦配置完成，其对于后续每次创建的文件都是有效的，称为全局选项。同样以 Keil 软件平台为例，通过"Edit 菜单栏"进入"Configuration 项"即可弹出图 38.3 所示的对话框，其中的配置都是全局选项。例如，是否显示行号、是否高亮显示当前行。

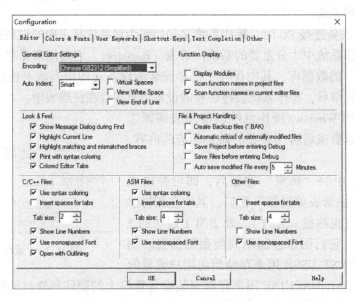

图 38.3 "Configuration"对话框（Keil 软件平台的全局配置选项）

如果想要开发软件时实现全局选项功能，你会怎么做呢？可以选择把需要的配置参数写入自定义的文件（或数据库）中，当软件需要的时候从中读取即可，是不是？当然，你也可以选择把配置参数写入注册表，这些具体的参数就对应注册表中的"项"。对于功能非常复杂的应用程序而言，可能需要对数量庞大的参数进行分类。例如，A 大类中分为 B、C、D 小类，而每个小类才是真正存储参数的地方。这里的 A、B、C、D 等类别就相当于注册表中的"键"。

我们举个简单的例子，Windows 操作系统提供了设置鼠标双击速度（Double Click Speed）、指针轨迹（Mouse Trail）、移动速率（Mouse Speed）、悬浮时间（Hover Time）等参数的对话框，其实这些参数都有对应的注册表项。我们可以进入 HKEY_CURRENT_USER\Control Panel\Mouse\键，从中直接修改参数与从鼠标设置对话框中更改的意义是等同的，如图 38.4 所示。

当然，直接从注册表中修改参数只是理论上的可行方式，因为注册表的数量非常庞大，而且被放置在树形结构的各个子键中，一旦注册表项修改不当，可能会出现莫名其妙地异常现象，非专业用户还是建议通过操作系统提供的对话框进行选项配置。

当我们开发的应用程序需要在注册表中保存信息时，通常是在 HKEY_LOCAL_MACHINE 根键下写入的。USB 设备信息的存储也是如此，它们被保存在硬件（hardware）键、类（class）键、驱动（driver）键与服务（service）键中。

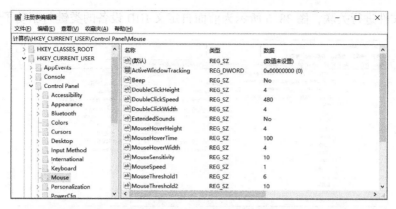

图 38.4　"注册表编辑器"窗口（注册表中的鼠标选项参数）

　　硬件键存储了特定设备实例的信息，它位于 System\CurrentControlSet\Enum 子键下，它的下一级 USB 子键中包含了所有曾经使用过（枚举成功过但暂时未连接）或正在使用的 USB 设备的信息，如图 38.5 所示，其中的子键"VID_0484&PID_9510"对应前面的自定义 HID 设备，"498232883238"子键名对应该设备的序列号（"498441433238"为笔者使用的另一块开发板），该子键下包含了若干项，ClassGUID、DeviceDesc 键值均来自 INF 文件，HardwareID 包含厂商 ID 与产品 ID 的字符串，CompatibleIDs 是含有设备类和子类（可选）和协议的 ID 字符串，Mfg 为设备制造商，Driver 表示设备对应的驱动键（后述）。

图 38.5　"注册表编辑器"窗口（硬件键）

　　需要注意的是，如果一个 USB 设备没有序列号信息，那么它每次与之前没有连接过的 USB 接口连接时，都会获得一个新的硬件键。如果将该设备与 USB 接口的连接断开，然后在同一个 USB 接口连接另一个带有相同描述符的 USB 设备，那么操作系统由于没有发现差别而不会创建新的硬件键，而每个带有 USB 序列号的设备都在注册表对应一个硬件键，它不随与设备连接的 USB 接口的不同而发生变化。

　　类键位于 System\CurrentControlSet\Control\Class 子键中，它保存了设备安装类及与设备有关的信息，其中的子键名都是由微软定义的设备安装类 GUID，表 38.1 所示的"设备安装程序类"都可以在其中找到相应的子键。每个设备在其所属的类键下都有对应的驱动子键（键名对应硬件键中的 Driver 值）。简单地说，驱动键的作用是把所有注册表项与安装设备使用的 INF 文件进行关联，图 38.6 所示为前面自定义 HID 设备的类键与驱动子键信息。

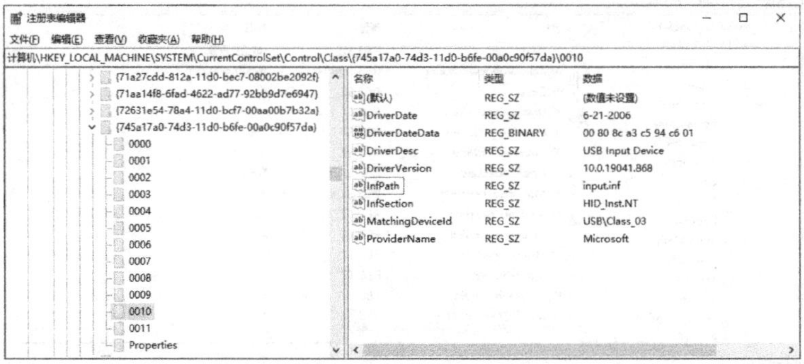

图 38.6 "注册表编辑器" 窗口（类键与驱动子键）

　　每个驱动程序都有对应的服务键，它位于 System\CurrentControlSet\Services 子键中，其中包含驱动程序文件的位置及控制驱动程序装载方法的一些参数，图 38.7 所示为 HidUsb 的服务键。

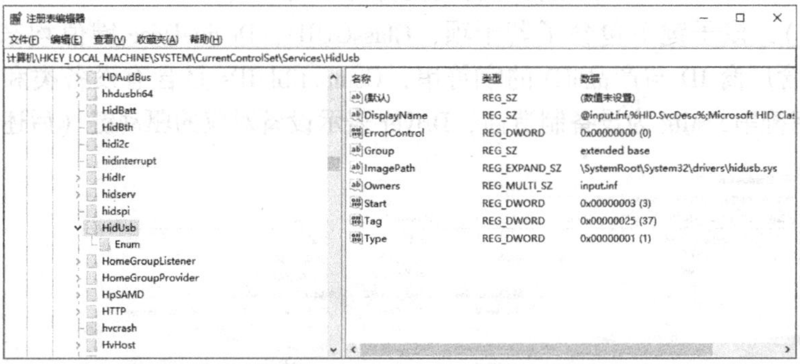

图 38.7 "注册表编辑器" 窗口（HidUsb 的服务键）

　　当 USB 设备与 PC 连接时，PC 通过枚举过程获得设备描述符，操作系统将搜索与描述符中信息相匹配的硬件键，如果搜索成功，操作系统便可以为设备指定一个驱动程序。硬件键指向的驱动键提供了 INF 文件的名称，服务键则包含了有关驱动程序文件的信息。如果 USB 设备第一次与主机连接，注册表中将没有对应的硬件键，操作系统就会在 INF 文件中搜索匹配，如果仍然未找到，那么新设备向导（New Device Wizard）将开始工作。如果找到匹配的 INF 文件，Windows 操作系统就会将此 INF 文件复制到%SystemRoot%\Windows\INF 目录下（如果目录中不存在该 INF 文件），必要时会加载 INF 文件中指定的设备驱动程序，并向注册表添加恰当的键值，此时设备即可出现在设备管理器中，操作系统可能会弹出类似图 8.6 与图 8.7 所示的窗口提示新设备已经安装。

第39章 HID 应用程序开发思路

既然我们已经选择将自定义设备枚举成为 HID 设备，那么就可以省略设备驱动程序的开发工作。接下来我们就进入"与自定义 HID 设备进行通信"的主机端应用程序的开发阶段。本书主要针对 Windows 操作系统，并且选择 MFC 框架进行应用程序的开发，所以需要读者对 C++有一定的了解。

有过 Linux/Unix 操作系统编程经验的读者肯定会知道，它们把所有设备都当成一个文件来管理。例如，需要读写鼠标、键盘、硬盘、音频、网络、USB 等设备时，首先需要创建一个与之关联的文件，然后再对文件进行读写即可与相应的设备通信，这些文件也有对应的路径。例如，第 1 个游戏操纵杆设备可以表示为/dev/input/js0，第 1 个鼠标设备可以表示为/dev/input/mouse0，第一个 USB HID 设备可以表示为/dev/usb/hiddev0。Windows 应用程序访问 USB 设备的基本原理也是与之相似的，但是我们都知道，一个 USB 主机最多可以与 127 个 USB 设备连接，所以必须首先找到自己的设备对应的路径才能进一步操作，对不对？具体该怎么做呢？

前面已经提过，应用程序通过**类或设备驱动程序注册的一个或多个设备接口**对设备进行了解并完成通信，而在 Windows 操作系统的用户模式下，属于设备接口类（Device Interface Classes）的设备是通过使用设备信息元素（Device Information Elements）与设备信息集（Device Information Sets）来管理的，后者是由属于某个设备接口类的所有设备的设备信息元素构成的。每个设备信息元素都包含一个设备结点（Devnode）的句柄（Handle，一种指向指针的指针，与操作系统的虚拟内存管理有关，大家了解一下即可）和一个指向"该元素描述的与设备关联的所有设备接口的链表"的指针（如果设备信息集描述安装程序类的成员，则元素可能不会指向任何设备接口，因为安装程序类的成员不一定与接口关联)，图 39.1 所示为设备信息集的内部结构。

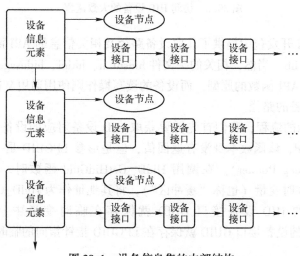

图 39.1 设备信息集的内部结构

当我们的 HID 设备与主机连接并完成枚举后，相应的设备路径就保存在设备信息集的某个设备接口中，所以进行 HID 应用程序编程的第一步就是：**从众多设备接口找到需要的那个**。为此首先需要创建由"与指定设备接口类相关的所有设备"构成的设备信息集合，而这个指定的设备接口类则由 GUID 区分。那么具体如何才能确定需要访问的 HID 设备确实已经与主机连接了呢？我们具体的做法是：**从 HID 设备信息集中遍历所有设备接口，找到每个设备对应的路径，然后创建用于设备通信的句柄。如果句柄创建成功，就从中获取设备的厂商标识符（VID）与产品标符识（VID）来判断是不是我们需要的，如果不是就继续遍历设备接口，如果是就可以进行后续必要的数据读写操作**。图 39.2 所示为访问 HID 设备的大致流程。

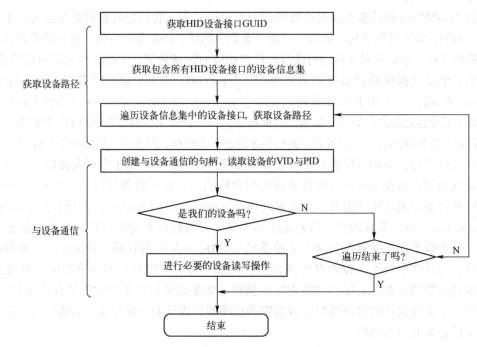

图 39.2　访问 HID 设备的大致流程

微软已经在 WDK 开发包中提供了获取设备路径及相关信息的 API 函数，相应的库文件为 hid.lib 与 setupapi.lib，当然，相关的头文件 hidsdi.h、hidpi、hidusage.h、setupapi.h 也是必要的，它们包含了 API 函数的原型，而设备的读写操作则使用通用 Win32 API 函数，下面具体讨论如何获取设备的路径。

根据图 39.2 所示的流程，我们首先需要获取 HID 设备对应的设备接口 GUID，相应函数为 HidD_GetHidGuid，该函数本身没有返回值，但是形参 LPGUID 是一个指向 GUID 结构体的长整型指针（Long Pointer）。在调用 HidD_GetHidGuid 函数时，你必须先声明一个 GUID 结构体类型的临时变量（也称"缓冲区"），将其地址作为 HidD_GetHidGuid 函数的形参调用后，获取到的 HID 设备接口 GUID 就保存在临时变量中。换句话说，HidD_GetHidGuid 函数获得的设备接口 GUID 就保存在 LPGUID 指针指向的临时变量中，如图 39.3所示。

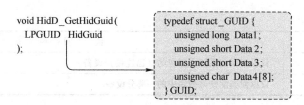

图 39.3　HidD_GetHidGuid 函数

这里仍然要提醒一下，HidD_GetHidGuid 函数获取的不是表 38.1 中的设备安装程序类 GUID，而是设备接口类 GUID，前者是用于设备安装（Setup）的分类，它最初保存在驱动文件对应的 INF 文件，然后在安装时添加到系统注册表，而后者并不保存在某个文件中。类或设备驱动程序可以注册一个或多个设备接口，使应用程序能够对使用此驱动程序的设备进行了解并完成与设备的通信，而每个设备接口类都有唯一的 GUID。

接下来需要通过前面得到的设备接口 GUID 找到当前所有连接的 HID 设备，也就是创建 HID 设备接口 GUID 对应的设备信息集，这是由 SetupDiGetClassDevs 函数完成的。在调用 SetupDiGetClassDevs 函数时，我们应该给形参 ClassGuid 传入前面获得的设备接口 GUID。 Enumerator 是一个可选的字符串指针，允许你选择指定的设备，如果以遍历的方式查询，可以将其设置为空（NULL）。形参 hwndParent 是用于"与设备信息集中设备实例相关联的窗口"可选句柄，一般将其设置为 NULL 即可，如图 39.4 所示。

```
                           ┌ 失败：INVALID_HANDLE_VALUE
                           │
                           └ 成功：包含"与提供参数相匹配的设备信息集的"句柄
WINSETUPAPIHDEVINFO SetupDiGetClassDevs(
    CONST GUID*ClassGuid, ◄──────────────────── 设备接口GUID
    PCSTR Enumerator, ◄───── 用于选择设备的字符串指针，不使用可设置为 NULL
    HWND hwndParent, ◄───── 用于设备实例关联窗口的句柄，不使用可设置为 NULL
    DWORD Flags ◄────────────── 过滤指定的设备信息集中的设备
);
```

图 39.4　SetupDiGetClassDevs 函数

形参 Flags 是一个 DWORD 类型的变量，它用来过滤指定的设备信息集中的设备信息元素，并且可以设置为表 39.1 所示中的一个或多个标志位，它们是定义在 setupapi.h 文件中的掩码常量。在实际应用时，可以使用位或运算符 "|" 指定多个标志位来决定需要查询的参数。由于我们需要与 HID 设备进行通信，因此需要查询当前已经连接到系统中的 USB 设备，DIGCF_PRESENT 标志位是需要的。另外，如果只想返回指定设备接口类的设备，则应该设置 DIGCF_DEVICEINTERFACE 标志位。

表 39.1　Flags 标志位

标 志 位	说　明
DIGCF_ALLCLASSES	返回所有已安装设备的列表或所有设备接口类
DIGCF_INTERFACEDEVICE	返回支持指定设备接口类的设备。如果 Enumerators 参数指定了设备的实例 ID，那么必须在 Flags 参数中设置此标志位
DIGCF_DEFAULT	对于指定的设备接口类，只返回与系统默认设备接口相关联的设备（如果已设置）

续表

标 志 位	说 明
DIGCF_PRESENT	只返回当前系统中存在的（已连接）设备
DIGCF_PROFILE	只返回当前硬件列表中的一部分设备

如果 SetupDiGetClassDevs 函数调用失败，就会返回 INVALID_HANDLE_VALUE；如果调用成功，则会返回包含图 39.1 所示（计算机中与提供参数匹配的所有设备的）设备信息集的句柄。需要特别注意的是：**当获取的设备信息集处理完毕（不再需要）后，必须调用 SetupDiDestroyDeviceInfoList 函数进行释放。**

包含设备信息集的句柄拿到手了，然后我们需要使用 SetupDiEnumDeviceInterface 函数遍历设备信息集中的全部设备接口（而并不是某一设备信息元素下的设备接口，因为现在还不清楚我们的设备信息保存在哪个设备信息元素中），该函数的形参 DeviceInfoSet 与 InterfaceClassGuid 分别是前面拿到的设备信息集与设备接口 GUID。形参 DeviceInfoData 允许你指定在某个设备信息元素下进行遍历，设置为 NULL 表示不指定。形参 MemberIndex 是设备信息集中标记设备接口的索引（以零为基准）。为了遍历设备信息集中的所有设备接口，我们应该首先将索引设置为 0 来获得第一个接口，然后通过累加 MemberIndex 的方式获得其他接口。如果 SetupDiEnumDeviceInterface 函数成功执行，则返回真（TRUE）；如果执行出现错误，则返回假（FALSE），此时可以结束遍历。PSP_DEVICE_INTERFACE_DETAIL_DATA 是遍历过程中获取到的指向"符合查询要求的设备接口的结构体"的指针，其中 cbSize 表示结构体的字节长度，InterfaceClassGuid 表示设备接口 GUID，Flags 则表示接口的状态，可以是使能（SPINT_ACTIVE）、默认（SPINT_DEFAULT）或已经移除（SPINT_REMOVED），如图 39.5 所示。

图 39.5 SetupDiEnumDeviceInterface 函数

如果 SetupDiEnumDeivceInterface 函数调用失败，则返回假（FALSE）；如果成功执行，则返回真（TRUE），同时 DeviceInterfaceData 会获得指向"符合查询要求的设备接口的结构体"，我们需要进一步使用 SetupDiGetDeviceInterfaceDetail 函数获取设备接口的详细信息，其中的形参 DeviceInfoSet 与 DeviceInterfaceData 就是前面获得设备信息集与指向"代表设备接口的结构体"的指针，DeviceInterfaceDetailDataSize 用于指定"返回的设备接口详细信息的结构体"的字节长度，但是第一次调用 SetupDiGetDeviceInterfaceDetail 函数时，我们并不知道应该设置为多大，微软推荐用户调用两次获取接口详细信息，第一次调用时给 DeviceInterfaceDetailData 与 DeviceInterfaceDetailDataSize 分别设置为 NULL 与 0，并且将一个临时变量的地址传给形参 RequiredSize，这样函数调用将会返回一个 EEROR_INSUFFICIENT_BUFFER 错误，表示传递给系统调用的数据长度不够，但是临时变量却已经获取到了 DeviceInterfaceDetailDataSize 需要设置的字节长度，这样我们可以使用该字节长度再次调用 SetupDiGetDeviceInterfaceDetail 函数得到指向"设备接口详细信息的结构体"的指针，其中就包含了设备路径信息，如图 39.6 所示。

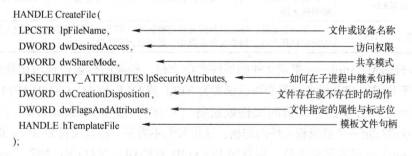

```
WINSETUPAPI BOOL SetupDiGetDeviceInterfaceDetailA (
    HDEVINFO DeviceInfoSet,                                      获得的设备信息集
    PSP_DEVICE_INTERFACE_DATA DeviceInterfaceData,              获得的指向某个设备接口信息的结构体的指针
    PSP_DEVICE_INTERFACE_DETAIL_DATA_A DeviceInterfaceDetailData,
    DWORD DeviceInterfaceDetailDataSize,                        设备接口信息占用的字节大小
    PDWORD RequiredSize,                 指向用于保存设备接口信息需要占用的字节大小的变量的指针
    PSP_DEVINFO_DATA DeviceInfoData      指向用于保存设备信息的变量的指针，不使用可设置为NULL
);
```

```
typedef struct _SP_DEVICE_INTERFACE_DETAIL_DATA_A {
    DWORD  cbSize;
    CHAR DevicePath [ANYSIZE_ARRAY];              设备路径
} SP_DEVICE_INTERFACE_DETAIL_DATA_A, *PSP_DEVICE_INTERFACE_DETAIL_DATA_A;
```

图 39.6　SetupDiGetDeviceInterfaceDetail 函数

如果 SetupDiGetDeviceInterfaceDetail 函数执行失败，则返回假（FALSE）；如果成功执行，则返回真（TRUE）。需要注意的是：**获取到了设备路径后，应该将代表设备接口详细信息的结构体释放**。

我们已经得到了某个设备路径，但是这个设备到底是不是我们所需要的呢？还不知道！为此可以尝试与设备进行通信，从中获得关于设备的一些信息，具体做法是通过 CreateFile 函数获取设备的通信句柄，它是一个通用的 Win32 API 函数，其函数原型如图 39.7 所示。

```
HANDLE CreateFile (
    LPCSTR  lpFileName,                                     文件或设备名称
    DWORD dwDesiredAccess,                                  访问权限
    DWORD dwShareMode,                                      共享模式
    LPSECURITY_ATTRIBUTES lpSecurityAttributes,            如何在子进程中继承句柄
    DWORD dwCreationDisposition,                            文件存在或不存在时的动作
    DWORD dwFlagsAndAttributes,                             文件指定的属性与标志位
    HANDLE  hTemplateFile                                   模板文件句柄
);
```

图 39.7　CreateFile 函数

形参 lpFileName 指定用于创建或打开的文件或设备的名称，它是一个指向字符串的指针。对于 USB HID 设备，应该传入前面获得的设备路径。形参 dwDesiredAccess 表示对文件的访问权限，可以是只读、只写、读写或都没有（只能查询设备的属性），相应的意义如表 39.2 所示。

表 39.2 文件的访问权限

标 志 位	描　　述
0	指定询问访问权。程序可以在不直接访问设备的情况下查询设备的属性
GENERIC_READ	指定读访问权，可以从文件中读取数据，并且可移动文件中的指针。与 GENERIC_WRITE 组合可以得到读写访问权
GENERIC_WRITE	指定写访问权，可以从文件中写入数据，并且可移动文件中的指针。与 GENERIC_READ 组合可以得到读写访问权

　　形参 dwShareMode 指定对象是否共享。如果参数为 0，则表示不能够共享，后续的打开对象的操作将会失败，直到该对象的句柄关闭，相应的标志位如表 39.3 所示。

表 39.3 对象共享标志位

标 志 位	描　　述
FILE_SHARE_DELETE	Windows NT/2000 操作系统下，后续的请求删除访问权的打开操作将会成功
FILE_SHARE_READ	后续的请求读访问权的打开操作将会成功
FILE_SHARE_WRITE	后续的请求写访问权的打开操作将会成功

　　形参 lpSecurityAttributes 指向一个 SECURITY_ATTRIBUTES 结构体的指针，用于确定子进程中是否能够继承返回的句柄。如果该参数为 NULL，则该句柄不可继承，我们将其设置为 NULL 即可。形参 dwCreationDisposition 指定如何创建文件，该参数必须是表 39.4 中的一个或多个标志位。一般情况下，如果我们在访问设备（而不是文件）时，都会选择设置 OPEN_EXISTING。

表 39.4 文件存在或者不存在时如何动作的标志位

标 志 位	描　　述
CREATE_NEW	创建一个新文件，如果该文件已经存在，则函数调用会失败
CREATE_ALWAYS	创建一个新文件，如果该文件已经存在，则函数将覆盖已存在的文件并清除已存在的文件属性
OPEN_EXISTING	打开一个文件，如果文件不存在，则函数调用会失败
OPEN_ALWAYS	如果文件存在，则打开文件；如果文件不存在，并且参数中有 CREATE_NEW 标志，则创建文件
TRUNCATE_EXISTING	打开一个文件，每次打开的文件将被截为 0 字节，调用函数必须用 GENERIC_WRITE 访问权打开文件，如果文件不存在，则函数调用失败

　　形参 dwFlagsAndAttributes 指定文件的属性和标志位，相应的标志位选项比较多，本书不再赘述。对于我们的 USB 设备，我们可以设置为 NULL 或 FILE_FLAG_OVERLAPPED，它表示我们是以同步还是异步的方式访问文件或设备（后述）。形参 hTemplateFile 为 GENERIC_READ 访问权限指定一个到模板文件的句柄，这里我们不需要，将其设置为 NULL 即可。

　　如果 CreateFile 函数调用失败，则返回 INVALID_HANDLE_VALUE；如果 CreateFile 函数成功调用，则返回相应设备的通信句柄，通过句柄就能够进一步获取设备的 VID 与 PID，它们能够唯一确定某个 HID 设备，使用 Hid_GetAttributes 函数就可以实现，其中的形参 HidDeviceObject 应该指定刚刚由 CreateFile 函数返回的句柄，形参 Attributes 是一个指向 HIDD_ATTRIBUTES 结构体的指针，其中包含了 HID 设备类对应的厂商 ID（VID）、产品 ID（PID）与版本号信息（既然 USB 设备是你开发的，它们的值你肯定是知道的，我们的自定义设备对应的 VID 与 PID 分别为 0x0484 与 0x9510），只需要比较一下就能够确定当前的 USB 设备是否是我们需要的，如图 39.8 所示。

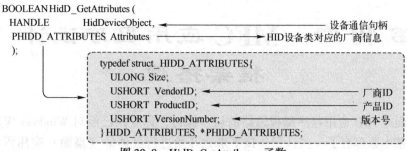

图 39.8　HidD_GetAttributes 函数

　　如果将厂商信息进行比较后发现不是我们需要的设备，此时需要我们继续遍历其他设备接口；如果确实是我们需要的设备，则可以根据需求进行设备的读写操作，它们分别由 WriteFile 与 ReadFile 函数来完成（后述）。最后，总体来看一下访问 HID 设备的应用编程思路，如图 39.9 所示。

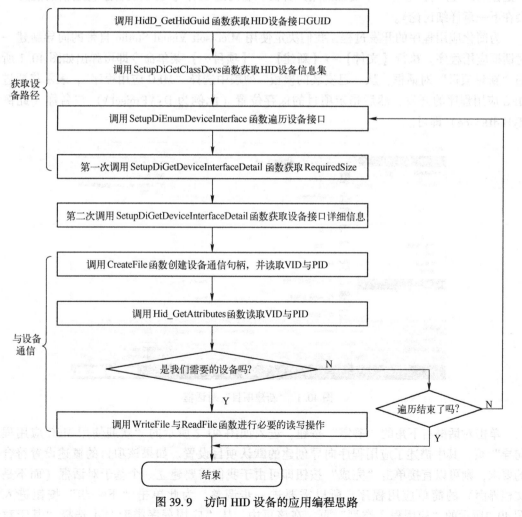

图 39.9　访问 HID 设备的应用编程思路

第40章 MFC 应用程序设计: 框架搭建

有了前面对 HID 应用程序编程思路的初步探讨，你应该已经对 Windows 应用程序访问 USB 设备的基本原理有了一些认识，接下来就开始进行具体的（桌面）应用程序开发。我们决定选择 MFC 作为开发框架，相应的开发工具为 Microsoft Visual Studio（本书使用的版本为 2010，当然，你也可以使用更旧或更新的版本，这对于 MFC 应用程序开发几乎没有影响）。本章将主要讨论 MFC 应用程序的基本框架搭建，包含用户界面的设计、库文件的导入、添加必要的变量，以及后续需要自定义操作或事件处理的空函数等。换句话说，现阶段只是让 MFC 应用程序有一个交互的用户界面，暂时还没有与 USB 设备进行通信的能力（将会在下一章详细讨论）。

为简化应用程序的开发过程，我们决定使用 Microsoft Visual Studio 自带的向导新建一个对话框应用程序。执行【文件】→【新建】→【项目…】菜单命令即可弹出如图 40.1 所示的"新建项目"对话框，从"已安装的模板"列表中选择"MFC 应用程序"，表示将要进行 MFC 应用程序的开发，然后指定项目的保存位置（此例为 D:\Project\）与名称（此例为 MyHidDevice）即可。

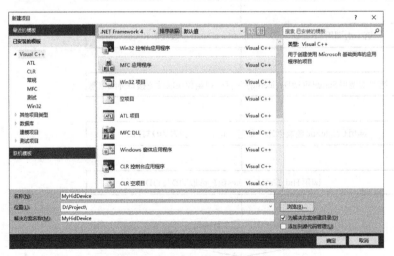

图 40.1 "新建项目"对话框

单击对话框右下角的"确定"按钮，进入如图 40.2 所示的"欢迎使用 MFC 应用程序向导"页，其中描述了应用程序向导创建的默认项目设置。如果该项目的概述设置符合你的要求，则可以直接单击"完成"按钮即可由于我们需要建立一个基于对话框（而不是多文档界面）的简单应用程序，所以需要进一步调整，为此单击"下一步"按钮进入如图 40.3所示的"应用程序类型"页，在该页中，从"应用程序类型"中选择"基于对话框"，然后单击"完成"按钮即可。

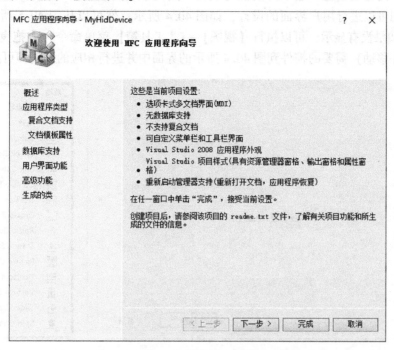

图 40.2　"欢迎使用 MFC 应用程序向导"页

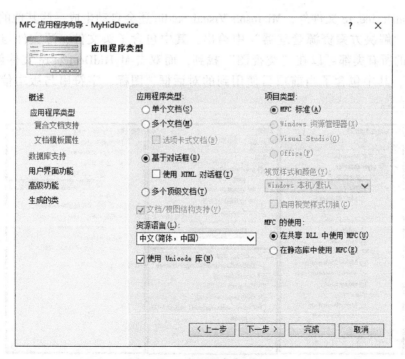

图 40.3　"应用程序类型"页

应用程序向导在创建"基于对话框的项目"后应该会自动打开一个 MyHidDevice.rc 文件，从中我们可以进行用户界面的设计，如图 40.4 所示，你可以从图 40.5 所示的"工具箱"视图（如果没有显示，可以执行【视图】→【工具箱】菜单命令）中拖曳（选择并一直按下鼠标并移动）需要的控件到图 40.4 所示的界面中并进行相应的编辑即可。

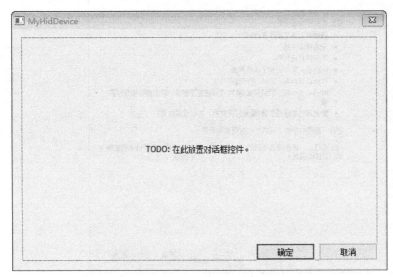

图 40.4　应用程序向导默认生成的界面　　　　　图 40.5　"工具箱"视图

除 MyHidDevice.rc 文件外，Microsoft Visual Studio 还会自动生成一些其他的模板文件，它们都会在"解决方案资源管理器"中给出，其中包含了头文件、源文件与资源文件，项目中定义的所有类都可以在"类视图"找到，而双击 MyHidDevice.rc 文件就可以进入"资源视图"，其中包含了当前项目使用到的对话框、图标、字符串与版本信息等资源，如图 40.6 所示。

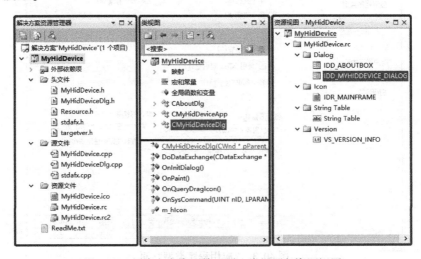

图 40.6　解决方案资源管理器、类视图与资源视图

“类视图”中显示了 CAboutDlg、CMyHidDeviceApp、CMyHidDeviceDlg 三个类，其中 CAboutDlg 代表一个“关于”对话框，相当于大多数软件都有的“关于本软件的名称、版本、版权信息”的对话框，CMyHidDeviceApp 类则是主程序的入口，这两个类只需要了解即可，我们的开发工作主要都在 CMyHidDeviceDlg 类中，而与 CMyHidDeviceDlg 类关联的用户界面则是在“资源视图”中名称为 IDD_MYHIDDEVICE_DIALOG 的对话框资源，双击它就会进入图 40.4 所示的界面。也就是说，用户界面相关的调整工作可以在“资源视图”中进行（当然，也可以编程实现用户界面，只不过通常情况下不会这么做），相应的 MyHidDevice. rc 文件中没有 C++语言代码，而具体功能实现则在 CMyHidDeviceDlg 类中实现，需要使用 C++语言进行编程开发，相应的头文件与源文件分别为 MyHidDeviceDlg. h 与 MyHidDeviceDlg. cpp。

在应用程序向导新建对话框项目完成后，会直接进入图 40.4 所示的界面，其中有“确定”与“取消”两个按钮，以及一个静态文本（显示了字符串“TODO：在此放置对话框控件”），我们将它们删除。根据第 3 章的需求描述，我们需要 2 个组合框（Group Box）、8 个复选框（Check Box）及 2 个按钮（Button），直接从图 40.5 所示的“工具箱”视图中添加即可，然后按照图 3.1 所示的进行调整，相应的界面效果如图 40.7 所示。

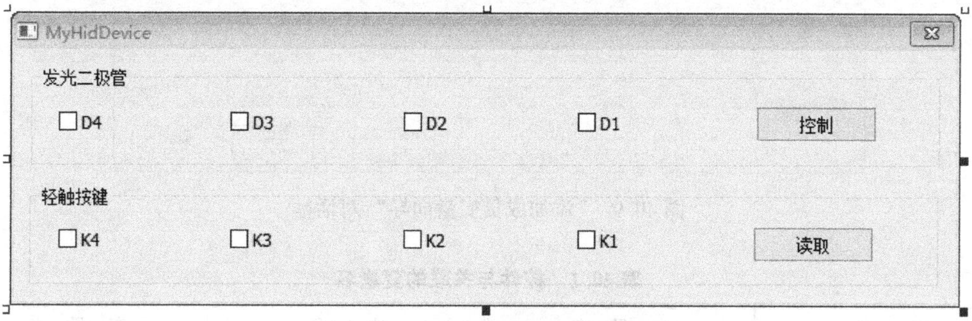
MyHidDevice
发光二极管
D4
D3
D2
D1
控制
轻触按键
K4
K3
K2
K1
读取

图 40.7　用户界面的界面效果

虽然看起来与图 3.1 中的有些不太一样，但现在你可以执行【调试】→【开始执行（不调试）】或【启动调试】菜单命令，如果没有意外，就会弹出与如图 3.1 所示一模一样的界面。当然，现在出现的界面只是一个外壳，它还无法实现任何功能，我们还需要进一步完善该框架。

从第 3 章所述项目需求中可以看到，8 个复选框与两个按钮都需要进行相应控制，所以首先需要将它们各自关联一个变量，后续对它们的状态修改就使用变量来完成。以“D1 复选框”为例，选择该复选框控件后，单击鼠标右键，在弹出的如图 40.8 所示的快捷菜单中选择“添加变量…”项，即可进入图 40.9 所示的“添加成员变量向导”对话框，从中设置控件对应的变量名再单击

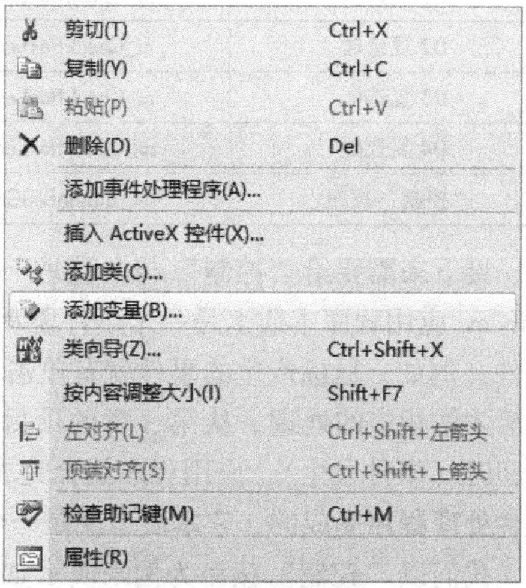
剪切(T) Ctrl+X
复制(Y) Ctrl+C
粘贴(P) Ctrl+V
删除(D) Del
添加事件处理程序(A)...
插入 ActiveX 控件(X)...
添加类(C)...
添加变量(B)...
类向导(Z)... Ctrl+Shift+X
按内容调整大小(I) Shift+F7
左对齐(L) Ctrl+Shift+左箭头
顶端对齐(S) Ctrl+Shift+上箭头
检查助记键(M) Ctrl+M
属性(R)

图 40.8　选择控件后鼠标右键单击弹出的快捷菜单

"完成"按钮即可。

我们设置"D1 复选框"关联的变量名为 m_CheckBoxLed1，其他控件的名称如表 40.1 所示。

图 40.9 "添加成员变量向导"对话框

表 40.1 控件与关联的变量名

控 件	变 量 名	控 件	变 量 名
D1 复选框	m_CheckBoxLed1	K1 复选框	m_CheckBoxKey1
D2 复选框	m_CheckBoxLed2	K2 复选框	m_CheckBoxKey2
D3 复选框	m_CheckBoxLed3	K3 复选框	m_CheckBoxKey3
D4 复选框	m_CheckBoxLed4	K4 复选框	m_CheckBoxKey4
"控制"按钮	m_ButtonLedCtrl	"读取"按钮	m_ButtonKeyRead

接下来需要给"控制"与"读取"按钮添加**事件处理程序**，为什么要这么做呢？因为 Window 应用程序本质上是一个事件驱动系统，也就是说，应用程序总是在等待任何给它的事件（例如，鼠标产生的事件就有单击、右击、双击、按下、松开、拖曳等），进行类型判断后才做相应的处理。从第 3 章的项目需求中可以看到，当我们单击"控制"或"读取"按钮时（事件发生），应用程序就会完成一次与 USB 设备的通信，而这种通信的处理就是由**事件处理程序**完成的，**它本质上就是一个与单击事件相关联（映射）的函数。**

我们以"控制"按钮为例来演示如何添加**事件处理程序**。选择"控制"按钮控件后，单击鼠标右键，弹出如图 40.8 所示的快捷菜单，从中选择"添加事件处理程序…"后即可进入图 40.10 所示的"事件处理程序向导"对话框，在该对话框中，"消息类型"中列出了该按钮控件可以接收的所有消息（"事件"可以理解为"消息"，当用户触发事件时，操作系统就会产生相应的"消息"），我们选择"BN_CLICKED"项，表示当"控制"按钮被单击时才会触发事件。"类列表"中选择默认的"CMyHidDeviceDlg"项即可，表示我们要将**事件处理程序**添加到 CMyHidDeviceDlg 类中，这一项切勿随意选择，它决定了在哪个类中处理按钮的单击事件。如果选择了其他项，**事件处理程序**会添加到其他类中，那么 CMyHidDeviceDlg 类代表的对话框（图 40.7）就收不到单击事件，也就无法进行与 USB 设备通信的任何操作了。

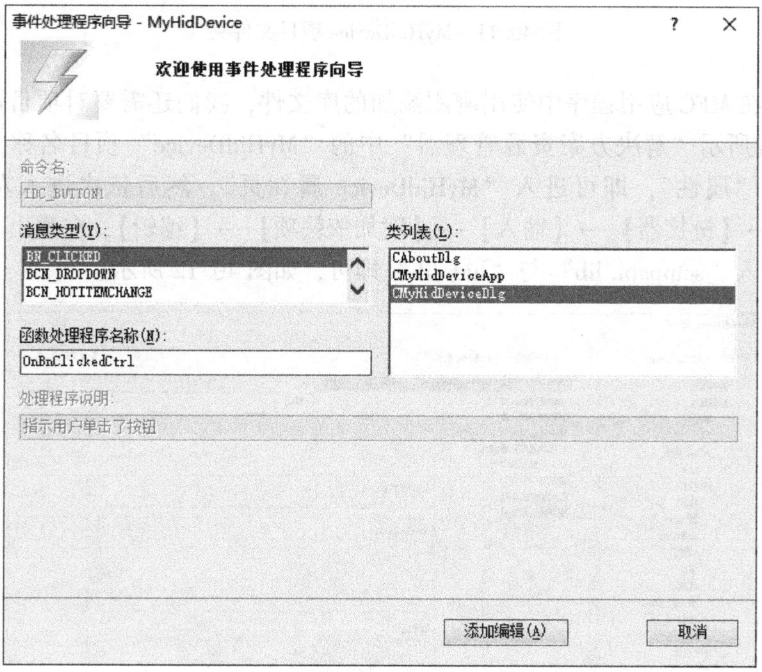

图 40.10　"事件处理程序向导"对话框

　　我们将"函数处理程序名称"设置为"OnBnClickedCtrl"，然后单击右下角的"添加编辑"按钮，此时 Microsoft Visual Studio 就会自动在 MyHidDeviceDlg.h 中添加 OnBnClickedLedCtrl 函数的函数声明，并在 MyHidDeviceDlg.cpp 中添加相应的实现（此时为空函数）。接下来我们按照同样的方式给"读取"按钮添加名称为"OnBnClickedRead"的单击类**事件处理程序**，至此程序界面相关的编辑工作就已经完成了。

　　有人可能会想：需不需要给复选框添加"事件处理程序"呢？答案取决于设计需求！例如，你想实现这样的功能：**在不需要单击"控制"按钮的前提下，每一次修改发光二极管复选框控件状态后马上可以控制 USB 设备上相应 LED 的状态**，此时就应该给每个发光二极管复选框添加一个单击类**事件处理程序**，这样每次单击就会发起一次与 USB 设备的通信。我们不想把问题复杂化，所以只需要给"控制"与"读取"按钮添加"事件处理程序"即可。

　　接下来需要把访问 HID 设备相关的库文件（hid.lib 与 setupapi.lib）与头文件（hidsdi.h、hidpi.h、hidusage.h、setupapi.h）复制到项目所在的目录中，其路径为 D:\

Project\MyHidDevice\MyHidDevice，完成后如图 40.11 所示。

图 40.11　MyHidDevice 项目文件夹

为了能够在 MFC 应用程序中使用刚刚添加的库文件，我们还需要对项目进行设置。右键单击图 40.6 所示"解决方案资源管理器"中的"MyHidDevice"项目名称，在弹出的快捷菜单中选择"属性"，即可进入"MyHidDevice 属性页"，然后依次进入左侧列表中的【配置属性】→【链接器】→【输入】→【附加依赖项】→【编辑】，在弹出的"附加依赖项"窗口中填入"setupapi.lib"与"hid.lib"即可，如图 40.12 所示。

图 40.12　添加"附加依赖项"

接下来具体看看 MyHidDeviceDlg.h 与 MyHidDeviceDlg.cpp 文件，相应的源代码分别如清单 40.1、清单 40.2 所示。

清单 40.1　MyHidDeviceDlg.h 头文件

```
#pragma once
#include "afxwin.h"
//#include <dbt.h>                            //热插拔检测功能实现需要使用到的头文件

extern "C" {                                  //包含访问HID设备使用到的头文件
    #include "hidsdi.h"
    #include <setupapi.h>
}
```

```
class CMyHidDeviceDlg : public CDialogEx {               //CMyHidDeviceDlg 对话框
    public:
        CMyHidDeviceDlg(CWnd* pParent = NULL);           //构造
        enum { IDD = IDD_MYHIDDEVICE_DIALOG };           // 对话框数据
    protected:
        virtual void DoDataExchange(CDataExchange* pDX); // DDX/DDV 支持
    protected:                                           // 实现
        HICON m_hIcon;

        // 生成的消息映射函数
        virtual BOOL OnInitDialog();
        afx_msg void OnSysCommand(UINT nID, LPARAM lParam);
        afx_msg void OnPaint();
        afx_msg HCURSOR OnQueryDragIcon();
        DECLARE_MESSAGE_MAP()
    public:
        CButton m_CheckBoxLed1;
        CButton m_CheckBoxLed2;
        CButton m_CheckBoxLed3;
        CButton m_CheckBoxLed4;
        CButton m_CheckBoxKey1;
        CButton m_CheckBoxKey2;
        CButton m_CheckBoxKey3;
        CButton m_CheckBoxKey4;
        CButton m_ButtonLedCtrl;
        CButton m_ButtonKeyRead;
        afx_msg void OnBnClickedCtrl();
        afx_msg void OnBnClickedRead();

        //以下为手动添加的代码
        BYTE m_iLedStatus;                               //LED状态数据
        BYTE m_iKeyStatus;                               //KEY状态数据
        BOOL m_UsbHidAttatched;                          //设备是否连接的标记
        //void RegisterNotify(void);                     //设备状态改变通知注册
        //afx_msg BOOL OnDeviceChange(UINT nEventType, DWORD dwData);  //热插拔检测处理
        HANDLE OpenMyHidDevice(void);                    //打开与返回设备通信句柄
        void WriteMyHidDevice(void);                     //向设备写入数据
        void ReadMyHidDevice(void);                      //从设备读出数据
        void EnablePanelCtrl(BOOL bFlag);                //使能或禁止面板按钮
        void GetLedCheckBox(void);                       //获取控制面板上用户设置的LED状态
        void SetKeyCheckBox(void);                       //设置控制面板上的KEY状态
};
```

清单 40.2　MyHidDeviceDlg.cpp 源文件

```
// MyHidDeviceDlg.cpp : 实现文件
#include "stdafx.h"
#include "MyHidDevice.h"
#include "MyHidDeviceDlg.h"
#include "afxdialogex.h"

#ifdef _DEBUG
#define new DEBUG_NEW
#endif


class CAboutDlg : public CDialogEx {     //用于应用程序"关于"菜单项的 CAboutDlg 对话框
    public:
        CAboutDlg();
        enum { IDD = IDD_ABOUTBOX };                     //对话框数据
    protected:
        virtual void DoDataExchange(CDataExchange* pDX); // DDX/DDV 支持
    protected:                                           //实现
        DECLARE_MESSAGE_MAP()
};

CAboutDlg::CAboutDlg() : CDialogEx(CAboutDlg::IDD)
{
}
```

```
void CAboutDlg::DoDataExchange(CDataExchange* pDX)
{
    CDialogEx::DoDataExchange(pDX);
}

BEGIN_MESSAGE_MAP(CAboutDlg, CDialogEx)
END_MESSAGE_MAP()


CMyHidDeviceDlg::CMyHidDeviceDlg(CWnd* pParent /*=NULL*/)          //CMyHidDeviceDlg 对话框
    : CDialogEx(CMyHidDeviceDlg::IDD, pParent)
{

    m_hIcon = AfxGetApp()->LoadIcon(IDR_MAINFRAME);
    m_iLedStatus = 0;                                        //初始化LED状态为0
    m_iKeyStatus = 0;                                        //初始化KEY状态为0
    m_UsbHidAttatched = FALSE;                               //初始化为设备未连接状态
}

void CMyHidDeviceDlg::DoDataExchange(CDataExchange* pDX)
{
    CDialogEx::DoDataExchange(pDX);
    DDX_Control(pDX, IDC_CHECK4, m_CheckBoxLed1);
    DDX_Control(pDX, IDC_CHECK3, m_CheckBoxLed2);
    DDX_Control(pDX, IDC_CHECK2, m_CheckBoxLed3);
    DDX_Control(pDX, IDC_CHECK1, m_CheckBoxLed4);
    DDX_Control(pDX, IDC_CHECK7, m_CheckBoxKey1);
    DDX_Control(pDX, IDC_CHECK8, m_CheckBoxKey2);
    DDX_Control(pDX, IDC_CHECK6, m_CheckBoxKey3);
    DDX_Control(pDX, IDC_CHECK5, m_CheckBoxKey4);
    DDX_Control(pDX, IDC_BUTTON1, m_ButtonLedCtrl);
    DDX_Control(pDX, IDC_BUTTON2, m_ButtonKeyRead);
}

BEGIN_MESSAGE_MAP(CMyHidDeviceDlg, CDialogEx)
    ON_WM_SYSCOMMAND()
    ON_WM_PAINT()
    ON_WM_QUERYDRAGICON()
    //ON_WM_DEVICECHANGE()                                   //热插拔检测消息映射
    ON_BN_CLICKED(IDC_BUTTON1, &CMyHidDeviceDlg::OnBnClickedCtrl)
    ON_BN_CLICKED(IDC_BUTTON2, &CMyHidDeviceDlg::OnBnClickedRead)
END_MESSAGE_MAP()

BOOL CMyHidDeviceDlg::OnInitDialog()                        //CMyHidDeviceDlg 消息处理程序
{
    CDialogEx::OnInitDialog();
    //将 "关于..." 菜单项添加到系统菜单中, IDM_ABOUTBOX 必须在系统命令范围内
    ASSERT((IDM_ABOUTBOX & 0xFFF0) == IDM_ABOUTBOX);
    ASSERT(IDM_ABOUTBOX < 0xF000);

    CMenu* pSysMenu = GetSystemMenu(FALSE);
    if (pSysMenu != NULL) {
        BOOL bNameValid;
        CString strAboutMenu;
        bNameValid = strAboutMenu.LoadString(IDS_ABOUTBOX);
        ASSERT(bNameValid);
        if (!strAboutMenu.IsEmpty()) {
            pSysMenu->AppendMenu(MF_SEPARATOR);
            pSysMenu->AppendMenu(MF_STRING, IDM_ABOUTBOX, strAboutMenu);
        }
    }

    //设置此对话框的图标。当应用程序主窗口不是对话框时，框架将自动执行此操作
    SetIcon(m_hIcon, TRUE);                                        //设置大图标
    SetIcon(m_hIcon, FALSE);                                       //设置小图标

    //TODO: 在此添加额外的初始化代码 (以下为手动添加的代码)
    HANDLE hDev;
    hDev = OpenMyHidDevice();                                      //试图获取设备通信句柄
```

```
    if (INVALID_HANDLE_VALUE == hDev) {
        EnablePanelCtrl(FALSE);                                //禁用面板控制
    } else {
        m_UsbHidAttatched = TRUE;        //如果获取的设备通信句柄有效, 设置为设备已连接标记
        EnablePanelCtrl(TRUE);                                 //使能面板控制
        CloseHandle(hDev);                                     //关闭设备通信句柄
    }

    //RegisterNotify();                                        //注册窗口将要接收通知的设备类
    //以上为手动添加的代码

    return TRUE;                                  //除非将焦点设置到控件, 否则返回 TRUE
}

void CMyHidDeviceDlg::OnSysCommand(UINT nID, LPARAM lParam)
{
    if ((nID & 0xFFF0) == IDM_ABOUTBOX) {
        CAboutDlg dlgAbout;
        dlgAbout.DoModal();
    } else {
        CDialogEx::OnSysCommand(nID, lParam);
    }
}

//如果向对话框添加最小化按钮, 则需要下面的代码来绘制该图标
//对于使用文档/视图模型的 MFC应用程序, 这将由框架自动完成
void CMyHidDeviceDlg::OnPaint()
{
    if (IsIconic()) {
        CPaintDC dc(this);                                    // 用于绘制的设备上下文
        SendMessage(WM_ICONERASEBKGND, reinterpret_cast<WPARAM>(dc.GetSafeHdc()), 0);
        int cxIcon = GetSystemMetrics(SM_CXICON);             //使图标在工作区矩形中居中
        int cyIcon = GetSystemMetrics(SM_CYICON);
        CRect rect;

        GetClientRect(&rect);
        int x = (rect.Width() - cxIcon + 1) / 2;
        int y = (rect.Height() - cyIcon + 1) / 2;
        dc.DrawIcon(x, y, m_hIcon);                           //绘制图标
    } else {
        CDialogEx::OnPaint();
    }
}

//当用户拖动最小化窗口时系统调用此函数取得光标显示
HCURSOR CMyHidDeviceDlg::OnQueryDragIcon()
{
    return static_cast<HCURSOR>(m_hIcon);
}

void CMyHidDeviceDlg::OnBnClickedCtrl()
{
    //TODO: 在此添加控件通知处理程序代码 (以下为手动添加的代码)
    if (m_UsbHidAttatched) {              //如果 "控制" 按钮被单击, 且设备已经连接
        GetLedCheckBox();                                     //就获取LED状态数据
        WriteMyHidDevice();                                   //然后发送给设备
    }
}

void CMyHidDeviceDlg::OnBnClickedRead()
{
    //TODO: 在此添加控件通知处理程序代码 (以下为手动添加的代码)
    if (m_UsbHidAttatched) {              //如果 "读取" 按钮被单击, 且设备已经连接
        ReadMyHidDevice();                                    //就从设备读取KEY状态数据
        SetKeyCheckBox();                             //然后设置代表 "轻触按键" 的复选框状态
    }
}
```

```
//以下为手动添加的代码
//BOOL CMyHidDeviceDlg::RegisterNotify(void)
//{
//}

//BOOL CMyHidDeviceDlg::OnDeviceChange(UINT nEventType, DWORD dwData)
//{
//}

HANDLE CMyHidDeviceDlg::OpenMyHidDevice(void)
{
}

void CMyHidDeviceDlg::WriteMyHidDevice(void)
{
}

void CMyHidDeviceDlg::ReadMyHidDevice(void)
{
}

void CMyHidDeviceDlg::EnablePanelCtrl()
{
}

void CMyHidDeviceDlg::GetLedCheckBox(void)
{
}

void CMyHidDeviceDlg::SetKeyCheckBox(void)
{
}
```

需要说明的是，MyHidDeviceDlg.h（.cpp）文件中的大多数代码行是由软件自动添加的（有应用程序向导生成的，也有根据前面添加变量与事件处理程序操作生成的），有些则是手动添加的，对于后者我们都添加了相应的标记。另外，有些添加的代码行暂时也被注释掉了，读者在后续两章中可跟随章节内容将注释去掉即可，这种做法主要是为了节省篇幅。

接下来从头回顾一下，当我们在前面使用对话框进行变量与**事件处理程序**添加操作时，源代码中究竟添加了哪些代码，目的之一是让你简单了解：**在进行可视化操作时，源代码究竟有什么修改**。目的之二是能够让你理解后续手动添加某些代码的原理，切忌只知道使用对话框添加却不知道其中的原理。当然，我们也不会进行过多的探讨，只要够用就行了，至于深入运行机制已经超出了本书的范畴。

首先需要知道的是，图 40.7 中添加的每个控件都有一个唯一的标识符（ID）。例如，"D1 复选框"的标识符为"IDC_CHECK4"（见图 40.9），"控制"按钮的标识符则为"IDC_BUTTON1"（见图 40.10），你可以将其进行更改，只需要保证唯一即可，我们为了降低过程的烦琐度均保持默认。当给控件添加关联变量时，CMyHidDeviceDlg 类中的 DoDataExchange 函数中都会使用 DDX_Control 函数将控件 ID 与相应的变量关联起来，而在给控件添加**事件处理程序**时，首先会在 MyHidDeviceDlg.h 头文件中添加相应的函数声明（修饰符"afx_msg"表示消息处理程序），然后在 MyHidDeviceDlg.cpp 源文件中添加相应的实现（暂时是空函数），并且在 BEGIN_MESSAGE_MAP 与 END_MESSAGE_MAP 宏定义之间添加消息映射，也就是使用响应单击事件的宏 ON_BN_CLICKED 将按钮 ID 与相应的**事件处理程序**关联起来。

以上都是软件自动添加的源代码，为了实现特定的功能，还需要添加一些变量与函数，首先从总体上理解整个应用程序的执行过程，它包含"控制 USB 设备的 LED 状态"与"读取 USB 设备轻触按键状态"两部分。当单击"控制"按钮时，就会调用 OnBnClickedCtrl 函数（事件处理程序），从中首先通过 4 个 LED 复选框状态获得需要发送给 USB 设备的数据，然后获取 USB 设备的通信句柄将该数据发送到 USB 设备。当单击"读取"按钮时，就会触发 OnBnClickedRead 函数，从中首先获取 USB 设备的通信句柄，然后读取 USB 设备准备好的轻触按键状态数据，之后根据读取的数据设置应用程序界面中轻触按键复选框的状态。整个处理过程正如前面提到过的：**每单击一次"控制"或"读取"按钮，都会与 USB 设备进行一次通信**。相应的执行流程如图 40.13 所示。

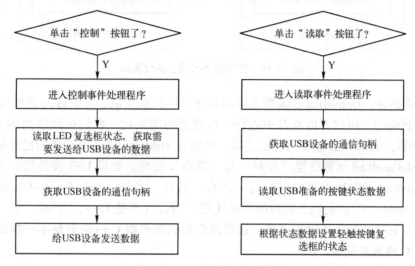

图 40.13　应用程序的执行流程

在 MyHidDeviceDlg.h 头文件中，我们声明了 3 个变量，其中 m_LedStatus 与 m_KeyStatus 分别用于保存"发送给 USB 设备"与"从 USB 设备读取"的数据，它们的类型都是 BYTE（字节），因为从前面的报告描述符分析中已经知道，输入与输出报告中只有 1 字节的数据是有效的（如果数据不止一个有效字节数据，可以声明一个数组），m_UsbHidAttatched 用来标记当前 HID 设备的连接状态，只有当设备处于连接状态时才会发起与 USB 设备的通信操作。另外，我们还在 CMyHidDeviceDlg 类的构造函数中将它们都进行了初始化。

根据图 40.13 所示的执行流程，我们还手动添加了一些函数（暂时为空）。EnablePanelCtrl 函数可以根据 HID 设备的连接状态调整"控制"与"读取"按钮的可用状态。前面已经提过，当 USB 设备没有与主机连接时，这两个按钮应该处于灰色不可用状态；反之，则使能这两个按钮。GetLedCheckBox 函数用来从发光二极管复选框中获取需要设置的数据，如果相应的复选框被勾选，则将相应的位置 1；否则，就置 0，获得的数据会保存在 m_LedStatus。SetKeyCheckBox 函数将"从 USB 设备读取的按键状态数据"保存在 m_KeyStatus，然后设置应用程序界面中的轻触按键复选框状态，如果相应的位为 1 就勾选；否则，就不勾选。OpenMyHidDevice 函数用来查找需要与之通信的 USB 设备，并返回相应的通信句柄，ReadMyHidDevice 与 WriteMyHidDevice 则通过通信句柄分别对 USB 设备进行读写操作。从代码的角度来看，相应的函数执行流程如图 40.14 所示。

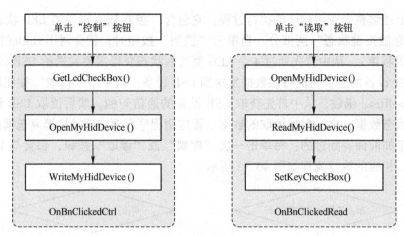

图 40.14　应用程序的函数执行流程

　　值得一提的是，OnInitDialog 函数由应用程序向导自动生成，在创建对话框时（显示对话框前）会被调用，用户可以在其中进行一些必要的初始化。我们在其中调用了 OpenMy-HidDevice 函数，如果 USB 设备与主机连接，就将 m_UsbHidAttatched 设置为已连接状态，并且调用 EnablePanelCtrl 函数使能"控制"与"读取"按钮。如果 USB 设备没有连接，则调用 EnablePanelCtrl 函数禁用"控制"与"读取"按钮。另外，MyHidDeviceDlg.h 头文件中之所以使用 extern "C"，是因为相应的库是使用 C 语言（不是 C++，而 MFC 是一个 C++类库）编写的，它就相当于告诉编译器：**这里面包含的东西跟 C++语言是不一样的，在编译的时候请按 C 语言来处理**。

　　接下来就看看前面手动添加的函数具体是如何实现的吧！

第41章　与自定义HID设备通信

前一章只是搭建了MFC应用程序的框架，暂时还没有具体的功能，因为大多数自动或手动添加的函数都是空的，接下来我们需要一一实现这些空函数，以完成应用程序与USB设备通信的功能，首先将相关函数的实现源代码全部给出，如清单41.1所示。

清单41.1　空函数的实现

```
HANDLE CMyHidDeviceDlg::OpenMyHidDevice(void)
{
    GUID HidGuid;                                    //用于保存设备接口GUID的临时变量
    HDEVINFO hDevInfo;                               //HID设备信息集句柄
    DWORD devIndex;                                  //用于遍历设备接口的索引
    SP_DEVICE_INTERFACE_DATA devInfoData;            //指向"代表设备接口的结构体"的指针
    BOOL bErrorFree;                                 //遍历设备接口是否出错
    PSP_DEVICE_INTERFACE_DETAIL_DATA devDetail;  //指向"含设备接口详细信息的结构体"的指针
    DWORD RequiredSize;                              //设备接口详细信息的结构体的字节长度
    HANDLE hDev;                                     //设备通信句柄
    HIDD_ATTRIBUTES hidAttributes;                   //HID设备属性

    HidD_GetHidGuid(&HidGuid);                       //获取HID设备接口GUID
    hDevInfo = SetupDiGetClassDevs(&HidGuid, NULL, NULL,
                        DIGCF_PRESENT | DIGCF_INTERFACEDEVICE);//获取设备信息集句柄
    if (INVALID_HANDLE_VALUE == hDevInfo) {
        return INVALID_HANDLE_VALUE;
    }

    devIndex = 0;                                    //设置索引为0开始遍历
    devInfoData.cbSize = sizeof(devInfoData);

    do {
        bErrorFree = SetupDiEnumDeviceInterfaces(hDevInfo, 0, &HidGuid,
                                    devIndex, &devInfoData);//通过索引获取HID设备接口

        if(FALSE == bErrorFree) {      //如果没有更多的设备接口，就将设备信息集释放并返回
            SetupDiDestroyDeviceInfoList(hDevInfo);
            return INVALID_HANDLE_VALUE;
        }

        SetupDiGetDeviceInterfaceDetail(hDevInfo, //第一次获得接口详细信息结构体的字节长度
                            &devInfoData, NULL, 0, &RequiredSize, NULL);
        devDetail = (PSP_DEVICE_INTERFACE_DETAIL_DATA) malloc(RequiredSize);      //分配内存
        devDetail->cbSize = sizeof(SP_DEVICE_INTERFACE_DETAIL_DATA);      //设置字节长度参数

        //第二次通过"获得的接口详细信息结构体的字节长度"来获取"接口详细信息结构体"
        if (!SetupDiGetDeviceInterfaceDetail(hDevInfo, &devInfoData,
                                    devDetail, RequiredSize, NULL, NULL)) {
            free(devDetail);
            SetupDiDestroyDeviceInfoList(hDevInfo);
            return INVALID_HANDLE_VALUE;
        }
```

```
        hDev = CreateFile(devDetail->DevicePath,                        //获取设备通信句柄（同步）
                    GENERIC_READ | GENERIC_WRITE,
                    FILE_SHARE_READ | FILE_SHARE_WRITE,
                    (LPSECURITY_ATTRIBUTES)NULL, OPEN_EXISTING, NULL, NULL);

        if(devDetail != NULL) {                                         //获取到路径后到不再需要
            free(devDetail);
        }

        if(INVALID_HANDLE_VALUE != hDev)       {
            hidAttributes.Size = sizeof(hidAttributes);
            HidD_GetAttributes(hDev, &hidAttributes) ;//获取VID与PID以确定是否为我们的设备
            if((0x0484 == hidAttributes.VendorID) && (0x5910 == hidAttributes.ProductID)){
                break;
            }

            CloseHandle(hDev);                                          //不是我们的设备，关闭设备通信句柄
        }

        devIndex++;                                                     //累加索引值，继续遍历
    } while(TRUE == bErrorFree);

    SetupDiDestroyDeviceInfoList(hDevInfo);                             //释放不再使用到的设备信息集
    return hDev;
}

void CMyHidDeviceDlg::WriteMyHidDevice(void)
{
    DWORD Bytes;
    BYTE  SendDataBuf[2];
    HANDLE hDev;

    hDev = OpenMyHidDevice();                                           //试图获取设备通信句柄
    if(INVALID_HANDLE_VALUE != hDev){
        SendDataBuf[0] = 0;                                             //发送的第1个字节代表报告ID
        SendDataBuf[1] = m_iLedStatus;                                  //发送的第2个字节代表LED状态
        WriteFile(hDev, SendDataBuf, 2, &Bytes, NULL);                  //将数据发送到设备
        CloseHandle(hDev);                                              //关闭设备通信句柄
    }
}

void CMyHidDeviceDlg::ReadMyHidDevice(void)
{
    DWORD   Bytes;
    BYTE    RecvDataBuf[9];                                             //读入9字节数据，第1个字节为报告ID
    HANDLE hDev;

    hDev = OpenMyHidDevice();                                           //试图获取设备通信句柄
    if(INVALID_HANDLE_VALUE != hDev) {
        ReadFile(hDev, RecvDataBuf, 9, &Bytes, NULL);                   //从设备读取数据
        m_iKeyStatus = RecvDataBuf[1];                                  //第2个字节为KEY状态数据
        CloseHandle(hDev);                                              //关闭设备通信句柄
    }
}

void CMyHidDeviceDlg::EnablePanelCtrl(BOOL bFlag)
{
    if (TRUE == bFlag) {                     //如果设备已连接，就将面板上的按钮设置为可用状态
        m_ButtonLedCtrl.EnableWindow(TRUE);
        m_ButtonKeyRead.EnableWindow(TRUE);
```

```
    } else {                                          //如果设备未连接,就将面板上的按钮设置为禁用状态
        m_ButtonLedCtrl.EnableWindow(FALSE);
        m_ButtonKeyRead.EnableWindow(FALSE);
    }
}
void CMyHidDeviceDlg::GetLedCheckBox(void)
{
    m_iLedStatus = 0;

    if (BST_CHECKED == m_CheckBoxLed1.GetCheck()) {
        m_iLedStatus |= 0x1;                          //D1复选框被勾选
    }

    if (BST_CHECKED == m_CheckBoxLed2.GetCheck()) {
        m_iLedStatus |= 0x2;                          //D2复选框被勾选
    }

    if (BST_CHECKED == m_CheckBoxLed3.GetCheck()) {
        m_iLedStatus |= 0x4;                          //D3复选框被勾选
    }

    if (BST_CHECKED == m_CheckBoxLed4.GetCheck()) {
        m_iLedStatus |= 0x8;                          //D4复选框被勾选
    }
}

void CMyHidDeviceDlg::SetKeyCheckBox(void)
{
    if (m_iKeyStatus & 0x1) {
        m_CheckBoxKey1.SetCheck(BST_CHECKED);         //勾选K1复选框
    } else {
        m_CheckBoxKey1.SetCheck(BST_UNCHECKED);
    }

    if (m_iKeyStatus & 0x2) {
        m_CheckBoxKey2.SetCheck(BST_CHECKED);         //勾选K2复选框
    } else {
        m_CheckBoxKey2.SetCheck(BST_UNCHECKED);
    }

    if (m_iKeyStatus & 0x4) {
        m_CheckBoxKey3.SetCheck(BST_CHECKED);         //勾选K3复选框
    } else {
        m_CheckBoxKey3.SetCheck(BST_UNCHECKED);
    }

    if (m_iKeyStatus & 0x8) {
        m_CheckBoxKey4.SetCheck(BST_CHECKED);         //勾选K4复选框
    } else {
        m_CheckBoxKey4.SetCheck(BST_UNCHECKED);
    }
}
```

　　我们仍然按照图 40.14 所示的执行流程来讨论,当单击"控制"按钮时,会触发单击事件而进入 OnBnClickedCtrl 事件处理函数,其中首先确认 USB 设备已经连接后(只有当 USB 设备处于连接状态时才可以与之通信),调用了 GetLedCheckBox 函数,它通过与复选框关联的变量的 GetCheck 成员函数判断复选框状态来更新变量 m_iLedStatus。GetCheck 函数能够返回的状态如表 41.1 所示,其中,"BST"是"Button State"的简写,描述中之所以出现"按钮"而不是"复选框",是因为复选框本身就是一个按钮,只是外观表现形式不一样,从 MyHidDeviceDlg.h 头文件中关联变量类型(CButton)就可以观察到。

表 41.1　GetCheck 函数的返回值

值	描　　述
BST_CHECKED	按钮处于勾选状态
BST_INDETERMINATE	按钮处于中间状态（仅用于指定了 BS_3STATE 或 BS_AUTO3STATE 状态的按钮）
BST_UNCHECKED	按钮处于未勾选状态

在 GetLedCheckBox 函数中，我们依次判断每个复选框是否为勾选状态，如果答案是肯定的，则将对应的数据位置 1，否则为 0（m_iLedStatus 从一开始就被清零），如图 41.1 所示。

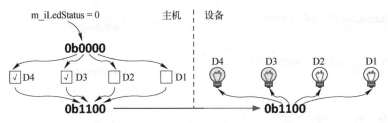

图 41.1　LED 复选框状态的获取过程

现在需要发送的数据已经准备好了，接下来调用 WriteMyHidDevice 函数进行数据的发送操作。首先调用 OpenMyHidDevice 函数试图获得 USB 设备的通信句柄，该函数的源代码细节不再赘述，读者只需要对照第 39 章自行阅读即可，这里仅重点提醒 3 点：其一，对于不再需要使用到的资源必须及时释放；其二，如果获取 USB 设备通信句柄成功，函数将返回有效的通信句柄，否则返回 INVALID_HANDLE_VALUE；其三，**我们给 CreateFile 函数的形参 dwFlagsAndatributes 传递的参数是空（NULL），表示以同步方式打开 USB 设备**，注意到这一点非常重要，**因为它影响后续对 USB 设备的读写模式（后述）**。

如果 OpenMyHidDevice 成功获取我们的设备通信句柄，则接下来只需要调用 WriteFile 函数将其写入 USB 设备即可，该函数的原型如图 41.2 所示。其中，形参 hFile 为将要写入数据的文件或设备的句柄。lpBuffer 表示指向"要写入文件或设备的数据缓冲区"的指针，nNumberOfBytesToWrite 指定要写入的字节数。lpNumberOfBytesWritten 表示指向"实际写入文件中的字节数"的指针。lpOverlapped 是指向 OVERLAPPED 结构体的指针（后述），只有在文件或设备使用 FILE_FLAG_OVERLAPPED 标志（对应 CreateFile 函数中的形参 dwFlagsAndAttributes）打开时才需要。OpenMyHidDevice 函数中调用的 CreateFile 函数并没有设置该标志（NULL），所以调用 WriteFile 函数时也相应传入 NULL 即可。

图 41.2　WriteFile 函数的原型

有些读者可能会想问：为什么要把写入的字节数设置为 "2" 呢？输出报告不就只有一个字节的有效数据吗，直接发送一个字节不行吗？答案是：**不可以！** 这里需要特别注意的是，**SendDataBuf 数组的第一个字节代表输出报告的 ID**。如果报告描述符中没有使用输出报告的 ID，默认就是 0。在调用 WriteFile 函数完成数据的写入操作后，将通信句柄进行释放即可。

　　我们再来看 USB 设备的轻触按键状态是如何到达应用程序的。当单击 "读取" 按钮时，会触发单击事件而进入 OnBnClickedRead 事件处理函数，在确认 USB 设备已经连接后，调用 ReadMyHidDevice 函数获取 USB 设备的按键状态数据，其中调用了 ReadFile 函数读取 USB 设备的数据，该函数的原型如图 41.3 所示，此处不再赘述。这里仅着重提醒一下：lpOverlapped 同样是指向 OVERLAPPED 结构体的指针，在文件或设备使用 FILE_FLAG_OVERLAPPED 标志打开时才需要设置，其他情况下可以设置为空（NULL）。

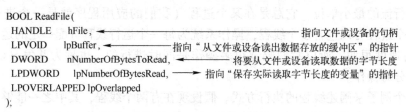

图 41.3　ReadFile 函数的原型

　　调用 ReadFile 函数读取数据时同样需要注意：**RecvDataBuf 数组的大小为 9 字节，索引 0 的数据为输入报告的 ID（没有使用到应该设置为 0）**。RecvDataBuf 数组中索引 1 所在的位置保存的是从 USB 设备获得的按键状态数据，我们将其赋值给变量 m_iKeyStatus，然后调用 SetKeyCheckBox 函数设置复选框的状态，具体做法是将 m_iKeyStatus 的低 4 位依次判断一下，如果为 1 就调用 SetCheckBox 成员函数将相应的复选框设置为勾选状态，如果为 0 则设置为未勾选状态，如图 41.4 所示。

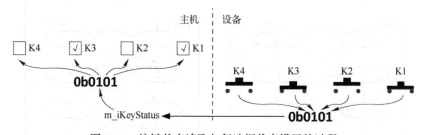

图 41.4　按键状态读取与复选框状态设置的过程

　　虽然应用程序现在已经可以正常工作了，但是有些读者可能会想：为什么看到有些人会使用**异步**方式读写 USB 设备呢？它与前面讨论的同步方式有什么区别吗？我们同样可以使用行棋项目来讨论。前面已经提过，当一方行棋完成后，必须等待另一方行完棋才能再次行棋，这是双方**同步**的状态。如果一方行棋完成后，不顾另一方是否已经行棋而自行再次行棋，那么我们认为双方是**异步**的。对 USB 设备进行读写也是相似的，主机与设备相当于行棋双方。以主机读取 USB 设备数据为例，如果以**同步**方式调用 ReadFile 函数进行数据读取，则它会一直等到设备返回数据（ReadFile 函数有返回值）后再执行赋值 m_iKeyStatus 及后续语句。换句话说，如果设备返回数据所需的时间比较长，应用程序就会一直"卡"在 ReadFile 函数的执行过程中，我们也称为阻塞调用方式，因为它会在调用函数得到返回值之前暂停后续的语句执行流。如果以**异步**方式调用 ReadFile 函数，它不需要等到设备返回数据就可以马上执行赋值 m_iKeyStatus 及后续语句，即使设备返回数据的时间比较长，应用程序也就不会"卡"在 ReadFile 函数执行中，我们称之为非阻塞调用方式。由于**异步**方式调用 ReadFile 函数后，主机可能还在发送指令，或调度 USB 主机控制器，或通过集线器转发，或按键状态数据正在回传等过程中。总之，设备返回数据还没有到达主机，赋给 m_iKeyStatus 的数据肯定不是从 USB 设备读取过来的数据。所以我们必须采取一定的方式，确保 USB 设备的按键状态数据返回后才能给 m_iKeyStatus 赋值，从而实现主从双方**同步**的功能。

在 Windows 应用程序开发时，同步问题也存在于多线程（Thread）编程中。线程可以理解为程序执行流的最小单位，它总是在某个进程（我们的应用程序就是一个进程）环境中创建的。一个进程可以包含多个线程，操作系统为每一个运行线程分配一定的运行时间，由于 CPU 运行速度很快，所以我们感觉很多操作是同时进行的，也称为并发（Concurrent），其实是一种分时操作。

我们举个例子来阐述线程的执行方式。假设现在有两个线程，其中之一能够打印从 1 开始的整数，另外一个能够打印从 a 开始的字母，如果想让它们共同配合完成打印出 1、a、2、b、3、c、4、d 等的字符串效果，该怎么做呢？如果两个线程不同步，由于操作系统给它们分配的运行时间不一样，某个线程的打印速度可能更快一些，那么也就不能实现我们需要的效果，就像图 41.5（a）所示那样，打印出来的字符串为 1、a、b、c、2、3、4、d 等。为了实现我们想要的效果，需要让两个线程同步。例如，在某个线程中打印一个字符后，发一个消息给另一个线程，就相当于说：**兄弟，该轮到你了！**是不是跟行棋同步完全一样？相应的线程执行流如图 41.5（b）所示。

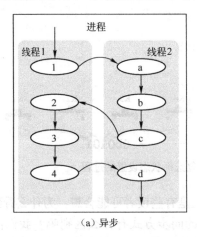 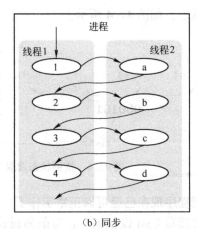

图 41.5　多线程同步执行流

同步读写 USB 设备的好处就在于编程简单，但是如果由于某些原因（例如，数据量庞大、设备返回数据时间慢、传输数据包太小等）导致读写操作花费的时间较长（极端情况下，一些错误的发生可能会导致读写操作永远无法完成），整个应用程序在此期间就无法响应用户的其他操作（单击控件没反应），不了解内情的用户还以为应用程序"死"了，非常不利于提升用户体验，所以很多人更偏向于使用异步方式，但是异步方式也需要解决同步的问题，就相当于你换种姿势下棋一样，双方同步的硬性要求肯定还是必须遵守的，否则就会出乱子。

如果你想使用 WriteFile 或 ReadFile 函数以异步方式读写设备，首先**必须确保以异步方式调用 CreateFile 函数创建通信句柄（给形参 dwFlagsAndatributes 传递 FILE_FLAG_OVERLAPPED 标志位）**，其次在调用完 WriteFile 或 ReadFile 函数后必须等待返回结果才能执行后续语句，基本原理与线程同步并无二致。我们以异步方式读取设备数据为例简单讨论一下具体的实现方式，如清单 41.2 所示。

清单 41.2　以异步方式读取设备数据

```
void CMyHidDeviceDlg::ReadMyHidDevice(void)
{
    DWORD Bytes;
    BYTE RecvDataBuf[9];                                    //读入9字节数据，第1个字节为报告ID
    HANDLE hDev;
    OVERLAPPED HidOverlapped;
    HANDLE hEvent;                                          //事件句柄
    DWORD bWaitEvent;                                       //等待事件的结果

    hDev = OpenMyHidDevice();                               //试图获取设备通信句柄
    if(INVALID_HANDLE_VALUE != hDev) {
        hEvent = CreateEvent(NULL, TRUE, FALSE, NULL);     //创建事件，默认为"无信号"状态
        HidOverlapped.hEvent = hEvent;                     //初始化HidOverlapped
        HidOverlapped.Offset = 0;
        HidOverlapped.OffsetHigh = 0;

        ReadFile(hDev, RecvDataBuf, 9, &Bytes, (LPOVERLAPPED)&HidOverlapped); //读取数据
        bWaitEvent = WaitForSingleObject(hEvent, 500);     //等待最多500ms

        if (WAIT_OBJECT_0 == bWaitEvent) {
            m_iKeyStatus = RecvDataBuf[1];                  //第2个字节为KEY状态数据
        } else {
            CancelIo(&hDev);
        }

        CloseHandle(hDev);                                 //关闭设备通信句柄
    }
}
```

从清单 41.2 中可以看到，在调用 ReadFile 函数时给形参 lpOverlapped 传入了一个 OVERLAPPED 结构体类型变量（HidOverlapped）的地址，它是实现异步读取数据的关键。OVERLAPPED 结构体中的 Internal 成员变量是预留给操作系统的，用于指定一个独立于系统的状态；InternalHigh 成员变量也是预留给操作系统使用的，用于指定接收（或发送）数据的长度，我们无须关注。共用体中定义了一个结构体与指针，前者包含的 Offset 与 OffsetHigh 表示从文件起始处的字节偏移量的低位与高位，由用户指定从哪里开始写，Pointer 则是预留给系统的；hEvent 成员则代表一个事件句柄，如图 41.6 所示。

为什么需要传入一个事件的句柄？因为当你使用异步方式调用 ReadFile 函数时，也就意味着要求操作系统以线程的方式来完成，那么当线程已经完成读（或写）操作时，它应该触发一个事件来通知我们，而这个事件的状态分为"有信号"与"无信号"两种状态，也就是同步的关键。

```
typedef struct _OVERLAPPED {
    ULONG_PTR Internal;          ← 操作系统保留，指出一个和系统相关的状态
    ULONG_PTR InternalHigh;      ← 指出发送或接收的数据长度
    union {
      struct {
        DWORD Offset;            ← 文件传送的字节偏移量的低位字
        DWORD OffsetHigh;        ← 文件传送的字节偏移量的高位字
      } DUMMYSTRUCTNAME;
      PVOID Pointer;             ← 指向文件传送位置的指针
    } DUMMYUNIONNAME;
    HANDLE hEvent;               ← 指定一个 I/O 操作完成后触发的事件
} OVERLAPPED, *LPOVERLAPPED;
```

图 41.6 OVERLAPPED 结构体

事件的创建是由 CreateEvent 函数完成的，其形参 lpEventAttributes 一般为 NULL。形参 bManualReset 用于设置事件是自动复位（FALSE）还是手动复位（TRUE），前者需要我们在事件发生后调用 ResetEvent 函数清除事件的信号，后者表示当线程完成操作后自动清除信号。我们需要在调用 ReadFile 函数后等待事件发生，所以应该设置为手动复位。形参 bInitialState 用来设置事件的初始状态为"有信号"（TRUE）还是"无信号"（FALSE）。lpName 表示事件对象的名称（供其他函数调用），我们将其设置为空即可，如图 41.7 所示。

```
HANDLE CreateEvent (
    LPSECURITY_ATTRIBUTES  lpEventAttributes,  ← 一般为 NULL
    BOOL  bManualReset,    ← 创建的 Event 是自动复位还是人工复位
    BOOL  bInitialState,   ← 初始状态
    LPCTSTR  lpName        ← 事件对象的名称
);
```

图 41.7 CreateEvent 函数原型

对于 ReadFile（或 WriteFile）函数，应该将事件的初始状态设置为"无信号"，在异步调用 ReadFile 函数后，操作系统会使用线程进行读数据操作。读数据操作完成后，事件会进入"有信号"状态，我们可以调用 WaitForSingleObject 函数等待该事件对象，其形参 hObject 表示需要等待事件对象的句柄，形参 dwTimeout 表示等待事件对象变成"有信号"状态前等待的时间（单位为毫秒）。如果指定等待时间过后，同步对象仍然处于"无信号"状态，线程将不再等待。WaitForSingleObject 函数的返回值如表 41.2 所示，其中互斥锁（mutex）也是线程同步的手段之一。

表 41.2 WaitForSingleObject 函数的返回值

值	描述
WAIT_ABANDONED	当对象为 mutex 时，如果拥有 mutex 的线程在结束时没有释放核心对象会引发此返回值
WAIT_OBJECT_0	指定的对象处于"有信号"状态
WAIT_TIMEOUT	等待超时
WAIT_FAILED	出现错误，可通过 GetLastError 得到错误代码

在清单 41.2 中，我们使用创建的事件来初始化 HidOverlapped 变量。调用 ReadFile 函数后，WaitForSingleObject 函数最多只等待 500 毫秒，如果正常返回，就把接收到的数据赋给 m_iKeyStatus，否则就调用 CancelIo 函数取消请求。

　　有人可能会想：你这种异步与同步方式本质上不就一样的吗？同样会在 WaitForSingleObject 函数语句中"卡"住呀！的确如此，这种方式只是说明如何保证异步读写的数据正常接收。如果真的要实现完全"不卡"的应用程序，则可以创建一个线程进行数据读写，然后在读写操作完成后给应用程序发送消息，应用程序收到消息就执行 SetKeyCheckBox 函数。当然，这涉及线程编程与消息映射方面的更多内容，已经超出了本书的讨论范畴，大家了解一下即可。对于我们这种简单的 USB 设备，使用同步方式读写已然足够了。

第 42 章 实现 USB 设备
热插拔检测功能

到目前为止，你应该具备设计 MFC 应用程序与自定义 HID 设备进行通信的能力，即便你的开发板与本书不一致，也应该知道如何进行适当的修改，但是喜欢动手验证学习的读者可能会发现这样一个问题：**只有在 USB 设备与主机已经连接的情况下运行前面设计的 MFC 应用程序才能够正常使用；相反，如果在应用程序已经运行的情况下连接 USB 设备，我们将无法正常控制（面板处于禁用状态）**。这是为什么呢？因为我们还没有实现热插拔检测功能，当"USB 设备与主机连接"事件发生时，应用程序并不知道。

当类似 USB 设备之类的支持热插拔设备与主机连接或断开时，Windows 操作系统会向应用程序的主窗口发送 WM_DEVICECHANGE 消息，以通知设备的状态已经发生改变，如果你想要实现热插拔检测功能，必须在应用程序中添加相应的消息处理函数，但是在此之前，我们必须**将应用程序要接收"设备状态已经发生改变的"通知的设备类进行注册**（简单地说，就是设置应用程序监听引发 WM_DEVICECHANGE 消息的对象），它是通过 RegisterDeviceNotification 函数实现的，其原型如图 42.1 所示。

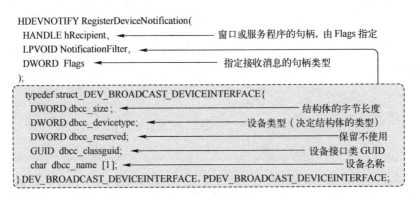

图 42.1 RegisterDeviceNotification 函数

形参 hRecipient 表示接收设备事件的窗口（或没有窗口的服务程序）的句柄，具体是哪种句柄则由形参 Flags 决定，相应可供设置的标志位如表 42.1 所示。

表 42.1 Flags 标记位

标 记 位	描　　述
DEVICE_NOTIFY_WINDOW_HANDLE	hRecipient 参数是窗口句柄
DEVICE_NOTIFY_SERVICE_HANDLE	hRecipient 参数是（无窗口的）服务状态句柄
DEVICE_NOTIFY_ALL_INTERFACE_CLASSES	设备接口事件将通知到所有设备接口类

形参 NotificationFilter 用来指定应用程序需要监听哪类设备的消息，具体则是由某一类结构体来指定的。监听不同消息需要使用不同的结构体类型，但是这些结构体的前 3 个成员都是一样的，dbcc_size 成员表示该结构体的字节长度，dbcc_devicetype 成员指定的设备类型决定了结构体的类型（也就是说，除前 3 个通用成员外，其他成员的类型或数量由 dbcc_devicetype 指定），相应可选值如表 42.2 所示。

表 42.2　设备类型标记位

标　记　位	描　述
DBT_DEVTYP_DEVICEINTERFACE	设备类（DEV_BROADCAST_DEVICEINTERFACE 结构体）
DBT_DEVTYP_HANDLE	文件系统句柄（DEV_BROADCAST_HANDLE 结构体）
DBT_DEVTYP_OEM	OEM 或 IHV 定义的设备类型（DEV_BROADCAST_OEM 结构体）
DBT_DEVTYP_PORT	串行或并行端口设备（DEV_BROADCAST_PORT 结构体）
DBT_DEVTYP_VOLUME	逻辑卷（DEV_BROADCAST_VOLUME 结构体）

对于实现 USB 设备热插拔检测功能而言，我们应该给形参 NotificationFilter 传递一个指向 DEV_BROADCAST_DEVICEINTERFACE 结构体变量的指针。DEV_BROADCAST_DEVICEINTERFACE 结构体的第 4 个成员 dbcc_classguid 指定了需要监听的设备类 GUID，而第 5 个成员则表示设备的名称。

我们决定添加自定义 RegisterNotify 函数来为应用程序注册设备通知器。首先在 MyHidDeviceDlg.h 头文件中包含 dbt.h 头文件（将清单 40.1 相应语句的注释去掉即可，下同），其中定义了实现注册与使用设备通知器所需要的常量或类型，然后添加 RegisterNotify 函数声明，并在 MyHidDeviceDlg.cpp 源文件中添加函数的实现，如清单 42.1 所示。

清单 42.1　RegisterNotify 函数

```
void CMyHidDeviceDlg::RegisterNotify(void)
{
    GUID HidGuid;                                           //保存设备接口GUID的临时变量
    //GUID HidGuid = {0x4D1E55B2, 0xF16F, 0x11CF,           //直接指定设备接口GUID
    //                {0x88, 0xCB, 0x00, 0x11, 0x11, 0x00, 0x00, 0x30}};
    DEV_BROADCAST_DEVICEINTERFACE NotificationFilter;       //通知过滤器

    HidD_GetHidGuid(&HidGuid);                              //获取HID设备接口GUID
    ZeroMemory( &NotificationFilter, sizeof(NotificationFilter));  //清除过滤器

    NotificationFilter.dbcc_size = sizeof(DEV_BROADCAST_DEVICEINTERFACE);  //设置监听对象
    NotificationFilter.dbcc_devicetype = DBT_DEVTYP_DEVICEINTERFACE;
    NotificationFilter.dbcc_classguid = HidGuid;

    RegisterDeviceNotification(GetSafeHwnd(),               //为窗口注册设备通知过滤器
                        &NotificationFilter, DEVICE_NOTIFY_WINDOW_HANDLE);
}
```

首先通过 HidD_GetHidGuid 函数获取设备接口 GUID，ZeroMemory 函数（本质上调用的 C 标准库中的 memset 函数，微软在 WDK 中将其包装了一下）对声明的通知过滤器 NotificationFilter 进行初始化，也就是用 0 来填充整个结构体，让结构体中的每个成员都有确定的值（与"给结构体变量中每个成员逐个赋 0"是等价的）。接下来将 NotificationFilter 变量的第一个成员 ddcc_size 设置为 DEV_BROADCAST_DEVICEINTERFACE 结构体的字节长度，第二个成员 ddcc_devicetype 设置为表 42.2 中的 DBT_DEVTYP_DEVICEINTERFACE 标记位，这两

USB 应用分析精粹：从设备硬件、固件到主机端程序设计

个成员对于 DEV_BROADCAST_DEVICEINTERFACE 类型的 NotificationFilter 来说是固定的，而 classguid 就是我们需要监听的设备接口类 GUID。最后调用 RegisterNotification 函数即可，对于我们的应用程序，hParentWnd 就表示应用程序的句柄，我们将其设置为由 GetSafeHwnd 函数获取当前窗口的句柄，即表示由对话框接收设备状态变化的通知。

另外，有必要提醒一下设备接口 GUID 的获取方式。之前已经提过，由于将开发板枚举为 HID 设备，因此相应的设备驱动程序都是操作系统预先安装好的，而获取 USB 设备信息的 API 函数也是由微软提供的 WDK 开发包提供的，所以才能使用 HidD_GetHidGuid 函数来获取设备接口 GUID，但是如果使用 libusb 之类的通用驱动程序，它们可能没有提供获取设备接口 GUID 的函数，怎么办呢？我们可以直接通过指定设备接口 GUID 的方式，因为每个设备类对应的设备接口 GUID 都是微软预先定义好的，表 42.3 给出了一些预定义的设备接口 GUID 宏及所在的头文件。

表 42.3 一些预定义的设备接口 GUID 宏及所在的头文件

标 识 符	GUID	头文件
GUID_DEVINTERFACE_USB_DEVICE	{A5DCBF10-6530-11D2-901F-00C04FB951ED}	Usbiodef. h
GUID_DEVINTERFACE_USB_HOST_CONTROLLER	{3ABF6F2D-71C4-462A-8A92-1E6861E6AF27}	Usbiodef. h
GUID_DEVINTERFACE_USB_HUB	{F18A0E88-C30C-11D0-8815-00A0C906BED8}	Usbiodef. h
GUID_DEVINTERFACE_NET	{CAC88484-7515-4C03-82E6-71A87ABAC361}	Ndisguid. h
GUID_DEVINTERFACE_MODEM	{2C7089AA-2E0E-11D1-B114-00C04FC2AAE4}	Ntddmodm. h
GUID_DEVINTERFACE_DISK	{53F56307-B6BF-11D0-94F2-00A0C91EFB8B}	Ntddstor. h
GUID_DEVINTERFACE_CDROM	{53F56308-B6BF-11D0-94F2-00A0C91EFB8B}	Ntddstor. h
GUID_DEVINTERFACE_PARTITION	{53F5630A-B6BF-11D0-94F2-00A0C91EFB8B}	Ntddstor. h
GUID_DEVINTERFACE_TAPE	{53F5630B-B6BF-11D0-94F2-00A0C91EFB8B}	Ntddstor. h
GUID_DEVINTERFACE_WRITEONCEDISK	{53F5630C-B6BF-11D0-94F2-00A0C91EFB8B}	Ntddstor. h
GUID_DEVINTERFACE_VOLUME	{53F5630D-B6BF-11D0-94F2-00A0C91EFB8B}	Ntddstor. h
GUID_DEVINTERFACE_MEDIUMCHANGER	{53F56310-B6BF-11D0-94F2-00A0C91EFB8B}	Ntddstor. h
GUID_DEVINTERFACE_FLOPPY	{53F56311-B6BF-11D0-94F2-00A0C91EFB8B}	Ntddstor. h
GUID_DEVINTERFACE_CDCHANGER	{53F56312-B6BF-11D0-94F2-00A0C91EFB8B}	Ntddstor. h
GUID_DEVINTERFACE_STORAGEPORT	{2ACCFE60-C130-11D2-B082-00A0C91EFB8B}	Ntddstor. h
GUID_DEVINTERFACE_HID	{4D1E55B2-F16F-11CF-88CB-001111000030}	Hidclass. h
GUID_DEVINTERFACE_KEYBOARD	{884B96C3-56EF-11D1-BC8C-00A0C91405DD}	Ntddkbd. h
GUID_DEVINTERFACE_MOUSE	{378DE44C-56EF-11D1-BC8C-00A0C91405DD}	Ntddmou. h
GUID_DEVINTERFACE_DISPLAY_ADAPTER	{5B45201D-F2F2-4F3B-85BB-30FF1F953599}	Ntddvdeo. h
GUID_DEVINTERFACE_MONITOR	{E6F07B5F-EE97-4a90-B076-33F57BF4EAA7}	Ntddvdeo. h
GUID_DEVINTERFACE_IMAGE	{6BDD1FC6-810F-11D0-BEC7-08002BE2092F}	Wiaintfc. h
GUID_DEVINTERFACE_I2C	{2564AA4F-DDDB-4495-B497-6AD4A84163D7}	Dispmprt. h
GUID_DEVINTERFACE_BRIGHTNESS	{FDE5BBA4-B3F9-46FB-BDAA-0728CE3100B4}	Dispmprt. h
GUID_DEVINTERFACE_COMPORT	{86E0D1E0-8089-11D0-9CE4-08003E301F73}	Ntddser. h

308

也就是说，在清单 42.1 中，我们也可使用被注释掉的语句直接指定 HID 设备接口 GUID（不再使用 HidD_GetHidGuid 函数），效果是完全一样的，这种方式适合没有提供获取设备接口 GUID 函数的场合。

那么应该在何时为窗口注册设备通知过滤器呢？当然是在应用程序一打开时就进行，我们可以在 OnInitDialog 函数中调用 RegisterNotify 函数（设备通知过滤器的注册与 USB 设备是否连接是没有关系的），然后应用程序就可以收到 WM_DEVICECHANGE 消息了。我们需要添加消息处理函数，这跟以往添加单击类**事件处理程序**是相同的，但是 Microsoft Visual Studio 并没有提供可视化添加 WM_DEVICECHANGE 消息映射事件处理程序的方式，必须手动添加相应的代码，如清单 42.2 所示。

清单 42.2　热插拔检测功能

```
BEGIN_MESSAGE_MAP(CMyHidDeviceDlg, CDialogEx)
    ON_WM_SYSCOMMAND()
    ON_WM_PAINT()
    ON_WM_QUERYDRAGICON()
    ON_WM_DEVICECHANGE()                                    //热插拔检测消息映射
    ON_BN_CLICKED(IDC_BUTTON1, &CMyHidDeviceDlg::OnBnClickedCtrl)
    ON_BN_CLICKED(IDC_BUTTON2, &CMyHidDeviceDlg::OnBnClickedRead)
END_MESSAGE_MAP()

BOOL CMyHidDeviceDlg::OnDeviceChange(UINT nEventType, DWORD dwData)
{
    HANDLE hDev;
    hDev = OpenMyHidDevice();

    switch(nEventType) {                                    //根据事件类型进行相应的处理
        case DBT_DEVICEARRIVAL:{                            //HID设备插入
            if (INVALID_HANDLE_VALUE != hDev) {
                m_UsbHidAttatched = TRUE;                   //设置HID设备已连接标记
                EnablePanelCtrl(TRUE);
            }
            break;
        }
        case DBT_DEVICEREMOVECOMPLETE: {                    //HID设备拔出
            if (INVALID_HANDLE_VALUE == hDev) {
                m_UsbHidAttatched = FALSE;                  //设置HID设备未连接标记
                EnablePanelCtrl(FALSE);
            }
            break;
        }
    }

    if(INVALID_HANDLE_VALUE != hDev) {
        CloseHandle(hDev);
    }

    return true;
}
```

我们首先在 MyHidDeviceDlg.h 头文件中添加了 OnDeviceChange 函数声明，并在 MyHidDeviceDlg.cpp 源文件中添加相应的实现，然后在 BEGIN_MESSAGE_MAP 与 END_MESSAGE_MAP 中添加 ON_WM_DEVICECHANGE。这里特别注意的是：函数原型（除形参名称外）切勿更改，因为 ON_WM_DEVICECHANGE 本身是一个宏，它已经指定了函数原型。

OnDeviceChange 函数中的形参 dwData 跟随 ON_WM_DEVICECHANGE 消息发送过来的数据，具体取决于代表事件类型的形参 nEventType，相应的标志位如表 42.4 所示。

表 42.4　nEevent 标志位

标 志 位	描　　述
DBT_DEVICEARRIVAL	设备已经插入并且可用时
DBT_DEVICEQUERYREMOVE	请求删除设备权限时（任何应用程序都可以拒绝此请求并取消该操作）
DBT_DEVICEQUERYREMOVEFAILED	移除设备请求被取消时
DBT_DEVICEREMOVEPENDING	设备将要删除设备时移除
DBT_DEVICEREMOVECOMPLETE	设备已经移除（如从物理上移除设备时）
DBT_DEVICETYPESPECIFIC	发生特定于设备的事件时
DBT_CONFIGCHANGED	当前配置已经改变时（例如，添加或删除设备）
DBT_DEVNODES_CHANGED	设备工点已经改变

当 USB 设备与主机连接或断开时，应用程序将分别对应收到 DBT_DEVICEARRIVAL 或 DBT_DEVICEREMOVECOMPLETE 标记位信息，所以我们在 OnDeviceChange 函数中首先通过 switch 语句来判断事件类型从而进行相应的处理。如果事件类型为 DBT_DEVICEARRIVAL 时，则表示 USB 设备已经插入并且可以使用，马上调用 OpenMyHidDevice 函数获取 USB 设备通信句柄，如果 USB 设备确实已经连接，就调用 EnablePanelCtrl 函数使能“控制”与“读取”两个按钮，同时将 m_bUsbHidAttachted 变量设置为真（TRUE）。如果事件类型是 DBT_DEVICEREMOVECOMPLETE，则表示 USB 设备已经移除，同样调用 OpenMyHidDevice 函数确认一下，如果 USB 设备确实已经断开，就将 m_bUsbHidAttatched 变量置为假（FALSE），同时调用 EnablePanelCtrl 函数禁用“控制”与“读取”两个按钮。

当然，你也可以使用另一种方式将 WM_DEVICECHANGE 消息与相应的事件处理函数进行映射，相应的代码如清单 42.4 所示，其效果与清单 42.3 是完全相同的，只不过需要注意：**事件处理函数**的形参类型与前一种方式有所不同（由 ON_MESSAGE 宏指定），但是**事件处理函数**的名称可以更改。

清单 42.3　另一种消息映射方式

```
BEGIN_MESSAGE_MAP(CMyHidDeviceDlg, CDialogEx)
    ON_WM_SYSCOMMAND()
    ON_WM_PAINT()
    ON_WM_QUERYDRAGICON()
    ON_MESSAGE(WM_DEVICECHANGE, OnDeviceChange)          //热插拔检测消息映射
    ON_BN_CLICKED(IDC_BUTTON1, &CMyHidDeviceDlg::OnBnClickedCtrl)
    ON_BN_CLICKED(IDC_BUTTON2, &CMyHidDeviceDlg::OnBnClickedRead)
END_MESSAGE_MAP()

LRESULT CMyHidDeviceDlg::OnDeviceChange(WPARAM wParam, LPARAM lParam)
{
    HANDLE hDev;
    hDev = OpenMyHidDevice();

    switch(wParam) {                                    //根据事件类型进行相应的处理
        case DBT_DEVICEARRIVAL:{                         //HID设备插入
            if (INVALID_HANDLE_VALUE != hDev) {
                m_UsbHidAttatched = TRUE;                //设置HID设备已连接标记
                EnablePanelCtrl(TRUE);
            }
            break;
        }
```

```
        case DBT_DEVICEREMOVECOMPLETE: {                              //HID设备拔出
            if (INVALID_HANDLE_VALUE == hDev) {
                m_UsbHidAttatched = FALSE;                            //设置HID设备未连接标记
                EnablePanelCtrl(FALSE);
            }
            break;
        }
    }

    if(INVALID_HANDLE_VALUE != hDev) {
        CloseHandle(hDev);
    }
    return true;
}
```

第 43 章　仅使用控制端点的 HID 设备

前面开发的自定义 HID 设备使用了 2 个中断类型端点进行数据传输，而默认的控制类型端点 0 只用来在总线枚举时进行设备配置，但是有些低成本的芯片只有一个控制端点 0，此时应该怎样使其与应用程序进行通信呢？答案是使用 HID 特定类的"设置报告（SET_REPORT)"与"获取报告（GET_REPORT)"请求。

有人可能会想：这种情况应该比较少，没有必要专门用一章来讨论吧？我们讨论"使用控制端点 0 与主机通信"的主要目的是更深入地讨论控制传输，这对于理解 USB 规范具有非凡的意义，因为前面只是大体剖析了固件库的源代码，但是"学"与"用"相结合才能够真正从容地根据实际情况进行设备固件的开发。

我们决定在前面实现的自定义 HID 设备固件的基础上进行修改，既然现在只有一个控制端点 0，那么就需要在配置描述符中将使用的 2 个中断端点描述符删除，同样将代表接口端点数量的 bNumEndpoints 字段修改为"0"，如清单 43.1 所示。另外，还应该将配置描述符的数组长度 JOYSTICK_SIZ_CONFIG_DESC 由原来的"41"改为"27"，此处不再赘述。

清单 43.1　配置描述符

```
const uint8_t Joystick_ConfigDescriptor[JOYSTICK_SIZ_CONFIG_DESC] = {
    0x09,                                    //bLength:配置描述符字节数量
    USB_CONFIGURATION_DESCRIPTOR_TYPE,       //bDescriptorType: 配置类型
    JOYSTICK_SIZ_CONFIG_DESC,                //wTotalLength: 配置描述符总字节数量
    0x00,
    0x01,                                    //bNumInterfaces: 1个接口
    0x01,                                    //bConfigurationValue: 配置值
    0x00,                    //iConfiguration: 描述配置的字符串描述符的索引
    0xC0,                                    //bmAttributes: 自供电模式
    0x32,                                    //最大电流100mA

    //接口描述符(下一个数据的数组索引为09)
    0x09,                                    //bLength: 接口描述符字节数量
    USB_INTERFACE_DESCRIPTOR_TYPE,           //bDescriptorType: 接口描述符类型
    0x00,                                    //bInterfaceNumber: 接口号
    0x00,                                    //bAlternateSetting: 备用接口号
    0x00,                                    //bNumEndpoints: 端点数量
    0x03,                                    //bInterfaceClass: 人机接口设备类
    0x00,                           //bInterfaceSubClass : 1=启动, 0=不启动
    0x00,                      //nInterfaceProtocol : 0=无, 1=键盘, 2=鼠标
    0,                                       //iInterface: 字符串描述符的索引

    //HID描述符 (下一个数据的数组索引为18)
    0x09,                                    //bLength: HID描述符字节数量
    HID_DESCRIPTOR_TYPE,                     //bDescriptorType: HID
    0x00,                                    //bcdHID:HID类规范发布版本号
    0x01,
    0x00,                                    //bCountryCode: 硬件目标国家
    0x01,                    //bNumDescriptors:附加特定类描述符的数量
    0x22,                                    //bDescriptorType
    JOYSTICK_SIZ_REPORT_DESC,                //wItemLength: 报告描述符总字节长度
    0x00,
}; /* MOUSE_ConfigDescriptor */
```

修改完配置描述符后，报告描述符可保持不变，对端点复位或初始化部分的代码可以删除，也可以不用更改（因为只有控制端点 0，即使进行了初始化也无法使用）。同样的道理，可以删除（也可不删除）原来响应中断传输的 ENP2_OUT_Callback、ENP2_IN_Callback 回

调函数，以及 main 函数调用的 Joystick_Send 函数，反正后续不会使用到它们。我们选择保持不删除代码，主要是为了减少修改量，现在的问题是：应该在哪里响应"设置报告"与"获取报告"请求呢？

从表 17.2 中可以看到，"设置报告"与"获取报告"请求都是包含**数据时期**的，我们回到图 32.4 所示控制传输的总体流程，当设备收到主机发送的"获取报告"请求时，首先会进入 Setup0_Process 函数，由于是有**数据时期**的，接着又会跳入 Data_Setup0 函数。"获取报告"请求的数据传输方向是从设备到主机，在下一个**数据时期**就要把数据发送，所以必须在**建立时期**把数据准备好（也就是把发送的数据、缓冲区首地址及发送长度设置好），这些工作可以在 Class_Data_Setup 函数（也就是 Joystick_Data_Setup 回调函数）中完成。

当设备收到主机发送的"设置报告"请求时，同样也会进入 Data_Setup0 函数，我们也应该把接收缓冲区准备好，但是现在请求的数据传输方向是从主机到设备，那么此时应该在哪个地方处理主机发送过来的数据呢？**数据时期**可以吗？从图 32.4 中可以看到，DataStageOut 函数只是将数据从接收缓冲区中复制出来，并没有提供用户层使用的回调函数，所以我们可以在**状态时期**（IN 事务）的 Process_Status_In 函数中完成这项工作。

好的，基本的流程已经大体梳理清楚，接下来开始进行固件的开发工作。首先应该修改（有**数据时期**的）特定类请求处理 Joystick_Data_Setup 函数，在清单 33.1 所示的 usb_prop.c 源文件中，"获取报告描述符"与"获取 HID 描述符"请求对于每个 HID 设备都是必需的，无须进行更改，除此之外，它只实现了"获取协议（GET_PROTOCOL）"请求，我们可以在其中根据请求代码调用相应的回调函数，如清单 43.2 所示。

清单 43.2　修改后的 usb_prop.c 源文件

```c
uint32_t ProtocolValue;                                    //设备类协议值
uint8_t Report_Out_Buf;                          //输出报告缓冲区（1 字节）
uint8_t Report_In_Buf[8];                        //输入报告缓冲区（8 字节）

uint8_t *Joystick_SetReport(uint16_t Length);        //设置报告回调函数声明
uint8_t *Joystick_GetReport(uint16_t Length);        //获取报告回调函数声明

//特定类请求处理（有数据时期）
RESULT Joystick_Data_Setup(uint8_t RequestNo)
{
  uint8_t *(*CopyRoutine)(uint16_t);

  CopyRoutine = NULL;
  if ((RequestNo == GET_DESCRIPTOR)          //如果请求代码为"GET_DESCRIPTOR"
      && (Type_Recipient == (STANDARD_REQUEST | INTERFACE_RECIPIENT))
      && (pInformation->USBwIndex0 == 0)) {
    if (pInformation->USBwValue1 == REPORT_DESCRIPTOR){
    CopyRoutine = Joystick_GetReportDescriptor;
    } else if (pInformation->USBwValue1 == HID_DESCRIPTOR_TYPE) {
    CopyRoutine = Joystick_GetHIDDescriptor;
    }

  } else if ((Type_Recipient == (CLASS_REQUEST | INTERFACE_RECIPIENT))
      && RequestNo == GET_PROTOCOL){
    switch (RequestNo) {
      case GET_PROTOCOL: {
        CopyRoutine = Joystick_GetProtocolValue;           //获取协议值
        break;
      }
```

```
        case SET_REPORT: {
          CopyRoutine = Joystick_SetReport;                        //设置报告
          break;
        }
        case GET_REPORT:{
          CopyRoutine = Joystick_GetReport;                        //获取报告
          break;
        }
        default:break;
      }
    }
    if (CopyRoutine == NULL) {
      return USB_UNSUPPORT;
    }
    pInformation->Ctrl_Info.CopyData = CopyRoutine;
    pInformation->Ctrl_Info.Usb_wOffset = 0;
    (*CopyRoutine)(0);
    return USB_SUCCESS;
}

//设置报告回调函数实现
uint8_t *Joystick_SetReport(uint16_t Length)
{
    if (Length == 0) {
      pInformation->Ctrl_Info.Usb_wLength = 1;      //设置接收数据字节长度为8
      return NULL;
    } else {
      return &Report_Out_Buf;                        //返回输出报告缓冲区首地址
    }
}

//获取报告回调函数实现
uint8_t *Joystick_GetReport(uint16_t Length)
{
    if (Length == 0) {
      pInformation->Ctrl_Info.Usb_wLength = 8;      //设置发送数据字节长度为1
      return NULL;
    } else {
      Report_In_Buf[0] = 0x00;                       //全局变量清0
      if (STM_EVAL_PBGetState(Button_K1)) {
        Report_In_Buf[0] |= 0x1;                     //K1键按下
      }

      if (STM_EVAL_PBGetState(Button_K2)) {
        Report_In_Buf[0] |= 0x2;                     //K2键按下
      }

      if (STM_EVAL_PBGetState(Button_K3)) {
        Report_In_Buf[0] |= 0x4;                     //K3键按下
      }

      if (STM_EVAL_PBGetState(Button_K4)) {
        Report_In_Buf[0] |= 0x8;                     //K4键按下
      }
    }
}

void Joystick_Status_In(void)
{
    if (Report_Out_Buf&0x1) {        //判断D1需要设置的状态（0为熄灭，1为点亮）
      STM_EVAL_LEDOff(LED_D1);       //设置引脚为低电平（点亮LED_D1）
    } else {
      STM_EVAL_LEDOn(LED_D1);        //设置引脚为高电平（熄灭LED_D1）
    }

    if (Report_Out_Buf&0x1) {        //判断D2需要设置的状态（0为熄灭，1为点亮）
      STM_EVAL_LEDOff(LED_D2);       //设置引脚为低电平（点亮LED_D2）
    } else {
      STM_EVAL_LEDOn(LED_D2);        //设置引脚为高电平（熄灭LED_D2）
    }

    if (Report_Out_Buf&0x1) {        //判断D3需要设置的状态（0为熄灭，1为点亮）
      STM_EVAL_LEDOff(LED_D3);       //设置引脚为低电平（点亮LED_D3）
    } else {
      STM_EVAL_LEDOn(LED_D3);        //设置引脚为高电平（熄灭LED_D3）
    }
```

```
if (Report_Out_Buf&0x1) {           //判断D4需要设置的状态（0为熄灭，1为点亮）
  STM_EVAL_LEDOff(LED_D4);          //设置引脚为低电平（点亮LED_D4）
} else
  STM_EVAL_LEDOn(LED_D4);           //设置引脚为高电平（熄灭LED_D4）
  }
}
```

请注意，我们删除了原来"判断请求号（RequestNo）等于 GET_PROTOCOL"的条件，因为现在不仅仅要实现"获取协议值"请求。修改后的 Joystick_Data_Setup 函数的意图很明显，如果当前的请求是"设置报告"，就调用 Joystick_SetReport 回调函数；如果当前请求是"获取报告"，就调用 Joystick_GetReport 回调函数，但这两个函数本身在原来的例程中并不存在，所以需要添加相应的声明与实现。

为了能够正常处理"设置报告"与"获取报告"请求，我们声明了一个全局变量 Report_Out_Buf 与一个全局数组 Report_In_Buf，它们分别是用来保存"发送给主机的数据"与"从主机接收的数据"的缓冲区。请注意：**数组与变量的字节大小根据报告描述符中报告字段的数量而定**，而**不需要像主机端应用程序时那样"额外增加 1 字节大小，并且将第 0 字节设置为报告 ID"**。换句话说，在设备端不需要考虑这个问题，缓冲区都按实际的数据字节大小发送，因为报告 ID 本身已经包含在**建立时期**发送的请求数据中。

当接收到"获取报告"请求时，会调用两次 Joystick_GetReport 函数，第一次是在清单 32.2 所示的 Data_Setup0 函数中，目的是把发送数据的字节长度设置好，此时会使用"0"调用 Joystick_GetReport 函数，所以应该将 Usb_wLength 设置为"8"。第二次是在 DataStageIn 函数中，此时会将"设备实际需要发送的数据字节长度"传入 Joystick_SetReport 函数，其中还要把发送的数据准备好，所以在 Joystick_GetReport 函数中读取了按键状态并设置好发送数据，然后返回 Report_In_Buf 数组的首地址即可。

当接收到"设置报告"请求时，也会调用两次 Joystick_SetReport 函数，第一次也是在 Data_Setup0 函数中，目的是把接收数据的字节长度设置好，此时会使用"0"来调用 Joystick_SetReport 函数，所以应该将 Usb_wLength 设置为"1"。第二次是在 DataStageOut 函数中，此时会将"设备实际需要接收的数据字节长度"传入 Joystick_SetReport 函数，其中只需要返回"数据接收缓冲区的地址（Report_Out_Buf 地址）"即可。接下来，固件会将接收到的 1 字节数据保存到 Report_Out_Buf 变量中，我们只需要在 Process_Status_In 函数（Joystick_Status_In 回调函数）代表的**状态时期**（根据接收的数据）设置 LED 状态即可。

最后，同样使用 Bus Hound 工具来测试一下固件是否能够正常工作。我们选择仅有的一个控制端点 0，然后根据表 18.9~表 18.11 发送"设置报告"请求，相应的字节数据为"0x06"，当单击"运行"按钮后，开发板上的 D2 和 D3 对应的 LED 会亮起来，如图 43.1 所示。

同样，我们再次测试"获取报告"请求。**当同时按下 K2 和 K3 轻触按键后**单击"运行"按钮，相应读取到的第 1 个字节数据为"0x06"，如图 43.2 所示。

那应该如何修改应用程序呢？首先，我们仍然以**同步方式**调用 CreateFile 函数获取 USB 设备的通信句柄，然后在 WriteMyHidDevice 函数中调用 HidD_SetOutputReport 函数，而在 ReadMyHidDevice 函数中调用 HidD_GetInputReport 函数即可，如清单 43.3 所示。

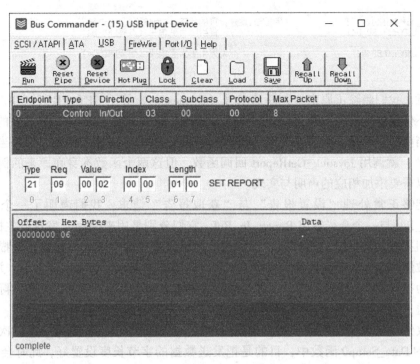

图 43.1　发送"设置报告"请求控制 LED 的状态

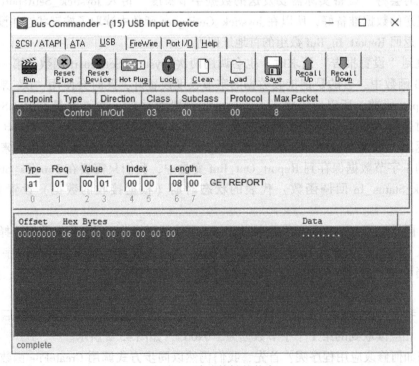

图 43.2　读取按键的状态

清单 43.3 修改后的 WriteMyHidDevice 函数与 ReadMyHidDevice 函数

```
void CMyHidDeviceDlg::WriteMyHidDevice(void)
{
    BYTE   SendDataBuf[2];
    HANDLE hDev;

    hDev = OpenMyHidDevice();                              //试图获取设备通信句柄
    if(INVALID_HANDLE_VALUE != hDev){
        SendDataBuf[0] = 0;                                //发送的第1个字节代表报告ID
        SendDataBuf[1] = m_iLedStatus;                     //发送的第2个字节代表LED状态
        HidD_SetOutputReport(hDev, SendDataBuf, 2);        //将数据发送到设备
        CloseHandle(hDev);                                 //关闭设备通信句柄
    }
}

void CMyHidDeviceDlg::ReadMyHidDevice(void)
{
    BYTE   RecvDataBuf[9];                                 //读入9字节数据,第1个字节为报告ID
    HANDLE hDev;

    hDev = OpenMyHidDevice();                              //试图获取设备通信句柄
    if(INVALID_HANDLE_VALUE != hDev) {
        HidD_GetInputReport(hDev, RecvDataBuf, 9);         //从设备读取数据
        m_iKeyStatus = RecvDataBuf[1];                     //第2个字节为KEY状态数据
        CloseHandle(hDev);                                 //关闭设备通信句柄
    }
}
```

请特别注意,发送的数据字节长度为 2(而不是 1),数组索引 0 所在位置处的数据代表相应的报告 ID(没有使用到则设置为 0)。读取数据也是相似的,数组索引 0 所在位置处保存的也是报告 ID,此处不再赘述。

值得一提的是,如果使用 WriteFile 函数代替 HidD_SetOutputReport 函数,获得的效果是相同的,因为《HID 设备类定义》已经明确指出:**中断输出端点是可选的,如果设备具有中断输出端点,输出报告会通过该端点由主机传输到设备,如果设备没有中断输出端点,输出报告会通过控制端点来发送**。相应的原文如下:The Interrupt Out pipe is optional. If a device declares an Interrupt Out endpoint then Output reports are transmitted by the host to the device through the Interrupt Out endpoint. If no Interrupt Out endpoint is declared then Output reports are transmitted to a device through the Control endpoint, using Set_Report (Output) requests。

清单 43.3：在定义的 WriteLytHotifier函数与 ReadLyt的Device 函数
……（此处省略）……

第 44 章　非标准 USB 设备与通用设备驱动程序

到目前为止，我们一直都在 HID 设备方面做文章，但是前面也早已经提过，HID 设备本身是有一些限制的。例如，HID 设备仅最多允许两个中断端点（一个必需的输入与另一个可选的输出）。如果设备需要使用更多的端点，即便 USB 控制器本身具备足够多的端点，HID 设备也并不能满足你的需求，所以有些时候，为了更大限度地挖掘 USB 设备的潜能，我们也会很艰难地做出开发非标准 USB 设备的决定。

接下来将自己的开发板枚举成为非标准 USB 设备来实现第 3 章中的项目，并且在前面实现的自定义 HID 设备的基础上进行修改，相应的配置描述符只需要更改两项：其一，接口中的 bInterfaceClass 字段由原来的 "0x3" 修改为 "0x0"，因为现在不再是原来的 HID 设备，也不属于其他任何标准设备类；其二，既然设备已经不再枚举为 HID 设备，那么 HID 描述符也是不需要的，所以将其从配置描述符中删除，如清单 44.1 所示。

清单 44.1　配置描述符

```
const uint8_t Joystick_ConfigDescriptor[JOYSTICK_SIZ_CONFIG_DESC] = {
    0x09,                                //bLength:配置描述符字节数量
    USB_CONFIGURATION_DESCRIPTOR_TYPE,   //bDescriptorType: 配置类型
    JOYSTICK_SIZ_CONFIG_DESC,            //wTotalLength: 配置描述符总字节数量
    0x00,
    0x01,                                //bNumInterfaces: 1个接口
    0x01,                                //bConfigurationValue: 配置值
    0x00,              //iConfiguration: 描述配置的字符串描述符的索引
    0xC0,                                //bmAttributes: 自供电模式
    0x32,                                //最大电流100mA

    //接口描述符(下一个数据的数组索引为09)
    0x09,                                //bLength: 接口描述符字节数量
    USB_INTERFACE_DESCRIPTOR_TYPE,       //bDescriptorType: 接口描述符类型
    0x00,                                //bInterfaceNumber: 接口号
    0x00,                                //bAlternateSetting: 备用接口号
    0x02,                                //bNumEndpoints: 端点数量
    0x00,                                //bInterfaceClass: 无
    0x00,              //bInterfaceSubClass : 1=启动, 0=不启动
    0x00,              //nInterfaceProtocol : 0=无, 1=键盘, 2=鼠标
    0,                                   //iInterface: 字符串描述符的索引

    //端点描述符 (下一个数据的数组索引为18)
    0x07,                                //bLength: 端点描述符字节数量
    USB_ENDPOINT_DESCRIPTOR_TYPE,        //bDescriptorType: 描述符类型
    0x82,                                //bEndpointAddress: 输入(IN)端点2
    0x03,                                //bmAttributes: 中断类型端点
    0x08,                                //wMaxPacketSize: 最多8字节
    0x00,
    0x20,                                //bInterval1: 查询时间间隔为32ms

    //端点描述符 (下一个数据的数组索引为25)
    0x07,                                //bLength: 端点描述符字节数量
    USB_ENDPOINT_DESCRIPTOR_TYPE,        //bDescriptorType: 描述符类型
    0x02,                                //bEndpointAddress: 输出(OUT)端点2
    0x03,                                //bmAttributes: 中断类型端点
    0x01,                                //wMaxPacketSize: 最多1字节
    0x00,
    0x20,
}; /* MOUSE_ConfigDescriptor */
```

当然，请务必记得将 JOYSTICK_SIZ_CONFIG_DESC 由原来的 "41" 改为 "32"。另外，

报告描述符也是不需要的，你可以选择将其删除或保留，因为主机通过配置描述符就知道不需要获取它。换句话说，开发非标准 USB 设备的另外一个好处就是：**不需要在报告描述符上花费时间（如果觉得报告描述符很难理解）**。当然，更大的困难你也许还要面临，很快就会知道，收之桑榆，失之东隅，然也！

好的，非标准 USB 设备固件至此已经开发完成了，简单吧！我们编译工程后将 HEX 文件下载到开发板，与主机连接后进入 Windows 操作系统的"设备管理器"页，如图 44.1 所示。

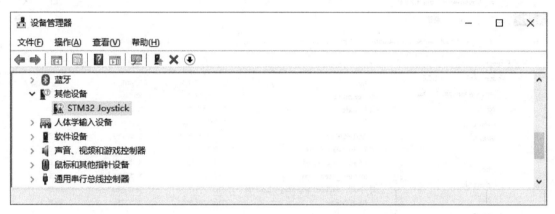

图 44.1　"设备管理器"页

从图 44.1 中可以看到，在"其他设备"项下出现了一个"STM32 Joystick"项，但是却有一个带感叹号的黄色三角形。前面已经提过，这表示该设备没有相应的设备驱动程序。为什么会这样呢？前面几次 HEX 文件下载都没问题呀？因为现在已经把开发板枚举成了非标准 USB 设备，在这种情况下，必须自己开发相应的设备驱动程序，怎么办呢？不是说过本书不涉及设备驱动程序开发吗？的确不涉及，因为我们还有折中的解决方案，那就是选择通用设备驱动程序。

通用设备驱动程序允许你在不编写任何一行核心驱动程序代码的情况下，与操作系统中任何一个 USB 设备进行通信，比较常用的是 libusb 与 WinUSB，后者是微软为自己的 Windows 操作系统推出的（只支持 Windows），前者却可以支持包含 Winows、Linux、macOS、Android、Solaries 等操作系统。考虑到应用的广泛性，libusb 是本文重点讨论的对象，你可以在网站 www.libusb.info（libusb 官方网站）或 www.github.com（一个目前比较流行的面向开源及私有软件项目的托管平台）免费下载源码，但是需要自己进行源码编译，这已经超出了本书的范畴，有兴趣的可自行参考相关资料。我们这里偷点懒，直接从网站 www.sourceforge.net（一个开源软件开发平台和仓库）下载针对 Windows 操作系统编译好的二进制发布压缩包 libusb-win32-bin-1.2.6.0.zip（本书撰写时最新版本为 1.2.6.0），下载到本地计算机解压打开后如图 44.2 所示。

libusb-win32-bin-1.2.6.0 压缩包中包含了几个文件夹，其中，"examples"文件夹包含了两个例程，"include"文件夹中有一个 lusb0_usb.h 头文件，后续编写应用程序时会使用到，它就相当于之前开发 MFC 应用程序时包含的 hidsdi.h 等头文件。"lib"文件夹里面有一些已经编译好的各种版本的库，它就相当于之前开发 MFC 应用程序时使用的 hid.lib 等库文件，你需要根据开发平台来选择相应的库文件（拷贝到自己的项目中），后续我们选择 msvc 文件夹下的 libusb.lib。"bin" 文件夹中需要关注 inf-wizard.exe 可执行文件，它是设备驱动安装信息文件生成向导，可以扫描计算机上的 USB 设备，并获取设备的 VID 及 PID 生成 INF 文件，我们可以使用它为"枚举成为非标准 USB 设备的"开发板安装相应的设备驱动程序。

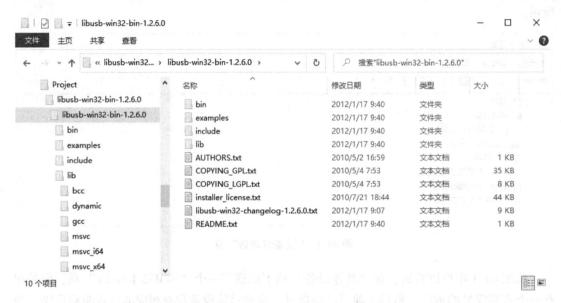

图 44.2　压缩包 libusb-win32-bin-1.2.6.0 的文件结构

打开 inf-wizard.exe 后即可弹出如图 44.3 所示的"信息"页，表示该程序将会为你的设备创建 INF 文件。

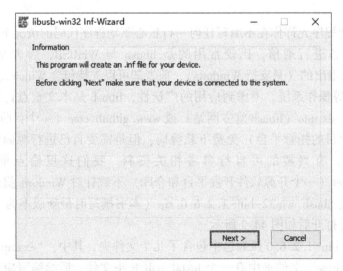

图 44.3　"信息"页

单击 "Next" 按钮后就会进入 "设备选择" 页，其中包含了当前计算机中所有可以创建 INF 文件的 USB 设备（即使是像鼠标、键盘那种本身已经安装了驱动程序的设备，也可以创建 INF 文件，只不过如果一旦安装了新创建的 INF 文件，原来这些设备就无法正常使用了，除非重新设计应用程序，实际上就是将给原来应用程序的消息拦截了，也就是我们所说的过滤驱动），"SMT32 Joystick" 项也在其中，其中还显示了相应的 VID 与 PID，如图 44.4 所示。

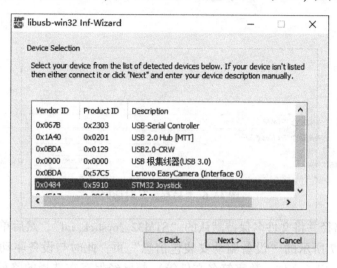

图 44.4　"设备选择" 页

我们决定为开发板安装设备驱动程序，所以选择 "SMT32 Joystick" 项，单击 "Next" 按钮后即可进入如图 44.5 所示的 "设备配置" 页，其中显示了当前选择设备的一些信息，也可以进行相应的编辑。

图 44.5　"设备配置" 页

单击 "Next" 按钮即可弹出如图 44.6 所示的 "另存为" 对话框，其中可以设置 INF 文件的名称及其保存路径。

图 44.6　"另存为"对话框

我们选择好路径并将文件名保持默认的"STM32_Joystick. inf"，然后单击"保存"按钮即可进入如图 44.7 所示的"设备驱动安装包信息"页，此时与设备驱动程序相关的文件（例如，INF 文件、SYS 文件、数字签名文件等）都已经保存在选择的路径中，此时你可以单击"Done"按钮，后续可以在图 44.1 所示的"设备管理器"页中右键单击" STM32_Joystick"项选择 INF 文件并进行安装，当然，也可以单击"Install Now⋯"按钮表示马上安装该设备驱动。

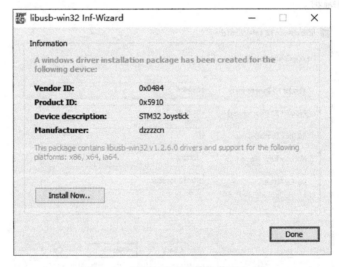

图 44.7　"设备驱动安装包信息"页

我们决定马上安装设备驱动程序，单击"Install Now⋯"按钮启动安装过程，正常情况下等待一会儿会弹出"Driver Install Complete"对话框提示安装已经成功。在 Windows 10 操作系统中，如果出现类似"System policy has been modified to reject unsigned drivers"提示的对话框，可以尝试使用管理员的身份运行 inf-wizard. exe（或者在"设备管理器"页中选择 INF 文件安装）。

我们再次回到"设备管理器"页中，原来"STM32 Joystick"项中带感叹号的黄色三角形已经消失，说明设备驱动程序已经安装完成了，如图 44.8 所示。

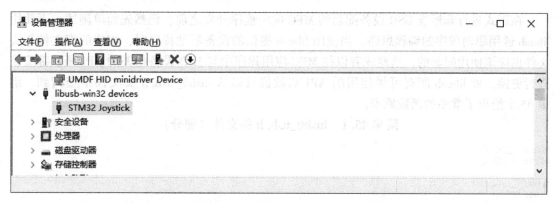

图 44.8 已经安装好设备驱动程序的"设备管理器"页

设备驱动程序安装完毕后，你可以按照第 36 章所述的使用 Bus Hound 工具给开发板发送或读取数据，结果是一样的，此处不再赘述。接下来，看看如何进行主机端 MFC 应用程序的开发工作吧。

第45章 控制自定义非标准USB设备

在正式进行非标准 USB 设备配套的 MFC 应用程序开发之前，仍然先简单阐述一下使用 libusb 通用驱动程序的编程思路。当使用 libusb 提供的设备驱动程序时，相应的库文件与头文件也应该使用配套的，这意味着以往 MFC 应用程序中与 HID 设备相关的 API 函数都应该进行更换，而 libusb 所有可供使用的 API 函数都可以从 lusb0_usb.h 头文件中查询到，清单 45.1 给出了常用的函数原型。

清单 45.1　lusb0_usb.h 头文件（部分）

```
#ifndef __USB_H__
#define __USB_H__

#ifdef __cplusplus
extern "C"
{
#endif

  usb_dev_handle *usb_open(struct usb_device *dev);              //打开USB设备
  int usb_close(usb_dev_handle *dev);                            //关闭USB设备
  int usb_get_string(usb_dev_handle *dev, int index, int langid, char *buf,
                 size_t buflen);                                 //设置当前设备使用的配置
  int usb_get_string_simple(usb_dev_handle *dev, int index, char *buf,
                      size_t buflen);
  int usb_get_descriptor_by_endpoint(usb_dev_handle *udev, int ep,
              unsigned char type, unsigned char index, void *buf, int size);
  int usb_get_descriptor(usb_dev_handle *udev, unsigned char type,
                    unsigned char index, void *buf, int size);
  int usb_bulk_write(usb_dev_handle *dev, int ep, char *bytes, int size,
                int timeout);                                    //往USB设备批量写入数据

  int usb_bulk_read(usb_dev_handle *dev, int ep, char *bytes, int size,
                int timeout);                                    //批量读取USB设备传过来的数据
  int usb_interrupt_write(usb_dev_handle *dev, int ep, char *bytes, int size,
                  int timeout);                                  //以中断的方式往USB设备写数据
  int usb_interrupt_read(usb_dev_handle *dev, int ep, char *bytes, int size,
                  int timeout);                //以中断的方式读取USB设备传过来的数据
  int usb_control_msg(usb_dev_handle *dev, int requesttype, int request,
                  int value, int index, char *bytes, int size,
                  int timeout);                                  //以控制请求的方式读写数据
  int usb_set_configuration(usb_dev_handle *dev, int configuration);   //设置配置
  int usb_claim_interface(usb_dev_handle *dev, int interface);   //注册通信接口
  int usb_release_interface(usb_dev_handle *dev, int interface); //注销通信接口
  int usb_set_altinterface(usb_dev_handle *dev, int alternate);  //设备备用接口
  int usb_resetep(usb_dev_handle *dev, unsigned int ep);
  int usb_clear_halt(usb_dev_handle *dev, unsigned int ep);
  int usb_reset(usb_dev_handle *dev);
  int usb_reset_ex(usb_dev_handle *dev, unsigned int reset_type);
  char *usb_strerror(void);
  void usb_init(void);                                           //初始化libusb
  void usb_set_debug(int level);
  int usb_find_busses(void);                                     //查找系统上的USB总线
  int usb_find_devices(void);                                    //查找总线上的USB设备
  struct usb_device *usb_device(usb_dev_handle *dev);
  struct usb_bus *usb_get_busses(void);             //返回全局指针变量_usb_busses

#ifdef __cplusplus
```

```
}
#endif

#endif /* __USB_H__ */
```

从访问 USB 设备的整体流程来看，使用 libusb 通用驱动程序与 Windows 操作系统自带设备驱动程序有共通之处，都需要先获取 USB 设备的通信句柄，然后通过判断设备 VID 与 PID 的方式确定需要的 USB 设备是否连接。如果答案是肯定的，则可以进行必要的设备读写操作，只不过在细节上有所不同。

为了后续能够使用 libusb 与我们的 USB 设备进行通信，首先需要调用 usb_init 函数初始化 libusb 的一些内部结构体，而且必须在任何其他 libusb 函数调用前使用。任何 USB 设备都通过 USB 总线与计算机总线通信，所以接下来需要调用 usb_find_busses 函数查找当前计算机上的所有 USB 总线，此函数返回总线数量，正常情况下不会小于 0。然后调用 usb_find_devices 函数查询每个 USB 总线上的 USB 设备，此函数返回设备数量。

需要特别注意：**usb_init、usb_find_busses、usb_find_devices** 这三个函数在使用 libusb 其他函数前都必须依序调用。

到目前为止，我们已经获得了 USB 总线与设备信息，它们都被保存在全局指针变量 _usb_busses 指向的一个双向链表中，链表中的每一个元素都是一个 usb_bus 结构体，其中又包含了一个由指针变量 devices 指向的双向链表，链表的每一个元素都是包含设备详细信息的结构体 usb_device，该结构体有一个设备描述符结构体成员变量 descriptor，从中可以查找设备相应的 VID 与 PID，整个链表结构如图 45.1 所示，对实现细节有兴趣的读者可以阅读相应的源代码。

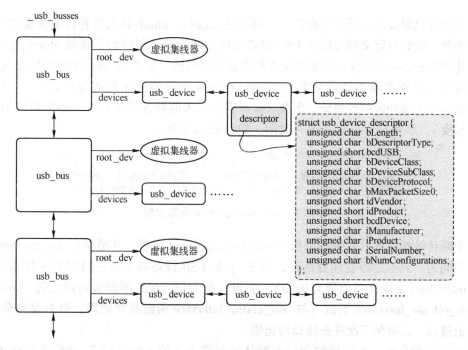

图 45.1　_usb_busses 指向的链表结构

是不是觉得图 45.1 有些似曾相似的感觉？其实它与图 39.1 非常相似。接下来需要进行设备的遍历，首先使用 usb_get_busses 函数返回指向图 45.1 所示链表的指针_usb_busses，它指向该链表的第一个元素，然后通过其中的 devices 指针逐个查询保存了设备信息的 usb_device 结构体，并确定其中的 VID 与 PID 是不是我们想要找到的设备，以此类推。

如果通过前面的查询找到了需要的 USB 设备，就可以给 usb_open 函数传入"有效的 usb_device 结构体指针"来获得 USB 设备的通信句柄（如果通信句柄获取失败，usb_open 函数返回 NULL）。通信句柄成功获取后还不能直接与设备通信，必须先调用 usb_set_configuration 函数给设备选择一个配置，其中的形参 configuration 应该传入配置描述符中的 bConfigurationValue 字段（此例为 0x01），相应的函数原型如图 45.2 所示。

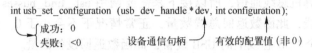

图 45.2　usb_set_configuration 函数原型

给设备选择配置后还需要调用 usb_claim_interface 函数注册与操作系统通信的接口，其中的形参 interface 应该传入接口描述符中的 bInterfaceNumber 字段（此例为 0x00），相应的函数原型如图 45.3 所示。

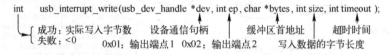

图 45.3　usb_claim_interface 函数原型

接下就可以对设备进行读写操作了。需要注意的是，libusb 针对每种传输类型都有相应的读写函数，我们自定义的非标准 USB 设备使用中断传输，相应的写函数为 usb_interrupt_write，其中形参 dev 应该设置为刚刚获得的设备通信句柄，形参 ep 表示相应的输出端点号，应该设置为 USB 设备端点描述符中 bEndpointAddress 字段的值（此例为 0x02），形参 bytes 是指向数据发送缓冲区的首地址，形参 size 是需要写入的数据字节长度（不含报告 ID 的实际字节长度），形参 timeout 表示超时时间，如图 45.4 所示。

int　usb_interrupt_write(usb_dev_handle *dev, int ep, char *bytes, int size, int timeout);

图 45.4　usb_interrupt_write 函数原型

从中断传输端点读取数据的函数为 usb_interrupt_read 函数，其形参与 usb_interrpt_write 函数是相同的，只不过需要注意的是，形参 ep 是 USB 设备端点描述符中表示输入端点的 bEndpointAddress 字段值（此例为 0x82）。值得一提的是：**在关闭设备句柄之前，务必记得调用 usb_release_interface 函数（与 usb_claim_interface 函数成对调用，形参也完全一样）注销通信接口，以避免下次注册接口时出错。**

有些人可能会想：如果想与"只有默认控制端点 0 的 USB 设备"进行通信该怎么办呢？libusb 提供 usb_control_msg 函数从默认的控制管道发送或接收数据，其中的形参 dev

仍然是设备通信句柄，接下来的 requesttype、request、value、index 分别对应表 17.1 所示请求结构的前 4 个字段，而最后 3 个形参 bytes、size、timeout 中的 size 则给出请求结构的第 5 个字段 length。如果使用 usb_control_msg 函数往设备发送数据，发送的就是 bytes 指针指向的缓冲区数据，如果从设备读取数据，接收的数据就保存在 bytes 指针指向的缓冲区中。

　　下面我们就来看看怎样在 MFC 应用程序中使用 libusb 访问非标准 USB 设备，首先将图 44.2 所示 include 文件夹下的 lusb0_usb.h 及 lib\msvc 目录下的 libusb.lib 复制到工程目录，然后按图 40.12 所示将 libusb.lib 添加到"附加依赖项"中，这样你就可以在应用程序中使用 libusb 提供的访问 USB 设备的功能了，相应的 MyHidDeviceDlg.h 与 MyHidDeviceDlg.cpp 源文件分别如清单 45.2、清单 45.3 所示（为节省篇幅，仅截取关键源代码）。

清单 45.2　MyHidDeviceDlg.h 头文件

```
#pragma once
#include "afxwin.h"
#include <dbt.h>                                    //热插拔检测功能实现需要使用到的头文件
#include "lusb0_usb.h"                              //包含访问USB设备使用到的头文件

class CMyHidDeviceDlg : public CDialogEx {          //CMyHidDeviceDlg 对话框
    public:                                         //构造
        CMyHidDeviceDlg(CWnd* pParent = NULL);      //标准构造函数
        enum { IDD = IDD_MYHIDDEVICE_DIALOG };      // 对话框数据
    protected:
        virtual void DoDataExchange(CDataExchange* pDX);   // DDX/DDV 支持
    protected:                                      // 实现
        HICON m_hIcon;

        // 生成的消息映射函数
        virtual BOOL OnInitDialog();
        afx_msg void OnSysCommand(UINT nID, LPARAM lParam);
        afx_msg void OnPaint();
        afx_msg HCURSOR OnQueryDragIcon();
        DECLARE_MESSAGE_MAP()
    public:
        CButton m_CheckBoxLed1;
        CButton m_CheckBoxLed2;
        CButton m_CheckBoxLed3;
        CButton m_CheckBoxLed4;
        CButton m_CheckBoxKey1;
        CButton m_CheckBoxKey2;
        CButton m_CheckBoxKey3;
        CButton m_CheckBoxKey4;
        CButton m_ButtonLedCtrl;
        CButton m_ButtonKeyRead;
        afx_msg void OnBnClickedCtrl();
        afx_msg void OnBnClickedRead();

        //以下为手动添加的代码
        afx_msg BOOL OnDeviceChange(UINT nEventType, DWORD dwData);   //热插拔检测处理
        BOOL m_UsbHidAttatched;                     //设备是否连接的标记
        BYTE m_iLedStatus;                          //LED状态数据
        BYTE m_iKeyStatus;                          //KEY状态数据
        void RegisterNotify(void);                  //设备状态更改通知注册
        usb_dev_handle* OpenMyHidDevice(void);      //打开与返回设备通信句柄
        void WriteMyHidDevice(void);                //往设备写入数据
        void ReadMyHidDevice(void);                 //从设备读出数据
        void EnablePanelCtrl(BOOL bFlag);           //使能或禁止面板按钮
        void GetLedCheckBox(void);                  //获取控制面板上用户设置的LED状态
        void SetKeyCheckBox(void);                  //设置控制面板上的KEY状态
};
```

清单 45.3   MyHidDeviceDlg.cpp 源文件（部分）

```cpp
usb_dev_handle* CMyHidDeviceDlg::OpenMyHidDevice(void)
{
    int ret;
    struct usb_bus *bus;
    struct usb_device *m_dev = NULL;
    struct usb_dev_handle *m_dev_handle;

    usb_init();                                         //初始化一些内部结构体
    ret = usb_find_busses();                            //查找系统中所有USB总线
    if (ret < 0) {
        return NULL;
    }

    ret = usb_find_devices();                           //查找每条总线上的所有设备
    if (ret < 0) {
        return NULL;
    }

    for (bus = usb_get_busses(); bus; bus = bus->next) {              //遍历设备
        struct usb_device *dev;
        for (dev = bus->devices; dev; dev = dev->next) {
            if ((0x0484 == dev->descriptor.idVendor) &&       //确定是否为我们的设备
                             (0x5910 == dev->descriptor.idProduct)) {
                m_dev = dev;
            }
        }
    }

    if (!m_dev) {
        return NULL;
     }

    m_dev_handle = usb_open(m_dev);                     //试图获取设备通信句柄
    if (!m_dev_handle) {
        return NULL;
    }

    if (usb_set_configuration(m_dev_handle, 1) < 0 {//根据bConfigurationValue字段配置设备
        usb_close(m_dev_handle);
        return NULL;
    }
    return m_dev_handle;
}

void CMyHidDeviceDlg::WriteMyHidDevice(void)
{
    char SendDataBuf[1];
    usb_dev_handle *hDev;

    hDev = OpenMyHidDevice();                           //试图获取设备通信句柄
    if (NULL != hDev) {
        SendDataBuf[0] = m_iLedStatus;                  //发送的第1个字节代表LED状态
        usb_claim_interface(hDev, 0x0);                         //注册接口
        usb_interrupt_write(hDev, 0x02, SendDataBuf, 1, 500);   //将数据发送到设备
        usb_release_interface(hDev, 0x0);                       //注销接口
        usb_close(hDev);                                        //关闭设备通信句柄
    }
}
void CMyHidDeviceDlg::ReadMyHidDevice(void)
{
    char RecvDataBuf[8];                                //读入8字节数据
    usb_dev_handle *hDev;

    hDev = OpenMyHidDevice();                           //试图获取设备通信句柄
    if (NULL != hDev) {
```

```
        usb_claim_interface(hDev, 0x0);                              //注册接口
        usb_interrupt_read(hDev, 0x82, RecvDataBuf, 8, 500);         //从设备读取数据
        usb_release_interface(hDev, 0x0);                            //注销接口
        m_iKeyStatus = RecvDataBuf[0];                               //第1个字节为KEY状态数据
        usb_close(hDev);                                             //关闭设备通信句柄
    }
}
```

　　首先来看看 MyHidDeviceDlg.h 头文件更改的地方，在一开始就包含了 lusb0_usb.h 头文件，但是却没有添加 extern "C"，虽然 libusb 也是 C 语言编写的，但是 lusb0_usb.h 头文件中已经有了相应的处理，如清单 45.1 所示。也就是说，如果 MFC 应用程序中已经定义了 _cplus_cplus 宏（表示 "C++" 的意思），就会自动添加 extern "C"。虽然我们并没有明显定义该宏，但是当你使用 Microsoft Visual Studio 开发 MFC 应用程序时，编译器默认就已经定义了 _cplus_cplus 宏，所以只需要按一般方式包含头文件即可。其次，OpenMyHidDevice 函数的返回值不再是 "HANDLE"，而是指向 usb_dev_handle 结构体的指针 "usb_dev_handle *"，MyHidDeviceDlg.cpp 源文件中涉及 "HANDLE" 的地方也应该全部予以替换。

　　OpenMyHidDevice 函数中的具体实现前面已经讨论过了，主要源代码参考图 44.2 所示 "example" 文件夹下（用于批量读写数据）的 bulk.c 源文件，此处不再赘述，只需要注意的是：如果需要的设备成功打开，则函数返回相应的通信句柄；如果设备打开失败，则返回空（NULL）。另外，每次读写数据前应该注册通信接口，而在数据读写完成后（关闭通信句柄前）应该注销通信接口。

第46章 USB大容量存储设备

到目前为止，USB设备硬件、固件及主机端应用程序的开发过程已经告一段落了，接下来我们详细分析一下使用STM32单片机实现大容量存储、虚拟串口通信、USB扬声器设备的官方例程，再次扩充一下对几个常用USB设备类规范的理解。先来讨论大容量存储设备实现例程（Mass_Storage），相应的设备硬件框架如图46.1所示。

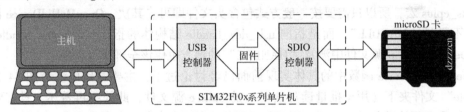

图46.1 大容量存储设备的硬件框架

大容量存储设备的硬件框架与游戏操纵杆是相似的，只不过单片机需要与诸如安全数码（Secure digital, SD）卡、多媒体卡（Multi-Media Card, MMC）、Flash等存储媒介进行通信，这些存储媒介与游戏操纵杆设备中的LED、轻触按键存在的意义是相同的，都是为了实现一定的功能，只不过更复杂一些，因为涉及存储相关的指令与数据传输。官方例程配套的存储媒介是microSD卡，STM32单片机通过安全数字输入/输出（Secure digital input/output）接口与之通信，但我们早就说过，不希望跟STM32单片机平台过多关联，因为具体的实现随单片机不同而不同，所以主要关注点在于：**主机如何将指令或数据发送到单片机，单片机如何将指令或数据解析出来。**

从表13.4中可以看到，大容量存储设备属于USB规范定义的标准设备，这意味着我们**可能无须进行主机端方面的编程**，具体取决于操作系统是否已经提供了相应的设备驱动程序，而从表38.1中可以看到，微软已经提供了相应的设备驱动程序，所以只需要进行设备固件方面的开发即可。我们将官方例程Mass_Storage中的STM3210B-EVAL.hex文件下载到开发板，将其与PC连接，PC端就会出现一个新的盘符（此例为"U盘"），如图46.2所示。

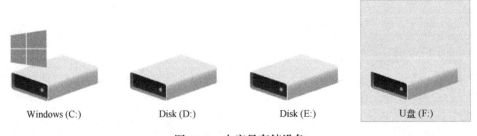

图46.2 大容量存储设备

虽然 PC 端已经出现了盘符，但是却无法将其打开（弹出、属性查看等功能还是可以使用），自然也无法往（从）其中写入（读取）数据，因为开发板上并没有 microSD 卡，也没有实现相关的功能（从"盘符属性"对话框中也可以看到可用空间为 0），但是这并不妨碍我们理解 USB 大容量存储设备类协议。

　　先来看看图 46.3 所示官方例程对应的 USB 实现框架，其中"USB 通用协议"指的就是 USB 2.0 之类的规范，"USB 大容量存储协议"指的是设备类分规范，它与 USB 鼠标、键盘之类设备所属的"HID 协议"是同一个层面。"指令块规范（Command Block Specification）"可以理解为存储设备的接口标准，早期具备 USB 接口的软盘驱动器使用通用软盘接口（Universal Floppy Interface，UFI）规范，而现如今诸如使用 SD 卡、MMC、Flash 存储器之类的大容量存储设备则更多地使用小型计算机系统接口（Small Computer System Interface，SCSI）规范（根据时代的发展依次推出了 SCSI-1、SCSI-2、SCSI-3 规范）。值得一提的是，UFI 与 SCSI 规范中的很多指令是相同的，因为前者有一部分指令集是基于 SCSI-2 规范的。"存储媒介专用协议"则是针对每一种具体存储媒介而言的（简单地说，应该怎么样具体控制存储媒介），不同单片机的具体实现也不尽相同，我们无须过多关注，而是重点关注"USB 大容量存储协议"层面，因为无论具体的存储媒介属于哪一种，主机所面对的都是一个逻辑存储对象，就像图 46.2 所示的那些盘符一样，用户不需要关注具体的存储媒介种类。换句话说，阅读官方例程固件代码的关键就在于"USB 大容量存储协议"，但是为了全文的完整性，我们也会涉及一些 SCSI 指令集（也是官方例程使用的指令集），对细节方面有兴趣的读者可以自行查找资源扩展阅读分析。

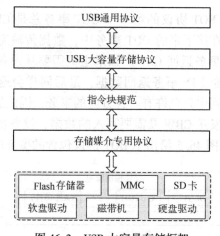

图 46.3　USB 大容量存储框架

　　大容量存储设备的主要功能是数据存储，那么主机与设备之间是如何进行数据传输的呢？USB 2.0 规范定义了 CBI（Control/Bulk/Interrupt）与 BBB（Bulk/Bulk/Bulk）两套传输协议，USB 3.2 Gen 还定义了一套 UAS（USB Attached SCSI）协议，大家了解一下即可。CBI 传输协议需要使用控制、批量、中断三种传输端点，其中的控制端点用于传输 USB 标准与特定类请求，批量端点用于传输数据，中断端点则用于状态反馈。由于 CBI 传输协议主要针对早期的软盘类设备，而这类设备早已退出历史舞台，因此 CBI 传输协议也已经少有使用了。BBB 传输协议也称为 BOT（Bulk-Only Transport）协议，它仅使用批量端点就能完成请求发送、数据传输、状态反馈，节省了控制与中断端点，使用方便的同时也能够节省更多资源，现如今已经成为大容量存储设备的主流传输协议，也是本文的重点讨论对象。

那么批量端点是如何传输请求、数据与状态的呢？因为根据图 28.2 所示批量传输事务包序列，写或读序列中都是传输数据的同一种（IN 或 OUT）事务，双方如何识别其中的数据包是指令、数据还是状态呢？BOT 协议使用指令块包（Command Block Wrapper，CBW）与指令状态包（Command Status Wrapper，CSW），前者用于定义数据传输的方向、长度、地址等信息，而后者则用于状态反馈，相应的指令、数据与状态的传输流程如图 46.4 所示。

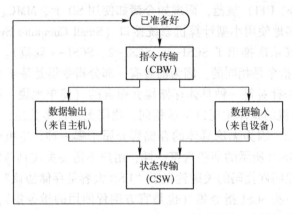

图 46.4　指令、数据与状态的传输流程

从图 46.4 中可以看到，BOT 协议的第一个 OUT 事务总是 CBW，如果主机需要往设备写入数据，相应的数据包就在接下来的 OUT 事务中，数据传输完成后（或本身就没有数据需要传输），设备会通过 IN 事务返回 CSW。如果主机需要从设备读数据，同样先发送包含 CBW 的 OUT 事务，设备则通过 IN 事务返回数据，最后同样会返回 CSW。由于需要涉及两个传输方向，而批量传输序列中只允许有一种方向的事务，因此通常需要两个批量端点，主机使用输出批量端点往设备发送 CBW 及需要写入的数据，设备使用输入批量端点往主机发送数据及需要返回的 CSW，图 46.5 给出了 BOT 协议包含的事务序列。

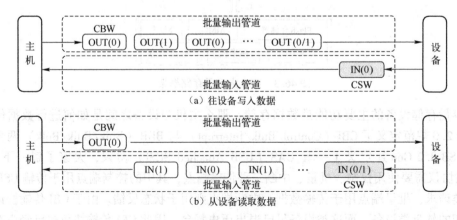

图 46.5　BOT 协议

我们具体来分析一下 CBW 与 CSW 的结构，因为涉及后续设备固件的开发过程。CBW 的结构如图 46.6 所示。

字节	D₇	D₆	D₅	D₄	D₃	D₂	D₁	D₀
0~3	dCBWSignature							
4~7	dCBWTag							
8~11	dCBWDataTransferLength							
12	bmCBWFlags							
13	Reserved (0)					bCBWLUN		
14	Reserved (0)				bCBWCBLength			
15~30	CBWCB							

图 46.6　CBW 的结构

CBW 中的第 1 字段（dCBWSignature）为固定长度为 4 字节的签名值 0x43425355（小端模式，即低位字节排放在内存的低地址端，高位字节排放在内存的高地址端，前已述），它用来标记该数据包是一个 CBW，其作用与设备各种描述符结构中标记描述符类型的字段一样。第 2 个字段（dCBWTag）是主机发送的一个指令块标签（Command Block Tag，CBT），当设备返回状态（CSW）时，其中也有一个字段**必须**与该字段相同，以表示该 CSW 是针对哪个 CBW 执行结果的反馈。第 3 个字段（dCBWDataTransferLength）表示需要使用批量传输发送或读取的字节数，而具体的传输方向则由第 4 个字段（bmCBWFlags）的最高位（D₇）决定（0 表示从主机到设备，1 表示从设备到主机）。bCBWLUN 字段表示指令块发送的逻辑单元号（Logic Unit Number，LUN），而 LUN 可以理解为大容量存储设备空间划分出来的**用来寻址**的更小逻辑对象，用更容易理解的话来描述，LUN 就代表着图 46.2 中出现唯一的盘符。一个大容量存储物理设备可以对应 1 个或多个盘符，它们有着不同的 LUN，但多个逻辑单元共享通用设备特性（Share Common Device Characteristics）。bCBWCBLength 字段则指出最后 16 个字节表示的 CBWCB 字段中的有效长度，因为 CBWCB 字段中包含了发送给设备的指令，而根据不同的实现方式，需要的指令长度是不同的。例如，不同 SCSI 指令的字节长度可能是 6、10、12、16 甚至更长。但是无论长度为多少，第一个字节总是**指令**，规范中称为操作代码（Operation Code），全部操作代码的集合就是指令集。12 字节长度的 SCSI 指令结构如图 46.7 所示（大端模式）。

字节	D₇	D₆	D₅	D₄	D₃	D₂	D₁	D₀
0	操作代码							
1	逻辑单位号			保留				
2~5	逻辑块地址（可选）							
6	传输、参数列表、分配的字节长度（可选）							
7~8	逻辑块地址（可选）							
9~11	保留							

图 46.7　12 字节长度的 SCSI 指令结构

当设备收到 CBW 后，根据 bCBWCBLength 字段过滤 CBWCB 字段中的有效数据，然后再根据指令类型执行相应的处理，后续与存储媒介打交道的操作就与具体单片机相关了，我们的主要目标就是分析"主机通过 USB 协议发送的 SCSI 指令集"是如何被设备固件解码出来的。常用的 SCSI 指令如表 46.1 所示。

表 46.1 常用的 SCSI 指令

指 令 名 称	操作代码	描 述
Inquiry	12h	获取设备信息
Read Format Capacities	23h	查询当前容量及可用空间
Mode Sense(6)	1Ah	向主机报告参数
Mode Sense(10)	5Ah	
Prevent/Allow Medium Removal	1Eh	阻止或允许移取存储媒介
Read(10)	28h	主机从媒介读取二进制数据
Read Capacity(10)	25h	报告当前的媒介能力
Request Sense	03h	请求设备向主机返回执行结果与状态数
Start/Stop Unit	1Bh	使能或禁止逻辑单元（与访问媒介和控制特定电源有关的）
Test Unit Ready	00h	请求设备报告是否准备好
Verify(10)	2Fh	验证媒介上的数据
Write(10)	2Ah	主机往媒介写入二进制数据

当主机给设备发出 CBW 后，根据 bmCBWFlags 中定义的数据传输方向，主机会往（从）设备写入（读取）bCBWDataTransferLength 字节的数据，数据传输完成后（即使 bCBW-DataTransferLength 字段值为 0），设备将向主机返回 13 字节长度的 CSW，其结构如图 46.8 所示。

字节	D7	D6	D5	D4	D3	D2	D1	D0
0~3	dCBWSignature							
4~7	dCBWTag							
8~11	dCBWDataResidue							
12	bmCBWStatus							

图 46.8 13 字节长度的 CSW 结构

CBW 中的 dCBWSignature 字段是固定的签名值 0x53425355，用来标识该数据包是一个 CSW，dCBWTag 字段值**必须**与刚刚由主机发送过来的 CBW 中的 dCBWTag 字段值相同。dCSWDataResidue 用于报告还需要发送的数据（对于主机到设备）或需要读取的数据（对于设备到主机）的字节长度，bCSWStatus 字段则用于报告前述主机发送指令的执行状态，具体如表 46.2 所示。

表 46.2　bCSWStatus 字段

bCSWStatus	描　　述
00h	指令成功执行
01h	指令执行失败
02h	阶段错误（Phase Error）
03h~04h	预留
05h~FFh	预留

举个简单的例子，主机往设备发送每一个 CBW 后都会检测设备返回的 CSW 中的状态值是否为 0x0（成功执行），如果答案是否定的，就会发送"Request Sense"指令查询关于出错误的进一步信息，设备将返回 18 字节长度的数据，其结构如图 46.9 所示。

字节	D₇	D₆	D₅	D₄	D₃	D₂	D₁	D₀
0	有效位	响应代码（Response Code）						
1	保留							
2	保留				错误代码（Sense Key）			
3~6	信息（Information）							
7	附加错误长度（Additional Sense Length）							
8~11	命令特定信息（Command-specific information）							
12	附加错误代码（Additional Sense Code）							
13	附加错误代码标识符（Additional Sense Code Qualifier）							
14~17	保留							

图 46.9　"Request Sense"指令返回的数据结构

官方例程中的 usb_bot.h 头文件中定义了一些用于描述批量传输的结构体与常量宏，如清单 46.1 所示。其中，Bulk_Only_CBW 结构体用来描述图 46.6 所示的 CBW 结构，Bulk_Only_CSW 则用来描述图 46.8 所示的 CSW 结构，然后根据图 46.4 所示的流程定义了代表 BOT 状态机的 6 个传输状态，详情如表 46.3 所示，其他可根据注释自行阅读，此处不再赘述。

清单 46.1　usb_bot.h 头文件

```
#ifndef __USB_BOT_H
#define __USB_BOT_H

typedef struct _Bulk_Only_CBW {              //BOT传输协议的CBW结构
  uint32_t dSignature;
  uint32_t dTag;
  uint32_t dDataLength;
  uint8_t  bmFlags;
  uint8_t  bLUN;
  uint8_t  bCBLength;
  uint8_t  CB[16];
} Bulk_Only_CBW;

typedef struct _Bulk_Only_CSW {              //BOT传输协议的CSW结构
  uint32_t dSignature;
  uint32_t dTag;
  uint32_t dDataResidue;
  uint8_t  bStatus;
```

```
} Bulk_Only_CSW;

#define BOT_IDLE                    0                        //空闲状态
#define BOT_DATA_OUT                1                        //数据输出状态
#define BOT_DATA_IN                 2                        //数据输入状态
#define BOT_DATA_IN_LAST            3              //最后一个输入数据状态
#define BOT_CSW_Send                4                      //指令状态包
#define BOT_ERROR                   5                        //错误状态

#define BOT_CBW_SIGNATURE           0x43425355             //CBW签名值
#define BOT_CSW_SIGNATURE           0x53425355             //CSW签名值
#define BOT_CBW_PACKET_LENGTH       31                   //CBW字节长度

#define CSW_DATA_LENGTH             0x000D               //CSW字节长度

#define CSW_CMD_PASSED              0x00     //CSW报告的执行状态：成功
#define CSW_CMD_FAILED              0x01     //CSW报告的执行状态：失败
#define CSW_PHASE_ERROR             0x02   //CSW报告的执行状态：阶段错误

#define SEND_CSW_DISABLE            0
#define SEND_CSW_ENABLE             1

#define DIR_IN                      0             //数据传输方向：输入
#define DIR_OUT                     1
#define BOTH_DIR                    2

void Mass_Storage_In (void);
void Mass_Storage_Out (void);
void CBW_Decode(void);
void Transfer_Data_Request(uint8_t* Data_Pointer, uint16_t Data_Len);
void Set_CSW (uint8_t CSW_Status, uint8_t Send_Permission);
void Bot_Abort(uint8_t Direction);

#endif /* __USB_BOT_H */
```

表 46.3　BOT 状态机的传输状态

状态	描述
BOT_IDLE	USB 复位，或仅批量传输大容量存储复位（Bulk-Only Mass Storage Reset），或在 CSW 发出后的默认状态，设备在该状态下做好接收来自主机的下一个 CBW 的准备
BOT_DATA_OUT	设备从主机收到带有数据流的 CBW 后进入该状态
BOT_DATA_IN	设备向主机发送带有数据流的 CBW 后进入该状态
BOT_DATA_IN_LAST	设备向主机发送最后一个所需数据时进入该状态
BOT_CSW_SEND	当设备发送 CSW 时进入该状态，此时如果设备正确完成一次 IN 事务，将进入 BOT_IDLE 状态，并准备接收下一个 CBW
BOT_ERROR	错误状态

好的，与 BOT 协议相关的知识已经足够我们使用了，先来看看官方例程 Mass_Storage 的配置描述符，如清单 46.2 所示。

清单 46.2　配置描述符

```
const uint8_t MASS_ConfigDescriptor[MASS_SIZ_CONFIG_DESC] = {
    0x09,                           //bLength:配置描述符字节数量
    0x02,                           //bDescriptorType: 配置类型
    MASS_SIZ_CONFIG_DESC,           //wTotalLength: 配置描述符总字节数量
    0x00,
    0x01,                           //bNumInterfaces: 1个接口
    0x01,                           //bConfigurationValue: 配置值
    0x00,           //iConfiguration: 描述配置的字符串描述符的索引
    0xC0,           //bmAttributes: 自供电模式，不支持远程唤醒
    0x32,                           //最大电流100mA
```

```
//接口描述符(下一个数据的数组索引为09)
0x09,                                    //bLength: 接口描述符字节数量
0x04,                                    //bDescriptorType: 接口描述符类型
0x00,                                    //bInterfaceNumber: 接口号
0x00,                                    //bAlternateSetting: 备用接口号
0x02,                                    //bNumEndpoints: 端点数量
0x08,                                    //bInterfaceClass: 大容量存储类
0x06,                                    //bInterfaceSubClass: SCSI传输
0x50,                                    //nInterfaceProtocol1 :BOT协议
4,                                       //iInterface: 字符串描述符的索引

//端点描述符（下一个数据的数组索引为18）
0x07,                                    //bLength: 端点描述符字节数量
0x05,                                    //bDescriptorType: 描述符类型
0x81,                                    //bEndpointAddress: 输入(IN)端点1
0x02,                                    //bmAttributes: 批量类型端点
0x40,                                    //wMaxPacketSize: 最多64字节
0x00,
0x00,                                    //bInterval

//端点描述符（下一个数据的数组索引为25）
0x07,                                    //bLength: 端点描述符字节数量
0x05,                                    //bDescriptorType: 描述符类型
0x02,                                    //bEndpointAddress: 输出(OUT)端点2
0x02,                                    //bmAttributes: 批量类型端点
0x40,                                    //wMaxPacketSize: 最多64字节
0x00,
0x00                                     //bInterval
};
```

首先应该注意到，bInterfaceClass 字段的值为 0x08，它对应表 13.4 中的大容量存储设备类；bInterfaceSubClass 字段的值为 0x06，表示使用 SCSI 指令集规范；bInterfaceProtocol 字段的值为 0x50，表示使用 BOT 协议，它们在《USB 大容量存储类规范概述》(*USB Mass Storage Class Specification Overview*) 文档中可以查到，分别如表 46.4 与表 46.5 所示。

表 46.4　SubClass 代码对应的指令块协议

子类代码	指令块规范	子类代码	指令块规范
00h	未报告的 SCSI 指令集	06h	SCSI 透明（transparent）指令集
01h	RBC（Reduced Block Commands）	07h	LSD FS
02h	MMC-5（ATAPI）	08h	IEEE 1667
03h	过时的（Obsolete）	09h~FEh	保留
04h	UFI	FFh	指定给设备厂商 （specific to device vendor）
05h	过时的（Obsolete）		

表 46.5　大容量存储传输协议

代　码	协议实现	代　码	协议实现
00h	CBI（有指令结束中断）	51h~61h	保留
01h	CBI（无指令结束中断）	62h	UAS
02h	过时的	63h~FEh	保留
63h~4Fh	保留	FFh	指定给设备厂商
50h	BBB（BOT）	—	—

接口描述符后面不再有 HID 描述符，而是跟随了"用于数据输入的批量端点 1 与用于数据输出的批量端点 2"的端点描述符，而 bInterval 字段之所以设置为 0，是因为批量端点无法指定固定的总线访问频率（按需访问）。另外，大容量存储设备类也没有单独的报告描述符。

与 HID 设备必须支持"获取 HID 描述符"及"获取报告描述符"特定请求一样，使用 BOT 协议的大容量存储设备必须支持"Bulk-Only Mass Storage Reset"与"Get Max LUN"两个特定类请求，如表 46.6 所示，其中的请求代码如表 46.7 所示。

表 46.6　大容量存储设备特定类请求

bmRequestType	bRequest	wValue	wIndex	wLength	数据
00100001b	Bulk-Only Mass Storage Reset	0	接口	0	无
10100001b	Get Max LUN	0	接口	1	1 个字节

表 46.7　大容量存储设备特定类请求代码

bRequest	值	bRequest	值
Bulk-Only Mass Storage Reset	0xFF	Get Max LUN	0xFE

不同于 USB 复位信号，"Bulk-Only Mass Storage Reset"请求是主机通过默认控制管道发出的，该请求用来通知设备：**主机下一次通过批量端点输出的数据为 CBW，让设备做好准备**。由于该请求没有携带数据，所以在官方例程中的 MASS_NoData_Setup 函数中实现。"Get Max LUN"请求返回设备支持的最大 LUN（范围为 0~15）。例如，设备支持 4 个 LUN，则相应的 LUN 为 0~3，"Get Max LUN"请求返回值应为 3。由于该请求携带了一个字节数据，因此在官方例程的 MASS_Data_Setup 函数中通过调用"Get_Max_Lun"函数实现，它们都定义在 usb_prop.c 源文件中，如清单 46.3 所示（其中的 MASS_STORAGE_RESET、GET_MAX_LUN、LUN_DATA_LENGTH 在 usb_prop.h 头文件中分别定义为 0xFF、0xFE、1）。

清单 46.3　usb_prop.c 源文件

```
uint32_t Max_Lun = 0;                                   //保存最大Lun值

extern unsigned char Bot_State;
extern Bulk_Only_CBW CBW;


void MASS_Reset()
{
  Device_Info.Current_Configuration = 0;                //设备当前配置为0（未配置状态）
  pInformation->Current_Feature = MASS_ConfigDescriptor[7];   //初始化当前特征
  SetBTABLE(BTABLE_ADDRESS);                             //设置缓冲描述表基地址

  SetEPType(ENDP0, EP_CONTROL);                          //设置端点0为控制类型
  SetEPTxStatus(ENDP0, EP_TX_NAK);                       //设置端点0发送状态为NAK
  SetEPRxAddr(ENDP0, ENDP0_RXADDR);                      //设置端点0对应数据接收包缓冲区的首地址
  SetEPRxCount(ENDP0, Device_Property.MaxPacketSize);    //设置端点0接收数据包长度
  SetEPTxAddr(ENDP0, ENDP0_TXADDR);                      //设置端点0对应数据发送包缓冲区的首地址
  Clear_Status_Out(ENDP0);                               //不使用STATUS_OUT功能
  SetEPRxValid(ENDP0);                                   //设置端点0接收状态为VALID

  SetEPType(ENDP1, EP_BULK);                             //设置端点1为批量类型
  SetEPTxAddr(ENDP1, ENDP1_TXADDR);                      //设置端点1对应数据发送包缓冲区的首地址
  SetEPTxStatus(ENDP1, EP_TX_NAK);                       //设置端点1发送状态为NAK
  SetEPRxStatus(ENDP1, EP_RX_DIS);                       //设置端点1接收状态为DISABLE
```

```
    SetEPType(ENDP2, EP_BULK);                          //设置端点2为批量类型
    SetEPRxAddr(ENDP2, ENDP2_RXADDR);        //设置端点2对应数据接收包缓冲区的首地址
    SetEPRxCount(ENDP2, Device_Property.MaxPacketSize);  //设置端点2接收数据包长度
    SetEPRxStatus(ENDP2, EP_RX_VALID);                   //设置端点2接收状态为VALID
    SetEPTxStatus(ENDP2, EP_TX_DIS);                     //设置端点1发送状态为DISABLE

    SetDeviceAddress(0);                                 //设置默认设备地址为0
    bDeviceState = ATTACHED;                             //设置设备状态为默认

    CBW.dSignature = BOT_CBW_SIGNATURE;                  //初始化CBW签名值
    Bot_State = BOT_IDLE;                                //初始化BOT状态机的状态为空闲

    USB_NotConfigured_LED();
}

void Mass_Storage_SetConfiguration(void)
{
    if (pInformation->Current_Configuration != 0) {
      bDeviceState = CONFIGURED;
      ClearDTOG_TX(ENDP1);
      ClearDTOG_RX(ENDP2);
      Bot_State = BOT_IDLE;
    }
}
void Mass_Storage_ClearFeature(void)
{
    //当主机发送无效签名值或无效长度的CBW时，输入与输出端点会进入STALL状态
    //直到收到"Mass Storage Reset"请求
    if (CBW.dSignature != BOT_CBW_SIGNATURE) {
      Bot_Abort(BOTH_DIR);
    }
}


RESULT MASS_Data_Setup(uint8_t RequestNo)
{
    uint8_t    *(*CopyRoutine)(uint16_t);

    CopyRoutine = NULL;

    //如果请求代码为"GET_MAX_LUN"，则调用Get_Max_Lun函数
    if ((Type_Recipient == (CLASS_REQUEST | INTERFACE_RECIPIENT))
       && (RequestNo == GET_MAX_LUN) && (pInformation->USBwValue == 0)
       && (pInformation->USBwIndex == 0) && (pInformation->USBwLength == 0x01)){
      CopyRoutine = Get_Max_Lun;                          //获取最大LUN
    } else {
      return USB_UNSUPPORT;
    }

    if (CopyRoutine == NULL) {
      return USB_UNSUPPORT;
    }

    pInformation->Ctrl_Info.CopyData = CopyRoutine;
    pInformation->Ctrl_Info.Usb_wOffset = 0;
    (*CopyRoutine)(0);

    return USB_SUCCESS;
}

RESULT MASS_NoData_Setup(uint8_t RequestNo)
{
    //如果请求代码为"MASS_STORAGE_RESET"
    if ((Type_Recipient == (CLASS_REQUEST | INTERFACE_RECIPIENT))
       && (RequestNo == MASS_STORAGE_RESET) && (pInformation->USBwValue == 0)
       && (pInformation->USBwIndex == 0) && (pInformation->USBwLength == 0x00)){
      ClearDTOG_TX(ENDP1);                                //初始化端点1
      ClearDTOG_RX(ENDP2);                                //初始化端点2
      CBW.dSignature = BOT_CBW_SIGNATURE;                 //初始化CBW签名值
      Bot_State = BOT_IDLE;

      return USB_SUCCESS;
    }
    return USB_UNSUPPORT;
```

```
}

uint8_t *Get_Max_Lun(uint16_t Length)
{
  if (Length == 0) {
    pInformation->Ctrl_Info.Usb_wLength = LUN_DATA_LENGTH;       //返回长度为1字节
    return 0;
  } else {
    return((uint8_t*)(&Max_Lun));
  }
}
```

当设备接收到"Bulk-Only Mass Storage Reset"请求后，会清除两个批量端点的数据切换时序位（置 0），初始化 CBW 中的 dCBWSignature 字段为 BOT_CBW_SIGNATURE（0x43425355），并将 BOT 状态机设置为 BOT_IDLE（0），为接收下一个 CBW 做好准备。当设备收到"Get Max LUN"请求时，由于官方例程只支持一个 LUN，因此返回全局变量 Max_Lun 的地址即可。

接下来看看主机与设备之间如何进行通信，我们进入清单 46.4 所示的 main 函数，其中除进行了一些初始化配置外，最后直接进入了 while 死循环，这意味着 STM32 单片机后续只是通过响应 USB 中断来进行相应的处理的。

清单 46.4　main 函数

```
#include "hw_config.h"
#include "usb_lib.h"
#include "usb_pwr.h"

extern uint16_t MAL_Init (uint8_t lun);

int main(void)
{
  Set_System();
  Set_USBClock();
  Led_Config();
  USB_Interrupts_Config();
  USB_Init();
  while (bDeviceState != CONFIGURED);

  USB_Configured_LED();

  while (1){
  }
}
```

当主机发送复位信号时，STM32 单片机将进入清单 46.3 中的复位函数 MASS_Reset，其中对两个批量端点进行了初始化，然后分配了默认设备地址 0，并设置当前设备的状态为 ATTATCHED。CBW 则是一个 Bulk_Only_CBW 结构体类型的全局变量，而给其成员 dSignature 成员赋给的 BOT_CBW_SIGNATURE 正是前面已经讨论过的"标识当前数据包为 CBW 的 32 位常量"（0x43425355）。最后设置 BOT 传输状态机的状态为空闲（BOT_IDLE）。

当设备需要从主机读取数据时，会触发中断而进入 EP1_IN_Callback 回调函数，其中调用了 Mass_Storage_In 函数。当主机给设备发送数据时，会触发中断而进入 EP2_OUT_Callback 回调函数，它们都定义在 usb_endp.c 源文件中，如清单 46.5 所示。

清单 46.5　usb_endp.c 源文件

```
#include "usb_lib.h"
#include "usb_bot.h"
#include "usb_istr.h"

void EP1_IN_Callback(void)                          //端点1输入回调函数（从设备到主机）
{
  Mass_Storage_In();
}

void EP2_OUT_Callback(void)                         //端点2输出回调函数（从设备到主机）
{
  Mass_Storage_Out();
}
```

Mass_Storage_Out 与 Mass_Storage_In 函数在事务正确传输完成时调用，它们被定义在 usb_bot.c 源文件中，如清单 46.6 所示。

清单 46.6　usb_bot.c 源文件（部分）

```
#include "usb_scsi.h"
#include "hw_config.h"
#include "usb_regs.h"
#include "usb_mem.h"
#include "usb_conf.h"
#include "usb_bot.h"
#include "memory.h"
#include "usb_lib.h"

uint8_t Bot_State;                                       //BOT状态机的状态
uint8_t Bulk_Data_Buff[BULK_MAX_PACKET_SIZE];            //数据缓冲区
uint16_t Data_Len;                                       //数据字节长度
Bulk_Only_CBW CBW;
Bulk_Only_CSW CSW;
uint32_t SCSI_LBA , SCSI_BlkLen;
extern uint32_t Max_Lun;

void Mass_Storage_In (void)
{
  switch (Bot_State) {
    case BOT_CSW_Send:                                   //CSW状态返回
    case BOT_ERROR:
      Bot_State = BOT_IDLE;                              //设置空闲状态
      SetEPRxStatus(ENDP2, EP_RX_VALID);                 //设置端点2的接收状态为VALID
      if (GetEPRxStatus(EP2_OUT) == EP_RX_STALL) {
        SetEPRxStatus(EP2_OUT, EP_RX_VALID);
      }
      break;

    case BOT_DATA_IN:
      switch (CBW.CB[0]) {
        case SCSI_READ10:                                //读取数据
          SCSI_Read10_Cmd(CBW.bLUN , SCSI_LBA , SCSI_BlkLen);
          break;
      }
      break;
    case BOT_DATA_IN_LAST:
      Set_CSW (CSW_CMD_PASSED, SEND_CSW_ENABLE);
      SetEPRxStatus(ENDP2, EP_RX_VALID);
      break;
    default:
      break;
  }
}

void Mass_Storage_Out (void)
{
  uint8_t CMD;
  CMD = CBW.CB[0];                                       //SCSI指令的操作代码

  Data_Len = USB_SIL_Read(EP2_OUT, Bulk_Data_Buff);     //从接收包缓冲区中将数据复制出来

  switch (Bot_State) {
    case BOT_IDLE:                                       //接收到CBW
      CBW_Decode();                                      //进行CBW解码
      break;
```

```
      case BOT_DATA_OUT:                                            //接收到普通数据
        if (CMD == SCSI_WRITE10) {  //将数据写入存储媒介
          SCSI_Write10_Cmd(CBW.bLUN , SCSI_LBA , SCSI_BlkLen);
          break;
        }
        Bot_Abort(DIR_OUT);                                         //操作代码不支持，出错
        Set_Scsi_Sense_Data(CBW.bLUN, ILLEGAL_REQUEST, INVALID_FIELED_IN_COMMAND);
        Set_CSW (CSW_PHASE_ERROR, SEND_CSW_DISABLE);
        break;
      default:                                                      //出错
        Bot_Abort(BOTH_DIR);
        Set_Scsi_Sense_Data(CBW.bLUN, ILLEGAL_REQUEST, INVALID_FIELED_IN_COMMAND);
        Set_CSW (CSW_PHASE_ERROR, SEND_CSW_DISABLE);
        break;
  }
}

//解码CBW并处理相应的SCSI指令
void CBW_Decode(void)
{
  uint32_t Counter;

  for (Counter = 0; Counter < Data_Len; Counter++) {//将接收到的数据填充到全局变量CBW
    *((uint8_t *)&CBW + Counter) = Bulk_Data_Buff[Counter];
  }
  CSW.dTag = CBW.dTag;                                             //设置接收到的dTag值
  CSW.dDataResidue = CBW.dDataLength;                    //剩下还有多少数据没有接收
  if (Data_Len != BOT_CBW_PACKET_LENGTH) {              //确定CBW字节长度是否为31
    Bot_Abort(BOTH_DIR);
    CBW.dSignature = 0;

    Set_Scsi_Sense_Data(CBW.bLUN, ILLEGAL_REQUEST, PARAMETER_LIST_LENGTH_ERROR);
    Set_CSW (CSW_CMD_FAILED, SEND_CSW_DISABLE);
    return;
  }

  if ((CBW.CB[0] == SCSI_READ10 ) || (CBW.CB[0] == SCSI_WRITE10 )){
    //计算逻辑块地址与传输的块长度
    SCSI_LBA = (CBW.CB[2] << 24) | (CBW.CB[3] << 16) | (CBW.CB[4] <<  8) | CBW.CB[5];
    SCSI_BlkLen = (CBW.CB[7] <<  8) | CBW.CB[8];
  }

  if (CBW.dSignature == BOT_CBW_SIGNATURE) {                    //确定签名是否正确
    if ((CBW.bLUN > Max_Lun) || (CBW.bCBLength < 1) || (CBW.bCBLength > 16)){
      Bot_Abort(BOTH_DIR);
      Set_Scsi_Sense_Data(CBW.bLUN, ILLEGAL_REQUEST, INVALID_FIELED_IN_COMMAND);
      Set_CSW (CSW_CMD_FAILED, SEND_CSW_DISABLE);
    } else {          //如果Max Lun及bCBLength都在正常范围内，就根据操作代码进行相应的处理
      switch (CBW.CB[0]){
        case SCSI_REQUEST_SENSE:SCSI_RequestSense_Cmd (CBW.bLUN); break;
        case SCSI_INQUIRY:SCSI_Inquiry_Cmd(CBW.bLUN); break;
        case SCSI_START_STOP_UNIT:SCSI_Start_Stop_Unit_Cmd(CBW.bLUN); break;
        case SCSI_ALLOW_MEDIUM_REMOVAL: SCSI_Start_Stop_Unit_Cmd(CBW.bLUN); break;
        case SCSI_MODE_SENSE6: SCSI_ModeSense6_Cmd (CBW.bLUN); break;
        case SCSI_MODE_SENSE10: SCSI_ModeSense10_Cmd (CBW.bLUN); break;
        case SCSI_READ_FORMAT_CAPACITIES:SCSI_ReadFormatCapacity_Cmd(CBW.bLUN);break;
        case SCSI_READ_CAPACITY10: SCSI_ReadCapacity10_Cmd(CBW.bLUN); break;
        case SCSI_TEST_UNIT_READY: SCSI_TestUnitReady_Cmd(CBW.bLUN); break;
        case SCSI_READ10: SCSI_Read10_Cmd(CBW.bLUN, SCSI_LBA , SCSI_BlkLen); break;
        case SCSI_WRITE10: SCSI_Write10_Cmd(CBW.bLUN, SCSI_LBA , SCSI_BlkLen); break;
        case SCSI_VERIFY10: SCSI_Verify10_Cmd(CBW.bLUN); break;
        case SCSI_FORMAT_UNIT: SCSI_Format_Cmd(CBW.bLUN); break;
        case SCSI_MODE_SELECT10: SCSI_Mode_Select10_Cmd(CBW.bLUN); break;
        case SCSI_MODE_SELECT6: SCSI_Mode_Select6_Cmd(CBW.bLUN); break;
        case SCSI_SEND_DIAGNOSTIC: SCSI_Send_Diagnostic_Cmd(CBW.bLUN); break;
        case SCSI_READ6: SCSI_Read6_Cmd(CBW.bLUN);break;
        case SCSI_READ12: SCSI_Read12_Cmd(CBW.bLUN); break;
        case SCSI_READ16: SCSI_Read16_Cmd(CBW.bLUN); break;
        case SCSI_READ_CAPACITY16: SCSI_READ_CAPACITY16_Cmd(CBW.bLUN); break;
        case SCSI_WRITE6: SCSI_Write6_Cmd(CBW.bLUN); break;
        case SCSI_WRITE12: SCSI_Write12_Cmd(CBW.bLUN); break;
        case SCSI_WRITE16: SCSI_Write16_Cmd(CBW.bLUN); break;
        case SCSI_VERIFY12: SCSI_Verify12_Cmd(CBW.bLUN); break;
        case SCSI_VERIFY16: SCSI_Verify16_Cmd(CBW.bLUN); break;
        default:{                                          //不支持的操作代码
          Bot_Abort(BOTH_DIR);
          Set_Scsi_Sense_Data(CBW.bLUN, ILLEGAL_REQUEST, INVALID_COMMAND);
          Set_CSW (CSW_CMD_FAILED, SEND_CSW_DISABLE);
        }
      }
```

```
    }
  } else{                                                       //无效的CBW
      Bot_Abort(BOTH_DIR);
      Set_Scsi_Sense_Data(CBW.bLUN, ILLEGAL_REQUEST, INVALID_COMMAND);
      Set_CSW (CSW_CMD_FAILED, SEND_CSW_DISABLE);
  }
}

//根据指令执行结果设置CSW
void Set_CSW (uint8_t CSW_Status, uint8_t Send_Permission)
{
  CSW.dSignature = BOT_CSW_SIGNATURE;
  CSW.bStatus = CSW_Status;

  USB_SIL_Write(EP1_IN, ((uint8_t *)&CSW), CSW_DATA_LENGTH);

  Bot_State = BOT_ERROR;
  if (Send_Permission) {
    Bot_State = BOT_CSW_Send;
    SetEPTxStatus(ENDP1, EP_TX_VALID);
  }
}

//根据BOT流中发生的错误设置端点1或(与)端点2为STALL状态
void Bot_Abort(uint8_t Direction)
{
  switch (Direction) {
    case DIR_IN   : SetEPTxStatus(ENDP1, EP_TX_STALL); break;
    case DIR_OUT  : SetEPRxStatus(ENDP2, EP_RX_STALL); break;
    case BOTH_DIR : SetEPTxStatus(ENDP1, EP_TX_STALL);
                    SetEPRxStatus(ENDP2, EP_RX_STALL);break;
    default: break;
  }
}
```

　　假设主机需要给设备发送数据，当它每收到一次数据包时，首先调用 USB_SIL_Read 函数将数据从接收包缓冲区中复制到 Bulk_Data_Buff 指向的缓冲区，收到的数据字节长度则放到 Data_Len 变量中。那么当前收到的数据是不是 CBW 呢？取于当前的传输状态！如果当前状态为空闲（BOT_IDLE），说明当前收到的 OUT 事务正是 CBW，我们必须进一步解码 CBW 中的 SCSI 指令并执行相应的函数，这项工作是由 CBW_Decode 函数完成的，其中首先将接收到的 CBW 数据包填充到全局变量 CBW，并且将 CSW 中的 dTag 成员设置为接收到的 dTag（以示两者之间的关系）。由于当前第一个 OUT 事务仅包含 CBW，暂时连一个字节的数据也没有发送，所以表示"还剩下多少数据没有接收"的 dDataResidue 字段就是 CBW 中的 dDataLength 值。接下来确定当前收到的数据包长度是否为 31 字节（也就是 CBW 的长度），如果答案是否定的，说明已经出错，因此会调用 Bot_Abort 函数设置接收与发送端点都为 STALL 状态，并且将 CBW 中的 dSignature 清零，这也就意味着主机需要发送 Mass Storage Reset 请求进行复位。然后进入**错误状态设置过程**，这包括调用 Set_Scsi_Sense_Data 函数设置图 46.9 所示 "Request Sense" 返回的数据结构（其实就是一个 18 字节长度的数组），然后再调用 Set_CSW 函数在 CSW 中设置出现的错误代码，后续在主机发送请求时返回。

　　请注意，我们仍然还在 CBW 解码状态中，如果数据包长度确实是 31 字节，接下来判断指令是不是读或写数据，如果是其中之一，就从 CBW 包中计算出逻辑块地址与传输的块长度（注意：大端模式）。接下来就判断 dSignature 是不是固定的签名值（0x43425355），如果不是，则同样调用 Bot_Abord 函数设置接收与发送端点为 STALL 状态，并进入**错误状态设置过程**。如果签名值是正确的，就会根据操作代码分发到各自的 SCSI 指令执行函数中，此处不再赘述。

现在我们仍然回到 Mass_Storage_Out 函数中，如果当前状态是数据输出状态（BOT_DATA_OUT），说明当前收到的是普通数据，那该如何处理呢？还是需要根据前面更新过的 CBW 中的操作代码，它已经被保存在临时变量 CMD 中。如果操作代码为 SCSI_WRITE10，则直接调用 SCSI_Write10_Cmd 函数写入存储媒介即可。如果操作代码并没有实现，说明设备并不支持，所以会调用 Bot_Abort 函数设置接收端点为 STALL 状态，并进入**错误状态设置过程**。如果在 Mass_Storage_Out 函数中出现了除 BOT_DILE 或 BOT_DATA_OUT 外的其他状态，说明也是出错了，就会调用 Bot_Abort 函数将接收与发送端点都设置为 STALL 状态，同样也会进入**错误状态设置过程**。

假设主机现在已经成功完成所有普通数据的发送，SCSI_Write10_Cmd 函数中会设置当前 BOT 状态机为 CSW 返回状态（BOT_CSW_Send）。当主机发送 IN 事务要求设备返回状态时，会进入 Mass_Storage_In 函数，其中首先设置为空闲状态（BOT_IDLE），然后设置接收与发送端点为有效状态，以便接收下一个 CBW。如果当前状态为数据输入（BOT_DATA_IN），就判断操作代码是否为 SCSI_READ10，如果答案是肯定的，就调用 SCSI_Read10_Cmd 函数，它与 SCSI_Write10_Cmd 函数的执行过程是相似的。

当然，有些细节涉及 SCSI 规范与存储器读写方面的操作，限于篇幅就不深入讨论了，而且不再属于 USB 大容量存储类协议，有兴趣的读者自行阅读源代码即可。

第47章 USB 转串口通信设备：批量传输

嵌入式开发工程师应该对以前台式 PC 配备的 9 针串行通信（Cluster communication，COM）端口不会陌生，随着 USB 接口广泛进入我们的生活，不具太大优势的 COM 端口已经与 25 针的并口逐渐退出了历史舞台，现如今 PC 上几乎已经看不到 COM 形式的端口了，然而串行通信方式却由于应用简便仍然广泛存在于很多工业软件应用及嵌入式开发过程中（如程序下载与调试），大多数单片机也集成了可以实现相同协议的通用异步串行收发器（Universal Asynchronous Receiver/Transmitter，UART）。现在的问题是，如果 PC 没有 COM 端口该怎么办呢？一种"USB 转串口"设备完美地弥补了该缺陷，它就是我们所说的虚拟 COM 设备。

首先看一下如图 47.1 所示官方例程 Virtual_COM_Port 的硬件框架，其中，单片机与主机端的硬件连接部分与图 46.1 是相同的，它接收主机发送过来的数据，然后通过单片机内置的 USART 控制器（STM32F103x 系列单片机集成了可实现同步通信的 USART 控制器，但作为异步通信时的功能与 UART 控制器相同）转发给带 COM 端口的计算机。由于 PC 自带的 COM 端口使用 RS232 电平标准（有正有负），而单片机的输出电压通常是 5V 或 3.3V 的 TTL 或 CMOS 电平标准，所以需要添加"电平转换"单元。当然，如果将数据转发给另一个相同电平标准的单片机，"电平转换"单元并不是必需的。

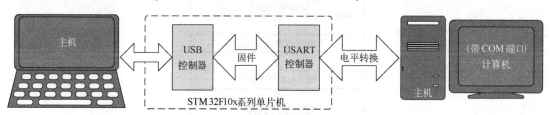

图 47.1 USB 转串口设备的硬件框架

数据再次转发功能的实现与具体单片机有关，由于我们不希望与 STM32 单片机平台过多关联，因此主要关注点在于：**主机如何将数据发送到单片机单片机如何将数据解析出来。** 至于单片机具体如何使用 USART 控制器将数据再次转发出去，这就不是我们所关心的内容了。

开发"USB 转串口"设备是否需要自己设计驱动程序呢？取决于操作系统的版本，"USB 转串口"设备属于通信设备类（Communication Device Class，CDC），对应表 13.4 所示"通信设备控制类（0x02）"，而表 38.1 中也给出了相应的设备驱动程序，所以在 Windows 操作系统中**应该**不需要开发设备驱动程序，但是请注意看说明：**串行端口驱动程序是从 Windows 10 才开始添加到操作系统中的**。如果你的操作系统版本更旧，可以使用 ST 厂商提供的设备驱动程序（相应的安装文件为 stmcdc.inf）。我们将 Virtual_COM_Port 例程编译后将

hex 文件下载到开发板，并与安装 Window 10 操作系统的 PC 连接后，"设备管理器"页中就出现了一个 "USB 串行设备 (COMS)"项，如图 47.2 所示，然后在一些使用串口的工具中就能够找到相应的 COM 端口并正常使用了。值得一提的是，如果使用 ST 厂商提供的设备驱动程序，相应的项名则会变成 "STMicroelectronics Virtual COM Port"，而 "Prolific USB-to-Serial Comm Port"项是笔者用来下载固件所用的。

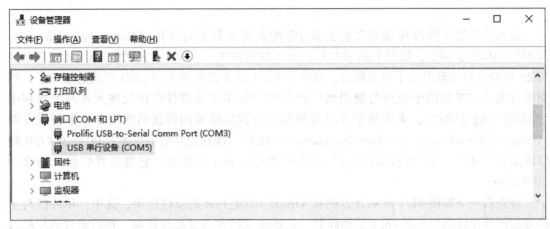

图 47.2 "设备管理器"页

那么 USB 主机是如何虚拟出 COM 端口的呢？主机又是如何将数据发送给设备的呢？为方便理解 USB CDC 协议的具体实现，我们同样先来看看如图 47.3 所示的 USB CDC 实现框架。

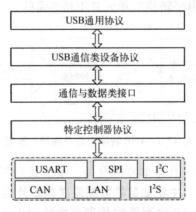

图 47.3 USB CDC 实现框架

"USB CDC 协议"指的是特定类分规范。根据通信设备类型的不同，CDC 类被进一步划分为公共交换电话网络 (Public Switched Telephone Network, PSTN)、综合业务数字网 (Integrated Services Digital Network, ISDN)、网络控制等模型，而 PSTN 模型又可分为直达线路控制模型 (Direct Line Control Model, DLCM)、抽象控制模型 (Abstract Control Model, ACM) 和电话控制模型 (Telephone Control Model)，它们在《USB 通信设备类定义》(*USB Class Definitions for Communications Devices*) 文档中给出，具体见表 47.1，其中的"参考分规范"列

意味着：每一个模型的具体实现细节需要参考相应的分规范（相当于"HID 设备类定义"规范的层面）。

表 47.1　子类代码

代码	子类	参考分规范
00h	保留	—
01h	直达线路控制模型（Direct Line Control Model）	
02h	抽象控制模型（Abstract Control Model）	USBPSTN1.2
03h	电话控制模型（Telephone Control Model）	
04h	多通道控制模型（Multi-Channel Control Model）	USBISDN1.2
05h	CAPI 控制模型（CAPI Control Model）	
06h	因特网控制模型（Ethernet Networking Control Model）	USBECM1.2
07h	ATM 网络控制模型（ATM Networking Control Model）	USBATM1.2
08h	无线手机控制模型（Wireless Handset Control Model）	
09h	设备管理（Device Management）	USBWMC1.1
0Ah	移动直达线路模型（Mobile Direct Line Model）	
0Bh	OBEX	
0Ch	因特网模仿模型（Ethernet Emulation Model）	USBEEM1.0
0Dh	网络控制模型（Network Control Model）	USBNCM1.0
0Eh~7Fh	保留（将来使用）	—
80h~FEh	保留（厂商指定）	—

值得一提的是，分规范版本与《USB 通信设备类定义》的版本（本书的参考版本为 1.2，以下简称为"USB CDC 1.2"）可能会不同。另外，《USB CDC 1.1》没有分规范，所有模型都放在一个文档中。我们刚刚提过的"虚拟 COM 端口"设备属于抽象控制模型，相应的子类代码为 0x02，参考的分规范为 USBPSTN1.2。

"通信与数据类接口"给出了 CDC 子类的组成方式。一个 CDC 子类通常由通信接口类（Communication Interface Class）和数据接口类（Data Interface Class）组成，它们对应的类代码如表 47.2 所示。

表 47.2　接口类代码

代码	类	代码	类
02h	通信接口类	0Ah	数据接口类

通信接口类用来对设备进行管理和控制（所有通信设备必须具备，需要**一个控制端点及可选的中断端点**），数据接口类则用来传输数据，最好使用输入与输出两个端点，而且这两个端点应该都为同步或批量中的同一种类型。对于虚拟 COM 端口设备，控制端点主要用于 USB 设备的枚举及虚拟 COM 端口的配置（例如，波特率、数据位数、停止位、起始位）。数据输出端点用于主机向设备发送数据，相当于传统物理串口中的 TXD 信号线；数据输入

端点用于主机从设备接收数据，相当于传统物理串口中的 RXD 信号线，如图 47.4 所示。

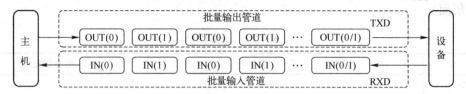

图 47.4　数据输入与输出端点

"通信接口专用协议"的具体实现随单片机类型的不同而不同，无须过多关注。例如，我们可以将 USB 总线发送过来的数据通过 USART 控制器转发出去，也就是实现虚拟 COM 端口设备，但是如果有必要，也可以将数据通过 SPI、I²C、LAN、CAN 等其他控制接口转发出去，只要所使用的单片机支持这些接口。

需要特别注意的是，CDC 类还有不少特定类功能描述符（Functional Descriptors），它们是对标准接口描述符的进一步说明，所以功能描述符总是跟随在标准接口描述符之后的。所有功能描述符的结构是相似的，如表 47.3 所示。

表 47.3　功能描述符的通用结构

偏移量	域	大小	值
0	bFunctionLength	1	数字
1	bDescriptorType	1	常量
2	bDescriptorSubtype	2	常量
3	（特定功能 data0）	1	其他
…	…	…	…
N+2	（特定功能 data N−1）		其他

第 1 个字段（bFunctionLength）表示该功能描述符的长度，第 2 个字段（bDescriptorType）表示**特定类（Class-Specific, CS）**描述符类型，详情如表 47.4 所示。

表 47.4　bDescriptorType 字段

描述符类型	值
CS_INTERFACE	24h
CS_ENDPOINT	25h

bDescriptorType 字段用于指定特定类描述符的大类型，而小类型则由第 3 个字段（bDescriptorSubtype）决定，通信类与数据类接口可以使用的功能描述符类型分别如表 47.5、表 47.6 所示。

表 47.5　通信类描述符的 bDescriptorSubtype

描述符子类型	描述
00h	首部功能描述符（Header Functional Descriptor）
01h	呼叫管理功能描述符（Call Management Functional Descriptor）

描述符子类型	描 述
02h	抽象控制管理功能描述符（Abstract Control Management Functional Descriptor）
03h	直达线路管理功能描述符（Direct Line Functional Descriptor）
04h	电话振铃功能描述符（Telephone Ringer Functional Descriptor）
05h	电话呼叫与线路状态报告能力功能描述符（Telephone Call and Line State Reporting Capabilities Functional Descriptor）
06h	**联合**功能描述符（Union Functional Descriptor）
07h	**国家选择**功能描述符（Country Selection Functional Descriptor）
08h	电话工作模型功能描述符（Telephone Operational Modes Functional Descriptor）
09h	USB 终端功能描述符（USB Terminal Functional Descriptor）
0Ah	网络通道终端功能描述符（Network Channel Terminal Functional Descriptor）
0Bh	协议单元功能描述符（Protocol Unit Functional Descriptor）
0Ch	扩展单元功能描述符（Extension Unit Functional Descriptor）
0Dh	多通道管理功能描述符（Multi-Channel Management Functional Descriptor）
0Eh	CAPI 控制管理功能描述符（CAPI Control Management Functional Descriptor）
0Fh	互联网网络功能描述符（Ethernet Networking Functional Descriptor）
10h	ATM 网络功能描述符（ATM Networking Functional Descriptor）
11h	无线手机控制模型功能描述符（Wireless Handset Control Model Functional Descriptor）
12h	移动直达线路模型功能描述符（Mobile Direct Line Model Functional Descriptor）
13h	MDLM 细节功能描述符（MDLM Detail Functional Descriptor）
14h	设备管理模型功能描述符（Device Management Model Functional Descriptor）
15h	OBEX 功能描述符（OBEX Functional Descriptor）
16h	指令集功能描述符（Command Set Functional Descriptor）
17h	指令集细节功能描述符（Command Set Detail Functional Descriptor）
18h	电话控制模型功能描述符（Telephone Control Model Functional Descriptor）
19h	OBEX 服务标识符功能描述符（OBEX Service Identifier Functional Descriptor）
1Ah	NCM 功能描述符（NCM Functional Descriptor）
1Bh~7Fh	保留（将来使用）
80h~FEh	保留（厂商指定）

表 47.6　数据类描述符的 bDescriptorSubtype

描述符子类型	描 述
00h	首部功能描述符（Header Functional Descriptor）
01h~7Fh	保留（将来使用）
80h~FEh	保留（厂商指定）

功能描述符剩余字段的含义随类型的不同而不同，它们给出了该设备支持的具体功能。有人可能会想：**怎么在开发时正确选择并应用需要的功能描述符呢？**所有设备子类都可以使用首部、联合、国家选择功能描述符，其他功能描述符仅用于某一个具体的实现模型中。例如，对于 PSTN 子类设备，可以使用呼叫管理、抽象控制管理、直达线路管理、电话振铃、电话工作模式、电话呼叫与线路状态报告能力共 6 种功能描述符，具体的细节可参考 PSTN 分规范，我们只需要注意的是：**如果你需要使用功能描述符，则必须以首部功能描述符开始。**

　　接下来我们在阅读官方例程的过程中进一步理解怎么样开发 CDC 设备固件，首先来看看清单 47.1 所示的 usb_desc.c 源文件。

清单 47.1　usb_desc.c 源文件（部分）

```c
const uint8_t Virtual_Com_Port_DeviceDescriptor[] = {
    0x12,                                            //bLength
    USB_DEVICE_DESCRIPTOR_TYPE,                       //bDescriptorType
    0x00,                                            //bcdUSB
    0x02,
    0x02,                                   //bDeviceClass: CDC
    0x00,                                   //bDeviceSubClass
    0x00,                                   //bDeviceProtocol
    0x40,                              //bMaxPacketSize: 64字节
    0x83,                                   //idVendor: 0x0483
    0x04,
    0x40,                                   //idProduct: 0x5740
    0x57,
    0x00,                                  //bcdDevice: USB 2.0
    0x02,
    1,          //iManufacturer: 描述制造商的字符串描述符的索引
    2,            //iProduct: 描述产品的字符串描述符的索引
    3,      //iSerialNumber: 描述设备序列号的字符串描述符的索引
    0x01                                   //bNumConfigurations
};


const uint8_t Virtual_Com_Port_ConfigDescriptor[] = {
    0x09,     //bLength:配置描述符字节数量
    USB_CONFIGURATION_DESCRIPTOR_TYPE,        //bDescriptorType: 配置类型
    VIRTUAL_COM_PORT_SIZ_CONFIG_DESC,    //wTotalLength: 配置描述符总字节数量
    0x00,
    0x02,                                 //bNumInterfaces: 2个接口
    0x01,                            //bConfigurationValue: 配置值
    0x00,       //iConfiguration: 描述配置的字符串描述符的索引
    0xC0,               //bmAttributes: 自供电模式，不支持远程唤醒
    0x32,                                  //最大电流100mA

    //接口描述符(下一个数据的数组索引为09)
    0x09,                              //bLength: 接口描述符字节数量
    USB_INTERFACE_DESCRIPTOR_TYPE,        //bDescriptorType: 接口描述符类型
    0x00,                              //bInterfaceNumber: 接口号
    0x00,                          //bAlternateSetting: 备用接口号
    0x01,                            //bNumEndpoints: 端点数量
    0x02,                       //bInterfaceClass: 通信接口类
    0x02,            //bInterfaceSubClass :抽象控制模型
    0x01,                //bInterfaceProtocol:AT指令集
    0x00,                     //iInterface: 字符串描述符的索引

    //首部功能描述符（下一个数据的数组索引为18）
    0x05,               //bFunctionLength: 首部功能描述符字节数量
    0x24,                       //bDescriptorType: CS_INTERFACE
    0x00,            //bDescriptorSubtype: 首部功能描述符子类型
    0x10,                       //bcdCDC: CDC版本号1.1
    0x01,
```

```
//呼叫管理功能描述符（下一个数据的数组索引为23）
0x05,                          //bFunctionLength: 呼叫管理功能描述符字节数量
0x24,                          //bDescriptorType: CS_INTERFACE
0x01,                          //bDescriptorSubtype: 呼叫管理功能描述符类型
0x00,                          //bmCapabilities: 能力
0x01,                          //bDataInterface: 用于呼叫管理的数据类接口号（可选）

//抽象控制管理功能描述符（下一个数据的数组索引为28）
0x04,                          //bFunctionLength: 抽象控制管理功能描述符字节数量
0x24,                          //bDescriptorType: CS_INTERFACE
0x02,                          //bDescriptorSubtype: 抽象控制管理功能描述符子类型
0x02,                          //bmCapabilities: 能力

//联合功能描述符（下一个数据的数组索引为32）
0x05,                          //bFunctionLength: 联合功能描述符字节数量
0x24,                          //bDescriptorType: CS_INTERFACE
0x06,                          //bDescriptorSubtype: 联合功能描述符子类型
0x00,                          //bMasterInterface: 通信类接口
0x01,                          //bSlaveInterface0: 数据类接口

//端点描述符（下一个数据的数组索引为37）
0x07,                          //bLength: 端点描述符字节数量
USB_ENDPOINT_DESCRIPTOR_TYPE,  //bDescriptorType: 端点描述符类型
0x82,                          //bEndpointAddress: 输入(IN)端点2
0x03,                          //bmAttributes: 中断类型端点
VIRTUAL_COM_PORT_INT_SIZE,     //wMaxPacketSize: 最多8字节
0x00,
0xFF,                          //bInterval: 查询时间间隔

//接口描述符(下一个数据的数组索引为44)
0x09,                          //bLength: 接口描述符字节数量
USB_INTERFACE_DESCRIPTOR_TYPE, //bDescriptorType: 接口描述符类型
0x01,                          //bInterfaceNumber: 接口号
0x00,                          //bAlternateSetting: 备用接口号
0x02,                          //bNumEndpoints: 端点数量
0x0A,                          //bInterfaceClass: 数据接口类
0x00,                          //bInterfaceSubClass:
0x00,                          //bInterfaceProtocol:
0x00,                          //iInterface:

//端点描述符（下一个数据的数组索引为53）
0x07,                          //bLength: 端点描述符字节数量
USB_ENDPOINT_DESCRIPTOR_TYPE,  //bDescriptorType: 端点描述符类型
0x03,                          //bEndpointAddress: 输出(OUT)端点3
0x02,                          //bmAttributes: 批量类型端点
VIRTUAL_COM_PORT_DATA_SIZE,    //wMaxPacketSize: 最多64字节
0x00,
0x00,                          //bInterval: 批量端点无效

//端点描述符（下一个数据的数组索引为60）
0x07,                          //bLength: 端点描述符字节数量
USB_ENDPOINT_DESCRIPTOR_TYPE,  //bDescriptorType: 端点描述符类型
0x81,                          //bEndpointAddress: 输入(IN)端点1
0x02,                          //bmAttributes: 批量类型端点
VIRTUAL_COM_PORT_DATA_SIZE,    //wMaxPacketSize: 最多64字节
0x00,
0x00                           //bInterval: 批量端点无效
};
```

　　首先应该注意到，设备描述符中的 bDeviceClass 字段为 0x02，表示 CDC 设备类（见表 13.4），配置描述符中的 bNumInterface 字段为 0x02，表示该设备具备两个接口。接下来跟随了两个接口描述符，第一个是接口号为 0 的通信接口类，它使用了一个中断端点。bInterfaceClass 字段为 0x02 表示通信接口类（见表 47.2）及 bIntefaceSubClass 字段为 0x02，表示抽象控制模型（见表 47.1）；bInterfaceProtocol 字段代表通信接口类的控制协议代码（相当于大容量存储设备类中的指令块层面的概念），《USB CDC 1.2》文档定义的代码如表 47.7 所示。USBPSTN1.2 分规范仅使用了 0x00 与 0x02 两种，所以官方例程使用了 PCCA-101 定义的 AT 指令集。

表 47.7 CDC 控制协议的代码

代　码	参 考 文 档	描　　　述
00h	USB 规范	不需要特定类协议
01h	ITU-T V.250	AT 指令集：V.250 等
02h	PCCA-101	PCCA-101 定义的 AT 指令集
03h	PCCA-101	PCCA-101 与 Annex O 定义的 AT 指令集
04h	GSM 7.07	GSM 07.07 定义的 AT 指令集
05h	3GPP 27.07	3GPP 28.007 定义的 AT 指令集
06h	C-S0017-0	CDMA TIA 定义的 AT 指令集
07h	USB EEM	互联网模仿模型
08~FDh		保留
FEh		外部协议：由指令集功能描述符定义
FFh	USB 规范	厂商自定义

接口描述符后跟随了特定类功能描述符，所以必须以**首部功能描述符**开始，相应的结构如表 47.8 所示。

表 47.8 首部功能描述符的结构

偏　移　量	域	大　小	值
0	bFunctionLength	1	数字
1	bDescriptorType	1	常量
2	bDescriptorSubtype	1	常量
3	bcdCDC	2	数字

由于首部功能描述符是针对控制类接口的进一步说明，因此 bDescriptorType 为 CS_IN-TERFACE（见表 47.4），bDescriptorSubtype 字段见表 47.5，而 bcdCDC 字段给出了参考规范的版本。值得一提的是，源代码参考的文档为《USB CDC 1.1》，而本书行文则参考《USB CDC 1.2》，两个版本有些细微的差异，但不影响规范理解。

首部功能描述符后面可以跟随必要的功能描述符，呼叫管理描述符用于描述设备支持的呼叫能力，其结构如表 47.9 所示，其中的 bmCapabilities 字段给出了支持的配置，目前仅低 2 位有效，如图 47.5 所示。需要注意的是，如果 D0 位为 0，则 D1 位被忽略（应该也被置 0），源代码中该字段为 0x001，表示不支持呼叫管理，而 bDataInterface 字段则指出用于呼叫管理的数据类接口号。

表 47.9 呼叫管理描述符的结构

偏　移　量	域	大　小	值
0	bFunctionLength	1	数字
1	bDescriptorType	1	常量
2	bDescriptorSubtype	1	常量
3	bmCapabilities	1	基于位的映射
4	bDataInterface	1	数字

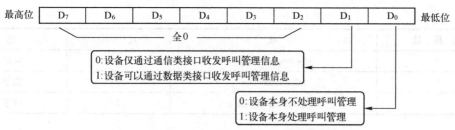

图 47.5　呼叫管理描述符的 bmCapabilities 字段

　　抽象控制管理功能描述符用于描述通信类接口支持的请求或通知，其结构如表 47.10 所示，其中 bmCapabilities 字段的结构如图 47.6 所示。源代码设置为 0x02 表示设备支持 Set_Line_Coding、Set_Control_Line_State、Get_Line_Coding 请求及 Serial_State 通知，所以相应的设备必须支持这些请求（后述）。

表 47.10　抽象控制管理功能描述符的结构

偏 移 量	域	大　小	值
0	bFunctionLength	1	数字
1	bDescriptorType	1	常量
2	bDescriptorSubtype	1	常量
3	bmCapabilities	1	基于位的映射

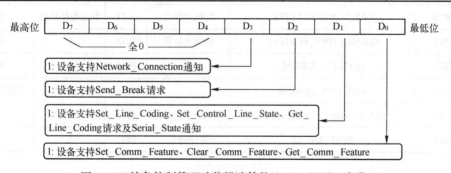

图 47.6　抽象控制管理功能描述符的 bmCapabilities 字段

　　联合功能描述符用于告诉主机端哪些接口是联合在一起的，多个联合接口用于实现一个功能，它需要主机加载对应的驱动来实现，其结构如表 47.11 所示。其中 bControlInterface 字段与 bSuboardinateInterface 字段分别表示通信类接口号与通信类接口的下一级数据类接口号（在《USB CDC 1.1》中对应的字段名分别为 bMasterInterface 与 bSlaveInterface）。换句话说，数据类接口为控制类接口的附属，因为 CDC 规范要求通信类接口是必须具备的。

表 47.11　联合功能描述符结构

偏 移 量	域	大　小	值
0	bFunctionLength	1	数字
1	bDescriptorType	1	常量

续表

偏 移 量	域	大　小	值
2	bDescriptorSubtype	1	常量
3	bControlInteface	1	数字
4	bSuboardinateInterface	1	数字

功能接口描述符后就是具体的端点描述符，官方例程使用了中断输入端点 2（实际未使用）。数据类接口中暂时并没有定义进一步说明的功能描述符，而 bInterfaceClass 字段为 0x0A 表示数据类接口（见表 47.2），bInterfaceSubClass、bInterfaceProtocol、iInterface 均为 0 表示不使用。

我们已经选择了抽象控制模型，所以需要设备支持相应的特定类请求，表 47.12、表 47.13 分别给出了抽象控制模型的特定类请求、特定类请求代码。

表 47.12　抽象控制模型的特定类请求

bmRequestType	bRequest	wValue	wIndex	wLength	数　据
00100001b	SEND_ENDCAPSULATED_COMMAND	0	接口	数据数量	控制指令
10100001b	GET_ENCAPSULATED_RESPONSE	0	接口	数据数量	数据响应
00100001b	SET_COMM_FEAUTRE	特征选择符	接口	状态数据长度	状态
10100001b	GET_COMM_FEAUTRE	特征选择符	接口	状态数据长度	状态
00100001b	CLEAR_COMM_FEATURE	特征选择符	接口	0	状态
00100001b	SET_LINE_CODING	0	接口	0	状态
10100001b	GET_LINE_CODING	0	接口	属性大小	线路编码结构
00100001b	SET_CONTROL_LINE_STATE	控制信号位映射	接口	属性大小	无
00100001b	SEND_BREAK	暂停时长	接口	0	无

表 47.13　抽象控制模型的特定类请求代码

bRequest	值	bRequest	值
SEND_ENDCAPSULATED_COMMAND	00h	SET_LINE_CODING	20h
GET_ENCAPSULATED_RESPONSE	01h	GET_LINE_CODING	21h
SET_COMM_FEAUTRE	02h	SET_CONTROL_LINE_STATE	22h
GET_COMM_FEAUTRE	03h	SEND_BREAK	23h
CLEAR_COMM_FEATURE	04h	—	—

表 47.12 涉及的线路编码结构（Line Coding Structure）如表 47.14 所示。其中，dwDTERate 字段为波特率（单位：位/秒），bCharFormat 字段表示停止位的数量（可以是 1 位、1.5 位、2 位），bParityType 字段表示校验类型（可以是无、奇、偶、标记、空），bDataBits 字段表示数据位个数（允许值 5 位、6 位、7 位、8 位、16 位）。

表 47.14　表 47.12 涉及的线路编码结构

偏　移　量	域	大　　小	值
0	dwDTERate	4	数字
4	bCharFormat	1	数字
5	bParityType	1	数字
6	bDataBits	1	数字

　　实现虚拟 COM 端口的设备需要支持 4 个特定类请求，"SET_CONTROL_LINE_STATE"请求用于告诉设备出现了数据终端设备，简单地说，就是用来打开或关闭串口（由主机端 CDC 驱动具体映射实现）；"SET_COMM_FEATURE"请求控制某个特定通信特性的设置；"SET_LINE_CODING"请求用于发送包含波特率、停止位和字符位数等的配置，设备收到后保存在称为线路编码的数据结构中；"GET_LINE_CODING"请求则请求设备报告当前的配置，它们都在 usb_prop.c 源文件中实现，如清单 47.2 所示，读者可自行阅读，此处不再赘述。

清单 47.2　usb_prop.c 源文件（部分）

```
#include "usb_lib.h"
#include "usb_conf.h"
#include "usb_prop.h"
#include "usb_desc.h"
#include "usb_pwr.h"
#include "hw_config.h"

LINE_CODING linecoding = {                              //线路编码结构全局变量
    115200,                                             //波特率
    0x00,                                               //停止位
    0x00,                                               //奇偶校验
    0x08                                                //数据位数量
};

void Virtual_Com_Port_Reset(void)
{
pInformation->Current_Configuration = 0;          //设备当前配置为0（未配置状态）
pInformation->Current_Feature = Virtual_Com_Port_ConfigDescriptor[7];
pInformation->Current_Interface = 0;                    //设备默认接口0
SetBTABLE(BTABLE_ADDRESS);                              //设置缓冲描述表基地址

SetEPType(ENDP0, EP_CONTROL);                          //设置端点0为控制类型
SetEPTxStatus(ENDP0, EP_TX_STALL);                     //设置端点0发送状态为STALL
SetEPRxAddr(ENDP0, ENDP0_RXADDR);       //设置端点0对应数据接收包缓冲区的首地址
SetEPTxAddr(ENDP0, ENDP0_TXADDR);       //设置端点0对应数据发送包缓冲区的首地址
Clear_Status_Out(ENDP0);                               //不使用STATUS_OUT功能
SetEPRxCount(ENDP0, Device_Property.MaxPacketSize); //设置端点0接收数据包长度
SetEPRxValid(ENDP0);                                   //设置端点0接收状态为VALID

SetEPType(ENDP1, EP_BULK);                             //设置端点1为批量类型
SetEPTxAddr(ENDP1, ENDP1_TXADDR);       //设置端点1对应数据发送包缓冲区的首地址
SetEPTxStatus(ENDP1, EP_TX_NAK);                       //设置端点1发送状态为NAK
SetEPRxStatus(ENDP1, EP_RX_DIS);                       //设置端点1接收状态为DISABLE

SetEPType(ENDP2, EP_INTERRUPT);                        //设置端点2为中断类型
SetEPTxAddr(ENDP2, ENDP2_TXADDR);       //设置端点2对应数据发送包缓冲区的首地址
SetEPRxStatus(ENDP2, EP_RX_DIS);                       //设置端点2接收状态为DISABLE
SetEPTxStatus(ENDP2, EP_TX_NAK);                       //设置端点2发送状态为NAK

SetEPType(ENDP3, EP_BULK);                             //设置端点3为批量类型
SetEPRxAddr(ENDP3, ENDP3_RXADDR);       //设置端点3对应数据接收包缓冲区的首地址
SetEPRxCount(ENDP3, VIRTUAL_COM_PORT_DATA_SIZE);       //设置端点3接收数据长度
SetEPRxStatus(ENDP3, EP_RX_VALID);                     //设置端点3接收状态为VALID
SetEPTxStatus(ENDP3, EP_TX_DIS);                       //设置端点3发送状态为DISABLE

SetDeviceAddress(0);                                   //设置默认设备地址为0
bDeviceState = ATTACHED;                               //设置设备状态为默认
}
```

```
RESULT Virtual_Com_Port_Data_Setup(uint8_t RequestNo)
{
  uint8_t  *(*CopyRoutine)(uint16_t);

  CopyRoutine = NULL;

  if (RequestNo == GET_LINE_CODING) {          //如果请求代码为 "GET_LINE_CODING"
    if (Type_Recipient == (CLASS_REQUEST | INTERFACE_RECIPIENT)) {
      CopyRoutine = Virtual_Com_Port_GetLineCoding;
    }
  }
  else if (RequestNo == SET_LINE_CODING) {  //如果请求代码为 "SET_LINE_CODING"
    if (Type_Recipient == (CLASS_REQUEST | INTERFACE_RECIPIENT)) {
      CopyRoutine = Virtual_Com_Port_SetLineCoding;
    }
  }

  if (CopyRoutine == NULL) {
    return USB_UNSUPPORT;
  }

  pInformation->Ctrl_Info.CopyData = CopyRoutine;
  pInformation->Ctrl_Info.Usb_wOffset = 0;
  (*CopyRoutine)(0);
  return USB_SUCCESS;
}

RESULT Virtual_Com_Port_NoData_Setup(uint8_t RequestNo)
{

  if (Type_Recipient == (CLASS_REQUEST | INTERFACE_RECIPIENT)) {
    if (RequestNo == SET_COMM_FEATURE) {    //如果请求代码为 "SET_COMM_FEATURE"
      return USB_SUCCESS;                                      //返回成功
    } else if (RequestNo == SET_CONTROL_LINE_STATE) {
      return USB_SUCCESS;                                      //返回成功
    }
  }

  return USB_UNSUPPORT;
}

uint8_t *Virtual_Com_Port_GetLineCoding(uint16_t Length)
{
  if (Length == 0) {
    pInformation->Ctrl_Info.Usb_wLength = sizeof(linecoding);
    return NULL;
  }
  return(uint8_t *)&linecoding;
}

uint8_t *Virtual_Com_Port_SetLineCoding(uint16_t Length)
{
  if (Length == 0) {
    pInformation->Ctrl_Info.Usb_wLength = sizeof(linecoding);
    return NULL;
  }
  return(uint8_t *)&linecoding;
}
```

main 函数与清单 46.4 相似，也是进行一些初始化后进行 while 死循环。同样来看看清单 47.3 所示 usb_endp.c 源文件中的中断回调函数，其中部分相关的源代码定义在清单 47.4 所示的 hw_config.c 源文件中。

<h3 align="center">清单 47.3　usb_endp.c 源文件</h3>

```
#include "usb_lib.h"
#include "usb_desc.h"
#include "usb_mem.h"
#include "hw_config.h"
#include "usb_istr.h"
#include "usb_pwr.h"
```

```
#define VCOMPORT_IN_FRAME_INTERVAL    5          //设备每隔多少周期发送数据到主机

uint8_t USB_Rx_Buffer[VIRTUAL_COM_PORT_DATA_SIZE]; //USB控制器接收的数据缓冲区
extern  uint8_t USART_Rx_Buffer[];                 //UART控制器接收的数据缓冲区
extern uint32_t USART_Rx_ptr_out;                  //需要转发数据到主机的数组索引
extern uint32_t USART_Rx_length                    //已经接收到的数据字节长度
extern uint8_t  USB_Tx_State;                      //是否将需要转发到主机的数据准备好

void EP1_IN_Callback (void)
{
  uint16_t USB_Tx_ptr;
  uint16_t USB_Tx_length;

  if (USB_Tx_State == 1) {                    //确认是否有数据需要转发到主机
    if (USART_Rx_length == 0) {               //如果没有需要转发到主机的数据
      USB_Tx_State = 0;
    } else {                                  //如果有需要转发到主机的数据
      if (USART_Rx_length > VIRTUAL_COM_PORT_DATA_SIZE) { //接收数据大于64字节
        USB_Tx_ptr = USART_Rx_ptr_out;
        USB_Tx_length = VIRTUAL_COM_PORT_DATA_SIZE;
        USART_Rx_ptr_out += VIRTUAL_COM_PORT_DATA_SIZE;
        USART_Rx_length -= VIRTUAL_COM_PORT_DATA_SIZE;
      } else {                                //接收数据不大于64字节

        USB_Tx_ptr = USART_Rx_ptr_out;
        USB_Tx_length = USART_Rx_length;
        USART_Rx_ptr_out += USART_Rx_length;
        USART_Rx_length = 0;
      }
      UserToPMABufferCopy(&USART_Rx_Buffer[USB_Tx_ptr],
                          ENDP1_TXADDR, USB_Tx_length);
      SetEPTxCount(ENDP1, USB_Tx_length);
      SetEPTxValid(ENDP1);
    }
  }
}


void EP3_OUT_Callback(void)
{
  uint16_t USB_Rx_Cnt;

  USB_Rx_Cnt = USB_SIL_Read(EP3_OUT, USB_Rx_Buffer);//从包缓冲区复制接收的数据
  USB_To_USART_Send_Data(USB_Rx_Buffer, USB_Rx_Cnt);   //转发数据到USART控制器
  SetEPRxValid(ENDP3);                      //使能接收端点2，表示可接收下一次数据
}

void SOF_Callback(void)
{
  static uint32_t FrameCount = 0;

  if(bDeviceState == CONFIGURED) {
    if (FrameCount++ == VCOMPORT_IN_FRAME_INTERVAL){
      FrameCount = 0;                                 //帧计数器清零
      Handle_USBAsynchXfer();              //每隔5m就给主机周期性地发送一次数据
    }
  }
}
```

清单 47.4　hw_config.c 源文件（部分）

```
#include "stm32_it.h"
#include "usb_lib.h"
#include "usb_prop.h"
#include "usb_desc.h"
#include "hw_config.h"
#include "usb_pwr.h"

uint8_t  USART_Rx_Buffer [USART_RX_DATA_SIZE];    //UART控制器接收的数据缓冲区
uint32_t USART_Rx_ptr_in = 0;           //保存"UART控制器接收的数据"的数组索引
uint32_t USART_Rx_ptr_out = 0;              //需要转发数据到主机的数组索引
uint32_t USART_Rx_length  = 0;;                    //已经接收到的数据字节长度
uint8_t  USB_Tx_State = 0;               //是否将需要转发到主机的数据准备好
extern LINE_CODING linecoding;
```

```
//将从主机收到的数据转发到USART控制器
void USB_To_USART_Send_Data(uint8_t* data_buffer, uint8_t Nb_bytes)
{
  uint32_t i;

  for (i = 0; i < Nb_bytes; i++) {
    USART_SendData(EVAL_COM1, *(data_buffer + i));
    while(USART_GetFlagStatus(EVAL_COM1, USART_FLAG_TXE) == RESET);
  }
}

void Handle_USBAsynchXfer (void)
{
  uint16_t USB_Tx_ptr;
  uint16_t USB_Tx_length;

  if(USB_Tx_State != 1) { //只有当缓冲区旧数据尚未准备好，才会将新数据复制进去
    if (USART_Rx_ptr_out == USART_RX_DATA_SIZE) {
      USART_Rx_ptr_out = 0;//如果数据发送索引等于缓冲区大小（2048），就置0重来
    }

    if(USART_Rx_ptr_out == USART_Rx_ptr_in) {
      USB_Tx_State = 0;    //如果数据接收与发送的数组索引相等，说明没有数据发送
      return;
    }

    if(USART_Rx_ptr_out > USART_Rx_ptr_in) {                          //回滚
      USART_Rx_length = USART_RX_DATA_SIZE - USART_Rx_ptr_out;
    } else {
      USART_Rx_length = USART_Rx_ptr_in - USART_Rx_ptr_out;
    }

    if (USART_Rx_length > VIRTUAL_COM_PORT_DATA_SIZE) {
      USB_Tx_ptr = USART_Rx_ptr_out;
      USB_Tx_length = VIRTUAL_COM_PORT_DATA_SIZE;
      USART_Rx_ptr_out += VIRTUAL_COM_PORT_DATA_SIZE;
      USART_Rx_length -= VIRTUAL_COM_PORT_DATA_SIZE;
    } else {
      USB_Tx_ptr = USART_Rx_ptr_out;
      USB_Tx_length = USART_Rx_length;
      USART_Rx_ptr_out += USART_Rx_length;
      USART_Rx_length = 0;
    }
    USB_Tx_State = 1;
    UserToPMABufferCopy(&USART_Rx_Buffer[USB_Tx_ptr],
                        ENDP1_TXADDR, USB_Tx_length);
    SetEPTxCount(ENDP1, USB_Tx_length);
    SetEPTxValid(ENDP1);
  }
}

//将USART控制器收到的数据转发到USB主机
void USART_To_USB_Send_Data(void)
{
  if (linecoding.datatype == 7) {
    USART_Rx_Buffer[USART_Rx_ptr_in] = USART_ReceiveData(EVAL_COM1) & 0x7F;
  } else if (linecoding.datatype == 8) {
    USART_Rx_Buffer[USART_Rx_ptr_in] = USART_ReceiveData(EVAL_COM1);
  }

  USART_Rx_ptr_in++;

  if(USART_Rx_ptr_in == USART_RX_DATA_SIZE) {                    //避免缓冲区溢出
    USART_Rx_ptr_in = 0;
  }
}
```

整个数据转发过程并不复杂，如果设备（端点 3）接收到了 USB 主机通过 OUT 事务发送过来的数据，那么就马上调用 USB_To_USART_Send_Data 函数将其全部转发到 USART 控制器。如果 USART 控制器接收到了数据，设备就将其暂存到字节长度为 USART_RX_DATA_SIZE（2048）的缓冲区数组中，并且每隔 5 帧（5ms）时间周期性地调用 Handle_USBAsynchXfer 函数，将需要转发到主机的剩余数据（如果有）复制到发送包缓冲区中，一旦主机发送 IN 事务就会读取数据，然后触发 EP1_IN_Callback 函数将需要转发到主机的剩余数据（如果有）复制到发送包缓冲区中（准备好下次收到 IN 事务时发送）。值得一提的是，EP1_IN_Callback 与 Handle_USBAsynchXfer 函数中的大部分代码是相同的，但前者只有在主机通过 IN 事务成功读取数据后才会触发，如果剩下需要转发的数据字节长度为 0，EP1_IN_Callback 函数将不再有触发的机会，所以需要 Handle_USBAsynchXfer 函数周期性地更新发送包缓冲区及发送端点的状态。

接下来结合源码对数据缓冲区的使用细节进行简要分析。我们知道，USB 设备本身无法主动给主机转发数据，但是 USART 控制器可能会一直在接收数据，所以需要一个缓冲区进行数据暂存，为此官方例程声明了一个字节长度为 2048 的接收数组 USART_Rx_Buffer 作为先进先出（First In First Out，FIFO）缓冲区，已经接收到的数据字节长度为 USART_Rx_length，还声明了 USART_Rx_ptr_in 与 USART_Rx_ptr_out 分别指向保存"USART 控制器接收到的数据"的数组索引及"需要转发到主机的数据"的数组索引，USB_Tx_State 则表示 USB 控制器是否准备好转发给 USB 主机的数据（"1"表示已经将数据复制到发送包缓冲区，并设置端点 1 为有效状态），默认情况下的状态如图 47.7 所示。

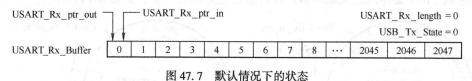

图 47.7　默认情况下的状态

USART 控制器接收到的数据总是以字节为单位的，每次接收到数据后，其就会将 USART_Rx_ptr_in 索引值累加，如果索引值到达最大值 2047，则会归 0，图 47.8 给出了收到 5 个字节数据后的状态。

图 47.8　接收到 5 字节数据后的状态

设备在 USART_Rx_Buffer 数组暂存接收数据的同时，也可能会将 USART_Rx_Buffer 数组中的数据转发到主机，而一次发送的数据包最大字节长度为 VIRTUAL_COM_PORT_DATA_SIZE(64)，设备会每隔 5ms 调用 Handle_USBAsynchXfer 函数，如果判断 USART_Tx_State 为 0，说明 USB 控制器对应的发送包缓冲区中的数据没有准备好，此时就将 USART_Rx_Buffer 数组中的数据复制到其中（如果还有接收数据），并设置发送端点为有效状态。如果 USART_Rx_Buffer 数组中接收到的数据字节长度不足 64，就将 USART_Rx_ptr_out 设置为与 USART_Rx_ptr_in 相等，也就代表 USART_Rx_Buffer 数组接收到的数据字节长度为 0（所有数据已经发送完毕），同时将 USART_Rx_length 清零。如果 USART_Rx_Buffer 数组中接收到的数据字节长度超过 64，就以最大数据包字节长度（64）进行发送，并将 USART_Rx_ptr_out 索引值加上发送的 64，图 47.9 给出了将 2 个数据复制到发送包缓冲区后的状态。

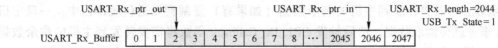

图 47.9　将数据复制到发送包缓冲区并设置端点为有效的状态

需要注意的是，前面只是假设 USART_Rx_ptr_out 不大于 USART_Rx_ptr_in，此时接收的数据字节长度就是两者之差。如果 USART_Rx_ptr_out 大于 USART_Rx_ptr_in（例如，US-ART_Rx_ptr_in 已经达到最大值并重新从索引 0 开始保存数据，而 USART_Rx_Buffer 数组中接收的数据还没有转发完毕），那么相应的接收数据长度则设置为缓冲区长度 USART_RX_DATA_SIZE（2048）与 USART_Rx_ptr_out 之差（最少的接收数据字节长度），如图 47.10所示。

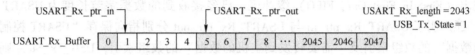

图 47.10　USART_Rx_ptr_out 大于 USART_Rx_ptr_in 时的状态

如果将 FIFO 缓冲区组织成环形方式可能会更好理解一些，如图 47.11 所示。

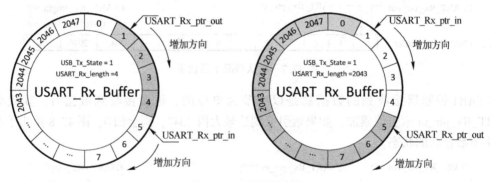

图 47.11　环形缓冲区

第 48 章　 USB 扬声器设备

我们都知道，常见的音箱分为无源与有源两种，无源音箱只需要将音频信号线连接到诸如 PC、手机、MP3 播放器之类的音频输出接口就可以了，这类音箱内部除扬声器外，最多还会有一些电阻、电容、电感等无源器件构成的分频器（用于将音频信号分离成高音、中音、低音等不同成分，然后分别送入相应的高、中、低音扬声器，以便各个音频频段都可以完整地表现出来），或什么都没有，一般适合于对声音响度要求比较低的场合，我们常用的小耳塞也算是一种迷你型无源音箱。而有源音箱需要额外提供电源，这类音箱内部具有放大输入音频信号的单元电路，适合于对声音响度要求比较高的场合，如舞台、广场、礼堂等，如图 48.1 所示。

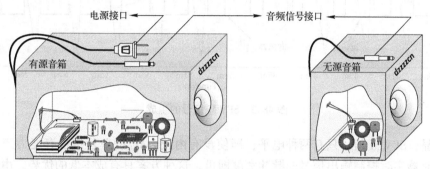

图 48.1　 有源音箱与无源音箱

我们的故事就从有源音箱开始，正如刚刚所述，它们通常会有一条音频信号线与电源供电线，但是有些有源音箱设备却似乎不太一样，它只有一条能够"同时承担音频数据传输与电源供电责任"的 USB 接口，为何如此神奇呢？这就要归功于 USB 音频设备类（Audio Device Class，ADC），本书行文参考的规范为《USB ADC 3.0》。官方例程 Audio_Speaker 实现的是单声道（Mono）扬声器设备，我们来先看看其相应的硬件架构，如图 48.2 所示。

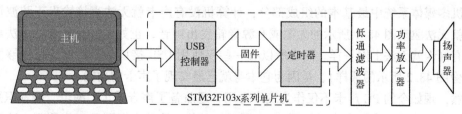

图 48.2　 硬件架构

USB 主机通过线缆将音频数据传输给单片机，这一点无须赘述，但是我们都知道，USB 传输的是数字信号，而声音的本质是由频点丰富的正弦波模拟信号叠加而成的，所以模数转换器单元（Digital to Analog Converter，DAC）是必不可少的，具体的实现方案也有很多，如果单片机内置了 DAC，直接进行配置使用即可，但 STM32F103x 系列单片机并没有，所以也可以采用外挂 DAC 的方案。官方例程则使用比较成熟且应用广泛的正弦波脉冲宽度调制（Sinusoidal Pulse Width Modulation，SPWM）方案，基本思路是产生一个脉冲宽度随"需要输出的模拟正弦波的幅度"变化而变化的数字信号（例如，正弦波幅度越大，则信号脉冲宽度越宽；反之亦然），也就是我们所说的 SPWM 信号，这可以通过对**高频**三角波与**低频**正弦波进行比较获得，如图 48.3 所示。

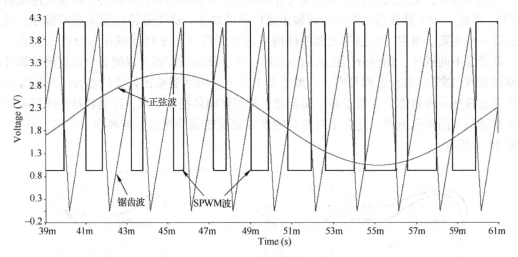

图 48.3　SPWM 信号的生成

很明显，SPWM 信号只有两种电平，即使没有内置 DAC 的单片机也有能力产生，只需要使用定时器实时控制输出信号的脉冲宽度即可，这种方案具有成本低的优势。由于 SPWM 信号是由高频载波与低频信号调制而成的（简单地说，SPWM 信号包含了正弦波信息），当 SPWM 信号通过低通滤波器时，高频载波成分就被过滤掉了，输出的就是原来的正弦波信号。需要注意的是，经过低通滤波器的输出信号通常没有驱动低阻抗扬声器的能力，所以还需要增加功率放大器单元。当然，无论官方例程或你的开发板具体使用何种方案实现数模转换，相应的细节只需了解即可，因为已经与 USB ADC 没有关系了。

我们把实现模拟信号与数字信号之间的转换单元称为声卡（Sound Card）或音频卡，它是计算机多媒体系统中最基本的组成部分，计算机没有声卡就无法直接输出正弦波模拟信号，也就无法驱动图 48.1 所示的无源或有源音箱发出声音，正如同没有显卡就无法显示图形，没有网卡就无法上网一样。而之所以有一些仅使用 USB 接口的音箱设备也能够发出声音（就像图 48.2 所示的那样），是因为它本身就已经实现了声卡的功能。

当然，现如今的 PC 声卡不仅作为发声之用，还兼备了声音采集、编辑、语音识别、网络电话等多种功能，我们先来了解图 48.4 所示 PC 声卡的基本框图及工作原理，这将非常有助于我们理解 USB ADC。

数字信号处理器（Digital Signal Processor，DSP）是整块声卡的核心单元，主要完成音频解码、波形合成、均衡效果及混音处理等功能，也称音效处理器。音频编解码器（Coder/Decoder，CODEC）的核心是 ADC（不是 USB ADC）与 DAC，数字信号经过音频编解码器就能够转换成模拟信号，如果该模拟信号直接与输出接口相连就称为线路输出（Line Out），通常用来给有源音箱、耳机或其他音频放大设备提供音频信号，如果该模拟信号经功率放大器后再与输出接口相连就是扬声器输出（Speak Out）。CODEC 也能够将模拟信号采样量化后（涉及采样位数与采样频率，通常两者越大则保真度越好）转换为数字信号供 DSP 做进一步音效处理，如果模拟信号是由话筒（microphone，MIC）等声电设备产生的，则需要先经过 MIC 放大器进行放大，如果模拟信号本身已经是处理好的（也就是另一个音频设备的线路输出），就可以直接与线路输入（Line In）连接。当然，很多声卡还提供了游戏与乐器数字接口（Musical Instrument Digital Interface，MIDI），前者可以连接配合模拟飞行或驾驶游戏之类的摇杆、手柄、方向盘设备，后者可以与具备 MIDI 接口的电子乐器连接，以实现 MIDI 音乐信号的直接传输。总线接口与控制器则负责与 PC 的中央处理器打交道。

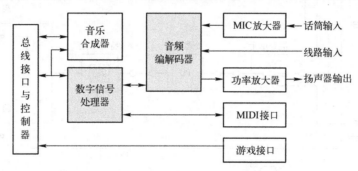

图 48.4　PC 声卡的基本及工作原理

　　PC 声卡中的所有单元都会在 USB ADC 中体现出来（**因为规范本质上是对设备的抽象描述，表现出来了就是各种描述符**），它们都对应一个实体（Entity）。《USB ADC 3.0》定义了 12 种实体（有些实体在 1.0 与 2.0 版本中并没有定义），可划分为终端（Terminal）、单元（Unit）与时钟（Clock）三大类，它们分别是输入终端（Input Terminal，IT）、输出终端（Output Terminal，OT）、混合单元（Mixer Unit，MU）、选择器单元（Selector Unit，SU）、特征单元（Feature Unit，FU）、采样率转换单元（Sampling Rate Converter Unit，RU）、音效单元（Effect Unit，EU）、处理单元（Processing Unit，PU）、扩展单元（Extension Unit，XU）、时钟源（Clock Source，CS）、时钟选择器（Clock Selector，CX）及时钟多路器（Clock Multiplier，CM），这些实体按照协议与功能关系连接在一起实现音频的数模转换功能，并且使用唯一的符号来表示。图 48.5 所示为包含 15 个实体的声卡拓扑结构。

　　单元是实现音频功能的基本功能块，一个或多个功能块共同实现音频功能。例如，FU 可以实现对音频通道进行静音、音量、低音、高音、响度、自动增益、延时等控制，EU 可以实现中心频率、增益、类型、音级（Level）、预延迟（Pre‑Delay）、密度（Density）等控制，对于细节感兴趣的读者可以参考规范。时钟实体与采样时钟相关，大家了解一下即可。

　　终端是声卡的输入或输出端，它们是声卡内部功能单元与外部的接口。IT 与 OT 分别是音频流在声卡中的起点与终点，外部音频信息通过 IT 流入音频设备，OT 则是音频信息流出音频设备的出口。需要注意的是：**IT 与 OT 并不仅仅是对模拟信号接口的描述，它也包含**

对数字接口总线的描述。例如，USB 音频数据流通过声卡转换为模拟信号驱动扬声器，那么 USB 输出数据就是整个音频流的起点，而扬声器则是音频流的终点。反过来，如果话筒经 MIC 放大器最终到达 USB 主机，那么 MIC 就是音频流的起点，USB 输入数据则是整个音频流的终点。从这个角度来讲，IT 与 OT 总会与一个端点对应，因为端点有方向，自然会有起点与终点。

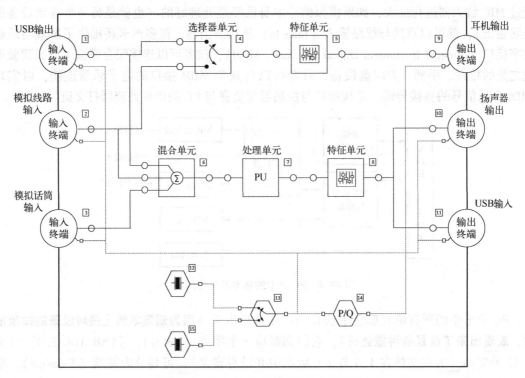

图 48.5　包含 15 个实体的声卡拓扑结构

　　有人可能会想：这么多实体看来需要花很多时间研究才能透彻理解。这里可以回复：那是当然的！但是，音频（以及视频、通信等等）设备类涉及专业化非常强的领域，很多基本术语都不是非专业人员能够轻易理解或应用得了的，具体的开发需要根据实际的项目需求，这已超出了本书的范畴，所以我们只需要了解 USB ADC 的大体设计思路即可。简单地说：**你需要什么就添加什么**。例如，官方例程可以实现将 USB 输出音频数据流转换为模拟信号驱动单声道耳机，所以需要 IT 与 OT；官方例程还可以实现静音控制功能，所以需要添加 FU，具体的拓扑结构如图 48.6 所示。

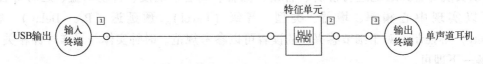

图 48.6　官方例程实现的 USB 扬声器设备的拓扑结构

　　有人可能会问：我现在还是新手，对 FU、EU、PU 等都还没什么概念，想做一个没有静音功能（只有 IT 与 OT）的 USB 扬声器设备，方案上可行吗？当然没有问题！只不过这样一来，你就无法通过主机实现静音控制功能，但是却仍然可以通过设备上与单片机连接的轻触按钮来实现静音控制，只不过这已经不属于 USB ADC 范畴了。

前面只是讨论拓扑结构，每个实体都对应一个**特定类**接口描述符（不是标准接口描述符），我们仅以 IT 特定类接口描述符为例详细讨论，希望能够起到抛砖引玉的效果。IT 特定类接口描述符的结构如表 48.1 所示。

表 48.1　IT 特定类接口描述符的结构

偏移量	字段名	长度（字节）	值
0	bLength	1	数字
1	bDescriptorType	1	常量
2	bDescriptorSubtype	1	常量
3	bTerminalID	1	数字
4	wTerminalType	2	常数
6	bAssocTerminal	1	数字
7	bCSourceID	1	数字
8	bmControls	4	基于位映射
12	wClusterDescrID	2	数字
14	wExTerminalDescrID	2	数字
16	wConnectorDescrID	2	数字
18	wTerminalDescrStr	2	wStrDescrID

bDescriptorType 字段用于指定特定类音频描述符类型，具体如表 48.2 所示（CS_INTER-FACE 与 CS_ENDPOINT 的值与表 47.4 相同）。bDescriptorSubtype 字段给出了每个特定类描述符子类（实体类型），具体如表 48.3 所示。bTerminalID 字段用来标记终端的唯一 ID，因为一个音频功能可能会存在多个类型相同的实体，但是每个实体都应该可以独立控制，所以需要添加不重复的 ID 进行区分。bTerminalType 字段给出终端的类型，具体可参考《USB 设备类的终端类型定义》（*USB Device Class Definition for Terminal Types*）文档。bAssocTerminal 字段则指出与该输入终端关联的输出终端。bmControls 字段表示该实体有哪些控制功能（就像 FU 有静音、响度等控制功能一样）。bCSourceID、wClusterDescrID、wExTerminalDescrID、wConnectorDescrID 字段则分别与该终端连接的时钟实体、集群、扩展终端、连接器描述符的标识符，它们都在各自的描述符中定义。wTerminalDescrStr 字段则指定"描述该终端的特定类字符串描述符"的 ID，大家了解一下即可。

48.2　音频特定类描述符类型

描述符类型	值	描述符类型	值
CS_UNDEFINED	20h	CS_INTERFACE	24h
CS_DEVICE	21h	CS_ENDPOINT	25h
CS_CONFIGURATION	22h	CS_CLUSTER	26h
CS_STRING	23h	—	—

表 48.3　描述符子类

描述符子类	值	描述符子类	值
AC_DESCIRPTOR_UNDEFINED	00h	PROCESSING_UNIT	09h
HEADER（首部）	01h	EXTENSION_UNIT	0Ah
INPUT_TERMINAL	02h	CLOCK_SOURCE	0Bh
OUTPUT_TERMNIAL	03h	CLOCK_SELECTOR	0Ch
EXTENDED_TERMINAL	04h	CLOCK_MULTIPLIER	0Dh
MIXER_UNIT	05h	SAMPE_RATE_CONVERTER	0Eh
SELECTOR_UNIT	06h	CONNECTORS	0Fh
FEATURE_UNIT	07h	POWER_DOMAIN	10h
EFFECT_UNIT	08h	—	—

这么多特定类接口描述符又是如何组织起来描述 USB 音频功能的呢？与 USB CDC 相似，特定类接口描述符（相当于 CDC 规范中的功能描述符）都是通过依附于一个标准接口来实现的。USB 音频规范定义了音频控制接口（Audio Control Interface，ACI）、音频流接口（Audio Streaming Interface，ASI）、MIDI 流接口（MIDI Streaming Interface，MSI）三种接口子类，相应的描述符子类代码如表 48.4 所示。

表 48.4　接口子类的描述符子类代码

描述符子类	值	描述符子类	值
INTERFACE_SUBCLASS_UNDEFINED	00h	AUDIOSTREAMING	02h
AUDIOCONTROL	01h	MIDISTREAMING	03h

ACI 是 USB 主机访问 USB 声卡内部及对设备进行控制的接入点，它包含默认的端点 0 及可选的中断端点，前者用来完成对声卡的控制（例如，控制输出音量、打开静音等），后者则用来向主机报告声卡内部的状态。我们前面所述的单元、终端、时钟相关的特定类接口描述符都需要依附于 ACI 描述符。与 CDC 设备相似，**如果你需要添加 ACI 描述符，则必须首先使用首部描述符**。首部描述符的结构如表 48.5 所示，其中 bDescriptorType 与 bDescriptorSubtype 字段的值分别见表 48.2 与表 48.3，bCategory 字段给出了音频功能（Audio Function）子类代码，具体如表 48.6 所示。wTotalLength 字段表示所有特定类 ACI 接口描述符的总长度（含首部描述符）。bmControls 字段的低 2 位指定延迟控制（Latency Control），大家了解一下即可。

表 48.5　首部描述符的结构

偏移量	字段名	长度（字节）	值
0	bLength	1	数字
1	bDescriptorType	1	常量
2	bDescriptorSubtype	1	常量
3	bCategory	1	常量
4	wTotalLength	2	数字
6	bmControls	4	基于位映射

表 48.6　音频功能子类代码

音频设备子类代码	值	音频设备子类代码	值
FUNCTION_SUBCLASS_UNDEFINED	00h	MUSICAL_INSTRUMENT	09h
DESKTOP_SPEAKER	01h	PRO_AUDIO	0Ah
HOME_THEATER	02h	CONTROL_PANEL	0Bh
MICROPHONE	03h	HEADPHONE	0Ch
HEADSET	04h	GENERIC_SPEAKER	0Dh
TELEPHONE	05h	HEADSET_ADAPTER	0Eh
CONVERTER	06h	SPEAKDERPHONE	10h
VOICE/SOUND_RECORDER	07h	保留	11h~FEh
I/O_BOX	08h	其他	FFh

ASI 用于在主机与设备之间传输数字音频流，它是可选的，每个 ASI 最多只能有一个同步数据端点，但是一个音频功能可以有多个 ASI，其描述符结构如表 48.7 所示。其中，bTerminalLink 字段指定该接口关联的 IT 或 OT 的唯一 ID，bmFormat 字段给出可以用来与该接口通信的音频数据格式（Audio Data Format），bSubslotSize 字段指定一个子时隙占用的字节数（子帧是音频编码打包过程中的最小单位，根据子载波间隔的不同，时隙的数量也会不一样），bBitResolution 字段指定分辨率（时隙中对应的有效位数），bmAuxProtocols 字段给出必要的辅助协议，大家了解一下即可。

表 48.7　ASI 描述符的结构

偏 移 量	字 段 名	长度（字节）	值
0	bLength	1	数字
1	bDescriptorType	1	常量
2	bDescriptorSubtype	1	常量
3	bTerminalLink	1	数字
4	bmControls	4	基于位映射
6	wClusterDescrID	2	数字
7	bmFormats	8	基于位映射
8	bSubslotSize	4	数字
12	bBitResolution	1	数字
14	bmAuxProtocols	1	基于位映射
16	bControlSize	2	数字

MSI 相关的信息则在单独的《USB MIDI 设备类定义》（*Universal Serial Bus Device Class Definition for MIDI Devices*）文档中阐述，有兴趣的读者可自行参考，官方例程没有涉及该接口类，此处也不再赘述。

接下来分析官方例程是如何实现 USB 扬声器的，首先看看相应的配置描述符，如清单 48.1 所示。

清单 48.1　配置描述符

```
const uint8_t Speaker_ConfigDescriptor[] = {
    0x09,                                       //bLength:配置描述符字节数量
    USB_CONFIGURATION_DESCRIPTOR_TYPE,          //bDescriptorType: 配置类型
    0x6D,                                   //wTotalLength: 配置描述符总字节数量
    0x00,
    0x02,                                       //bNumInterfaces: 2个接口
    0x01,                                       //bConfigurationValue: 配置值
    0x00,                       //iConfiguration: 描述配置的字符串描述符的索引
    0xC0,                       //bmAttributes: 自供电模式，不支持远程唤醒
    0x32,                                               //最大电流100mA

    //标准接口描述符(下一个数据的数组索引为09)
    SPEAKER_SIZ_INTERFACE_DESC_SIZE,            //bLength: 接口描述符字节数量
    USB_INTERFACE_DESCRIPTOR_TYPE,              //bDescriptorType: 接口描述符类型
    0x00,                                       //bInterfaceNumber: 接口号
    0x00,                                       //bAlternateSetting: 备用接口号
    0x00,                                       //bNumEndpoints: 端点数量
    USB_DEVICE_CLASS_AUDIO,                     //bInterfaceClass: 音频设备类
    AUDIO_SUBCLASS_AUDIOCONTROL,                //bInterfaceSubClass :音频控制
    AUDIO_PROTOCOL_UNDEFINED,                   //bInterfaceProtocol：未定义
    0x00,                                       //iInterface: 字符串描述符的索引

    //特定类音频控制接口(ACI)描述符(下一个数据的数组索引为18)
    SPEAKER_SIZ_INTERFACE_DESC_SIZE,            //bLength: 描述符字节数量
    AUDIO_INTERFACE_DESCRIPTOR_TYPE,            //bDescriptorType: 描述符类型
    AUDIO_CONTROL_HEADER,                       //bDescriptorSubType: 描述符子类型
    0x00,                                       //bcdADC: 音频设备版本号1.00
    0x01,
    0x27,                           //wTotalLength：ACI描述符返回的总字节长度
    0x00,
    0x01,                       //bInCollection: 集合中有一个输出音频流接口
    0x01,                       //baInterfaceNr：集合中输出音频流接口的接口号

    //输入终端描述符（下一个数据的数组索引为27)
    AUDIO_INPUT_TERMINAL_DESC_SIZE,             //bLength: 描述符字节数量
    AUDIO_INTERFACE_DESCRIPTOR_TYPE,            //bDescriptorType: 描述符类型
    AUDIO_CONTROL_INPUT_TERMINAL,               //bDescriptorSubType: 描述符子类型
    0x01,                                       //bTerminalID: 输入终端的ID
    0x01,                           //wTerminalType: USB流终端类型（0x0101)
    0x01,
    0x00,                                       //bAssocTerminal:关联终端（无)
    0x01,                           //bNrChannels: 单声道信号路径（1)
    0x00,                           //wChannelConfig: 通道配置（中前)
    0x00,
    0x00,                           //iChannelNames: 未使用，设置为0x00
    0x00,                           //iTerminal: 字符串描述符的索引

    //特征单元描述符（下一个数据的数组索引为39)
    0x09,                                       //bLength: 描述符字节数量
    AUDIO_INTERFACE_DESCRIPTOR_TYPE,            //bDescriptorType: 描述符类型
    AUDIO_CONTROL_FEATURE_UNIT,                 //bDescriptorSubType: 描述符子类型
    0x02,                                       //bUnitID:特征单元的ID
    0x01,                           //bSourceID：与该特征单元连接的实体ID
    0x01,                           //bControlSize:控制bmaControls的2字节
    AUDIO_CONTROL_MUTE,                 //bmaControls(0): 主通道的静音控制
    0x00,                           //bmaControls(1): 中前通道的音量控制
    0x00,                               //iFeature: 字符串描述符的索引

    //输出终端描述符（下一个数据的数组索引为48)
    0x09,                                       //bLength: 描述符字节数量
    AUDIO_INTERFACE_DESCRIPTOR_TYPE,            //bDescriptorType: 描述符类型
    AUDIO_CONTROL_OUTPUT_TERMINAL,              //bDescriptorSubType: 描述符子类型
    0x03,                                       //bTerminalID: 该输出终端的ID
    0x01,                                       //wTerminalType: 0x0301
    0x03,
    0x00,                           //bAssocTerminal: 关联终端（无)
    0x02,                           //bSourceID：与该特征单元连接的实体ID
    0x00,                           //iTerminal: 字符串描述符的索引
```

```
//标准接口描述符-零带宽音频流（下一个数据的数组索引为57）
SPEAKER_SIZ_INTERFACE_DESC_SIZE,            //bLength: 描述符字节数量
USB_INTERFACE_DESCRIPTOR_TYPE,              //bDescriptorType: 描述符类型
0x01,                                       //bInterfaceNumber: 接口号
0x00,                          //bAlternateSetting: 备用接口号（0）
0x00,                                       //bNumEndpoints: 端点数量
USB_DEVICE_CLASS_AUDIO,                     //bInterfaceClass: 音频设备类
AUDIO_SUBCLASS_AUDIOSTREAMING,             //bInterfaceSubClass: 音频流子类
AUDIO_PROTOCOL_UNDEFINED,                  //bInterfaceProtocol: 无
0x00,                          //iInterface: 字符串描述符的索引

//标准接口描述符-工作音频流（下一个数据的数组索引为66）
SPEAKER_SIZ_INTERFACE_DESC_SIZE,            //bLength: 描述符字节数量
USB_INTERFACE_DESCRIPTOR_TYPE,              //bDescriptorType: 描述符类型
0x01,                                       //bInterfaceNumber: 接口号
0x01,                          //bAlternateSetting: 备用接口号（1）
0x01,                                       //bNumEndpoints: 端点数量
USB_DEVICE_CLASS_AUDIO,                     //bInterfaceClass: 音频设备类
AUDIO_SUBCLASS_AUDIOSTREAMING,             //bInterfaceSubClass: 音频流子类
AUDIO_PROTOCOL_UNDEFINED,                  //bInterfaceProtocol: 无
0x00,                          //iInterface: 字符串描述符的索引

//特定类音频流接口（ASI）描述符（下一个数据的数组索引为75）
AUDIO_STREAMING_INTERFACE_DESC_SIZE,        //bLength: 描述符字节数量
AUDIO_INTERFACE_DESCRIPTOR_TYPE,            //bDescriptorType: 描述符类型
AUDIO_STREAMING_GENERAL,        //bDescriptorSubtype: 描述符子类型(AS_GENERAL)
0x01,                          //bTerminalLink: 与该接口关联的输出终端的ID
0x01,                          //bDelay: 接口总的帧延时
0x02,                                       //wFormatTag:格式
0x00,

//音频I类格式接口描述符（下一个数据的数组索引为82）
0x0B,                                       //bLength: 描述符字节数量
AUDIO_INTERFACE_DESCRIPTOR_TYPE,    //bDescriptorType: 描述符类型(CS_INTERFACE)
AUDIO_STREAMING_FORMAT_TYPE,    //bDescriptorSubType: 描述符子类型(FORMAT_TYPE)
AUDIO_FORMAT_TYPE_I,                        //bFormatTyp: I类格式
0x01,                                       //bNrChannels: 一个通道
0x01,                          //bSubFrameSize: 每个子帧2字节
8,                             //bBitResolution: 采样位数为15
0x01,                          //bSamFreqType: 支持一个采样频率
0xF0,                          //tSamFreq: 采样频率为2200Hz
0x55,
0x00,

//标准音频流音频数据端点描述符（下一个数据的数组索引为93）
AUDIO_STANDARD_ENDPOINT_DESC_SIZE,          //bLength: 描述符字节数量
USB_ENDPOINT_DESCRIPTOR_TYPE,               //bDescriptorType: 描述符类型
0x01,                          //bEndpointAddress: 输出(OUT)端点1
USB_ENDPOINT_TYPE_ISOCHRONOUS,              //bmAttributes: 同步类型端点
0x16,                          //wMaxPacketSize: 最多22字节
0x00,
0x01,                                       //bInterval: 每帧一个包
0x00,                                       //bRefresh: 未使用，置0
0x00,                                       //bSynchAddress: 未使用，置0

//特定类同步音频数据端点描述符（下一个数据的数组索引为102）
AUDIO_STREAMING_ENDPOINT_DESC_SIZE,         //bLength: 描述符字节数量
AUDIO_ENDPOINT_DESCRIPTOR_TYPE,             //bDescriptorType: 描述符类型(CS_ENDPOINT)
AUDIO_ENDPOINT_GENERAL,        //bDescriptorSubType: (AS_GENERAL)
0x00,             //bmAttributes: 无采样频率与间距（pitch）控制，无填充
0x00,                                       //bLockDelayUnits: 未使用，置0
0x00,                                       //wLockDelay: 未使用，置0
0x00,
};
```

配置描述符有点长，但是没有关系，我们一步步来分析。首先 bNumInterfaces 字段的值为 0x02，表示该音频设备包含两个接口。在第一个标准接口描述符中，bInterfaceClass 字段的值为 USB_DEVICE_CLASS_AUDIO(0x01)，表示音频设备类（见表 13.4）。bInterfaceSub-Class 字段的值为 AUDIO_SUBCLASS_AUDIOCONTROL(0x01)，表示音频控制接口子类（见

表 48.4）。bInterfaceProtocol 字段为 AUDIO_PROTOCOL_UNDEFINED（0x00），表示协议未定义，该值对应《USB ADC 3.0》中的 "IP_VERSION_01_00"，如表 48.8 所示。

表 48.8　音频接口的协议

协　　议	值
IP_VERSION_01_00	0x00
IP_VERSION_02_00	0x20
IP_VERSION_03_00	0x30

我们再来看看特定类 ACI 描述符。首先跟随首部描述符，相应的 bDescriptorSubtype 为 AUDIO_CONTROL_HEADER（0x01，见表 48.3）。bcdADC 字段表示遵循《USB ADC 1.0》。bInCollection 字段为 0x01，表示集合中只有一个输出音频接口。baInterfaceNr 字段为 0x01，表示输出音频流接口的接口号为 1。

细心的读者可能急了：这都哪跟哪呀，bcdADC、bInCollection、baInterfaceNr 字段在表 48.5 中没有呀？奥妙就在标准接口描述符中的 bInterfaceProtocol 字段。官方例程发布得比较早，它参考的规范为《USB ADC 1.0》，那个时候还没有定义表 48.8，相应的 bInterfaceProtocol 为 0x00，版本号则在首部描述符中的 bcdADC 字段给出，最新的 ADC 版本号则在 bInterfaceProtocol 字段给出。输入终端、特征单元、输出终端描述符可自行参考规范与注释分析，官方例程是参考《USB ADC 1.0》中的单声道耳机（Mono Headphone）设备来开发的，有兴趣读者可自行参考，此处不再赘述。

在接下来的标准 ASI 描述符中，bInterfaceSubClass 字段的值为 AUDIO_SUBCLASS_AUDIOSTREAMING（0x02），表示音频流接口子类（见表 48.4）。特别需要注意的是：配置描述符中包含了两个标准 ASI 描述符，使用代表备用接口号的 bAlternateSetting 字段来区分。备用接口号 0 表示零带宽音频流，其中没有使用端点，可以用于默认或静音状态。备用接口号 1 是正常工作时的音频流传输接口，其中包含了一个同步输出端点（由后续的标准端点描述符与特定类同步端点描述符共同描述）。

特定类 ASI 描述符用来进一步描述音频流的具体格式信息，包括通道数量、子帧字节、采样频率等，具体细节可参考《USB ADC 1.0》自行阅读，这里仅简单提一下格式接口描述符（Format Interface Descriptor）。USB 音频数据包含 3 种类型，Ⅰ类音频流是按照物理时序以采样点为单位的数据流格式，每个采样点由一个数据表示，最终的模拟音频信号是将这些连续发送的采样数据进行数模转换后获得的可以包含多个物理通道的数据，并且这些物理通道的数据是按照一定顺序排列的，脉冲编码调制（Pulse Code Modulation，PCM）码就是比较典型的Ⅰ类音频信号。Ⅱ类在编码时不保存物理通道独立标志的语音格式，不同的物理通道音频信号被编码到一个比特流，相对 PCM 码而言通常需要更少的数据量来传输相同的音频数据，有效降低传输带宽。Ⅲ类同时具有Ⅰ类与Ⅱ类特点的数据流格式，它把一个或多个非 PCM 码的音频数据打包成伪立体声采样，相对Ⅱ类格式，其更容易在输出端准确地恢复出时钟信号，但需要更多的带宽。

音频设备类可以支持一些特定类请求，每一个实体都有一些可选择的请求。例如，FU 包含静音、音量、延时、输入增益等控制请求，但都是可选的。官方例程仅实现了静音功能，它被定义在 usb_prop.c 源文件中，如清单 48.2 所示。

清单 48.2 usb_prop.c 源文件 （部分）

```
#include "hw_config.h"
#include "usb_lib.h"
#include "usb_conf.h"
#include "usb_prop.h"
#include "usb_desc.h"
#include "usb_pwr.h"

uint32_t MUTE_DATA = 0;                                              //静音数据

void Speaker_Reset()
{
  pInformation->Current_Configuration = 0;          //设备当前配置为0（未配置状态）
  pInformation->Current_Feature = Speaker_ConfigDescriptor[7];  //初始化当前特征
  SetBTABLE(BTABLE_ADDRESS);                           //设置缓冲描述表基地址

  SetEPType(ENDP0, EP_CONTROL);                                //设置端点0为控制类型
  SetEPTxStatus(ENDP0, EP_TX_NAK);                            //设置端点0发送状态为NAK
  SetEPRxAddr(ENDP0, ENDP0_RXADDR);  //设置端点0对应数据接收包缓冲区的首地址
  SetEPRxCount(ENDP0, Device_Property.MaxPacketSize);  //设置端点0接收数据包长度
  SetEPTxAddr(ENDP0, ENDP0_TXADDR);  //设置端点0对应数据发送包缓冲区的首地址
  Clear_Status_Out(ENDP0);                                    //不使用STATUS_OUT功能
  SetEPRxValid(ENDP0);                                      //设置端点0接收状态为VALID

  SetEPType(ENDP1, EP_ISOCHRONOUS);                            //设置端点1为同步类型
  SetEPDblBuffAddr(ENDP1, ENDP1_BUF0Addr, ENDP1_BUF1Addr);     //设置双缓冲首地址
  SetEPDblBuffCount(ENDP1, EP_DBUF_OUT, 0x40);           //设置双缓冲大小为64字节
  ClearDTOG_RX(ENDP1);                                    //清除接收数据时序切换位
  ClearDTOG_TX(ENDP1);                                    //清除发送数据时序切换位
  ToggleDTOG_TX(ENDP1);                                 //设置发送数据时序切换位为1
  SetEPRxStatus(ENDP1, EP_RX_VALID);                    //设置端点1接收状态为VALID
  SetEPTxStatus(ENDP1, EP_TX_DIS);                   //设置端点1发送状态为DISABLE

  SetDeviceAddress(0);                                         //设置默认设备地址为0
  bDeviceState = ATTACHED;                                      //设置设备状态为默认

  In_Data_Offset = 0;
  Out_Data_Offset = 0;
}

RESULT Speaker_Data_Setup(uint8_t RequestNo)
{
  uint8_t *(*CopyRoutine)(uint16_t);
  CopyRoutine = NULL;

  //如果请求为获取或设置"当前配置属性（Current Setting attribute, CUR）"
  if ((RequestNo == GET_CUR) || (RequestNo == SET_CUR)) {
    CopyRoutine = Mute_Command;
  } else {
    return USB_UNSUPPORT;
  }

  pInformation->Ctrl_Info.CopyData = CopyRoutine;
  pInformation->Ctrl_Info.Usb_wOffset = 0;
  (*CopyRoutine)(0);
  return USB_SUCCESS;
}

uint8_t *Mute_Command(uint16_t Length)
{
  if (Length == 0) {
    pInformation->Ctrl_Info.Usb_wLength = pInformation->USBwLengths.w;
    return NULL;
  } else {
    return((uint8_t*)(&MUTE_DATA));
  }
}
```

　　同步传输是一种需要保持固定和精确的数据传输方式，一般用于传输音频流、压缩的视频流等对数据传输速率有严格要求的数据。一个端点如果在总线枚举时被定义为同步端点，主机会为每帧分配固定的带宽，并且保证每帧正好传送一个 IN 或 OUT 事务。为了满足传输

带宽的需求，同步传输中没有出错重传机制，也就是说，同步传输在数据发送或接收后没有握手环节（没有 ACK 握手包）。另外，同步传输仅使用 DATA0 类型的数据包，而且不会使用到数据翻转机制。由于没有握手机制，根据 USB 规范的定义，端点寄存器的 STAT_RX 与 STAT_TX 位只能设置为"禁用（00）"或"有效（11）"。

这里特别要注意 DTOG 位的设置，官方例程使用双缓冲机制来简化应用程序的开发，当 USB 控制器使用某一块缓冲区时，应用程序可以访问另外一块缓冲区。USB 控制器使用的缓冲区根据不同的传输方向由不同的 DTOG 位来标识（同一个端点寄存器中的 DTOG_RX 位与 DTOG_TX 位分别用来标识接收与发送同步端点），具体如表 48.9 所示。

表 48.9　同步端点的包缓冲区 DTOG 使用标识

端点类型	DTOG 位	USB 控制器使用的缓冲区	应用程序使用的缓冲区
输入（IN）	0	ADDRn_TX_0/COUNTn_TX_0	ADDRn_TX_1/COUNTn_TX_1
	1	ADDRn_TX_1/COUNTn_TX_1	ADDRn_TX_0/COUNTn_TX_0
输出（OUT）	0	ADDRn_RX_0/COUNTn_RX_0	ADDRn_RX_1/COUNTn_RX_1
	1	ADDRn_RX_1/COUNTn_RX_1	ADDRn_RX_0/COUNTn_RX_0

由于官方例程只有同步接收端点且使用双缓冲方案，所以 DTOG_RX 位与 DTOG_TX 位分别标识 USB 控制器与应用程序使用的缓冲区。在清单 48.3 所示 usb_endp.c 源文件的 Speaker_Reset 函数中，其将 DTOG_RX 位与 DTOG_TX 位分别被初始化为"0"与"1"，从表 48.9 中可以看到，复位后的 USB 控制器与应用程序分别使用接收缓冲区 0 与缓冲区 1。

最后，我们来看看 usb_endp.c 源文件中是如何处理从主机传输过来的数据的，如清单 48.3 所示。当主机通过 OUT 事务发送数据时，设备通过判断 DTOG_TX 位来将相应接收缓冲区中的数据复制出来，然后通过 FreeUserBuffer 函数翻转 DTOG_TX 位释放用户程序使用的缓冲区。

清单 48.3　usb_endp.c 源文件

```c
#include "usb_lib.h"
#include "usb_istr.h"

uint8_t Stream_Buff[24];
uint16_t In_Data_Offset;

void EP1_OUT_Callback(void)
{
  uint16_t Data_Len;                                    //数据长度

  if (GetENDPOINT(ENDP1) & EP_DTOG_TX) {
    Data_Len = GetEPDb1Buf0Count(ENDP1);                //获取双缓冲0地址中数据的字节长度
    PMAToUserBufferCopy(Stream_Buff, ENDP1_BUF0Addr, Data_Len);   //把数据复制出来
  } else {
    Data_Len = GetEPDb1Buf1Count(ENDP1);                //获取双缓冲1地址中数据的字节长度
    PMAToUserBufferCopy(Stream_Buff, ENDP1_BUF1Addr, Data_Len);   //把数据复制出来
  }
  FreeUserBuffer(ENDP1, EP_DBUF_OUT);                   //释放用户程序使用的缓冲区
  In_Data_Offset += Data_Len;
}
```

第 49 章　USB 集线器设备

前面我们的主要精力都放在 USB 功能设备上了，而 USB 集线器也是一种设备，其架构比功能设备要复杂一些，只不过由于其被封装起来了，所以普通用户在使用时感觉不到。USB 集线器的基本架构包含中继器（Repeater）、事务转换器（Transaction Translator，TT）与集线器控制器（Hub Controller）三个单元，如图 49.1 所示。

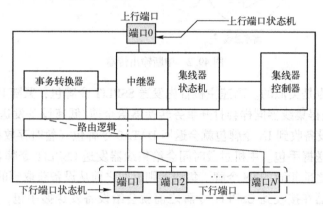

图 49.1　USB 集线器的基本架构

中继器负责工作在**同一种速度**模式的上行与下行端口之间的连接管理，符合 USB 2.0 规范的中继器应该支持高速与全速/低速模式。集线器的工作模式由上行端口决定，当上行端口工作于高速模式时，全速/低速中继器不会处于工作状态，而当上行端口工作于全速/低速模式时，高速中继器不会处于工作状态，如此一来，有个问题就出现了：**由于中继器只能负责同一种速度模式下的上行与下行端口的连接管理，那么如果上行端口处于高速模式，而下行端口却连接了全速/低速设备，此时该怎么处理呢？**答案就在事务转换器！从单元的名称就能够知道，它的作用是将不同类型的事务进行转换。当需要与全速/低速设备进行数据传输时，高速主机/集线器不会直接使用 IN、OUT、SETUP 事务，取而代之的是 USB 2.0 规范新添加的 SPLIT 事务，我们以图 49.2 所示的中断输出传输来简要讨论 SPLIT 事务的处理流程。

SPLIT 事务包含 SSPLIT（Start-split）事务与 CSPLIT（Complete-split）事务两部分，它们分别表示 SPLIT 事务的开始与完成。当需要给全速/低速设备发送数据时，高速主机首先发送 SPLIT 令牌包，紧跟其后的是全速/低速模式下的 OUT 与 DATA0 令牌包。集线器收到 SSPLIT 令牌包就可以知道该事务的接收对象是全速/低速设备，所以会打开事务转换器，并且通过路由逻辑单元（Routing Logic）将下行端口与事务转换器连接。之后全速/低速设备会收到 OUT 与 DATA0 令牌包（没有 SSPLIT 令牌包），然后给集线器返回握手包。主机过段时间会给集线器发送 CSPLIT 令牌包来确认传输是否完成，跟随的是与之前相同的 OUT 令牌，集线器则根据实际情况返回握手包。

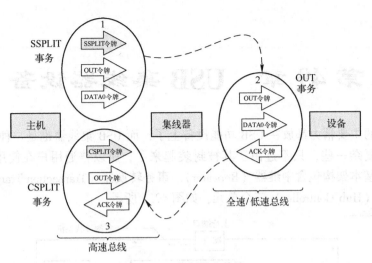

图 49.2　中断输出传输

　　中断输入传输也是类似的。高速主机首先发送 SSPLIT 令牌包，紧随其后跟随了全速/低速 IN 令牌包，这使得集线器同样会打开事务转换器给全速/低速设备发送 IN 令牌包（没有 SSPLIT 令牌包），设备收到 IN 令牌包就会返回 DATA0 令牌包（暂时存放在事务转换器中），集线器则给设备发送握手包。主机过段时间会给集线器发送 CSPLIT 令牌包来确认传输是否完成，跟随的是与之前相同的 IN 令牌，集线器则返回之前从设备获取到的 DATA0 令牌。需要注意的是，集线器在接收到 CSPLIT 令牌之前就会给设备发送握手包，并且 CSPLIT 事务不会给集线器发送握手包，如图 49.3 所示。

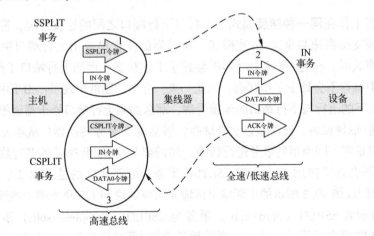

图 49.3　中断 IN 事务

　　SPLIT 事务存在的意义就是在 USB 高速数据传输的过程中插入全速/低速 USB 数据传输，主机不必等待全速/低速设备返回就可以开始其他高速事务，从而提升 USB 总线的利用率。有关 SPLIT 事务的细节可以参考 USB 2.0 规范，我们只需要知道的是：**SPLIT 事务仅用于主机与集线器之间，全速/低速功能设备从来都不会直接与 SPLIT 事务打交道，而 SPLIT 事务与全速/低速事务之间的转换工作是由事务转换器完成的**。也就是说，集线器充当了全速/低速事务代理的功能，高速主机与全速/低速设备打交道的工作全部交给集线器来处理，而路由逻辑是否将事务转换器与下行端口连接，取决于下行端口连接设备的速度模式。

根据芯片内部事务转换器的数量，集线器可分为 STT 与 MTT 两种，前者表示所有下行端口都共用一个事务转换器，通常是低成本集线器芯片的首选方案，后者表示每个下行端口都配备了一个事务转换器，相对 STT 方案而言成本会更高，但是多个下行端口同时进行数据传输时通常会更快。

理论上，单纯的包数据转发工作可以仅由中继器与事务转换器完成，中继器（包含了状态机的）有能力向对应端口转发包数据，但是转发过程中可能会出现错误，或者集线器需要根据实际情况进行一些操作（例如，端口禁用与使能），或者集线器本身也有一些功能需要实现（例如，电源开关切换、端口指示等），这些都需要主机以发送请求的方式进行管理，而集线器必须提供对这些请求进行响应的单元，这部分工作就由集线器控制器完成。在实际的集线器芯片中，集线器控制器包含了 USB 硬件控制器、单片机内核及固件，其就相当于一个带 USB 控制器的单片机。

上行端口包含了收发器与收发状态机，接收状态机负责监测主机发送的诸如复位、挂起、唤醒的信号，发送状态机用于监测与中继器有连接的上行端口，以避免出现延迟错误。下行端口同样包含收发器与状态机，后者主要根据 USB 控制器响应主机的请求而进行状态切换，详情可参考 USB 2.0 规范。

集线器本身也是一种 USB 设备，也会有相应的描述符，前面详述的各种标准描述符同样适用于集线器设备，此处仅重点提醒固件开发过程中需要注意的事项。其一，集线器设备的类代码请参考表 13.4，子类代码必须为 0，协议代码如表 49.1 所示。其二，集线器只能有一个接口，所以配置描述符中的 bNumInterfaces 字段必须为 1。其三，除默认控制端点 0 外，所有集线器都必须定义一个用于向主机报告状态更改（Status Change）的中断输入端点。

表 49.1　集线器的协议类代码

协议代码	描　　　述
00h	全速集线器
01h	STT 高速集线器
02h	MTT 高速集线器

值得一提的是，如果集线器同时支持全速/低速与高速模式，还必须包含 USB 2.0 规范中针对"可以工作于不同速度模式的设备"添加的设备限定（Device Qualifier Descriptor）与其他速度配置（Other Speed Configuration Descriptor）两类标准描述符，它们用来描述："有能力工作于高速模式"的设备如果工作在其他速度模式时产生的变化信息。例如，设备当前工作在全速模式，设备限定描述符返回如何在高速模式下工作的信息；反之亦然。

设备限定描述符的结构如表 49.2 所示，它不包含标准设备描述符中的厂商 ID、产品 ID、产品版本号及其他相关的字符串信息，因为它们在所有支持的速度模式下都是不变的。需要注意的是，bDescriptorType 字段的值应该为 0x06（见表 13.3），而 bcdUSB 字段的值应该至少为 2.0（0x0200），因为设备限定描述符在 USB 2.0 之前是没有的。其他速度配置描述符的结构与以往讨论的配置描述符是完全一样的，此处不再赘述，只需要注意描述符类型字段的值应该为 0x07（见表 13.3）。

表 49.2　设备限定描述符的结构

偏 移 量	域	大　小	值
0	bLength	1	数字
1	bDescriptorType	2	常量
2	bcdUSB	3	BCD 码
4	bDeviceClass	1	类
5	bDeviceSubClass	1	子类
6	bDeviceProtocol	1	协议
7	bMaxPacketSize0	1	数字
8	bNumConfigurations	1	数字
9	bReserved	1	0

除标准描述符外，集线器还必须有一个集线器特定类描述符（Hub Descriptor），其结构如表 49.3 所示，其中，bDescriptorType 字段的值固定为 0x29（见表 13.3），bNbrPorts 字段表示集线器支持的下行端口数量。

表 49.3　集线器描述符的结构

偏 移 量	域	大　小
0	bDescLength	1
1	bDescriptorType	1
2	bNbrPorts	1
3	wHubCharacteristics	2
5	bPwrOn2PwrGood	1
6	bHubContrCurrent	1
7	DeviceRemovable	变量（取决于端口数量）
可变	PortPwrCtrlMask	

wHubCharacteristics 字段用于描述集线器的特征，如图 49.4 所示，其中 $D_1 \sim D_0$ 位给出了逻辑电源切换模式（Logical Power Switching Mode）。我们在第 15 章已经提过，为了避免集线器在上电时消耗的电流超出额定范围，可以增加电源开关控制单元以适时调整，实际应用时有两种模式可供选择，其一为所有下行端口电源共用一个控制开关的联动模式（Ganged Mode），其二为给每一个下行端口电源单独配置一个控制开关的独立模式（Individual Mode）。而具体控制开关的信号则来自集线器，它根据主机发送的请求进行相应的控制，在集线器芯片上表现的就是输出控制引脚，信号的有效电平则取决于集线器控制器内固件的具

体实现。D_2 位给出该集线器是否为组合设备的一部分。$D_4 \sim D_3$ 则指出集线器的过流保护模式，全局保护模式以集线器为单位计算出所有下行端口消耗的电流是否超出范围，独立保护模式则以单个端口为单位进行状态报告。$D_6 \sim D_5$ 位给出事务转换器的思考时间（Think Time），它表示事务转换器处理一次全速/低速事务所需要的时间（原文：The TT requires some time to proceed to the next full-/low-speed transaction）。D_7 位表示集线器是否有端口指示支持能力，如果该位为 1，表示集线器的下行口在插入设备后会有指示灯亮起来（至少有控制指示灯状态的能力，具体的集线器产品有没有使用到则是另一回事）。

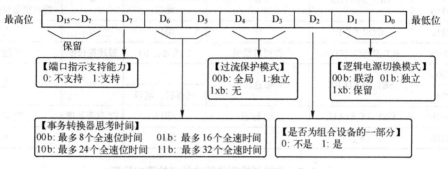

图 49.4　wHubCharacteristics 字段

bPwrOn2PwrGood 字段表示从端口上电到正常工作的时间（以 2ms 为单位），USB 系统根据该值判断端口上电后的等待时间。bHubContrCurrent 字段表示集线器设备本身所需的最大电流（单位为 mA），DeviceRemovable 字段表示连接在集线器端口的设备是否可移除，长度随集线器端口数量的变化而变化（以字节对齐），从最低位到高位中，每一位代表集线器端口的状态（0 表示端口的设备可移除，1 表示端口的设备不可移除），如图 49.5 所示。PortPwrCtrlMask 字段的长度与 DeviceRemovable 的相同，每个数据位都必须设置为 1，无实际意义，仅为了版本兼容。

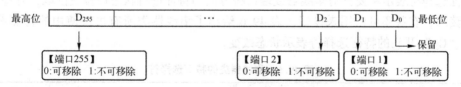

图 49.5　DeviceRemovable 字段

集线器支持的标准请求比表 17.2 少一些，由于集线器只允许支持一个接口，因此没有定义获取或设置接口的请求。另外，集线器也不能有同步类型的端点，所以也没有定义帧同步请求，此处不再赘述。集线器支持的特定类请求如表 49.4 所示，相应的请求代码如表 49.5 所示。其中，"清除特征（CLEAR_FEATURE）""设置特征（SET_FEA-TURE）""获取状态（GET_STAUS）"三个请求可以针对集线器或端口，具体取决于wIndex 字段。

表 49.4 集线器支持的特定类请求

bmRequestType	bRequest	wValue	wIndex	wLength	数　据
00100000b	CLEAR_FEATURE	特征选择符	0	0	无
00100011b			选择符，端口		
00100011b	CLEAR_TT_BUFFER	设备地址，端点号	TT 端口	0	
10100000b	GET_DESCRIPTOR	类型与索引	0 或语言 ID	描述符长度	描述符
10100000b	GET_STATUS	0	0	4	集线器状态与修改状态
10100011b			端口		端口状态与修改状态
00100011b	RESET_TT	0	端口	0	无
00100000b	SET_DESCRIPTOR	类型与索引	0 或语言 ID	描述符长度	描述符
00100000b	SET_FEATURE	特征选择符	0	0	无
00100011b			选择符，端口		
10100011b	GET_TT_STATE	TT 标志	端口	TT 状态长度	TT 状态
00100011b	STOP_TT	0	端口	0	无

表 49.5 集线器特定类请求相应的请求代码

bRequest	值	bRequest	值
GET_STATUS	0	CLEAR_TT_BUFFER	8
CLEAR_FEATURE	1	RESET_TT	9
SET_FEATURE	3	GET_TT_STATE	10
GET_DESCRIPTOR	6	STOP_TT	11
SET_DESCRIPTOR	7	保留	2, 4, 5

特征选择符表示将要针对集线器或端口哪方面的特征进行状态设置或读取，有些特征只能用来读取，有些还可以用来设置，表 49.6 给出了集线器类所有可供使用的特征选择符，其中以 "C_" 开头的特征选择符表示状态改变。

表 49.6 集线器类的特征选择符

特征选择符	接收方	值	特征选择符	接收方	值
C_HUB_LOCAL_POWER	集线器	0	PORT_LOW_SPEED	端口	9
C_HUB_OVER_CURRENT	集线器	1	C_PORT_CONNECTION	端口	16
PORT_CONNECTION	端口	0	C_PORT_ENABLE	端口	17
PORT_ENABLE	端口	1	C_PORT_SUSPEND	端口	18
PORT_SUSPEND	端口	2	C_PORT_OVER_CURRENT	端口	19
PORT_OVER_CURRENT	端口	3	C_PORT_RESET	端口	20
PORT_RESET	端口	4	PORT_TEST	端口	21
PORT_POWER	端口	8	PORT_INDICATOR	端口	22

与集线器相关的特征选择符只有 C_HUB_LOCAL_POWER 与 C_HUB_OVER_CURRENT 两个，它们分别代表集线器电能来源是否变化，以及是否出现过流现象，主机可以使用"获取集线器状态（GET_STATUS）"请求获取相应的状态，它返回 wHubStatus 与 wHubChange 共 4 字节长度的数据，具体如表 49.7 所示。

表 49.7　wHubStatus 与 wHubChange

wHubStatus		wHubChange	
位	描述	位	描述
0	集线器供电来自外部电源还是 USB 总线 0=自供电，1=总线供电	0	本地电源状态改变（C_HUB_LOCAL_POWER） 0=无变化　1=已经改变
1	端口消耗的电流总量超出最大值 0=否，1=是	1	过流状态改变（C_HUB_OVER_CUR-RENT） 0=无变化 1=已经改变
2~15	保留	2~15	保留

与集线器端口相关的特征选择符更多一些，我们仅看看使用"获取端口状态（GET_STATUS）"请求可以获取的端口状态位与端口状态变化位，其分别如表 49.8、表 49.9 所示。

表 49.8　端口状态位

位	描　述
0	端口当前是否有设备连接（PORT_CONNECTION）：0=无，1=有
1	端口被使能或禁止（PORT_ENABLE）：0=禁止，1=使能
2	端口连接的设备是否挂起（PORT_SUSPEND）：0=未挂起，1=挂起或正在恢复
3	端口是否处于过流状态（PORT_OVER_CURRENT）：0=否，1=是
4	主机是否要复位连接的设备（PORT_RESET）：0=否，1=是
5~7	保留，读取时返回全 0
8	端口的电源控制状态（PORT_POWER）：0=电源关闭，1=电源开启
9	端口是否连接低速设备（PORT_LOW_SPEED）：0=否（全速或高速设备，具体取决于第 10 位），1=是
10	端口是否与高速设备连接（PORT_HIGH_SPEED）：0=否（全速设备），1=是
11	端口是否处于测试状态（PORT_TEST）：0=否，1=是
12	端口指示控制（PORT_INDICATOR）：0=显示默认颜色，1=显示控制的颜色
13~15	保留，读取时返回全 0

表 49.9　端口状态变化位

位	描　述
0	端口的连接状态是否已经改变（C_PORT_CONNECTION）：0=无，1=有
1	端口是否禁用（C_PORT_ENABLE）：0=否，1=是

续表

位	描 述
2	设备是否已经从挂起状态恢复（C_PORT_SUSPEND）：0=否，1=恢复完成
3	端口是否报告处于过流状态（C_PORT_OVER_CURRENT）：0=否，1=是
4	端口复位过程是否完成（C_PORT_RESET）：0=否，1=是
5~15	保留，读取时返回全 0

主机也可以使用"设置特征（SET_FEATURE）"请求设置集线器或端口的状态。举个简单的例子，如果某集线器芯片支持端口指示方案，它首先应该将集线器描述符 wHubCharacteristics 字段中的 D_7 位置 1，以达到向主机表示支持端口指示方案的目的。然后芯片会引出一些驱动引脚（例如，每个下行口对应一个 LED 驱动引脚），芯片的使用者可以根据自己的需求选择是否使用。当主机使用"设置特征"请求发送"PORT_INDICATOR"特征选择符时，相应端口的 LED 驱动信号逻辑就会变化（当然，具体的逻辑还是取决于集线器芯片中的控制器固件，需要参考相应的数据手册）。

第50章 基于GL850G的USB 集线器设计

GL850G 是一款广泛使用的遵循 USB 2.0 规范的 STT 高速集线器控制芯片，最多有 4 个下行端口，其功能框图如图 50.1 所示。其中的上行端口（upstream port，USPORT）收发器是支持全速与高速电气特性的模拟电路，当与 USB 1.1 主机或集线器连接时工作在全速模式，与 USB 2.0 主机或集线器连接时将工作在高速状态。在不同速度模式下，总线传输需要的时钟也不一样，GL850G 内部包含了一个倍频系数高达 40 的锁相环（Phase Locked Loop，PLL），能够将外部晶体产生的时钟倍频到 480MHz，以满足高速传输需要的时钟频率。帧定时器（Frame Timer，FRTIMER）的时钟来源于集线器本地，并且通过主机发送的（微）帧（SOF 令牌）与主机保持同步。

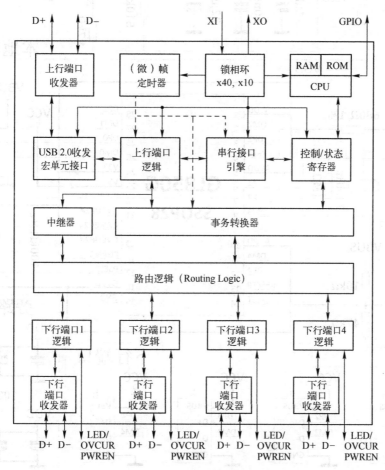

图 50.1 GL850G 的功能框图

USB 2.0 收发宏单元接口（USB 2.0 Transceiver Microcell Interface，UTMI）处理 USB 底层的协议与信号，具体来说包含数据与时钟恢复、NRZI 编解码、位填充与剥离、串并转换等功能，串行接口引擎（Serial Interface Engine，SIE）则包含了处理 USB 协议流、CRC 校验、PID 错误校验及超时检测的状态机（在 STM32F103x 系列的单片机中，UTMI 完成的功能是由 USB 控制器中的 SIE 实现的）。主机发送的请求经过 SIE 处理后会反映在控制/状态寄存器单元中，由 8 位处理器、2KB 的 ROM 与 64B 的 RAM 组成的微内核对其进行相应的请求处理。

包含收发状态机的上行端口逻辑单元用来管理上行通信，同时还可作为 UTMI 与 SIE 之间的接口，并控制中继器和事务转换器之间的通信。下行端口逻辑单元包含状态机、断开检测、高速与低速检测、过流检测、电源开关控制、下行端口的 LED 指示状态，此处还给下行端口收发器输出相应的控制信号。

GL850G 有 SSOP28、QFN28、LQFP48 三种封装形式，我们以应用最广泛的 SSOP28 封装进行应用电路的设计，相应的原理图如图 50.2 所示。

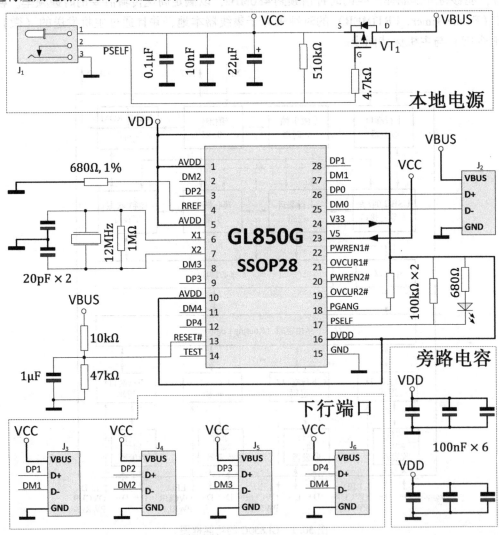

图 50.2　GL850G 的原理图

首先需要给 GL850G 提供合适的电源，这是由 DVDD、AVDD 引脚完成的，前者为芯片内部数字电路供电电源，后者配合 AGND 引脚为模拟电路提供电源，它们都需要 3.3V 电源，数据手册给出的工作范围如表 50.1 所示。

表 50.1　GL850G 的工作范围参数

符　号	参　　数	最小值	典型值	最大值	单位
V5	5V 供电	4.75	5.0	5.25	V
VDD	3.3V 供电	3.0	3.3	3.6	V
VIN	数字 I/O 引脚输入电压	−0.5	—	3.6	V
VINOD	开漏输入引脚（OVCUR#，PSELF，RESET）	−0.5	—	5.0	V
VINUSB	USB 信号输入电压	−0.5	—	3.6	V

　　V5 与 V33 引脚是用来做什么的呢？从表 50.1 中可以看到，它们分别代表 5V 与 3.3V 的供电电源引脚，应该怎么处理呢？GL850G 内部集成了一个低压差线性调整器（Low-Dropout Regulator，LDO）单元，它能够从输入 5V 直流电压获得降额的 3.3V 输出电压，而 V5 与 V33 引脚分别代表 LDO 的输入与输出引脚。GL850G 的 DVDD 与 AVDD 不是需要 3.3V 电压吗？我们可以将它们与 V33 连接即可，如图 50.3 所示。

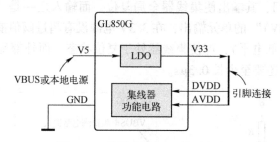

图 50.3　使用内置 LDO 单元方案

　　由于 GL850G 内部集成的 LDO 的负载能力最大只有 200mA，如果在实际的测试过程中不符合你的要求，也可以外挂更合适的 LDO 芯片，此时将 V5 与 V33 引脚悬空不使用即可，相应的连接示意如图 50.4 所示。

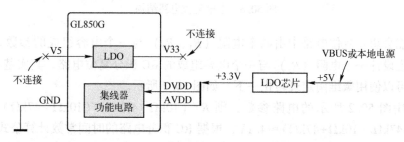

图 50.4　使用外挂 LDO 芯片方案

　　一般为了降低成本与电路复杂度，都会选择使用内部 LDO，我们也是这样做的，而 LDO 属于串联型稳压电路，其工作原理与参数指标详情可参考《三极管应用分析精粹：从单管放大到模拟集成电路设计》，此处不再赘述。

其次，我们需要给 GL850G 提供一个系统时钟，这部分电路结构与图 4.1 是相同的，只不过 SSOP28 封装形式的 GL850G 需要外挂一颗 12MHz 的晶体。

最后，我们需要对低有效复位引脚（RESET#）进行处理，数据手册中给出的复位时序如图 50.5 所示，也就是说，在 VCC 上升到 2.5~2.8V 后，内部的复位电路在最多 2.7μs 内完成复位操作，而我们提供的外部复位电路的低电平应该至少维持 3μs。

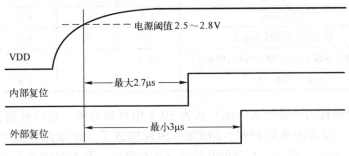

图 50.5　上电时序

我们可以从数据手册给出的图 50.6 所示的上电复位电路的结构来理解复位时序。GL850G 内部有一个与门，其输出使集线器全局复位，而输入之一是"检测 3.3V 电源是否正常（阈值为 2.5~2.8V）"的单元输出，在 3.3V 电源没有超过阈值前总是低电平，此时全局复位信号是有效的（低电平），即使集线器处于复位状态，而外部复位电路提供的低电平复位时间要比内部复位还要至少长 0.3μs。

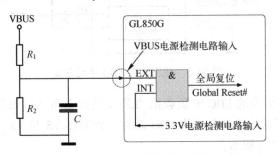

图 50.6　上电复位电路结构

有人可能会想：复位电路中由两个电阻（R_1、R_2）与一个电容组成的参数该怎么确定呢？我只知道设计一个电阻（R_1）与一个电容组成的 RC 积分复位电路。其实基本原理是相似的，我们可以使用戴维南定理转化一下，如图 50.7 所示。

如果使用图 50.2 所示的电路参数，则 $R = (10\text{k}\Omega \times 47\text{k}\Omega)/(10\text{k}\Omega + 47\text{k}\Omega) \approx 8.25\text{k}\Omega$，$\text{VBUS}' = 5\text{V} \times 47\text{k}\Omega/(10\text{k}\Omega + 47\text{k}\Omega) \approx 4.1\text{V}$，根据 RC 积分电路的时间常数计算公式：

$$\text{VOUT} = \text{VBUS}(1 - e^{-\frac{t}{RC}})$$

假设 VOUT 为 2.5V，则有：

$$t = \ln\left(1 - \frac{\text{VOUT}}{\text{VBUS}}\right) \times (-RC) = \ln\left(1 - \frac{2.5\text{V}}{4.1\text{V}}\right) \times (-8.25\text{k}\Omega \times 1\mu\text{F}) \approx 7.76\text{ms}$$

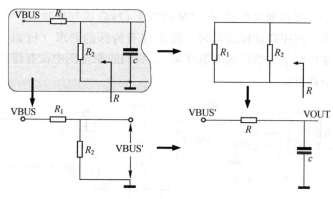

图 50.7　戴维南定理简化电路

当然，以上并未考虑 GL850G 内部复位引脚可能存在的上拉电阻，而且是计算以 VBUS 上电时刻为基准（而不是 VCC）所计算出来的时间的，即从 VBUS 上电到外部复位完成的总时间，主要供大家理解复位时间的计算方式。

PSELF 引脚决定了 GL850G 的供电模式，低电平时为总线供电，高电平时为自供电。我们的原理图支持两种模式，其中的 PMOS 场效应晶体管 VT_1 根据不同的供电模式控制上行端口电源 VBUS 与下行端口电源 VCC 通断与否（总线供电时闭合，自供电时断开）。J_1 是带常闭端子（第 2 脚）的直流插座，在没有配套电源插头接入时，常闭端子与公共地（第 3 脚）连接，从而将 PSELF 引脚（VT_1 的栅极）拉低而进入总线供电模式。VT_1 的导通过程可以分为两步，当 VBUS 上电的瞬间，VT_1 处于截止状态，此时 VBUS 通过 VT_1 的寄生二极管而到达 VCC 为下行端口供电，且 VCC 比 VBUS 小一个二极管压降，但是由于 VT_1 的源极也同时被上拉为高电平，所以紧接着，VT_1 因栅源电压为负值而处于导通状态，此时 VBUS 与 VCC 之间的连接是由 VT_1 的导通沟道完成的，两者之间的压差可以忽略不计，如图 50.8 所示。

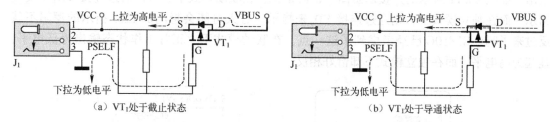

（a）VT_1 处于截止状态　　　　　　（b）VT_1 处于导通状态

图 50.8　总线供电时的 VT_1 导通过程

当配套电源插头接入 J_1 时，常闭端子会被弹开而与公共地断开，VT_1 的栅极与源极均被输入电源上拉为高电平，此时 VT_1 由于栅源电压为零而处于断开状态，如图 50.9 所示。需要特别注意的是：**外接电源的电压值不应该低于 5V，以避免与通过 VT_1 寄存二极管的 VBUS 产生冲突。**

GL850G 支持逻辑电源切换模式，模式控制由 PGANG 引脚决定，高电平时为联动模式，低电平时为独立模式，而相应控制引脚为低有效的 PWREN 1~2 两个引脚（LQFP48 封装支持 PWREN 1~4#）。在联动模式下，只有 PWREN 1#是有效的，它可作为所有下行端口电源开关单元的控制信号；而在独立模式下，PWREN 1~2#应该与单独的下行端口电源开关连接。一般情况下，我们使用联动模式即可，除非你有特殊的要求（例如，你自己开发的应用程序需要随时单独控制下行端口的电源开关）。我们的原理图中没有使用下行端口电源开关，将这些引脚悬空即可。

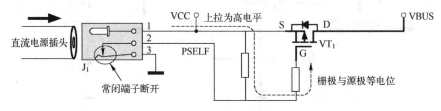

图 50.9　自供电模式

需要注意的是，为了节省芯片引脚的数量，PGANG 引脚的功能是复用的。当 GL850G 上电复位后，该引脚为输入模式，内部控制器在 20μs 内通过检测该输入电平以确定逻辑电源切换模式，但是 50ms 时间过后，PGANG 引脚自动修改为输出模式，用来输出集线器挂起信号，其相应的时序如图 50.10 所示。

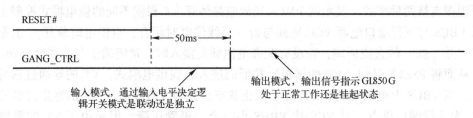

图 50.10　逻辑电源切换模式与挂起信号输出的时序

如果你需要使用 LED 来指示集线器是否处于挂起状态，该怎么办呢？数据手册中已经给出了如图 50.11 所示的连接示意图。也就是说，在联动模式下，可以通过连接 VD$_1$ 来实现指示，而在独立模式下，则通过连接 VD$_2$ 来指示。有人可能会想的那 LED 指示的逻辑不就反过来了吗？GL850G 已经考虑到了这一点，在联动模式下，正常工作状态输出为低电平，挂起为高电平，而在独立模式下却恰好相反。

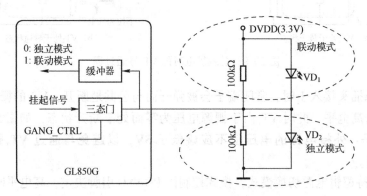

图 50.11　挂起信号的输出指示电路

GL850G 支持过流检测功能，相应控制引脚为低有效的 OVCUR 1~2#两个引脚（LQFP48 封装支持 OVCUR 1~4#）。当引脚持续保持输入低电平 3ms，就会产生过流（OVER_CUR-RENT）状态标记位，端口对应的 PWREN#引脚会产生控制信号关闭下行端口电源开关单元（如果有的话）。在联动模式下，只需要通过 10kΩ 的电阻将下行端口电源与 OVCUR 1#引脚连接即可，当端口电源出现过流现象时，相应的电压就会下降，这也就触发了过流状态标记位。一般情况下，如果没有使用 PWREN 1~4#引脚控制下行端口的电源通断，也就没有必要使用 OVCUR 1~4#引脚了。

LQFP48 封装 GL850G 的每个下行端口都支持端口指示，相应的控制引脚为 PGREEN 1~4#与 PAMBER 1~4#，从名称上来看，前者表示绿色（Green），后者则表示橙色（Amber），但实际上这只是端口指示的两种状态，分别代表正常工作与错误条件（例如，端口出现过流现象），具体可参考 USB 2.0 规范。我们只需要知道的是，端口指示控制引脚都是高有效的，如果要使用，直接通过一个限流电阻与 LED 连接即可，如图 50.12 所示。

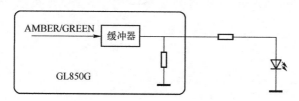

图 50.12　端口指示的连接方案

剩下与 USB 信号相关的引脚直接与 USB 插座连接即可，如果考虑一些电磁干扰（Electromagnetic Interference，EMI）方面的问题，则可以在 USB 信号线中串入共模电感。如果考虑一些静电释放（Electro-Static discharge，ESD）方面的问题，则可以在 USB 信号线与公共地之间并联**瞬态电压抑制二极管**（Transient Voltage Suppressor，TVS），在布局时切记靠近插座。在 PCB 布线方面，USB 信号线仍然需要遵循等长等距的原则，大家了解一下即可。值得一提的是，按照 USB 2.0 规范的要求，GL850G 的上行端口已经集成了 1.5kΩ 的上拉电阻，而每个下行端口都集成了 15kΩ 的下拉电阻，我们在芯片外面是看不到的。另外，RREF 引脚与公共地之间需要连接精度为 1%的 680Ω 电阻。

参 考 文 献

1. 龙虎著 . 电容应用分析精粹：从充放电到高速 PCB 设计 . 北京：电子工业出版社，2019.
2. 龙虎著 . 三极管应用分析精粹：从单管放大到模拟集成电路设计 . 北京：电子工业出版社，2021.
3. 龙虎著 . 显示器件应用分析精粹：从芯片架构到驱动程序设计 . 北京：机械工业出版社，2021.